쉽게 배우는 전자기학 2판

박 건 작 I 저

북스힐

2판 머리말

전기(電氣)와 자기(磁氣)현상은 고대로부터 인간 곁에 있어 왔지만 14세기 경에서야 이들 현상이 구명되기 시작하였다. 만일 전기와 자기에 관한 꾸준한 이론과 이것을 바탕으로 한 각종 연구 및 개발이 없었다면 오늘날과 같은 첨단 문명사회는 도래하지 않았을 것이다. 그만큼 전기와 자기가 중요함에도 불구하고, 전기와 전자 관련 분야에 입학한 대학생들이 전기와 자기의 기초이론인 '전기자기학'을 어렵게 생각하는 것은 무엇일가? 그것은 개념 파악이 어렵고, 난해한 수학적 해석이 필요한 때문이 아닐 가 하는 생각이 든다. 저자 또한 대학에 들어가서 제일 어렵게 느껴졌던 과목이 바로 '전기자기학'이었다. 접하는 각종 용어의 개념이 머릿속에 들어오지 않을 뿐만 아니라 이것이 어디에 쓰이고, 무엇 때문에 배워야 되는 지가 이해가 되지 않았기 때문에 더욱 힘들었지 않았나 하고 회상된다. 그러나 대학원에 들어가서, 산업사회에 진출해서 관련 학문이나 업무를 수행해 나가면서 기초과목 가운데서도 가장 중요한 것이 두말할 필요가 없이 '전기자기학'이라는 사실을 인식하게 되었다. 고진감래(苦盡甘來)라는 말과 같이 어렵지만 고통을 참고 이 과목을 충실히 공부 해 간다면 뒷날에 더 편함이 따를 것으로 믿는다. 저자는 그 동안의 경험을 바탕으로 조금이라도 쉽게 전기자기학을 익히도록 어려운 수학적 해석을 피하고, 쉽게 이 책을 집필하고자 노력하였다. 전계나 자계의 해석 가운데 대부분이 벡터를 도입하지 않고 설명하였으나 9장의 전자계 해석에는 수학적 해석이 필요하기 때문에 이를 위해 맨 뒤의 10장에 벡터를 추가하였다. 아무쪼록 이 책이 기초의 기초라 할 수 있는 '전기자기'를 이해하는데 도움이 되기를 바라면서, 좋은 책을 만들기 위해 심혈을 기울여 주신 (주)북스힐의 임.직원 여러분의 노고에 감사 드린다.

끝으로 재 수정본의 전반에 걸쳐 오류 부분을 세심하게 지적해주신 박순규 교수님과 신용덕 교수님의 노고에 깊이 감사드린다.

2014. 7월

저자 박 건 작

차 례

0 Chapter 전자기학이란?

1 Chapter 전기란 무엇인가?

2 Chapter 정전계

3 Chapter 콘덴서

4 Chapter 유전체

5 Chapter 자 계

6 Chapter 전류의 자기작용

7 Chapter 전자력과 전자유도

8 Chapter 자성체와 자기회로

9 Chapter

전자계

10 Chapter

벡 터

Chapter

부 록

전자기학이란?

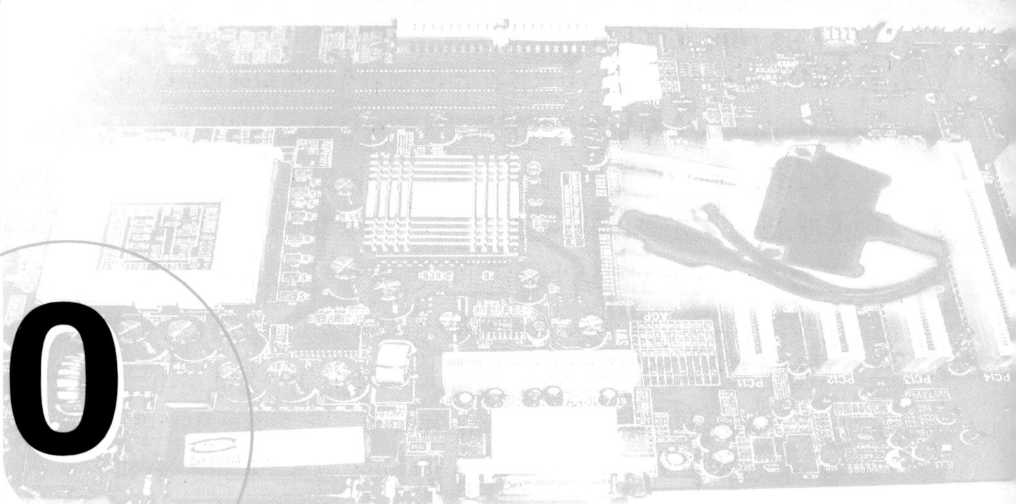

0
chapter

- 0.1 전기자기의 역사
- 0.2 전자기의 응용

0.1 전기자기의 역사

지구상에 자연 광석으로 존재했던 자석(磁石)이 물건을 끌어당기고, 역시 자연 물질인 호박(湖珀)을 문지르면 가벼운 물질들이 들어붙는 현상은 우리 인간이 이미 기원전부터 체험했던 자기(磁氣)와 전기(電氣)현상이었다. 그러나 그 당시 인간들은 그러한 현상이 자기와 전기임을 깨닫지 못하고 단지 불가사의한 것으로 간주하였을 따름이다. 인간생활에 전기보다 자기 현상이 빨리 이용된 것은 천연자석이 고대로부터 지구상에서 자연상태로 널리 발견되었고, 이 자석이 철(鐵)을 쉽게 끌어당기고, 철을 쉽게 자화(磁化)시켜 자석과 같은 성질을 갖게 할 수 있기 때문이었다고 볼 수 있다. 또한 자기현상이 전기현상보다 훨씬 빠르게 연구가 진행되었던 주된 이유는 일상생활에서 전기 힘(전기력)보다 자기 힘(자기력) 현상이 확실하게 나타났기 때문이다. 이미 기원전 1000 여 년 전에 중국인들은 자석이 남북의 방향으로 정지한다고 하는 경험을 갖고 있었고, 이러한 자기 힘을 실생활에 응용한 대표적인 것이 나침반이라고 할 수 있다. 12세기 경부터 나침반은 신대륙 발견을 위한 항해도구로 이용하기 시작하였다고 한다. 13세기 중반 이전까지 일반적으로 자기학에 대해 정립된 이론으로는 자석의 끌어당기는 힘, 철의 자화, 자침(磁針)의 북쪽방향 지시 등이었다. 프랑스의 페레그리누스(Petrus Peregrinus : 1214~1294)는 구형자석을 이용한 실험에서 자기 극(磁氣極)의 성질을 구명하였고, 15, 6세기에 들어서 나침반 자침의 지시방향이 정확히 지구의 남극, 북극과 일치하는 것이 아니라 약간의 편각을 갖는다는 사실이 밝혀졌고, 영국의 길버트(William Gilbert : 1540~1603)는 그가 1600년 세상에 내놓은 자기에 관한 저서인 '자석에 관하여'라는 책을 통해서 자기 및 지구자기 현상을 체계적이고 경험적으로 구명하였다. 이 책에서 지구는 자기 극(磁氣極)으로 된 하나의 큰 자석이고, 이러한 이치를 근거로 나침반의 지침이 항상 남극과 북극을 가리키는 원리와 지침의 편차 및 복각(伏角)에 대해서 언급하였고, 아울러 작은 구형(球型) 자석을 이용해서 모든 자석이 양극 쪽에서 끌어당기는 힘이 집중되어 있는 것은 자기효과가 양극 쪽에 집중되어 있는 때문이라고 기술하였다. 또한 그는 고대부터 알려져 왔던 호박 이외에도 마찰에 의해 전기를 띠는 물질들이 존재한다고 주장하였다. 현재 영어로 전기를 'electricity'라고 부르는 것도 그가 당시 호박의 정전기 현상을 호박의 그리스어 'electron'이라고 표현한 데서 유래한 이름이라고 한다. 따라서 전기와 자기에 관한 연구의 시조는 길버트라고 말할 수 있다. 그 후 독일의 궤리케(Guericke : 1602~1686)는 정전유도작용을 발견하고, 마찰전기를 발생하는 기계를 발명하였다. 그 밖에도 18세기에 들어서 1729년 영국 스티븐 그레이(Stephen Gray)의 전기도체 발견, 1733년 프랑스의 듀파이(Du Fay)에 의한 전자기의 힘에 관한 발표, 1736년 쿨롬(Coulom)의 정전기와 자석의 흡인력, 반발력에 관한 법칙, 1752년 미국의 벤저민 프랑클린(Benjamin Franklin)의 피뢰침 발명, 1791년 갈바니(Lugi Galvani)가 발표한 전기이론, 1800년 볼타(Alessandro Volta)에 의한 전지의 발명 등 이 시기에는 전자기에 관한 이론 및 법칙들이 나오기 시작하였다. 19세기는 전자기학에 대한 가장 찬란하고, 체계적인 연구와 결과가 이루어진 시기이다. 1820년 덴마크의 에르스테트(Hans Christian Oersted : 1777~1851)가 발견한 전류의 자기작용, 프랑스의 앙페르(Andre Marie Ampere : 1775~1836)의 전류에 작용하는 자기 힘의 방향을 나타내는 '오른나사의 법칙'과 자기 힘과 전류 간의 관계를 밝히는 '주 회로 법칙', 1827년 독일의 옴(Georg Simon Ohm : 1787~1854)에 의한 '옴의 법칙', 1831년 파라데이(Faraday : 1791~1867)의 '전자유도의 법칙', 1857년 키르히호프(Gustav Robert Kirchhoff : 1824~1887)에 의한 '키르히호프의 법칙', 1860년 맥스웰(Maxwell : 1831~1879)에 의한 빛(光)과 전자기학의 연결과 전자파의 기본 방정식인 '맥스웰 방정식', 헬름 홀츠(Hermann von Helmholtz : 1821~1894)에 의한 전자파의 입증 등은 체계적인 이론 정립 및 실험과 수학적인 밑받침에 의한 전기자기의 이론을 확고하게 정리한 시기이다. 이 가운데 '페러데이'의 실험적 업적과 '맥스웰'의 '전자기장의 역학적 이론'은 고전학적 전자기학을 완성하는 데 크게 기여했다고 볼 수 있다.

천연 자석 발견	BC 2500년 : 고대 중국
↓	
자연상태의 정전기 현상 발견	BC 600년 : 호박의 마찰전기
↓	
지자기 연구	14세기~16세기 : 자침, 자화, 나침반, 지자기의 성질
↓	
전자기에 관한 현상, 법칙	18세기 : 전류의 자기작용, 전자유도, 전자기 힘, 전기분해,
↓	
전지 발명	18세기 말 : 볼타전지,
↓	
전자기 이론 정립	19세기 : 파라데이의 전자유도 법칙, 맥스웰 방정식
↓	
전자기 실용화	20세기 : 발전기, 전구, 전화기, X선, CRT, 진공관, 무선통신

그림 0.1 전자기의 발전사 요약

20세기 들어서 스토니(Stony : 1826~1911), 톰슨(Thomson : 1856~1940)에 의한 전자(電子)의 기초개념 수립, 뢴트겐(Rontgen)의 X-선 발견, 1897년 브라운(Braun)의 브라운관 발명, 마르코니(Marcony)에 의한 무선전신 등은 전자기의 실용화 시대라고 말할 수 있다. 전자기(電磁氣)의 발전사를 크게 요약해서 정리하면 그림 0.1과 표 0.1과 같다.

표 0.1 시대별 전기·자기의 발전사 요약

년 도	사 항	내 용
10세기	자침의 개발	중국에서 자기 나침반의 자침을 최초로 제작.
11세기	지남철의 성질	중국 송나라 심괄의 '몽계필담'에 자침(磁針)이 대략 남북을 가리키고, 남북 방향이 진남북(眞南北)과 약간 다르다는 것이 기술되어 있음.
14세기	실용 나침반 개발	1302년 이탈리아의 '조야'가 현재의 모양과 같은 나침반을 최초 제작.
16세기	전기와 자기에 관한 체계적 저서발간	영국의 '길버트'가 정전기의 성질과 지구가 하나의 자석이라는 자기에 관한 성질을 실험적으로 구명.
1729년	전기 도체 발견	영국의 그레이가 실험에 의해 도체, 절연체 구별.
1733년	전기의 인력, 척력	프랑스의 '듀파이'가 전기힘에는 끌어당기는 힘과 밀어내는 두 가지 힘이 존재한다고 발표.
1745년	라이덴 병 발명	독일의 '뮈센브뢰크'와 '클라이스트'가 전기 축전기능의 라이덴 병 발명.
1752년	피뢰침 발명	미국의 '프랑클린'이 연날리기 실험을 통해 피뢰침을 발명.
1785년	쿨롬의 법칙	프랑스의 '쿨롬'은 두 전하 사이에 작용하는 힘에 관한 쿨롬의 법칙을 발표.
1799년	볼타전지 발명	이탈리아의 '볼타'는 식염수, 아연, 구리를 사용한 최초의 1차전지 발명.
1820년	전류의 자기작용	덴마크의 '에르스테드'는 도선에 전류가 흐르면 도선 주위에 자계 발생 발견.
1820년	자화 현상	프랑스의 '아르고'와 '게이뤼삭'은 철의 자석화 되는 현상을 발견.
1820년	비오.사바르의 법칙	프랑스의 '비오'와 '사바르'는 자기장의 세기에 관한 비오.사바르의 법칙 발견.
1822년	오른 나사의 법칙	프랑스의 '앙페르'는 전류에 작용하는 힘과 자기힘의 방향에 관한 법칙 발견.
1827년	옴의 법칙	독일의 '옴'은 전류의 크기는 전압에 비례하고 저항에 역비례한다는 법칙 발견.
1833년	렌츠의 법칙	독일의 '렌츠'는 운동하는 도체에 의한 유도된 전류의 방향에 관한 법칙 발견.
1838년	모스 부호	미국의 '페이지가가 원리를 발표, '모오스'가 전신부호 발명.

년 도	사 항	내 용
1841년	줄(Joule) 열	영국의 '줄'은 전류의 발열작용에 관한 법칙을 발견.
1864년	맥스웰 방정식	영국의 '맥스웰'이 전자기장(場)의 기초 방정식인 맥스웰 방정식을 완성 발표.
1867년	발전기 발명	독일의 '지멘스'가 발전기 발명.
1876년	전화기 발명	1937년 미국의 '페이지'가 그 원리를, '벨(Bell)'이 최초로 실용 전화기 발명.
1879년	전구 발명	미국의 '에디슨'은 진공 유리구 속의 탄화 실을 외부에 연결한 백열전구 발명 .
1884년	에디슨 효과	미국의 '에디슨'이 고온의 금속 표면에서 전자가 방출되는 현상을 발견.
1895년	X선 발명	독일의 '뢴트겐'은 고속전자를 물질에 충돌시킬 때 짧은 파장의 전자파 발견.
1896년	무선전신회사 설립	이탈리아의 '마르티니' 무선전신 실험에 성공한 뒤 무선전신회사 설립.
1897년	전자 기초개념 수립	영국의 '톰슨'은 음극선이 음전기의 입자임과 전자의 정체를 밝힘.
1897년	음극선관(CRT)발명	독일의 '브라운'이 유리 진공용기 속의 전자총에 의해 전기신호를 영상 변환.
1904년	진공관 발명	영국의 '플레밍'은 진공 유리 공 속에 2개의 전극을 넣어 2극 진공관 발명.
1948년	트랜지스터의 발명	미국 벨 연구소의 '브래튼', '바든', '쇼클리'가 반도체 조각에 가는 도체선을 접촉시켜 주면 전기신호의 증폭작용이 있음을 발견.

0.2 전자기의 응용

이미 위의 전자기의 역사에서 살펴본 바와 같이 전자기의 발전은 현대 문명사의 발전과 밀접한 관계가 있음을 엿볼 수 있다. 14세기경부터 사용한 나침반, 18세기 말에 만들어져 19세기 초부터 실용화된 전지, 1820년에 규명된 자화 현상, 이밖에 19세기에 발명한 모스 부호, 발전기, 전화기, X선, CRT, 20세기 초에 발명한 진공관, 무선 전기통신, 20세기 중반에 발명한 트랜지스터 등은 바로 전기와 자기를 바탕으로 우리 인간에게 각종 첨단 문명의 이기를 제공하게 된 근원이라고 말할 수 있다. 현재 우리가 많이 활용하고 있는 전자기의 응용을 분야별로 열거하면 아래의 표 0.2와 같다.

표 0.2 전자기의 응용

1. 산업용	발전기, 전동기, 릴레이, 솔레노이드, 회로 차단기, 지시계기, 자동화 기기, 운반기기, 컴퓨터 제어 시스템
2. 통신용	유.무선 전화기, 팩시밀리, 지상파 방송, 통신위성, 안테나, GPS, 광통신, 인터넷, 원격 화상회의
3. 의료용	X-선, CT, 초음파 진단기, MRI, 원격진료
4. 가전용	리모콘, 홈 오토메이션, 홈 시어터, 보안 시스템, 전자 레인지, 전기 밥솥, TV, 냉장고, 식기 세척기
5. 기타	마이크, 스피커, 녹음기, 확성기, 복사기, 캠코더, 컴퓨터, 디지털 카메라, 전동차, 디지털 록, 초음파 세척기, 자외선 살균기

전기란 무엇인가?

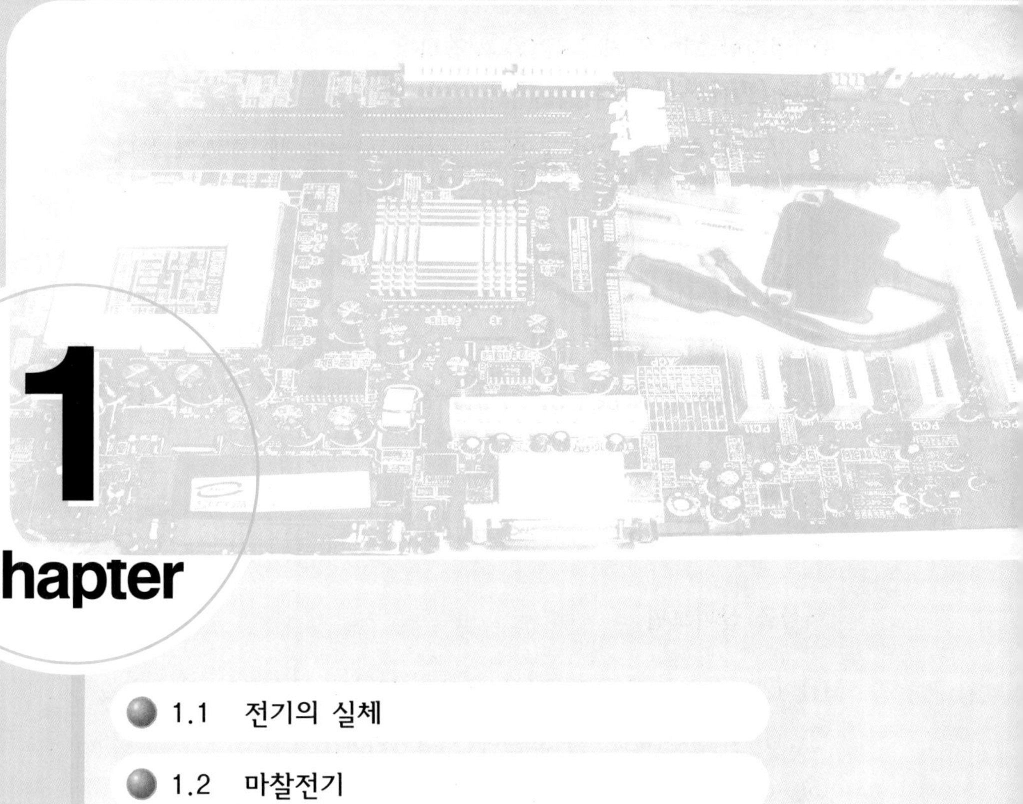

1
chapter

1.1 전기의 실체

우리는 일상생활에서 '전기(電氣)'라는 용어를 많이 사용하고 있다. 따라서 '전기'라는 용어의 사용 예를 살펴보면 '전기'라는 의미가 무엇인지를 알 수 있을 것이다.

① 정전이 되었을 때 '전기가 꺼졌다.'
② 캄캄하다. '전기를 켜라.'
③ 자동차 차체에 손이 닿아 찌르르'하고 느낄 때 '전기가 온다.'
④ 살아있는 전선에 손을 대었을 때 '전기가 온다.' 또는 '전기가 통한다.'
⑤ '전기를 절약하자.'
⑥ '그 제품은 전기가 얼마나 먹히느냐?'
⑦ 이번 달에 '전기를 많이 썼다.'
⑧ 건전지로 동작하는 전자기기가 동작을 멈출 때 '전기가 떨어졌다.' 또는 '전기가 약해졌다.'
⑨ '전기가 세다.'
⑩ '전기를 올려라.'

이상을 살펴보면

①, ②는 '전압 원(電壓源)'의 연결을 끊거나 이으라는 의미이고,
③, ④는 '전류(電流)'가 흐른다는 의미이고,
⑤, ⑥, ⑦은 '전력(電力)'을 의미하고,
⑧, ⑨, ⑩은 '전압(電壓)'을 의미한다.

따라서 이들을 정리하면 전압 원과 전압은 같으므로, 전압, 전류, 전력을 '전기'라는 용어로 표현한다는 것을 알 수 있다. 그렇다면 '전압' 그 자체가 우리에게 전기의 실체(實體)로 다가올까? 하는 물음에 선뜻 대답이 나오지 않는다. 우리 가정에 들어오는 전압은 대부분 교류 220볼트이다. 그러나 벽에 붙어있는 전원 콘센트에 전원 스위치를 넣거나 전원 플러그를 꽂아 형광등이나 백열전등을 연결해야만 불이 들어온다. 즉, 전압 원에 전구를 연결할 때 비로소 '빛'이라는 실체가 우리에게 나타난다. 마찬가지 현상으로 전기포트나 전기난로 등을 전압 원에 연결할 때야만 전기가 '열'이라는 실체로서 나타난다. 이밖에 선풍기와 같이 '회전'으로, 또는 살아있는 전선을 만지면 '찌르르'하는 '촉각'으로 느껴지는 경우도 있

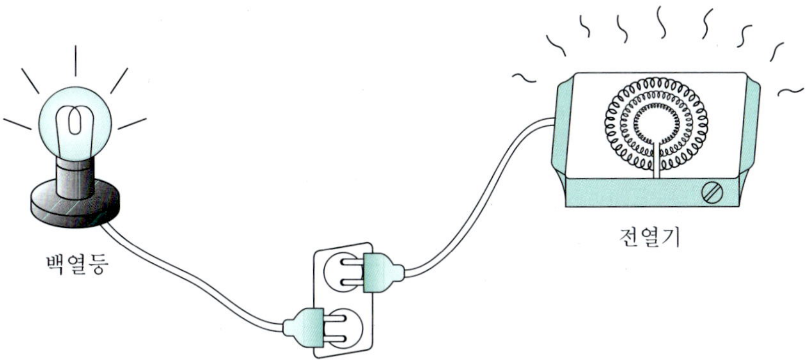

그림 1.1 전기의 실체

지만 가장 보편적인 전기의 실체는 역시 '빛'과 '열'이라고 말할 수 있다(그림1.1). 다시 한 번 언급하지만 기억할 것은 전압 자체만으로는 전기의 실체인 빛과 열이 나타나지 않고, 전압 원에 전구나 전열기가 연결될 때 전류가 흐르면서 빛이나 열이 나타난다는 사실이다. 따라서 '전기의 실체'가 빛과 열이라고 한다면 '전기의 정체(正體)는 전류'라고 말할 수 있다.

전압, 전류, 전력의 개념을 나타낸 것이 그림 1.2이다. 일반 가정이나 건물의 벽에 붙어 있는 콘센트의 양 구멍에 교류전압계를 갖다 대면 100볼트 또는 200볼트 등으로 전압 값이 나타난다. 예컨대 200볼트 60와트의 백열전구를 연결한다면 백열전구에는 0.3암페어의 전류가 흐르고, 200볼트×0.3암페어=60와트의 전력이 백열전구에서 소모된다. 200볼트의 전압이 있다고 해도 거기에 백열전구가 연결되었을 때 비로소 전류가 흐르고, 전압×전류에 해당하는 전력소모가 나타난다. 따라서 전력은 전류가 흘러야만 나타난다는 것을 알 수

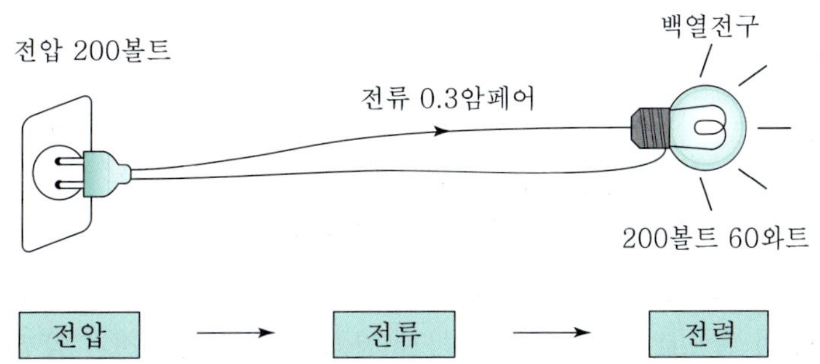

그림 1.2 전압, 전류, 전력

있다. 그러므로 우리 일상생활에서 전압, 전류, 전력, 이 모두가 '전기'의 표현이라고 볼 수 있다.

전기의 실체 → 빛과 열
전기의 정체 → 전류
전기 → 전압, 전류, 전력

1.2 마찰전기

모든 물체에는 작든 크든 전기를 만드는 아주 작은 알갱이가 존재한다. 그 알갱이는 +전기를 띤 알갱이와 −전기를 띤 알갱이 두 가지가 있다.

그림 1.3(a)와 같이 물질 속에 +전기 알갱이의 수와 −전기 알갱이의 수가 같을 때 그 물질은 외견상 아무런 전기를 띠지 않는 것으로 나타나는 데, 이것을 전기적으로 중성(中性)상태라고 말한다. 설명의 편의상 중성상태를 그림 1.3(b)와 같이 표시한다.

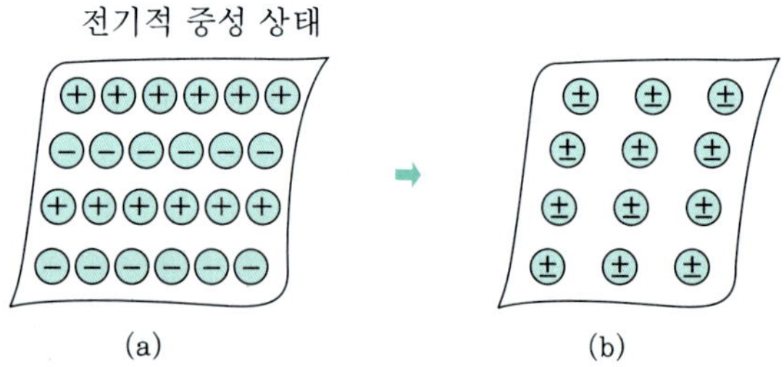

그림 1.3 물질의 전기적 중성 상태

그러나 전기적으로 중성(中性)인 물질 가운데 마찰을 시키면 마찰열에 의하여 +전기 또는 −전기를 띠게 되는 물질이 있다. 어느 물질이 +전기를 띠고 어느 물질이 −전기를 띠느냐는 그 물질의 물리적 구조에 의해 결정된다. 평소에 모피와 책받침은 중성이다. 그러나 그림 1.4(a)와 같이 책받침으로 모피를 문지르면 모피 속에 있던 −전기 알맹이의 일부가 마찰열에 의해 책받침 속으로 옮겨감으로써 마찰 전에 같았던 +, −전기 알갱이의 수가 모피는 −전기 알갱이가 빠져나감으로써 +전기 알갱이의 수가 많아지고, 책받침은 모피로부터 옮겨온 −전기 알갱이의 수가 더해져 −전기 알갱이의 수가 많아진다. 따라서 그림 1.4(b)와

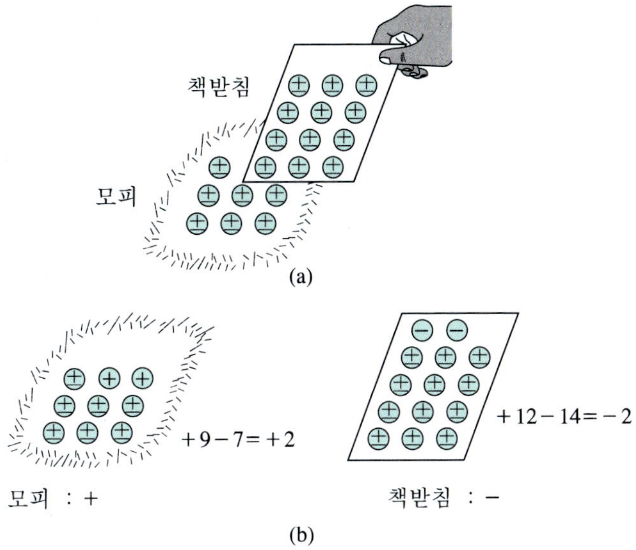

그림 1.4 마찰전기

같이 모피는 +, 책받침은 −전기를 띠게 된다. 이러한 현상을 대전(帶電)이라 한다.

예컨대 그림 1.4에서 마찰 전에 모피에는 +전기와 −전기의 수가 9개, 책받침에는 +전기와 −전기의 수가 12개였지만 마찰 후에는 모피에서 2개의 −전기가 책받침으로 옮겨진 때문에 책받침은 +전기 12개, −전기 14개로 −전기가 2개 많아지므로 전체적으로 −전기를 띠게 된다. 반면에 모피는 −2개가 없어졌으므로 +전기 9개, −전기 7개로 +전기가 2개 많으므로 전체적으로 +전기를 띠게 된다. 위에서의 마찰전기에 의한 +전기, −전기를 정전기(靜電氣)라 한다. 정전기의 속성은 그림 1.5처럼 +, + 또는 −, −의 같은 전기끼리는 밀어내는 반발력(反撥力)이, −, +의 다른 전기끼리는 끌어당기는 인력(引力)이 작용한다.

정전기의 전압이 낮은 경우에는 즉, 대전된 + 또는 −전기의 수가 적으면 아주 가벼운 종이나 먼지 등이 달라붙지만 전압이 높은 경우에는 즉, +, −전기의 수가 아주 많으면 불꽃

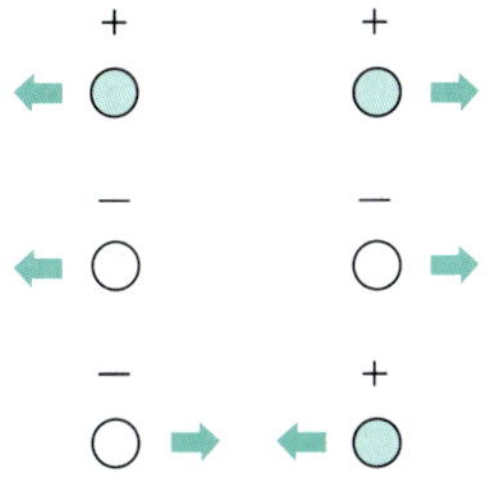

그림 1.5 정전력

이 발생하면서 "뿌지직"하는 소리가 난다. 스웨터를 벗을 때나 자동차의 문을 여닫을 때 경험하는 일이다. 마찰에 의한 정전기의 발생은 오래 전부터 알려진 사실이다. 베크라이트의 일종인 호박으로 모피나 비단을 문지를 때 정전기가 발생한 것은 고대부터 경험한 일이며, 모피 옷이나 모직양복을 입고 다닐 때, 고양이털을 빗으로 빗길 때도 정전기는 발생한다. 정전기의 응용에는 복사기, 정전기록, 집진기(集塵機), 정전도장 등이 있다. 대전 시 어느 물질이 +가 되고, 어느 물질이 −가 되는가는 물질의 성질에 따라 결정되고, 그림 1.6은 대전열(帶電列)을 나타낸다. 왼쪽 물질이 +, 오른쪽 물질이 −가 된다. 예컨대 비단과 플라스틱을 마찰시키면 비단은 +, 플라스틱은 −로 대전된다. 그러나 비단과 유리를 마찰시키면 유리는 +, 비단은 −로 대전된다. 대전의 정도는 대전 순위의 차가 클수록 커진다.

+	←								→	−
운모	모피	유리	면	종이	비단	목재	고무	플라스틱	에보나이트	세루로이드

그림 1.6 대전 열

예제 1.1 종이와 플라스틱을 마찰시키면 어느 물질이 +, 어느 물질이 −전기를 띠게 되는가?

풀이 대전열에서 종이가 +쪽이므로 종이가 +전기, 플라스틱이 −전기를 띠게 된다.

1.3 도체, 절연체

좀 더 자세히 물질의 구조에 대한 개념을 설명하기로 한다. 모든 물질은 원자로 구성되어 있고, 그림 1.7과 같이 원자는 그 내부에 전자(electron)와 원자핵(原子核)이 존재하고, 다시 원자핵은 양자(陽子)와 중성자(中性子)로 구성되어 있다. 원자의 내부에 있는 원자핵에는 +전기를 띤 양자와 아무 전기도 띠지 않은 중성자가 중심에 자리 잡고 있고, 외각 궤도에는 −전기를 띤 전자가 돌고 있으며, 원자핵의 +전기를 띤 양자의 수와 −전기를 띤 전자의 수가 같으므로 중성이다. 앞의 설명에서 +전기 알갱이, −전기 알갱이라는 표현을 사용하였지만 +전기나 −전기를 띤 작은 입자(粒子)를 전하(電荷)라고 하므로 +전기 알갱이를 +전하, −전기 알갱이를 −전하라고 해도 같은 의미이다.

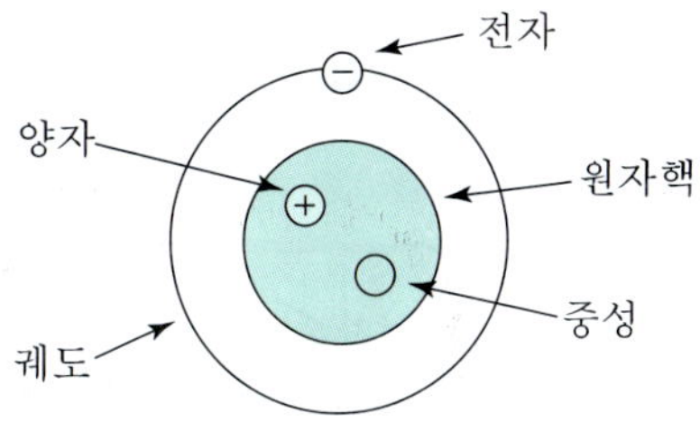

그림 1.7 원자의 구조

전자는 음(−)의 전하를 가지며, 양자는 양(+)의 전하를 갖지만 중성자는 전하를 갖고 있지 않고, 말 그대로 중성(中性)이다. 엄밀히 말할 때 전하(電荷)란 음(−) 또는 양(+) 전기를 띤 양(量)을 말한다. 따라서 전하와 전기량(電氣量)은 같은 뜻이다. 앞서 언급한 바와 같이 서로 다른 전하끼리(+와 −)는 서로 흡인하는 성질이 있다. +전하와 −전하는 흡인된 뒤 +전기와 −전기가 서로 상쇄되어 중성(中性)이 된다. 또한 그림 1.8과 같이 전하량이 다른 대전체를 도체로 연결하는 경우에 전하량이 같아질 때까지 전하량이 많은 쪽에서 적은 쪽의 대전체로 전하가 이동하는 성질이 있다.

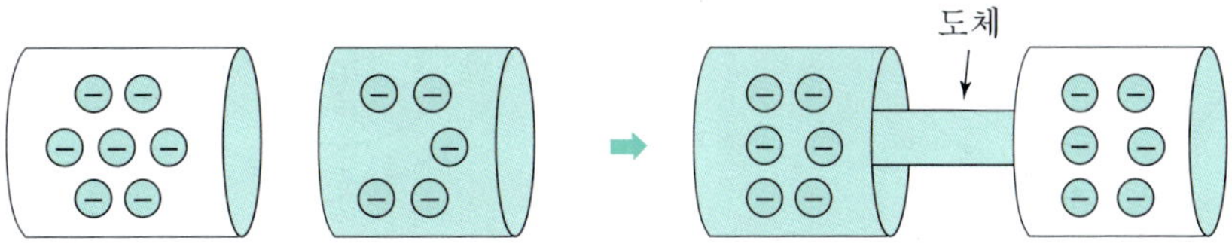

그림 1.8 도체를 통한 전하의 이동

1.3.1 양(陽)이온과 음(陰)이온

그림 1.9(a)는 헬륨(He) 원자의 원자모형으로서 원자핵과 전자로 구성되어 있다. 내부 중심에 위치한 원자핵에 움직일 수 없는 2개의 양성자가 있고(편의상+2로 표시), 그 외각 궤도를 2개의 전자가 돌고 있다. 그림 1.9(b)는 리튬(Li) 원자의 구조로서 중심 원자핵에 3개의 양자가 있고, 첫 번째 외각궤도(外殼軌道)에 2개의 전자, 두 번째의 외각 궤도에 1개의 전자, 모두 3개의 전자가 원자핵 둘레를 돌고 있다. 양자와 전자의 전하량은 부호만 다르지 그 크기는 같다. He, Li 모두 양자의 수와 전자의 수가 같으므로 +, − 전하가 상쇄되어 전기적으로 중성이 되므로 평상시에 + 또는 − 어느 전기도 띠지 않는다.

그러나 중성상태의 원자가 전자를 잃으면 양자의 수가 많아지므로 그림 1.10(a)와 같은

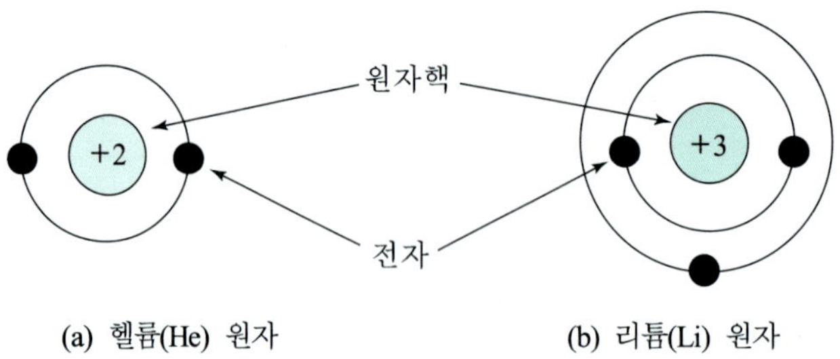

그림 1.9 헬륨과 리튬의 원자모형

경우에 원자는 양(陽 : +)이온이 된다. 그러나 이와는 반대로 그림 1.10(b)와 같이 원자가 외부로부터 전자를 얻으면 −전기를 띤 전자의 수가 +전기를 띤 양자의 수보다 많아지므로 원자는 음(陰 : −)이온이 된다.

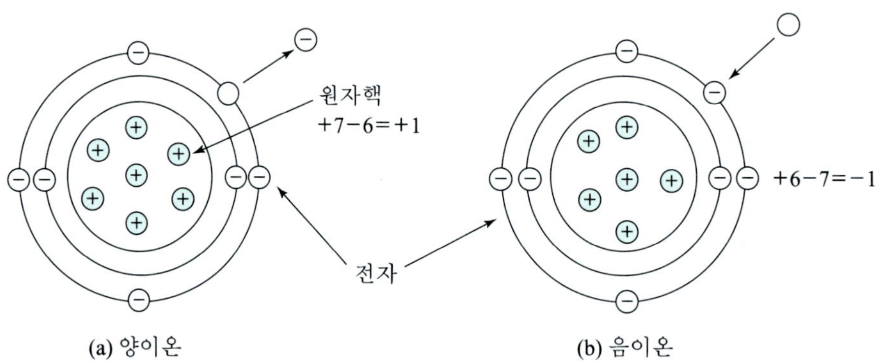

그림 1.10 양이온과 음이온

이와 같이 원자가 전자를 잃던가 또는 얻던가 하는 현상을 이온화(ionization)라고 한다. 일반적으로 중성상태의 원자에 열이나 전압이 가해지면 전자를 잃게 된다. 이러한 현상은 원자의 물리적 구조에 따라 쉽게 전자가 이탈되는 경우도 있고, 그렇지 않은 경우도 있다. 이해를 돕기 위해 원자번호와 원자모형에 대한 설명이 필요하다. 그림 1.11은 원자번호가 14인 실리콘(Si) 원자의 원자모형이다. 원자핵 둘레를 전자가 돌고 있으며, 이 궤도를 셀(shell) 또는 각(殼)이라 한다. 헬륨원자의 경우에는 양자가 들어있는 원자핵 둘레의 첫 번째 궤도를 단지 2개의 전자가 돌고 있지만 실리콘은 내부 원자핵에 +전기를 띤 14개의 양자가 들어있고 그 외각 첫 번째 궤도에 2개, 두 번째 궤도에 8개의 전자가 돌고있으며 바깥 세 번째 궤도에 4개, 모두 14개(2+8+4)의 전자가 돌고 있다.

첫 번째 궤도를 K셀, 두 번째 궤도를 L셀, 세 번째 궤도를 M셀 이라고 하며, K셀에 들어갈 수 있는 전자의 수는 2개, *L*셀에 들어갈 수 있는 전자의 수는 8개, *M*셀에 들어갈 수 있는 전자의 수는 18개이다. 전자 셀은 원자핵에 가까운 궤도 순으로 K, L, M, N 셀이라 부르고, 이들 셀에 들어갈 수 있는 전자의 수는 2, 8, 18, 32이다.

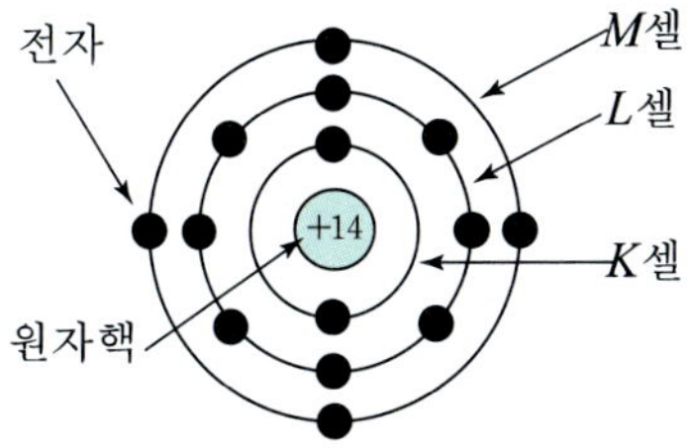

그림 1.11 실리콘(Si)의 원자모형

예제 1.2 **동(Cu)의 원자번호는 29이다. 원자핵 주위의 궤도 K, L, M, N에 들어갈 수 있는 전자의 수와 최 외각궤도의 전자의 수는 얼마인가?**

풀이 K=2, L=8, M=18이므로 2+8+18=28, 따라서 29−28=1이므로 네 번째의 최외각 궤도 N셀에는 1개의 전자가 들어갈 수 있다. 따라서 K=2, L=8, M=18, N=1, 최외각 전자의 수=1이 된다.

1.3.2 도체, 절연체

실리콘은 K셀(2개), L셀(8개)에 전자를 모두 채우고 M셀은 다 채우지 못하고 4개의 전자가 돌고 있다. 이 때 M셀을 돌고있는 4개의 전자를 가전자(價電子)라고 하며, 이 가전자는 외부로부터 열, 빛, 전압 등의 에너지가 가해지면 M셀로부터 떨어져 나가게 된다. 따라서 평소 중성을 유지하고 있던 원자는 −전하인 4개의 전자를 잃게되므로 그 빈자리에 4개의 +전하가 새로 생겼다고 생각할 수 있으며, 이 빈자리를 정공(正孔 : hole)이라고 부른다. 正孔의 첫 번째 글자는 正(+), 負(−)에서 '+'란 뜻이고, 두 번째 글자는 '구멍'이라는 뜻이므로 말 그대로 '+전기의 구멍'이라는 의미에서 만들어진 용어이다. 그림 1.12는 정공의 개념을 설명한 것이다. 그림 1.12(a)는 평소 중성상태인 원자번호 6인 물질에서 자유전자 1개가 외부로 이탈한 경우이다.

이 때 1개의 전자가 빠져나간 자리에 빈 구멍이 1개 생기고, 바로 이것이 정공이라고 정의한다. 중성상태의 원자로부터 1개의 전자가 없어졌으므로 원자는 +전기를 띠게 되고, 이것이 정공의 전하량이라고 본다. 그림 1.12(b)는 이 개념을 설명한다. 정공(正孔)은 +전하

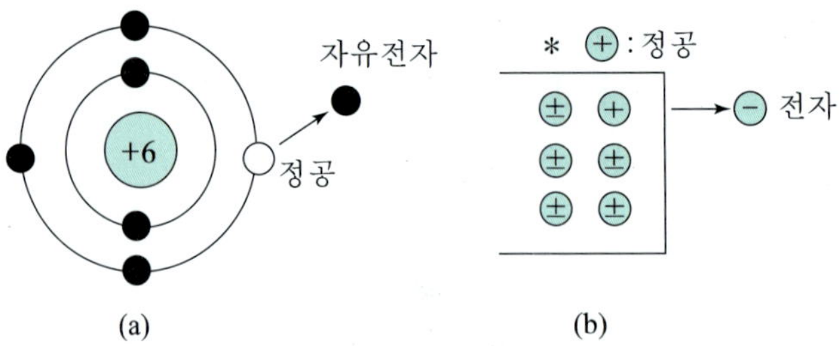

그림 1.12 정공의 개념

를 띤 양자(陽子)와 같은 개념으로 이해할 수 있지만 차이점은 양자(陽子)가 원자핵에 묶여 있는데 반하여 정공은 자유로이 이동할 수 있다는 점에 있다. 앞에서 설명하였듯이 모든 물질의 원자구조는 그 형태가 다르므로 물리적인 성질도 다르다.

원자의 구조를 설명하는 원자모형의 관점에서 볼 때 K셀, L셀, M셀 등의 궤도에 전자를 모두 채운 원자가 있는가 하면, 마지막 외각궤도에 몇 개의 가전자가 돌고있는 원자도 있다. 원자가 몇 개의 외각 셀을 채우고, 외각에 몇 개의 가전자가 돌고있느냐에 따라 물질의 전기적 특성이 달라진다. 외부에서 열, 빛, 전압 등 에너지가 가해질 때 아주 쉽게 최 외각 궤도의 가전자가 이탈하는 물질은 전류가 잘 흐르므로 이러한 물질을 도체(conductor)라고 부르고, 가전자를 갖고 있지 않고 궤도상의 전자들이 원자핵에 단단히 결속(結束)되어 있는 원자의 구조로 되어 있는 물질은 전류가 잘 흐르지 않으므로 절연체(insulator)라고 부른다. 금(金), 은(銀), 동(銅) 등은 도체에 속하는 물질이고, 이 가운데 동(Cu)은 금, 은 등에 비해 값이 싸므로 일상생활의 전기재료로서 가장 많이 사용되고 있다. 고무, 유리, 나무 등은 절연체에 속한다.

물 질	도전도
은	높다
동	
금	
알루미늄	⬇
텅스텐	
철	
니크롬	낮다

그림 1.13 도체

물 질	절연도
마이카	높다
유리	
테플론	
종이	⬇
고무	
베크라이트	
공기	낮다.

그림 1.14 절연체

그림 1.13은 도체에 속하는 물질의 도전도의 크기 순을, 그림 1.14는 절연체에 속하는 물질의 절연도의 크기 순을 나타낸다.

그림 1.15(a)는 설명의 편의상 원자핵의 +전하인 양자와 외각궤도의 −전하인 전자만 있는 중성상태를 나타낸다. 그림 1.15(b)의 도체인 경우는 열이나 전압에 의해 외각전자가 쉽게 이탈할 수 있으나 그림 1.15(c)의 절연체인 경우는 외각전자가 원자핵에 단단히 결속되어 있기 때문에 이탈하기가 어렵다. 일반적으로 최 외각전자가 한 두 개인 물질은 도체에 속하고, 7개나 8개인 물질은 절연체에 속하는 경우가 많다.

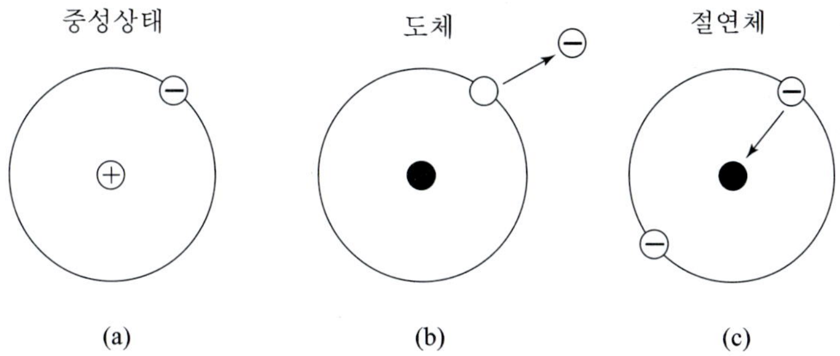

그림 1.15 도체와 절연체의 외각전자

동(銅)이나 알루미늄 같은 도체 등이 마찰전기에 의해 대전이 잘 될 거라는 생각이 드는데 사실은 대전이 잘 되지 않는다. 반면 절연체는 전류가 잘 통하지 않기 때문에 대전이 안 될 거라고 생각되지만 실제는 마찰전기에 의해 대전이 쉽게 이루어진다. 그렇다면 그 이유는 무엇일가? 위에서 설명한 것처럼 도체는 외부 에너지에 의해 외각궤도의 가전자가 쉽게 이탈할 수 있으나 이탈 후 쉽게 원래의 상태로 되돌아갈 수 있다. 다시 말하면 +이온이 된 도체는 이탈한 전자를 포함하여 다른 외부전자를 쉽게 받아들여 중성상태로 되돌아갈 수 있기 때문에 설사 대전이 되었다고 해도 대전상태가 곧 없어진다. 반면 절연체는 원자핵에 단단히 결속되어 있던 전자가 마찰열에 의해 일단 이탈하면 원래상태로 되돌아갈 수 없기 때문에 대전상태를 오래도록 그대로 유지하게 된다.

그림 1.16은 이러한 현상을 나타낸 것이다. 예컨대 도체로서 동 파이프, 절연체로서 플라스틱 파이프를 사용하고, 이들을 모피로 문지른다면 도체의 전자가 이탈해서 쉽게 복귀하는 반면 절연체에서는 일단 전자가 이탈하면 복귀가 되지 않기 때문에 대전상태를 지속적으로 유지하게 된다.

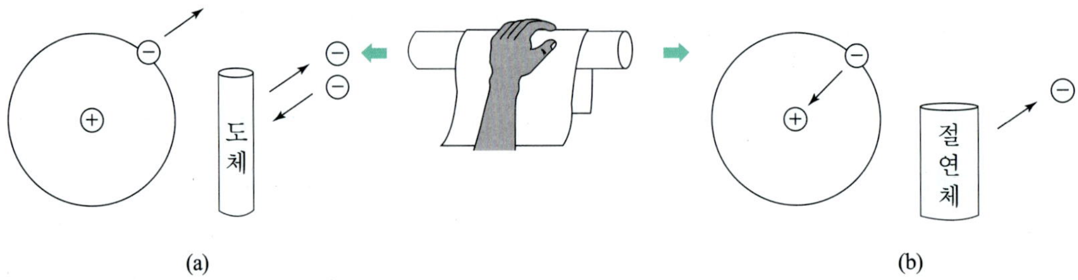

그림 1.16 도체와 절연체의 대전 차이

토막지식

- 공기는 절연체이다.
- 번개는 자연현상에 의해 공기 중에 발생된 정전기의 방전현상으로 섬광(빛)을 수반하며, 낙뢰는 번개에 의한 대지방전 현상이다.
- 피뢰침은 정전기의 방전현상인 낙뢰에 의한 충격전류를 대지로 유도하기 위한 뾰족한 도체선으로 1752년 미국의 프랑클린에 의해 발명된 것이다.

1.4 전자의 이동이 전류이다

물리적인 의미에서 전류란 전하의 이동이라고 말할 수 있다. 즉 −전하 또는 +전하의 흐름이 곧 전류라고 말할 수 있다. 그림 1.17과 같이 건전지에 전구를 연결하면 건전지의 −극에서 공급된 −전하는 도체내의 −전자를 밀어내고, −전하끼리의 반발력에 의해 밀린 전자는 건전지의 +극으로 끌려가게 된다. 반대로 건전지의 +극에서 출발한 +전하는 도체내의 정공(+전하)을 밀어내고 밀린 정공은 건전지의 −극으로 끌려간다. 이와 같이 전자(−전하) 또는 정공(+전하)의 이동으로 생긴 전류에 의해 연결된 전구에는 불이 켜지게 된다. 그림 1.17에 표시한 바와 같이 −전하인 전자와 +전하인 정공의 이동방향은 서로 반대가 된다.

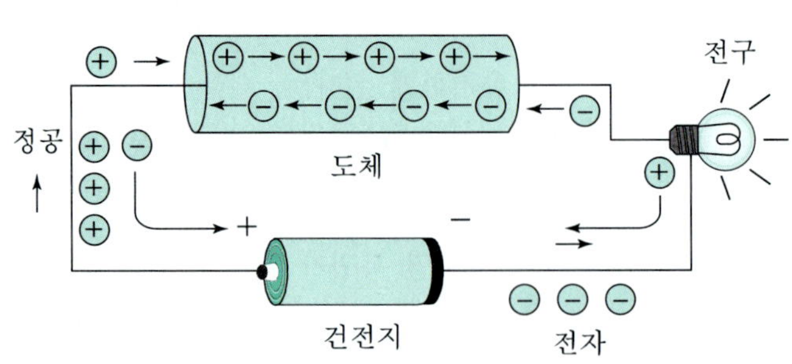

그림 1.17 전자, 정공의 이동

지금까지 통상적으로 전류는 건전지의 +극성에서 출발하여 도체를 통해 -극성 쪽으로 흐른다고 알려져 왔다. 물리적으로 설명할 때 엄밀한 의미에서 전류의 방향은 전자의 이동방향이라 말할 수 있지만 +전하인 정공의 이동이라고 보아도 무관하므로 정공의 입장에서 보면 건전지의 +극에서 -극으로 전류가 흐른다고 볼 수 있다. 따라서 우리가 지금까지 관습상 전류는 +극에서 -극으로 흐른다는 입장을 그대로 유지해도 별로 문제가 되지 않는다.

1.5 전기적 저항

자전거나 자동차를 타고 달릴 때 바람이 많이 불면 속도를 내는데 지장이 있다. 이것은 공기와 바람의 반작용이 저항(低抗)으로 나타나기 때문이다. 우리 주변의 자연현상에는 이와 유사한 많은 저항이 존재한다. 전기에서의 저항이란 전류의 흐름을 방해하는 작용을 말한다. 물질의 저항은 앞서 원자의 구조로 설명한 바와 같이 물질의 물리적 구조 및 특성에 따라 다르다. 도체는 비교적 저항이 작은 물질이다. 그러나 그림 1.17의 전자의 이동에 관한 설명에서 -극에서 공급된 도체입구의 전자가 도체 내부로 들어가 서 첫 번째 원자의 외각전자를 밀어내고, 도체의 빠져나간 빈 전자 자리에는 건전지로부터 계속 전자가 공급되고 최초에 들어갔던 전자는 연동작용에 의하여 출구로 빠져나가 결국 양극으로 끌려 들어감으로써 전류가 흐르게 된다. 그러나 도체 내에 들어간 전자는 내부에서 이리 저리 충돌하면서 열을 발생하고 이 열로 말미암아 전자의 흐름이 방해를 받게 되며 이것이 전기적 저항으로 나타난다. 물질에 따라 그 마찰의 차이가 있으므로 그 전기적 저항 또한 차이가 생긴다고 말할 수 있다. 물질의 저항률은 그 물질의 저항을 나타내는 중요한 계수로서 다음절에서 언급하기로 한다.

옴(George Simson Ohm : 1789~1854)은 일정 전압이 가해졌을 때 물질의 형상과 크기에 따라 물질을 흐르는 전류의 양이 결정된다는 사실을 실험적으로 발견하였다. 이 업적으로 전기적 저항의 단위로 그의 이름을 따서 옴(희랍어로 'Ω')이라 표기하게 되었다. 한편 저항은 Resistor의 첫 자를 따서 R로 표기한다. 저항의 크기가 무엇에 의해 결정되는지를 아래의 그림 1.18과 같은 간단한 실험을 통해 알아보기로 하자. 그림 1.18(a)와 그림 1.18(b)는 두께가 동일한 얇은 도체 판, 예컨대 동판이라고 하자. 그림 1.18(c)와 같이 연필로 촘촘히 새까맣게 칠한다. 연필심(芯)은 탄소 분말가루와 불순물을 혼합하여 만든 것으로 비교적 저항이 크다. 모두 칠한 뒤에 그림 1.18(d)와 같이 그림 1.18(a)의 폭이 가는 동판에 대해서 저항 계(테스터)로 0점을 기준으로 2, 4, 6점의 저항을 측정해본다. 측정결과 저항 값은 2에서보다 4 눈금에서 2배, 6 눈금에서 3배가 크다는 사실을 발견한다. 같은 실험을 넓은

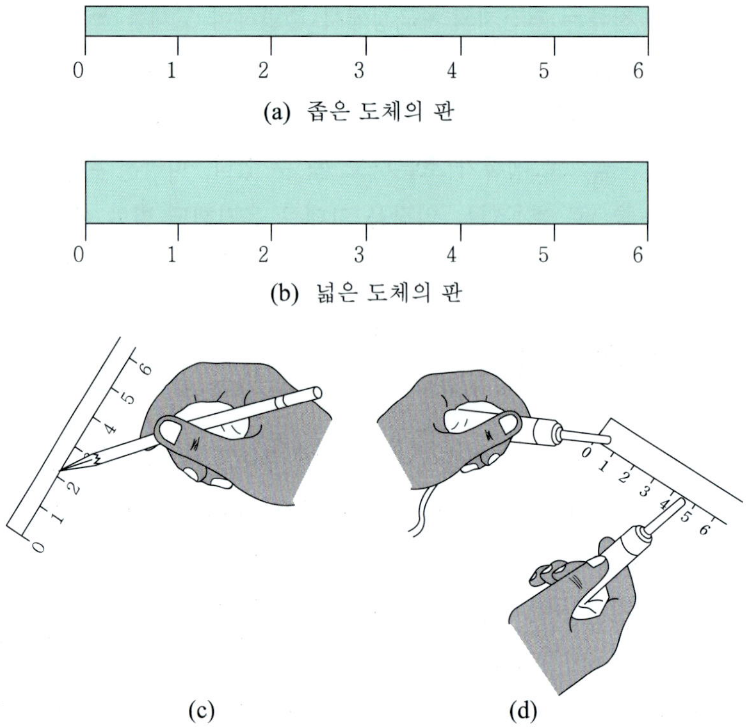

그림 1.18 도체 판의 저항 값 실험

도체 판에 대해서도 행하여 보면 좁은 판에 비해 각 점에서의 저항 값이 작아진다.

즉 단면적이 크면 저항이 작다는 것을 알 수 있다. 다시 그림 1.19와 같이 단면적 뿐만 아니라 길이까지 포함한 실험을 해보면 길이가 긴 쪽이 저항이 더 크다는 사실을 발견하게 된다. 이상의 실험결과를 정리하면 물질의 전기적 저항은 그 길이에 비례하고, 그 단 면적에 반비례한다는 사실을 발견할 수 있다.

이것은 우리 일상생활에서 수도관의 예를 살펴보면 똑 같은 사실을 발견할 수 있다. 그림 1.20(a)의 좁은 수도관과 그림 1.20(b)의 넓은 수도관을 통해 물이 흘러나온다고 할 때

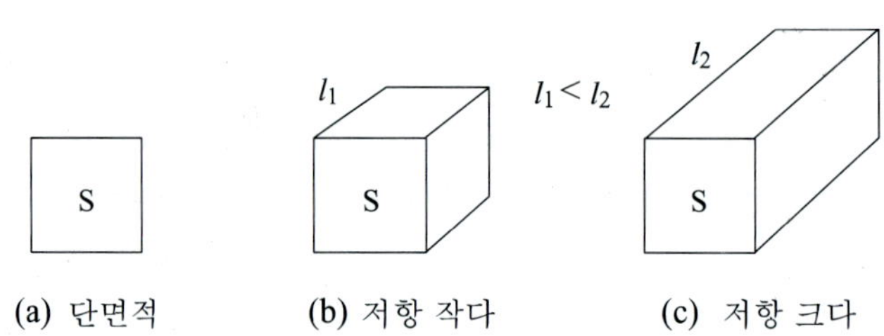

그림 1.19 단면적, 길이와 저항

길이가 같다면 어느 관이 같은 시간에 물이 더 흘러나오겠는가? 물론 외경이 큰 관 쪽이 더 많은 물이 흘러나올 것이다. 마치 이 현상은 물 입자를 전하로 본다면 물의 유출 량이 전류와 비유되므로 같은 시간에 더 많은 물이 유출된다는 것은 저항이 작다는 것을 의미한다. 결국 수도관의 외경이 큰 쪽이 작은 쪽보다 저항이 작다는 것은 물체의 단면적이 큰 쪽의 저항이 작은 쪽보다 작다는 것과 같은 의미로 통한다. 수도관의 길이가 2배 길어지면 공급지로부터 받는 쪽까지 2배 시간이 더 걸리므로 같은 시간에 유출되는 물의 양은 1/2로 줄어들므로 도체의 길이가 길어지면 저항이 커지는 것과 같이 해석할 수 있다.

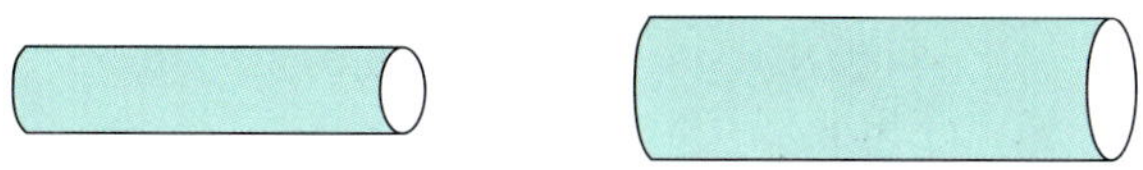

(a) 좁은 수도관 (b) 넓은 수도관

그림 1.20 수도 파이프와 저항

그림 1.18~그림 1.20을 기초로 해서 저항의 크기를 나타내는 관계식을 식 (1.1)과 같이 표현할 수 있고, 이를 정리하면 '저항은 단면적에 반비례하고, 길이와 저항률에 비례한다'로 말 할 수 있다. ρ(로우)는 저항률을 표시한다.

$$R = \frac{\rho \cdot l}{S} \ [\Omega] \tag{1.1}$$

여기서 R : 전기저항[Ω], l : 길이[m], S : 단면적[m²], ρ : 저항률[Ω·m]

예제 1.3 **도체의 단면적이** 2×10^{-3} [m²]**이고, 길이가** 8[m], **저항률이** 1.5×10^{-5}[Ω·m] **일 때 저항 값은 얼마인가?**

풀이 식 (1.1)로부터 $R = (1.5\times10^{-5})\times 8 / (2\times10^{-3}) = 6\times10^{-2}$[Ω]

표 1.1은 국제 표준 연동(軟銅)을 기준으로 한 각종 금속 도체의 저항률을 나타낸다. 국제 표준 연동의 저항률은 1.724×10^{-8}[Ω·m]이다.

물질의 저항률에 의해 도체, 반도체, 절연체로 구분한다. 저항률이 10^{-4} [Ω·m] 이하인 물질을 도체(導體)라 하고, 금, 은, 동, 백금, 니크롬 등이 이에 속한다. 저항률이 약 10^{4}[Ω·m] 이상인 물질을 절연체(絶緣體)라 하며, 베크라이트, 마이카, 유리 등이 절연체에 속한다. 도체와 절연체의 중간에 해당하는 물질이 반도체(半導體)이고, 게르마늄, 실리콘, 세렌 등이 이에 속한다. 이 반도체들은 은이나 동에 비해서 그 저항률이 1억 배, 마이카나 유리 등에 비해서는 100억 분의 1 정도이다.

표 1.1 금속 도체의 저항률

도체명	저항률 $\rho \times 10^{-8}$ [Ω·m]
은(Ag)	1.62
동(Cu)	1.69
알미늄(Al)	2.62
몰리브텐(Mo)	4.77
아연(Zn)	6.1
니켈(Ni)	6.9
철(Fe)	10.0
백금(Pt)	10.5

간추림

- 우리는 일상생활에서 전압, 전류, 전력을 '전기'라고 표현한다.
- 우리에게 와 닿는 전기의 실체는 빛과 열이다.
- 전압 단독으로 전기의 실체는 나타나지 않는다. 전압에 전등이나 전열기를 연결했을 때 전류가 흐르고, 빛과 열이 발생한다.
- 따라서 전기의 정체(正體)는 전류라고 말할 수 있다.
- 두 물질이 마찰에 의해 발생하는 +전기 또는 −전기를 마찰전기 또는 정전기(靜電氣)라 하고, +전기 또는 −전기를 띠는 현상을 대전(帶電)이라 한다.
- 마찰에 의해 전자를 잃는 물질이 +전기, 전자를 얻는 물질이 −전기를 띠게 된다.
- +와 +, −와 − 같은 전기끼리는 반발력, +와 − 다른 전기끼리는 인력이 작용한다.
- 원자의 내부에는 원자핵이 있으며, 그 외각궤도에 −전기를 띤 전자가 돌고 있다. 평상시 원자핵에는 전자와 동일한 크기의 +전하를 띤 양자(陽子)와 아무 전기도 띠지 않는 중성자(中性子)가 있다. 따라서 평소의 원자는 전기적으로 중성(中性)이다.
- 평상시 중성상태인 원자에 전압, 열, 빛 등의 외부 에너지가 가해지면 전자가 이탈되어 원자는 양이온이 되고, 만일 원자가 외부로부터 전자를 받아들이면 음이온이 된다. 이와 같이 원자가 전자를 잃거나 얻는 현상을 이온화라 한다.
- 원자의 외각궤도에는 K, L, M, N각이 있으며, 이들이 수용할 수 있는 전자의 수는 각각 2, 8, 18, 32개이다.
- 도체는 원자의 최 외각궤도에 전자의 수가 적은 경우로 외부 에너지에 의해 쉽게 전자가 이탈할 수 있는 물질이다.
- 절연체는 원자의 외각궤도의 전자들이 내부의 원자핵에 단단히 결속되어있는 물질로서 최 외각궤도의 전자가 웬만해서는 이탈할 수 없는 물질이다.
- 전자 또는 정공의 이동이 전류이다.
- 일반적으로 전류의 방향은 정공의 이동방향으로 잡는다.
- 도체의 전기적 저항은 단면적에 반비례하고, 저항률과 길이의 곱에 비례한다.

연습문제

1. 전기의 실체와 관계가 적은 것은?
(가) 전류 (나) 전력 (다) 절연체 (라) 전압

2. 정전기는?
(가) 통상적인 전류 (나) 마찰전기 (다) 전자의 흐름 (라) 양자의 흐름

3. 정전기를 발생시키는데 적합하지 않은 물질은?
(가) 철판 (나) 유리 (다) 베크라이트 (라) 양모

4. 원자의 중심은?
(가) 중성자 (나) 가전자 (다) 전자 (라) 원자핵

5. 원자의 구성요소가 아닌 것은?
(가) 양자 (나) 전자 (다) 중성자 (라) 정공

6. 원자의 모형에서 세 번째 궤도에 들어갈 수 있는 최대 전자의 수는?
(가) 2 (나) 8 (다) 18 (라) 28

7. 채워지지 않은 최 외각 궤도의 전자를 칭하는 용어는?
(가) 자유전자 (나) 중성자 (다) 전자 (라) 양자

8. 아주 쉽게 전류가 흐를 수 있는 물질은?
(가) 절연체 (나) 고체 (다) 도체 (라) 반도체

9. 아래에서 같다고 볼 수 없는 것은?
(가) 전류 (나) 전압 (다) 전원 (라) 기전력

10. 아래에서 저항률의 단위를 나타내는 것은?
(가) [V] (나) [Ω.m] (다) [A] (라) [Ω]

11. 우리 일상생활에서 경험하는 마찰전기의 예를 들어라.

12. 플라스틱과 면(綿)을 마찰시키면 어느 것이 +, 어느 것이 −전하를 띠게 되는가?

13. 원자번호가 15인 원소의 가전자 수는 얼마인가?

14. 반경(r)이 1[mm]인 동선의 길이가 400[m]인 경우 상온에서의 저항은 몇 [Ω]이 되는가?
단, 상온에서 동선의 고유저항은 1.7×10^{-8} [Ω · m]

15. 같은 재질의 직선도체에서 한 쪽은 단 면적이 그대로이고, 길이가 반(1/2)이다. 다른 쪽은 길이가 같지만 단면적이 8배인 경우에 전자의 저항은 후자에 비해 몇 배가 큰가?

정전계(靜電界)

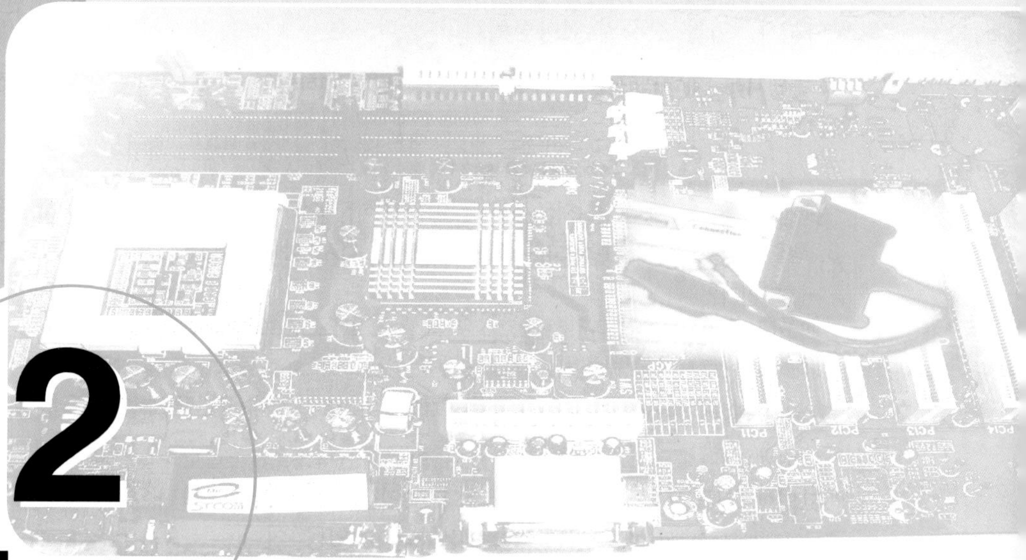

2 chapter

2.1 전하(電荷)와 정전력(静電力)

이미 앞장에서 +전하, −전하에 대해서 설명하였지만 좀 더 자세히 살펴보기로 한다. 전자(電子)는 −전하라고 하였다. 그렇다면 전자 1개가 얼마의 −전기를 띠고 있는지에 대해서 알아보자. 이를 전자의 전하량이라고 한다. 전자 1개가 갖는 전하량은 실험결과에 의하면 아래와 같다.

$$\text{전자 1개의 전하량} = -1.60\times10^{-19}\ [\mathrm{C}] \tag{2.1}$$

단위는 쿨롬(C : Coulomb)이다. 그렇다면 1[C]은 어느 정도의 전하량인지를 알아보자. 전자 1개의 전하량이 -1.60×10^{-19}이므로 그 역수를 취하면

$$-\frac{1}{1.60\times10^{-19}} = -6.25\times10^{18}[\text{개}] \tag{2.2}$$

따라서 6.25×10^{18}개의 전자가 갖는 전하량이 −1[C]이다. 양자의 전하량은 부호만 다르므로 6.25×10^{18}개의 양자가 갖는 전하량이 +1[C]이다.

참고지식

❶ 쿨롬(Coulomb) → [C] :
이 단위는 프랑스의 물리학자 Charles A. de Coulomb(1736~1806)의 이름을 딴 것이다.

❷ 10^{16} → 경(京) = 억(10^8)의 1억 배(倍)
다시 말해서 625경개의 전자가 갖는 전하량이 −1[C]이고, 양자 1개의 전하량과 전자 1개의 전하량은 같으므로 625경[개]의 양자가 갖는 전하량이 +1[C]이다.

예제 2.1 전자 -5×10^{19}의 전하량은 몇[C]인가?

풀이 전자 -6.25×10^{18}개가 갖는 전하량이 −1[C]이므로

$$-\frac{5\times10^{19}}{6.25\times10^{18}} = -\frac{5\times10}{6.25} = -8[\mathrm{C}]$$

앞장에서 설명한 마찰전기에 의한 +전하, −전하 사이에 관한 실험을 해보자. 유리 봉(捧)으로 면(綿)을 문지르면 유리 봉은 +전하, 면은 −전하를 갖게 되고, 플라스틱 봉으로

모피를 문지르면 모피는 +전하, 플라스틱 봉은 −전하를 갖게 된다. 그림 2.1(a)와 같이 +전하로 대전된 2개의 유리 봉을 접근시키면 서로 밀어내는 힘이 작용하고, 그림 2.1(b)와 같이 +전하의 유리 봉과 −전하의 플라스틱 봉을 접근시키면 서로 끌어당기는 힘이 작용함을 알 수 있다. 이것은 같은 전하끼리는 반발력, 서로 다른 전하끼리는 인력이 작용하기 때문이다. 이와 같이 전하간에 작용하는 힘을 정전력(靜電力)이라 한다.

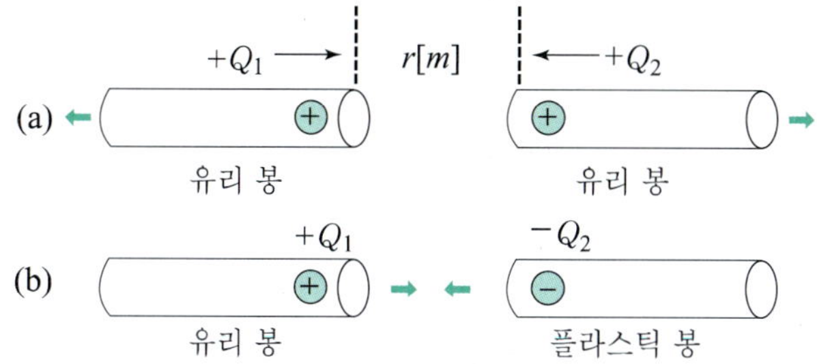

그림 2.1 전하 간에 작용하는 힘

전하가 한점에 집중되어 있는 것을 점 전하(点電荷)라 한다. 그림 2.2는 2개의 점 전하 간에 작용하는 정전력에 관한 쿨롬의 법칙을 나타낸다. 「쿨롬의 법칙」은 2개의 점 전하 Q_1과 Q_2를 진공 중에 r[m]의 거리로 떨어트려 놓았을 때 '정전력은 2점을 연결하는 직선 상에 존재하며 Q_1과 Q_2의 곱에 비례하고, 거리 r의 제곱에 반비례한다'는 것이다.

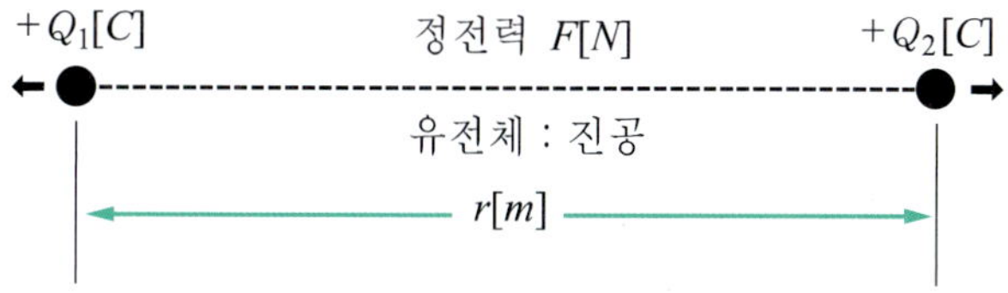

그림 2.2 정전기에 관한 쿨롬의 법칙

매질의 유전율(誘電率)을 ϵ (입실론)이라 하면 쿨롬의 정전력은 아래와 같다.

$$F = \frac{1}{4\pi\epsilon} \cdot \frac{Q_1 Q_2}{r^2} [\text{N}] \tag{2.3}$$

진공 또는 공기 중에서의 유전율을 ϵ_o 라 하면 ϵ 은 아래와 같이 나타내고,

$$\epsilon = \epsilon_o \epsilon_r \, [\text{F/m}] \tag{2.4}$$

위에서 ϵ_r 은

$$\epsilon_r = \frac{\epsilon}{\epsilon_o} \tag{2.5}$$

가 되고, ϵ_r 을 진공을 기준으로 한 물질의 비유전율(比誘電率)이라 한다. 따라서 진공 또는 공기 중에서의 비유전율은 1이므로 공기 중에서의 쿨롬의 법칙은 아래와 같다.

$$F = \frac{1}{4\pi\epsilon_o}\frac{Q_1 Q_2}{r^2}[\text{N}] \tag{2.6}$$

진공 중에서의 유전율 ϵ_o 는 $\fallingdotseq 8.854\times10^{-12}$[F/m]이므로 이를 식 (2.6)에 대입하면

$$\text{진공, 공기중 : } F \fallingdotseq 9\times10^9\times\frac{Q_1 Q_2}{r^2}[\text{N}] \tag{2.7}$$

기타의 유전체에서의 정전력은 아래와 같다.

$$\text{기타 유전체 : } F \fallingdotseq \frac{1}{4\pi\epsilon_o\epsilon_r}\cdot\frac{Q_1 Q_2}{r^2}[\text{N}] \tag{2.8}$$

유전율과 비유전율에 대해서는 뒤의 4장에서 좀 더 자세히 설명하기로 한다.

예제 2.2 진공 중에서 $Q_1=4\times10^{-12}$ [C], $Q_2=9\times10^{-12}$ [C]의 전하가 5 [cm]의 거리로 떨어져 있을 때 두 전하 사이에 작용하는 정전력의 크기는 얼마인가?

풀이

식 (2.7)에 의하여 $F=9\times10^9\times\frac{Q_1Q_2}{r^2}=9\times10^9\times\frac{4\times10^{-12}\times9\times10^{-12}}{(5\times10^{-2})^2}$

$=9\times\frac{36}{25}\times10^9\times\frac{10^{-12}\times10^{-12}}{10^{-4}} \fallingdotseq 1.3\times10^{-10}$[N]

2.2 전계(電界)

2.2.1 전기력선

그림 2.3과 같이 $+Q$ 전하와 $-Q$ 전하 사이에 끌어당기는 정전력이 존재하며, +전하에서 −전하로 향하는 가상적인 선을 전기력선(電氣力線)이라 한다. 여기서 전하에 의한 전기력선의 움직이는 공간을 전계(電界)라 한다.

그림 2.4는 +전하 1개일 때 +전하와 −전하, +전하와 +전하 사이의 전기력선을 나타낸다. 전기력선의 수가 많을수록 전계의 세기는 커지고, 전기력선의 접선(接線) 방향이 그 점에 대한 전계의 방향이 된다. 전기력선은 전계의 전체적인 모양을 한 눈에 파악할 수 있기 때문에 매우 유용하다. 전기력선의 성질은 아래와 같다.

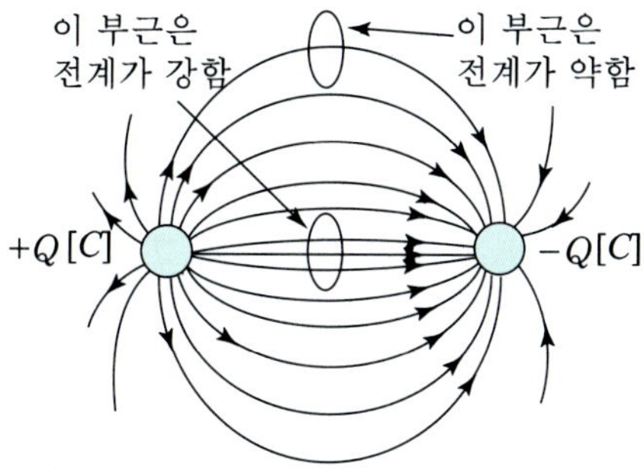

그림 2.3 전기력선과 전계

1. 전기력선은 +전하에서 −전하로 향한다.
2. 전기력선은 전위가 높은 쪽에서 낮은 쪽으로 향한다.
3. 도체 내부에는 전기력선이 존재하지 않는다.
4. 전계가 0이 아닌 곳에서는 2개의 전기력선은 교차하지 않는다.
5. 전기력선은 도체표면에 직각으로 지나간다.
6. 전기력선의 밀도는 그 점에서의 전계의 세기를 나타낸다.
7. 전하가 없는 곳에서는 전기력선의 발생, 소멸이 없다.

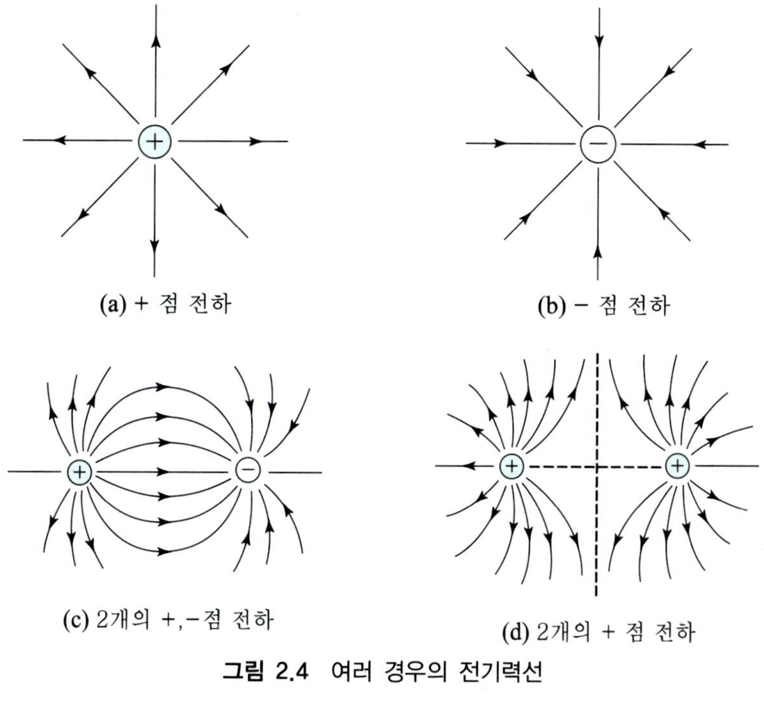

그림 2.4 여러 경우의 전기력선

2.2.2 전계의 세기와 전위

그림 2.5(a)와 같이 전계 중에 +1[C]의 +전하를 놓았을 때 이것에 작용하는 정전력의 크기와 방향을 나타내고, 이를 전계의 세기 E라 하며 그 단위는 [V/m] 또는 [N/C]이다. 그림 2.5(b)와 같이 $+Q$[C]의 전하를 놓았을 때 정전력의 크기 F는 QE[N]가 된다.

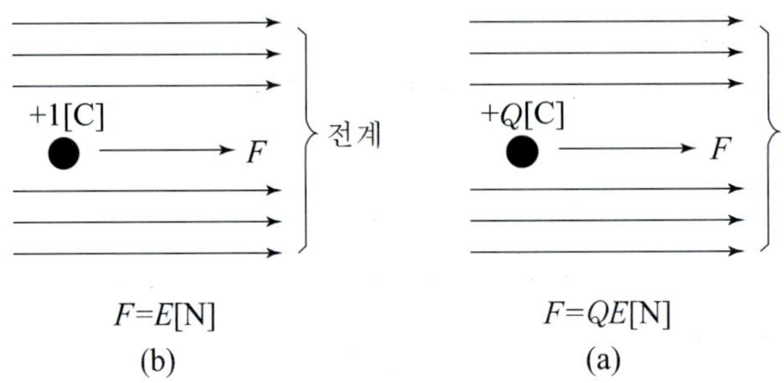

그림 2.5 전계의 세기

따라서 전계의 세기 E는 공기 중에서 그림 2.6과 같이 +1[C], $+Q$[C]인 점 전하 사이의 정전력은 식 (2.6), 식 (2.7)에 의하여 아래와 같다.

$$E = \frac{1}{4\pi\epsilon_0} \times \frac{Q}{r^2} = 9 \times 10^9 \times \frac{Q}{r^2} \text{[N/C] 또는 [V/m]} \tag{2.9}$$

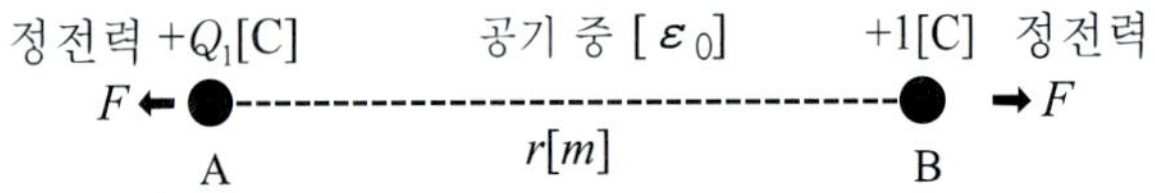

그림 2.6 정전력

참고지식

- 힘(Force), 일(Work)
  1. 힘(Force)의 단위는 뉴턴[N]이다.
  2. 일(Work)은 어느 질량에 힘이 작용하여 얼마의 거리를 이동하였느냐를 가리키는 양이고, 그 단위는 줄[J]이다.
  - ▶ 일[J]=힘[N]×거리[m]
  - ▶ 힘[N]=일[J]/거리[m]이므로
  - ▶ [J]=[N·m], [N]=[J/m]가 성립한다.

+1[C]의 전하가 $+Q$로부터 r[m] 떨어진 위치에 있다면 두 전하사이에는 식 (2.8)과 같은 반발력이 작용한다. 만일 +1[C]의 전하를 반발력을 무릅쓰고 +Q의 위치까지 이동시키고자 한다면 아래와 같은 일(힘×거리)이 필요하다.

$$W = F \times r \text{ [J]} \tag{2.10}$$

이와 같이 전계 중의 무한히 떨어져 있는 어느 한 점에서 다른 한 점으로 +1[C]의 전하를 이동시키는데 필요한 에너지(일)를 전위(電位) 또는 전압(電壓)이라 하며, 그 단위는 볼트[V]이다. 결국 전위란 전계 중 무한거리를 기준으로 한 어느 위치에서의 전기적인 에너지(electrc potential energy)라고 볼 수 있다. 따라서 전위의 단위는 단위 전하당 1[C]에 대한 일의 단위와 같으므로 아래와 같은 관계가 성립한다.

$$[\text{V}] = [\text{J/C}] = [\text{N} \cdot \text{m/C}] \tag{2.11}$$

이상의 내용을 정리하면 전계의 세기는 두 전하 사이에 작용하는 힘이므로 참고지식에서 언급한 바와 같이 힘×거리=일이므로 힘[N]=일[J]÷거리[m]가 되고, 전계의 세기 단위는 1[C]이 받는 힘과 같으므로 식 (2.11)로부터 전계의 세기 단위는 [V/m]라고 유도할 수 있다. $+Q$[C]로부터 r[m] 떨어진 +1[C]에 대한 전계의 세기 E는 식 (2.9)에 의해

$$E = \frac{1}{4\pi\epsilon_0} \times \frac{Q}{r^2} = 9 \times 10^9 \times \frac{Q}{r^2} \text{ [V/m]} \tag{2.12}$$

이고, 그림 2.6에서 B점에 +1[C] 대신에 $+Q$[C]을 놓는다면 정전력은

$$F = 9 \times 10^9 \times \frac{Q \cdot Q}{r^2} \text{ [N]} \tag{2.13}$$

이므로 식 (2.12), 식 (2.13)으로부터 아래의 관계식이 성립한다.

$$F = QE \text{ [N]} \tag{2.14}$$

예제 2.3 진공 중에서 $Q = 5\times10^{-4}$[C]의 전하가 있을 때 거리 0.2[m]에서의 전계의 세기는 얼마인가?

풀이 식 (2.12)로부터 $E = 9\times10^9 \times \frac{5\times10^{-4}}{(2\times10^{-1})^2} = 1.125\times10^8$[V/m]

예제 2.4 진공 중에서 전계의 세기 E가 3×10^3[V/m]인 곳에 $Q = 5\times10^{-4}$[C]의 전하를 놓았을 때 전하에 작용하는 정전력은 얼마인가?

풀이 식 (2.14)로부터 $F = QE$이므로

$F = 5\times10^{-4}\times3\times10^3 = 1.5$[N]

그림 2.7과 같이 n개의 전기력선이 면적 1[m^2]에 수직으로 교차할 때의 전기력선 밀도는 n[개/m^2]이 된다. 이것이 이 때의 전계의 세기가 되므로 아래의 관계식이 성립한다.

$$\text{전계의 세기[V/m]} = \text{전기력선 밀도[개/m}^2\text{]} \tag{2.15}$$

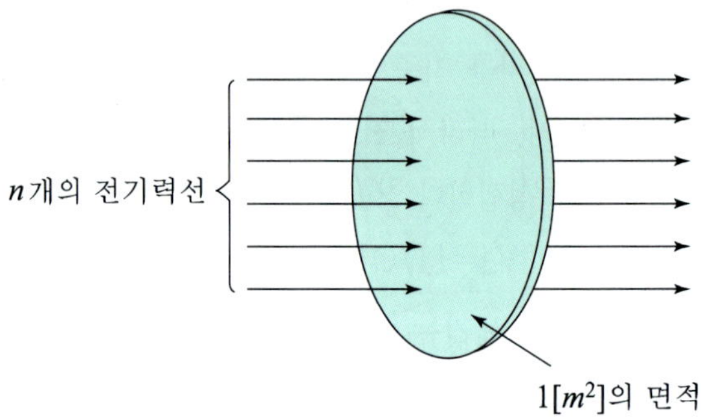

그림 2.7 전기력선 밀도

면적 S[m^2]에 수직으로 교차하는 전기력선의 수가 n개이라면 전기력선 밀도, 즉, 전계의 세기 E는 아래와 같이 나타낸다.

$$E = \frac{n}{S}\text{[V/m]} \tag{2.16}$$

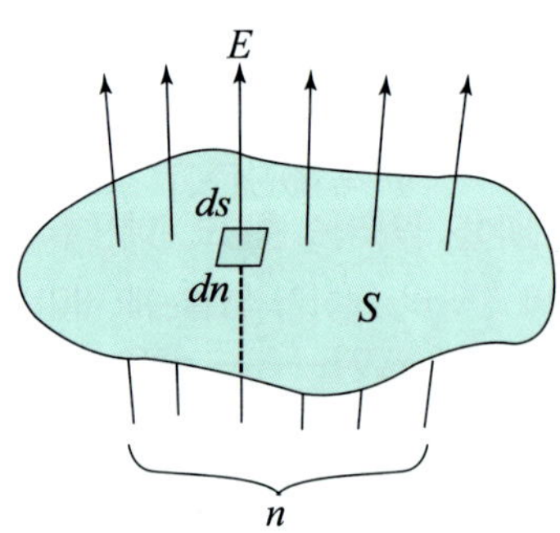

그림 2.8 면 적분과 전기력선 수

<주> 그림 2.8에서 미소 면적을 ΔS라 표시하는 것이 올바른 표현이지만 미분기호 dS로 표시해도 같은 의미이므로 앞으로의 설명에서는 Δl, ΔS, Δv 대신 dl, dS, dv로 표시하기로 한다.

그림 2.8과 같은 폐곡면에서 미소면적 dS 전체를 합하면 S가 된다. 즉 dS를 S에 대해 적분한 것이므로 $\int_S dS$로 나타내며, 이를 폐 곡면에 대한 면 적분(面積分)이라 한다.

그림 2.8의 미소면적 dS에서의 전계는 식 (2.16)으로부터 $E=\frac{dn}{dS}$이므로 폐 곡면을 통과하는 전체 전기력선의 수 n은 EdS를 적분하면 아래와 같다.

$$n=\int_S EdS \tag{2.17}$$

그림 2.9에서 공기 중의 전하 $+Q$로부터 나오는 전기력선의 수를 구해보기로 한다. 전하 $+Q$를 중심으로 반경 r[m]의 구(球) 전하라고 하자. 이 구의 표면으로부터 모두 n개의 전기력선이 고르게 밖으로 나온다.

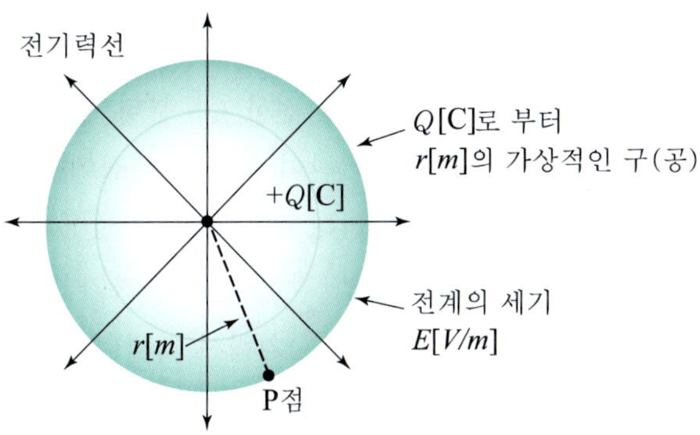

그림 2.9 $+Q$로부터 나오는 전기력선의 수

공기 중에서 반경 r[m] 상에 있는 임의의 점 P에서 전계의 세기 E[V/m]는 식 (2.9)로부터 아래와 같이 나타낼 수 있다.

$$E=\frac{1}{4\pi\epsilon_o}\frac{Q}{r^2}=9\times10^9\times\frac{Q}{r^2}[\mathrm{V/m}]$$

전계의 세기 E는 반경 r[m]인 구(球)의 표면상 어느 점에서도 같고, 전기력선은 구의 표면상 어느 곳에서도 같은 수로 나간다. 또한 전계의 세기는 식 (2.16)에서와 같이 전기력선 밀도와 같으므로 전기력선 밀도는 E[개/m^2]가 된다. 이것은 1[m^2]당 의 전기력선 수이므로 전하 $+Q$로부터 나오는 전체의 전기력선 수 n은 '전기력선 밀도×구의 표면적'에 의해 계산할 수 있다. 구의 표면적은 $4\pi r^2$이므로 n은 아래와 같이 구해진다.

$$\text{공기 중}: n=E\times4\pi r^2=\frac{1}{4\pi\epsilon_o}\times\frac{Q}{r^2}\times4\pi r^2=\frac{Q}{\epsilon_o}[\text{개}] \tag{2.18}$$

일반 유전체에서의 전기력선 수는 식 (2.18)에서 유전률 ϵ_o 대신 $\epsilon = \epsilon_o \ \epsilon_r$ 을 대입하면 아래와 같다.

$$\text{유전체 중에서의 전기력선 수} : n = \frac{Q}{\epsilon} = \frac{Q}{\epsilon_o \epsilon_r} [\text{개}] \tag{2.19}$$

예제 2.5 공기 중에 4.427×10^{-5}[C]의 전하를 놓았다면 전하로부터 나오는 전기력선 수는 몇 개가 되는가? 단, $\epsilon_0 = 8.854 \times 10^{-12}$

풀이 식 (2.18)로부터 $n = \dfrac{4.427 \times 10^{-5}}{8.854 \times 10^{-12}} = 5 \times 10^6$[개]

2.2.3 전속과 전속밀도

식 (2.18)이나 식 (2.19)로부터 알 수 있듯이 전하 Q로부터 나오는 전기력선 수는 유전체의 유전율에 따라 다르다. 식 (2.19)에서와 같이 하나의 매질에서 나오는 전기력선의 수는 Q/ϵ 이므로 전하를 유전율로 나눈 값, 예컨대 Q=1[C], $\epsilon = 10^{-12}$이라면 $1/10^{-12} = 10^{12}$개가 전기력선의 수가 된다. 따라서 그림 2.10과 같이 전하의 크기 1[C]을 전속(電束)이라 가정한다면, 즉, 10^{12}개의 전기력선을 하나의 전(電)기력선 다발(속:束)이라고 가정하면 전하의 크기 1[C]이 전속 1이 되고, 전하의 크기 2[C]인 경우는 전속이 2가 되므로 매질에 관계없이 전하 Q의 크기로 전기력선의 수를 상대적으로 표시할 수 있다.

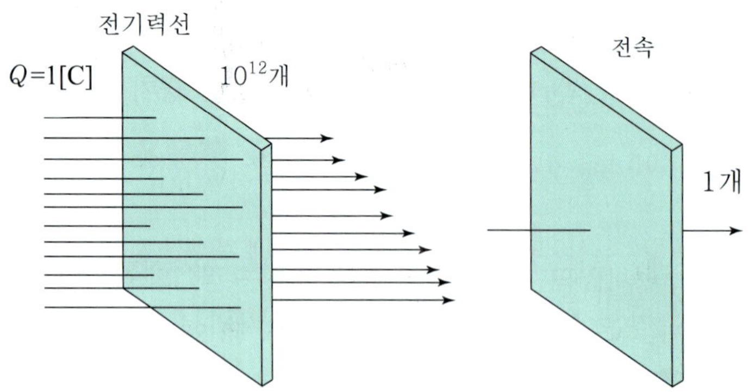

그림 2.10 전기력선과 전속

따라서 전기력선 대신 전속(電束)이라는 개념을 정의하면 편리하다. 다시 말해서 전하 Q로부터 Q개의 전속이 나온다고 가정하면 유전체의 종류에 관계없이 전속수는 전하의 크기

(Q)와 같으므로 전하의 크기가 같다면 전기력선 수 또한 같다. 따라서 아래와 같이 전하의 크기가 전속 수(ϕ)가 되고, 그 단위는 [C]이 된다.

$$\phi = Q\,[\mathrm{C}] \tag{2.20}$$

다음에 그림 2.11과 같이 전속과 수직으로 교차하는 단위 면적 당 전속 수를 전속밀도라 한다. 전속밀도는 D로 표기하고, 그 단위는 [C/m^2]이다. 따라서 면적 S[m^2]당 전속 Q[C]일 때의 전속밀도는 아래와 같이 나타낼 수 있다.

$$D = \frac{Q}{S}\,[\mathrm{C/m^2}] \tag{2.21}$$

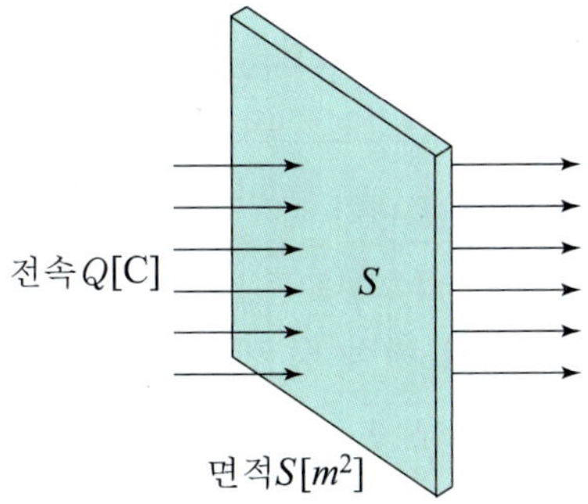

그림 2.11 전속밀도

구(球) 전하에서의 전속밀도는 그림 2.9와 같이 점 전하 +Q[C]로부터는 Q[C]의 전속이 모든 방향으로 나오므로 전하 Q로부터 r[m] 떨어져있는 있는 구(球) 상에서의 전속밀도는 반경 r[m]에서의 표면 면적이 $4\pi r^2$이므로 아래와 같다.

$$D = \frac{\text{전속}}{\text{표면 면적}} = \frac{Q}{4\pi r^2}\,[\mathrm{C/m^2}] \tag{2.22}$$

만일 전하가 유전율 ϵ의 유전체 중에 있을 경우의 전속밀도는 아래와 같이 구할 수 있다. 공기 중에 있는 구(球) 전하의 전계의 세기와 전속밀도의 관계는 식 (2.9), 식 (2.22)로부터

$$E = \frac{Q}{4\pi\epsilon_0 r^2} = \frac{1}{\epsilon_0} \times \frac{Q}{4\pi r^2} = \frac{D}{\epsilon_0}\,[\mathrm{V/m}] \tag{2.23}$$

양변을 ϵ_0로 곱하면 아래와 같이 된다.

$$D = \epsilon_0 E\ [\mathrm{C/m^2}] \tag{2.24}$$

예제 2.6 반경이 5[cm]인 6.28[C]의 원형 전극 판에서의 전속밀도는 얼마인가?

풀이 면적 S= πr^2=3.14×$(5\times10^{-2})^2$이므로 식 (2.22)에서 4 πr^2대신 πr^2을 대입하면

$$D=\frac{6.28}{3.14\times(5\times10^{-2})^2}=\frac{200\times10^2}{25}=8\times10^2[\mathrm{C/m^2}]$$

예제 2.7 공기 중에 점 전하 Q=6×10^{-5}[C]을 놓았을 때 거리 2.8[m]에 떨어진 위치에서의 전속밀도 D와 전계의 세기 E는 얼마인가? 단, $\epsilon_0=8.854\times10^{-12}$

풀이

Q=6×10^{-5}[C] ● —— 2.8[m] —— ○

식 (2.22)로부터 전속밀도는 아래와 같고,

$$D=\frac{Q}{4\pi r^2}=\frac{6\times10^{-5}}{4\times3.14\times2.8^2}\fallingdotseq 6.1\times10^{-7}[\mathrm{C/m^2}]$$

식 (2.23)으로부터 전계의 세기 E를 구하면 아래와 같다.

$$E=\frac{D}{\epsilon_0}=\frac{6.1\times10^{-7}}{8.854\times10^{-12}}\fallingdotseq 6.9\times10^4[\mathrm{V/m}]$$

예제 2.8 공기 중에 점 전하 Q = 1,771[C]에서 나오는 전기력선의 수와 전속 수는 몇 개 인가? 단 진공 중의 유전율 ϵ_0 = 8.854×10^{-12}

풀이 식 (2.18)로부터 전기력선의 수는 아래와 같고,

$$n=\frac{Q}{\epsilon_0}=\frac{1.771\times10^3}{8.854\times10^{-12}}\fallingdotseq 2\times10^{14}[개]$$

전속 수 ϕ는 (2.20)으로 부터

$$\phi=Q=1.771\times10^3[개]$$

2.2.4 가우스(Gauss)의 법칙

그림 2.12와 같이 공기 중에 있는 폐 곡면 상에 많은 점 전하가 모여있고, 그 전속밀도가 D라 하면 여기서 나가는 미소 전속 $d\phi$는

$$d\phi=DdS$$

가 되고, 양변에 적분을 취하면

$$\phi = \int_S DdS \tag{2.25}$$

가 된다.

이미 앞 절(2.2.3)에서 설명한 바와 같이 전속의 수는 전하량 Q[C]와 같으므로 위의 식은 아래와 같이 고쳐 쓸 수가 있다.

$$\int_S DdS = Q \tag{2.26}$$

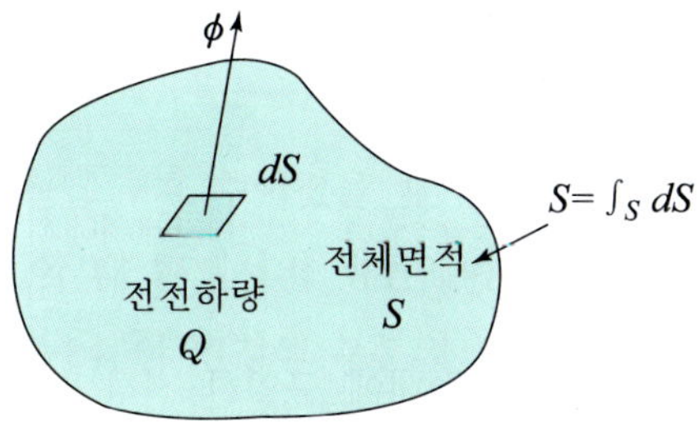

그림 2.12 가우스의 법칙

위의 식으로 나타낸 관계를 전속에 대한「가우스의 법칙」이라 한다.

또한 앞에서 공기 중에서 전하량이 Q[C]인 구(球) 전하의 전계의 세기는 Q/ϵ_0 이므로 폐곡면상의 구 전하로부터 나오는 전기력선의 수 n은 아래와 같이 나타낼 수 있다.

$$n = \int_S EdS = \frac{Q}{\epsilon_0} \tag{2.27}$$

위의 식을 전기력선에 대한 가우스의 법칙이라 한다. 이를 정리하면 아래와 같다.

가우스의 법칙

- 임의의 폐 곡면에서 나오는 전 전속의 수는 폐 곡면 내에 있는 전 전하량과 같다.

$$\int_S DdS = Q$$

- 공기 중에서 임의의 폐 곡면에서 나오는 전기력선의 수는 폐 곡면 내에 있는 전 전하량의 $1/\epsilon_0$ 배와 같다.

$$\text{공기중} \quad n = \int_S EdS = \frac{Q}{\epsilon_0}$$

참고지식

폐 곡면 내에 (1) 점 전하 분포, (2) 연속적인 선 분포, (3) 연속적인 면 분포, (4) 연속적인 체적 분포를 하고 있을 때의 전하밀도를 각각 Q_n[C], ρ_l[C/m], ρ_s[C/m^2], ρ_v[C/m^3]라 하면 총 전하량 Q는 아래와 같다.

(1) $Q = \sum Q_n$[C] : 점 전하 분포

(2) $Q = \int_l \rho_l \, dl$[C] : 선 전하 분포

(3) $Q = \int_S \rho_s \, dS$[C] : 면 전하 분포

(4) $Q = \int_v \rho_v \, dv$[C] : 체적 전하 분포

2.2.5 전계의 발산과 발산정리

육면체의 미소체적 dv를 가정하고, dv내에 균일한 전하밀도 ρ[C/m^3]가 분포하고 있다고 할 때 dv내의 미소 전하량 dq는 아래와 같다.

$$dq = \rho dv \tag{2.28}$$

이 미소체적 dv의 표면적을 폐 곡면으로 하는 도체에 가우스의 법칙을 적용하면

$$\int E \cdot dS = \frac{dq}{\epsilon_0} = \frac{\rho dv}{\epsilon_0} \tag{2.29}$$

양변을 dv로 나누면

$$\frac{\int E \cdot dS}{dv} = \frac{\rho}{\epsilon_0} \tag{2.30}$$

식 (2.30)에서 dv를 0에 가깝게 한다면 미소체적 dv는 하나의 점으로 볼 수 있으므로 가우스의 법칙은 그 점에서의 전계와 전하 사이의 관계식으로 나타낼 수 있다. 이를 전계의 발산(發散 : divergence)이라 하며 div E 또는 $\nabla \cdot E$로 표기한다(뒤의 10.5.2 참조).

$$\nabla \cdot E = \lim_{dv \to 0} \frac{\int_S E dS}{dv} = \frac{\rho}{\epsilon_0} \tag{2.31}$$

식 (2.31)의 전계에 대한 발산 식은 전계의 미분형태를 의미한다. 다시 말하면 진행방향에서 전계의 변화율을 말한다. 예컨대 미소체적에서 전계가 증가하면 즉, 전기력선의 수가 많아지면 그 점에서의 발산은 +값($\nabla \cdot E > 0$)을 갖고, 전계가 감소하면 발산은 −값

($\nabla \cdot E<0$)을 갖는다. 따라서 어느 점에서 전계가 증가하면 그 점에서의 전하밀도 값이 + 이고, 전계가 감소하면 그 점에서의 전하밀도 값이 −임을 의미한다. 또한 역으로 식 (2.31)의 의미는 어느 한 점에 전하밀도(ρ)가 존재하면 그 점에서 전계가 발산한다는 것을 말한다.

그림 2.13은 전계의 발산과 전하밀도의 관계를 설명하고 있다.

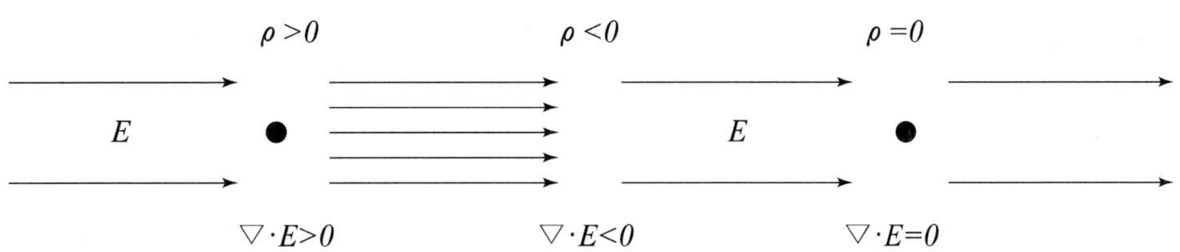

그림 2.13 전계의 발산

폐 곡면 내에 존재하는 전하 Q는 전하밀도 ρ를 전체 폐 곡면에 걸쳐 체적 적분하면 되므로 식 (2.28)의 $dq=\rho dv$를 적분하면 아래와 같이 Q를 구할 수 있다.

$$Q=\int_v \rho dv \tag{2.32}$$

가우스의 법칙을 나타내는 식 (2.26)의 우변 대신 식 (2.32)를 대입하면

$$\int_S DdS=\int_v \rho dv \tag{2.33}$$

이 되며, 이 식을 「가우스의 발산 정리」라 한다. 발산정리는 임의의 벡터를 폐 곡면에서 면적 적분한 값은 그 벡터의 발산을 취한 후 폐 곡면이 만드는 체적으로 체적 적분한 값과 같음을 뜻한다. 발산기호로 식 (2.33)을 나타내면 아래와 같은 식이 된다.

$$\int_S DdS=\int(\nabla \cdot D)dv=\int_v \rho dv \tag{2.34}$$

발산정리는 면적 적분을 체적 적분으로 변환하는 식으로 사용되는 중요한 관계식이다.

한편 도체 내부의 전계의 세기는 0이므로 도체 내부에는 전하가 존재하지 않는다. 단지 전하는 도체 표면에만 분포한다. 따라서 도체 내의 폐 곡면 내부에는 전하(ρ)가 존재하지 않으므로 가우스의 법칙을 나타내는 식 (2.26)과 식 (2.27)에서 우변이 0이 된다. 즉, 아래와 같은 식이 되고, 전기력선은 발생하지 않는다.

$$\int_S DdS=0, \quad n=\int_S EdS=0 \tag{2.35}$$

그림 2.14와 같은 중공(中空) 도체의 경우를 예를 들어 설명하기로 한다. 설사 중공부에 전하 $+Q$가 있다고 해도 중공부에 가까운 도체 내부에는 정전유도현상에 의해 −전하가 유도되고, 도체표면에 가까운 쪽에는 +전하가 분포하여 도체 내부의 총 전하는 0이 된다.

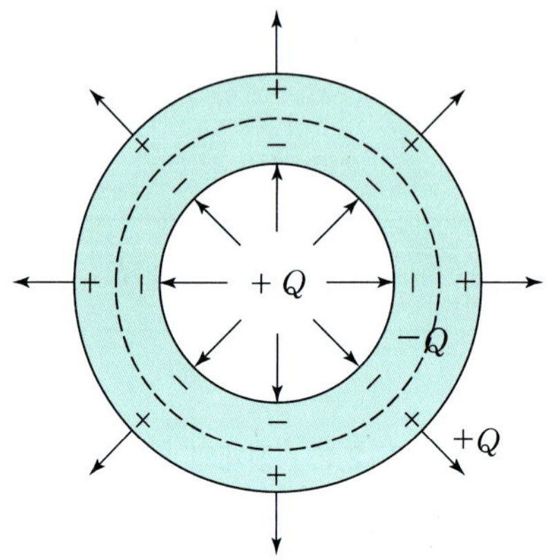

그림 2.14 중공 도체의 전하와 전기력선

한편 전기력선의 발생원 측 입장에서 보면 중공부의 $+Q$에 의해 도체 쪽으로 들어간 전기력선은 표면에 분포된 전하 $+Q$에 의해 다시 밖으로 같은 수의 전기력선이 나가게 된다. 따라서 도체에 들어온 전기력선의 수와 나간 전기력선의 수는 같으므로 $n = \int_S EdS = 0$ 이 되어 식 (2.35)가 성립한다. 지금까지의 내용을 정리하면 아래와 같다.

1. 도체 내부의 전계의 세기는 0이다.
2. 도체 내부에는 전하가 존재하지 않고, 도체 표면에만 전하가 존재한다.
3. 도체 내부에서 발생하는 전기력선의 총 수는 0이다.

2.2.6 가우스의 법칙에 의한 전계의 계산

(1) 구 대전체

그림 2.15와 같이 반경이 r[m]인 대전체에서 전하가 균등하게 분포되어 있고, 전체 전하량이 Q[C]일 때의 외부 및 내부에서의 전계를 구해보기로 한다.

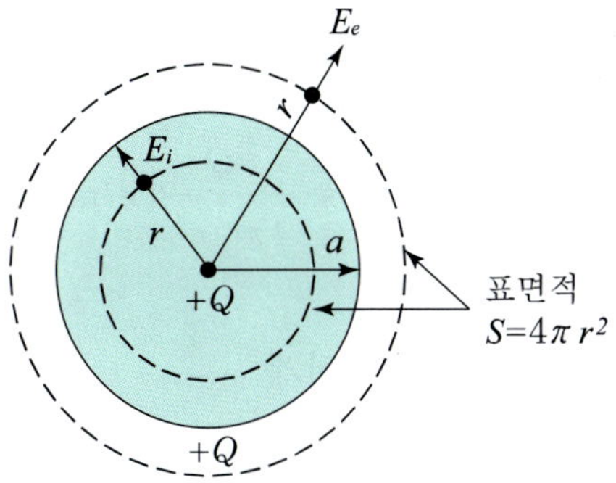

그림 2.15 구 대전체의 전계

(a) 구 외부 전계

외부 전계인 경우에는 그림2.15에서 $r>a$가 되고, 전기력선에 대한 가우스의 법칙에 의해

$$\int_S EdS = \frac{Q}{\epsilon_0}$$

이므로 구 대전체에서 거리 r[m] 떨어진 점에서 구면에 수직한 외부의 전계의 세기 E_e는

$$E_e = \frac{Q}{\epsilon_0} \cdot \frac{1}{\int_S dS} \tag{2.36}$$

이 되고, $\int_S dS$는 반경 r[m]인 구(球)의 표면적$=4\pi r^2$이므로

$$E_e = \frac{Q}{\epsilon_0} \cdot \frac{1}{4\pi r^2} = \frac{Q}{4\pi \epsilon_0 r^2} [\mathrm{V/m}] \tag{2.37}$$

가 된다.

(b) 구 내부 전계

그림 2.15에서 $r<a$인 내부에 있는 전계의 세기를 구해보기로 한다. 반경 a[m]인 구(球)의 전 전하량이 Q, 반경이 r[m]인 구(球)의 전 전하량을 Q'라 하면 반경이 다른 구의 전하량은 구의 체적에 비례하고, 이들의 체적은 $\frac{4}{3}\pi a^3$, $\frac{4}{3}\pi r^3$이므로

$$\frac{Q'}{Q} = \frac{\frac{4}{3}\pi r^3}{\frac{4}{3}\pi a^3} = \frac{r^3}{a^3}, \quad \therefore\ Q' = \frac{r^3}{a^3} \cdot Q \tag{2.38}$$

가 된다. Q'를 식 (2.37)의 Q대신 대입하면 내부에서의 전계의 세기 E_i는

$$E_i = \frac{\frac{r^3}{a^3} \cdot Q}{4\pi\epsilon_0 r^2} = \frac{rQ}{4\pi\epsilon_0 a^3} \text{[V/m]} \tag{2.39}$$

(2) 무한 길이의 원주형 대전체에서의 전계

그림 2.16과 같이 무한히 길고 반경이 a[m]인 원주(원기둥)의 단위 길이 당 전하량을 λ [C/m]라 할 때 외부 및 내부에서의 전계의 세기 E_e, E_i를 구해보기로 한다.

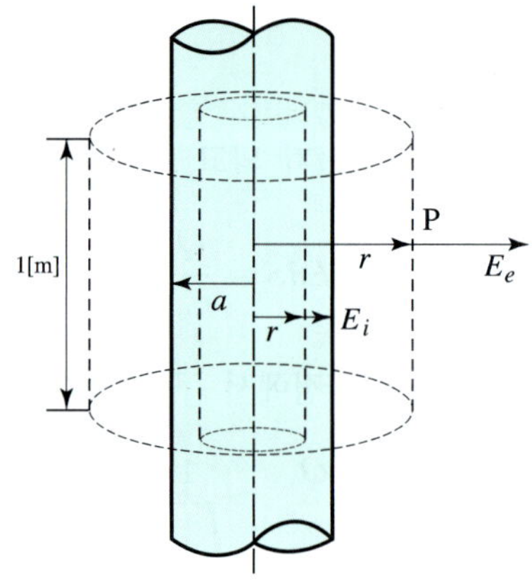

그림 2.16 원주형 대전체의 전계

(a) 원주 외부 전계

그림 2.16의 점 P, 즉 $r>a$에서의 전계의 세기 E_e는 가우스의 법칙에 의해서

$$\int_S E_e dS = \frac{\lambda}{\epsilon_0} \text{로부터} \qquad E_e = \frac{\lambda}{\epsilon_0 \int_S dS} \text{[V/m]} \tag{2.40}$$

원둘레는 $2\pi r$[m]이므로 단위 길이에서의 $\int_S dS = 1\text{[m]} \times 2\pi r\text{[m]} = 2\pi r\text{[m}^2\text{]}$ 이므로 식 (2.40)은 아래와 같다.

$$E_e = \frac{\lambda}{2\pi\epsilon_0 r} \text{[V/m]} \tag{2.41}$$

(b) 원주 내부 전계

내부 전계의 세기 E_i는 식 (2.41)에서 q대신 내부 반경 $r(r<a)$인 원통(점선)에서의 단위

길이 당 전하량 λ'를 대입하면 된다. 반경이 다른 원통도체의 전하량은 체적에 비례하므로

$$\frac{\lambda'}{\lambda}=\frac{\pi r^2}{\pi a^2}, \quad \therefore \ \lambda'=\frac{r^2}{a^2}\cdot\lambda \tag{2.42}$$

식 (2.41)에 λ대신 식 (2.42)의 λ'를 대입하면 내부 전계의 세기 E_i는 아래와 같게 된다.

$$E_i=\frac{\frac{r^2}{a^2}\cdot\lambda}{2\pi\epsilon_0 r}=\frac{r\cdot\lambda}{2\pi\epsilon_0 a^2}[\text{V/m}] \tag{2.43}$$

예제 2.9 반경 10[cm], 길이 5[m]인 대전체의 전하량이 10^{-5}[C]이라면 이 대전체에서 수직거리 20[cm]에서의 전계의 세기는 얼마인가? 단, $\epsilon_0=8.854\times10^{-12}$

풀이 단위 길이 당 전하 $\lambda=10^{-5}/5=2\times10^{-6}$이므로 이를 식 (2.43)에 대입하면

$$E_i=\frac{(20\times10^{-2})\times(2\times10^{-6})}{2\times3.14\times8.854\times10^{-12}\times(10^{-1})^2}=\frac{40}{55.60312}\times10^6 \fallingdotseq \mathbf{7.2\times10^5[V/m]}$$

2.2.7 전위차, 전위 경도

그림 2.17과 같이 전하 $+Q$[C]로부터 r_1 떨어진 위치 A점의 전위를 V_A, r_2 떨어진 위치 B점의 전위를 V_B라 할 때 V_A와 V_B의 차 V_B-V_A를 전위차(電位差)라 한다

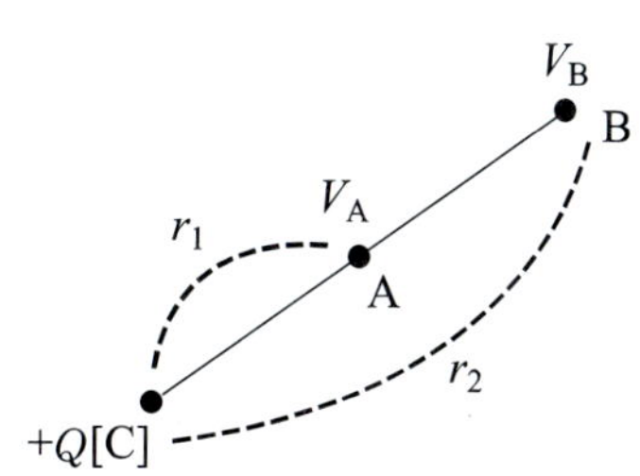

그림 2.17 $+Q$의 전계에서의 전위차

전위란 어느 점에서 전계의 세기 E에서 이동한 거리(r)에 대한 일(에너지)이므로 균등한 전계에서 전위 V_r은 아래와 같이 나타낼 수 있다.

$$V_r=E[\text{V/m}]\times r[\text{m}] \ [\text{V}] \tag{2.44}$$

공기 중에서라면 식 (2.9)로부터

$$V_r = \frac{Q}{4\pi\epsilon_0 r^2} \times r = \frac{Q}{4\pi\epsilon_0 r} = 9.0\times 10^9 \times \frac{Q}{r}\,[\mathrm{V}] \tag{2.45}$$

전위경도(電位傾度)란 전계 중에서 거리의 변화에 대한 전위의 변화를 나눈 값을 말한다. 만일 전계 중의 두 점간에 전위차가 ΔV이고, 떨어진 거리가 Δr이라면 전위경도 g는 아래와 같다.

$$g = \frac{\Delta V}{\Delta r}\,[\mathrm{V/m}] \tag{2.46}$$

그림 2.18과 같이 간격이 t인 2개의 평행 금속판에 전압 V[V]를 가해줄 때 양 금속판에는 $+Q$, $-Q$의 전하가 생기고, 양 금속 판 사이의 $+Q$와 $-Q$ 사이에 균등전계(均等電界)가 형성된다. 이 균등전계의 세기를 E라 하면 +1[C]의 전하를 어느 위치에 놓아도 전계의 세기는 똑같은 크기의 E가 된다. 즉 +1[C]의 전하는 E라는 힘을 받게 된다.

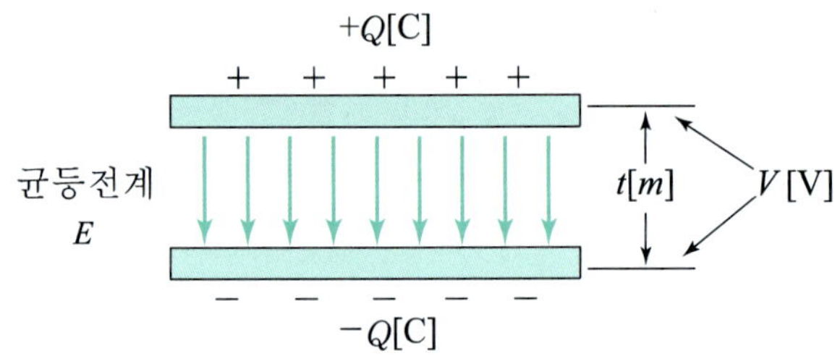

그림 2.18 두 개의 평행 금속판의 전위경도

만일 1[C]의 전하를 $+Q$의 힘에 대항하여 $+Q$쪽으로 이동시키고자 한다면 $E\times t$의 일이 필요하고, 이 값은 바로 가해진 전위 즉 전압 V와 같은 값이므로 아래의 관계식이 성립한다.

$$V = Et, \qquad E = \frac{V}{t}\,[\mathrm{V/m}] \tag{2.47}$$

위의 식에서 우변은 전위경도를 나타내므로 전계의 세기와 전위경도는 같다.

예제 2.10 그림 2.19와 같이 공기 중에 전하 $30\mu C$과 $10\mu C$이 A점에서 20cm, 40cm 떨어져 있을 때 A점과의 전위 V_1, V_2는 각 각 얼마가 되는가?

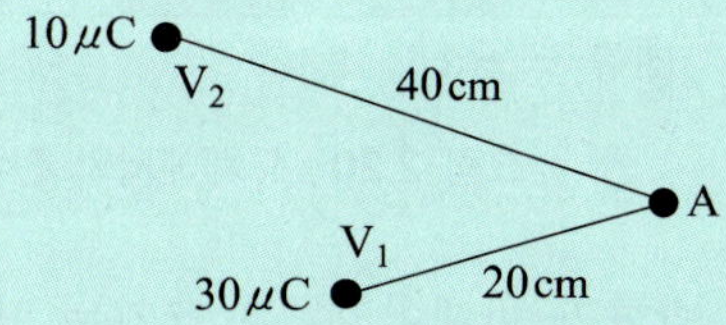

그림 2.19 전위계산

풀이 식 (2.45)로부터

$$V_1 = 9\times10^9\times\frac{Q}{r} = 9\times10^9\times\frac{30\times10^{-6}}{0.2} = 9\times10^9\times1.5\times10^{-4} = \mathbf{1.35\times10^6}[\mathrm{V}]$$

$$V_2 = 9\times10^9\times\frac{Q}{r} = 9\times10^9\times\frac{10\times10^{-6}}{0.4} = 9\times10^9\times2.5\times10^{-5} = \mathbf{2.25\times10^5}[\mathrm{V}]$$

토막지식

쿨롱(Charles Augustin de Coulomb : 1736~1806)은 프랑스 앙그램(Angouleme)에서 태어난 물리학자로서 1784년 실과 금속선의 비틀림에 관한 연구결과를 발표하였고, 1785년 정전기 의 힘에 관한 연구를 정리하여 발표하였다. 정전기와 정자계의 힘에 관한 「쿨롱의 법칙」 의 업적을 기리는 의미에서 전하의 단위에 쿨롱[C]을 사용하고 있다.

2.3 전류와 전류밀도

지금까지는 정전계(靜電界)에 대해서 설명하였다. 정전계에서 전하는 정지해 있고, 따라서 도체 내부에서 모든 점에서의 전위는 등(等)전위이므로 전계는 0이다. 그러나 도체 양단에 전위가 주어지면 전하는 힘을 받아 이동하게 되고, 이 전하의 이동이 곧 전류이다. 이미 1장에서 설명하였듯이 도체 내에서 −전하를 갖는 전자가 그림 2.20과 같이 이동하면 도체 내에 전류가 흐른다.

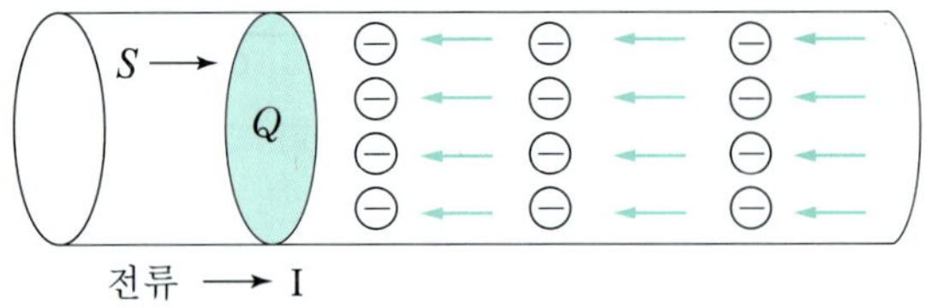

그림 2.20 도체에서의 전류

전류의 방향은 전자의 방향과 반대이고, 그 크기는 단위시간에 통과한 전하량으로 정의하며 아래와 같이 나타낸다. 전하 Q의 단위는 [C], 시간 t의 단위는 [s]일 때 전류의 단위는 암페어[A]이다.

$$I=\frac{Q}{t}[\mathrm{A}] \tag{2.48}$$

따라서 전류 1[A]는 도체의 임의의 단 면적을 1[초] 동안에 통과하는 전하량이 1[C]일 때의 크기를 말한다. 그림 2.20에서 연청색의 면적 S[m^2]에 흐르는 전류가 I[A]라면 전류밀도 J는 아래와 같이 나타낸다. 그 단위는 [$\mathrm{A/m}^2$]이다.

$$J=\frac{I}{S}[\mathrm{A/m}^2] \tag{2.49}$$

> **토막지식**
>
> 암페어(Andre Marie Ampere : 1775~1836)는 프랑스의 물리학자로서 리온에서 태어났으며, 1820년 덴마크의 에르스테드가 전류가 자침을 움직이는 것을 발견하고 4페이지의 논문을 발표한데 이어 그는 두달 후 에르스테드의 발견을 확장해서 전류와 자계에 관한 유명한 오른 나사의 법칙이라 일컫는 「암페어의 법칙」을 발표하여 전기자기학의 기초를 확립하였다. 그의 이러한 공로를 기리기 위하여 전류의 단위를 암페어(Ampere : A)로 정하여 사용하고 있다

예제 2.11 도선 내에 5초 동안에 3[C]의 전하가 이동할 때 흐르는 전류는 몇[A]인가?

풀이 식 (2.48)로부터,

$$I=\frac{Q}{t}=\frac{3}{5}=0.6[\mathrm{A}]$$

예제 2.12 도체에 6초 동안 2[A]의 전류가 흘렀다면 전하량은 몇[C]인가?

풀이 식 (2.48)로부터

$$Q=\mathrm{I}\times t=2\times 6=12[\mathrm{C}]$$

2.4 전압과 기전력

그림 2.21은 물이 담긴 수조(水槽)를 나타낸다. 높이 h_1(A)의 수압이 제일 낮고, 높이 h_3(C)의 수압이 제일 높다. 마찬가지로 1.5[V] 건전지 3개를 연결한 그림 2.22에서 A점의 전위(電位)가 1.5[V]로 제일 낮고, C점의 전위가 4.5[V]로 제일 높다. 수위가 높을수록 물(水)의 위치(位置)에너지가 높고, 건전지의 [V]수가 높을수록 전기적(電氣的) 위치(位置)에너지가 높다. 따라서 수조의 높이 h_1, h_2, h_3에서 물의 위치에너지를 수압(水壓) 또는 수위(水位) A, B, C라고 하는 것과 마찬가지로 건전지의 접속점 a, b, c에서의 전기에너지 1.5[V], 3[V], 4.5[V]를 전압(電壓) 또는 전위(電位)라고 부른다. 그림 2.21에서 수조에 붙어 있는 파이프의 밸브를 열 경우 수압이 높은 쪽이 더 큰 힘으로 물을 배출하고, 그림 2.22에서 건전지의 a, b, c점에 전구(電球)를 연결할 때 전압이 높은 쪽일수록 더 밝다.

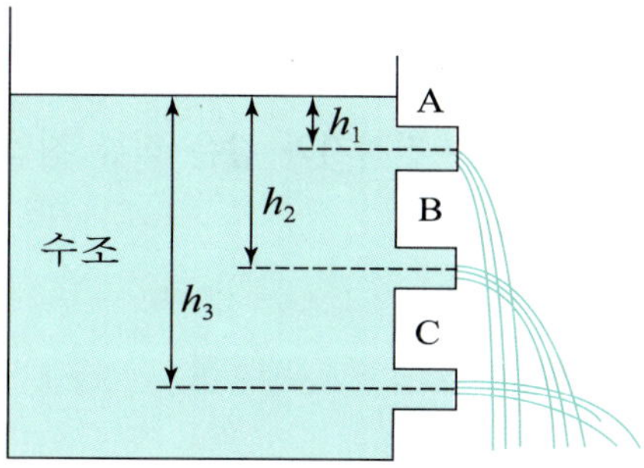

그림 2.21 수조와 수위

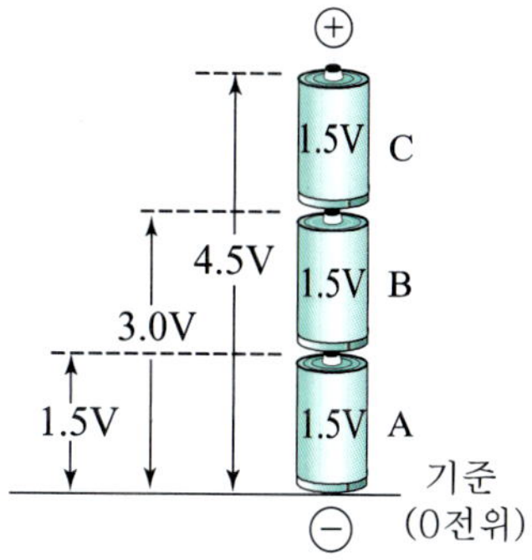

그림 2.22 전지의 전위

기전력에 대한 보충설명을 위해 그림 2.23과 같이 건전지 1개에 전구를 연결하는 경우에 대해서 검토해보기로 한다.

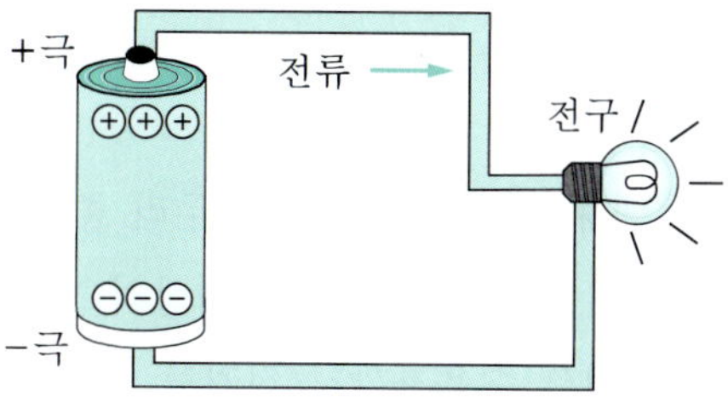

그림 2.23 기전력과 전류

건전지에 전구를 연결하면 건전지의 +극성에서 +전하가 공급되어 전류가 흐른다. 이 때 건전지에서 공급되는 +전하들이 전구에 불을 켤 수 있는 힘의 원천이 된다고 해서 즉, 전기를 일으킬 수 있는 힘의 원천이 된다고 해서 이를 기전력(起電力)이라 한다. 건전지 1개로 내부에서 단위 시간 당 공급할 수 있는 전하의 수는 정해져있으므로 건전지를 3개 연결하면 3배의 전하를 공급할 수 있으므로 기전력의 크기는 3배 증가된다. 이것은 마치 수조에서 그림 2.24와 같이 용기 A 1개의 물을 수조에 부어 공급할 수 있는 수량보다 용기 3개의

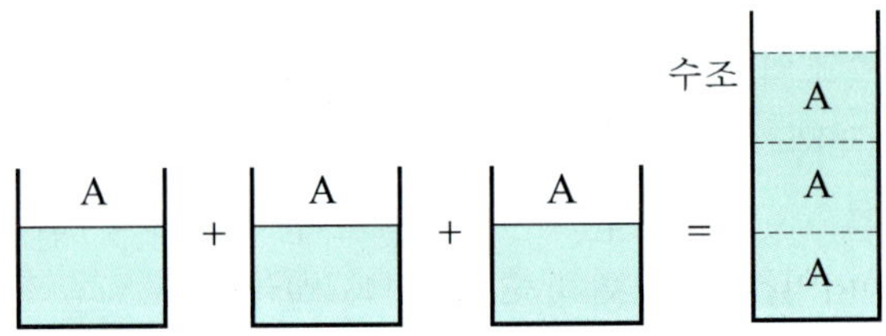

그림 2.24 수조의 수량

물을 부어 공급할 수 있는 수량이 3배 큰 것과 같은 원리이다. 이상을 정리하면 전압(電壓), 전위(電位), 기전력(起電力)은 전기적으로 같은 의미이며, 단위는 볼트(V)로 표시한다.

기전력의 표시기호는 그림 2.25와 같다. 그림 2.25(a)는 건전지와 같은 직류 전압을 나타내고, 그림 2.25(b)는 교류전압을 나타낸다.

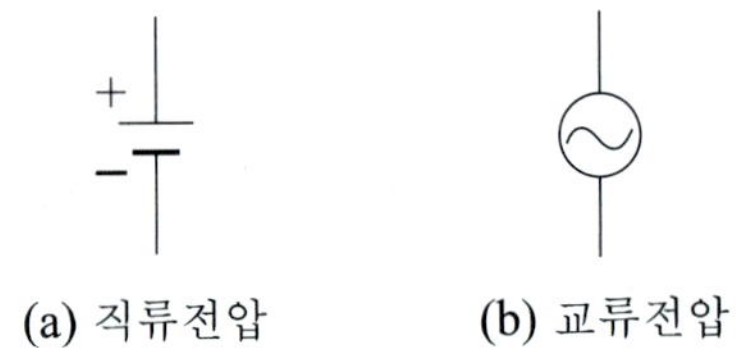

그림 2.25 기전력의 표시기호

2.5 저항

이미 1장의 1.5에서 저항에 대해서 설명하였다. 아무리 좋은 도체라고 해도 그 내부에는 저항이 존재한다. 전기를 전송하는 전선의 저항이 이상적으로 0[Ω]이면 바람직하겠지만, 실제는 그렇지 못하므로 발전소에서 수용자까지 전기를 보내는 과정에서 저항을 감소시켜 전압손실을 방지하기 위한 여러 가지 방법이 사용되고 있다. 한편으로는 전기회로나 전자

회로에서 저항을 유용하게 사용하는 경우도 많이 있으므로 저항이 꼭 불필요한 소자는 아니다. 이 절에서는 1.5에서 다루지 못했던 저항률과 저항의 온도계수에 대해서 언급하기로 한다.

2.5.1 저항률

물질의 저항률(ρ)은 그림 2.26과 같이 길이 1[m], 단면적 1[m^2]의 저항을 말한다.

다시 말해서 가로, 세로, 높이가 1[m]인 입방체 [1m^3]의 저항을 그 물질의 저항률이라고 정의한다. 1.5에서도 나타내었지만 저항률의 단위는 [Ω·m]이다. 저항률의 역수($1/\rho$)를 도전률(導電率 : conductivity)이라 한다. 도전률은 전류를 얼마나 잘 흘리게 하느냐의 정도를 나타내며, 단위는 [S/m]이지만 보통 표준 연동(軟銅)을 기준으로 한 백분율로 표시한다. [S]는 지멘스라 읽는다.

$$\sigma = \frac{1}{\rho}[\text{S/m}] \tag{2.50}$$

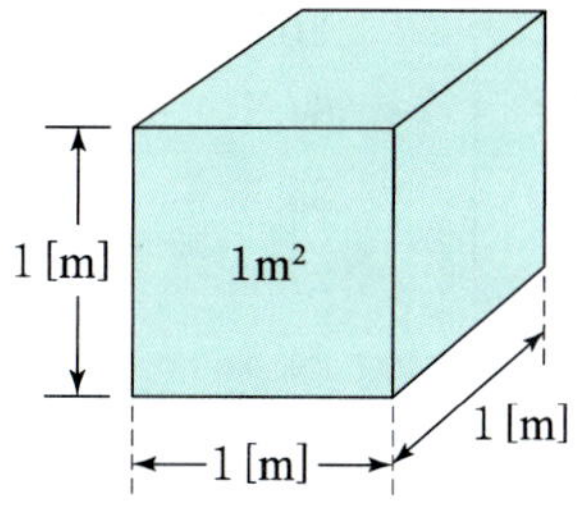

그림 2.26 저항률의 정의

2.5.2 저항의 온도계수

도체의 저항은 온도가 증가하면 저항도 증가한다. 그러나 반도체는 그 반대로 온도가 올라가면 저항은 감소한다. 금속에서는 온도가 올라가면 내부에서 자유전자의 운동이 활발해져 그만큼 내부에서 자기들끼리 충돌할 확률도 높아지므로 저항이 증가한다. 금속도체에서는 온도 −20°C~200°C 범위에서 온도변화에 대하여 저항이 일정한 계수로 변하는데 온도 20°C의 저항 R_{20}을 기준으로 하여 온도 1°C 상승할 때의 저항 상승분을 r이라 하면 온도계수 α_{20}은 아래와 같이 표시한다.

$$\alpha_{20} = \frac{r}{R_{20}} [\mathrm{m}/\Omega] \tag{2.51}$$

위의 식으로부터 온도 1°C 상승에 따른 저항 증가분 r은 아래와 같다.

$$r = \alpha_{20} R_{20} [\Omega] \tag{2.52}$$

따라서 온도 T℃ 변화시의 저항 값은 아래와 같이 표시할 수 있다.

$$\begin{aligned} R_T &= R_{20} + \alpha_{20} R_{20}(T-20) \\ &= R_{20}\{1 + \alpha_{20}(T-20)\} \ [\Omega] \end{aligned} \tag{2.53}$$

표 2-1은 국제 표준 연동을 기준으로 한 각종 금속 도체의 도전률과 온도계수를 나타낸다. 단, 국제 표준 연동의 도전률은 5.8×10^7[S/m].

표 2.1 금속 도체의 도전률, 저항 온도계수

도체명	도전률 σ [%]	저항온도계수 (20℃)
은(Ag)	104.2	0.0038
동(Cu)	100	0.00393
알미늄(Al)	64.5	0.0039
몰리브텐(Mo)	35.5	0.0033
아연(Zn)	27.7	0.0037
니켈(Ni)	24.5	0.006
철(Fe)	16.9	0.005
백금(Pt)	16.0	0.003

예제 2.13 20℃에서 동(銅)의 저항이 20[Ω]이다. 이 동의 온도가 35℃인 때의 저항은 몇 [Ω]인가? 단, 동의 온도계수는 4.0×10^{-3}으로 계산.

풀이 식 (2.53)으로부터,

$$R_T = 20\{1+(4.0\times10^{-3})\times(35-20)\} = 20(1+6\times10^{-2}) = 20\times1.06 = \mathbf{21.2[\Omega]}$$

서미스터(Thermistors)는 매우 높은 온도계수를 갖는 저항체이다. 서미스터는 크게 나눠 PTC(Positive Temperature Coefficient)와 NTC(Negative Temperature Coefficient)가 있으며, PTC는 온도 상승에 따라 저항치가 증가하고, NTC는 온도상승에 따라 저항이 감소한다. NTC형은 천이금속이라 불리는 망간, 코발트, 니켈, 철 등의 금속산화물로 구성되고, PTC형은 티탄산 바륨계 또는 실리콘계로 되어 있다. 일반적으로 서미스터라고 하면 NTC를 말하며, 온도 센서로 사용되는 NTC형 서미스터의 사용 온도범위는 −200°C~450°C이다.

2.6 옴(Ohm)의 법칙

아래와 같은 간단한 두 가지 실험을 해보자. 1.5[V]의 건전지에 전구 한 개를 연결하면 그림 2.27(a)와 같이 전류가 흐르고, 전구에 불이 켜진다. 이 때 흐르는 전류를 I라고 하고,부하로 연결한 전구의 저항을 R이라고 한다. 그림 2.27(b)는 건전지를 2개 연결하여 전압을 1.5[V]에서 3[V]로 2배 증가시킨 경우이다. 이 때 전구의 밝기는 전압이 1.5[V]인 그림 2.27(a)의 경우보다 2배 가까이 밝아진다. 이것은 전구의 밝기가 전류에 거의 비례하는 때문이다. 따라서 전압이 증가하면 전류도 증가하므로 전류의 크기는 전압에 비례한다고 말할 수 있다. 그림 2.27(c)는 전압은 1.5[V] 그대로 두고, 전구를 2개 직렬로 연결시킨 경

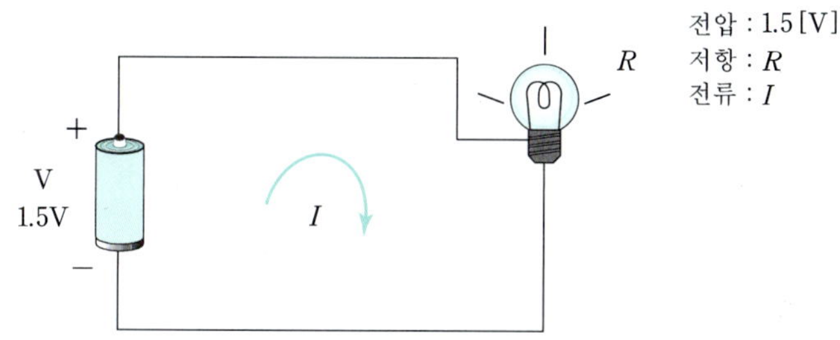

(a) 건전지 1개, 전구 1개

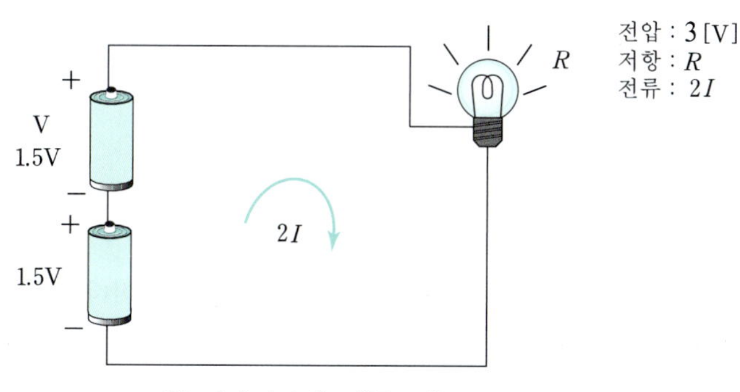

(b) 건전지 2개, 전구 1개

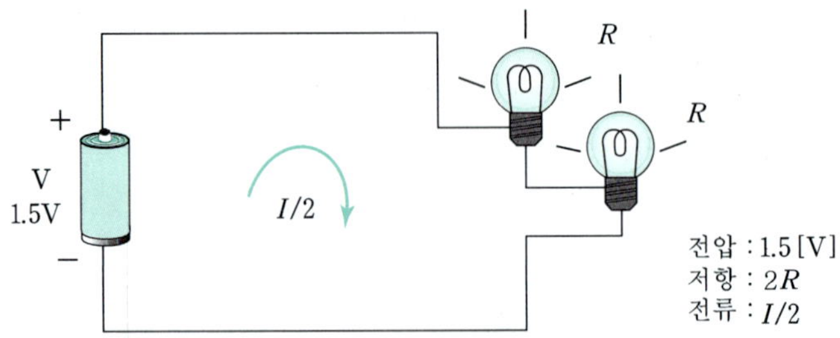

(c) 건전지 1개, 전구 2개

그림 2.27 전압, 전류, 저항 관계

우이다. 다시 말해서 전구 하나의 저항이 R이므로 저항을 $2R$로 2배 증가시킨 것과 같은 경우이다. 이 때 전구의 밝기를 살펴보면 둘 다 흐려진다. 이것은 전류가 감소했다는 것을 나타낸다. 따라서 전류는 저항의 크기에 반비례한다는 사실을 알 수 있다. 그림 2.27(b), 그림 2.27(c)의 우측에 표시한 바와 같이 전압이 2배 증가하면 전류도 2배 증가하여 $2I$가 되고, 저항이 2배 증가하면 전류는 반으로 줄어 $I/2$가 된다.

1827년에 옴(George Simson Ohm)은 '전류의 크기는 전압의 세기에 비례하고, 저항의 크기에 반비례한다'는 사실을 발견하였고, 이를 유명한 「옴의 법칙」이라고 한다. 전류 I, 전압 E, 저항 R로 표현한 옴의 법칙은 아래와 같다.

$$I = \frac{V}{R} \tag{2.54}$$

식 (2.54)를 전압에 관한 식으로 바꿔 쓰면

$$V = I R \tag{2.55}$$

다시 저항에 관한 식으로 바꿔 쓰면

$$R = \frac{V}{I} \tag{2.56}$$

아래의 그림 2.28은 이들 세 공식을 쉽게 기억할 수 있는 그림이다. 알파벳순으로 위 V, 아래 I, R로 배치되었음을 기억하자.

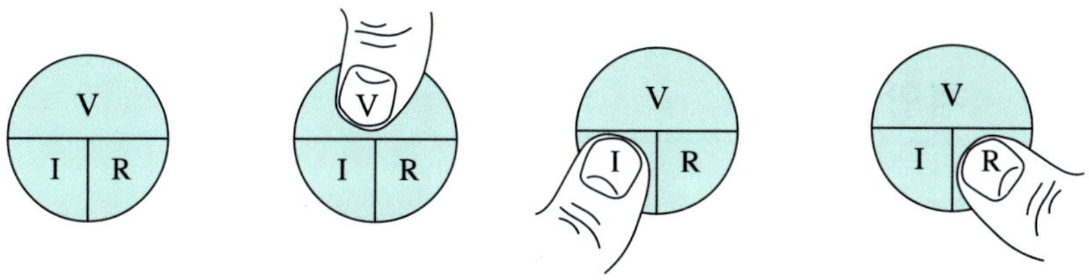

(a) 기본도 (b) 전압 : $V=IR$ (c) 전류 : $I=\dfrac{R}{V}$ (d) 저항 : $R=\dfrac{V}{I}$

그림 2.28 옴의 법칙 기억도(圖)

> **토막지식**
>
> 옴(Georg Shimon Ohm : 1789~1854)은 독일의 바바리아에서 태어났으며, 1803년 엘랑겐 대학에 입학했으나 경제적으로 어려움 때문에 자퇴한 뒤 수학교사 생활을 하다가 다시 복학하여 1811년 엘랑겐 대학을 졸업하였다. 1827년 출판한 「전기회로의 수학적 연구」 라는 저서에서 전기회로에 관한 법칙을 발표한 것이 그 유명한 「옴의 법칙」 이다. 옴의 법칙은 발표된 뒤 십 수년 동안 독일 내에서 인정받지 못했으나 뒤늦게 영국에서 인정받아 당시 과학자들에게 주어지는 최고 영예인 코플레이(Copley) 메달을 1841년 영국의 왕립학회로부터 수여받았다. 그가 사망한 후 1881년 파리에서 개최된 만국전기학회는 그의 업적을 기리고자 저항의 단위를 옴(Ohm)으로 결정하였다.

예제 2.14 전압 9[V]에 저항을 연결하였을 때 1.5[A]의 전류기 흘렀다면 연결한 저항 값은 몇 [Ω]인가?

풀이 $R=E/I$로부터

$$R=\frac{9}{1.5}=6[\Omega]$$

예제 2.15 전압 12[V]에 저항 3[Ω]이 연결되면 전류는 몇 [A]가 흐르며, 저항이 2[Ω]일 때 같은 전류를 흘리고자 한다면 전압을 몇 [V]로 바꿔야 하는가?

풀이 $I=E/R$로부터

(1) $I=\dfrac{12}{3}=4[A]$

(2) 저항 2[Ω], 전류 4[A]가 흐르면 전압 $E=I\times R$로부터

$$E=4\times 2=8[V]$$

2.7 저항의 연결

2.7.1 직렬연결

그림 2.29는 저항 R_1, R_2, R_3이 직렬로 연결된 회로이다. 이 직렬연결 저항회로에 전압 V가 가해지고, 이 때 흐르는 전류를 I라 하면 옴의 법칙에 의해 각 저항에 걸리는 전압강하 V_1, V_2, V_3는 아래와 같다.

$$V_1 = IR_1 \tag{2.57a}$$

$$V_2 = IR_2 \tag{2.57b}$$

$$V_3 = IR_3 \tag{2.57c}$$

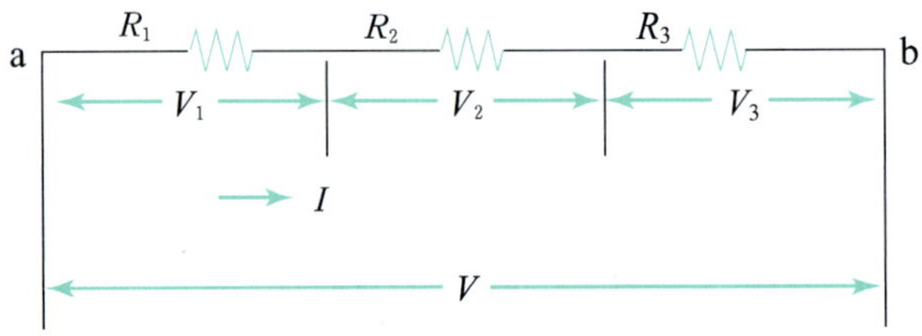

그림 2.29 저항의 직렬연결

a, b 단자 사이의 전압은

$$V = V_1 + V_2 + V_3 = IR_1 + IR_2 + IR_3 = I(R_1 + R_2 + R_3) \tag{2.58}$$

전체 저항 $R = \frac{V}{I}$이므로 식 (2.58)의 양변을 I로 나누면

$$R = \frac{V}{I} = R_1 + R_2 + R_3 \tag{2.59}$$

따라서 직렬연결 시의 합성저항은 아래와 같이 정리할 수 있다.

$$R = R_1 + R_2 + R_3 + R_4 + \cdots + R_n$$

예제 2.16 그림 2.29에서 $V = 18[\mathrm{V}]$, $R_1 = 3[\Omega]$, $R_2 = 4[\Omega]$, $R_3 = 5[\Omega]$일 때 회로에 흐르는 전류는 얼마인가?

풀이 합성저항 $R = R_1 + R_2 + R_3 = 3+4+5 = 12[\Omega]$

따라서 옴의 법칙에 의해 $I = \frac{18}{12} = 1.5[A]$

2.7.2 병렬연결

그림 2.30과 같이 R_1, R_2, R_3의 저항이 병렬로 연결된 회로의 합성저항을 구해보기로 한다.

병렬연결 저항회로 양단에 전압 V를 가해주었을 때 각 저항에 흐르는 전류를 I_1, I_2, I_3라 하면 옴의 법칙에 의해 저항에 흐르는 전류는 $I = V/R$이므로

$$I_1 = \frac{V}{R_1},\ I_2 = \frac{V}{R_2},\ I_3 = \frac{V}{R_3} \tag{2.60}$$

이 된다. 전체 전류 I는 I_1, I_2, I_3의 합이므로

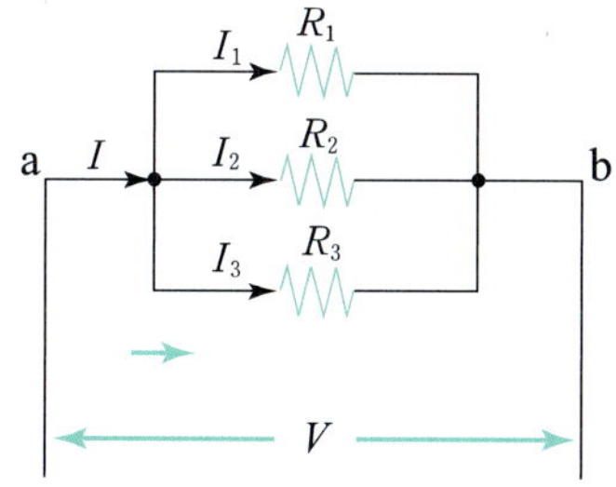

그림 2.30 저항의 병렬연결

$$I = I_1 + I_2 + I_3 = \frac{V}{R_1} + \frac{V}{R_2} + \frac{V}{R_3} = \left(\frac{1}{R_1} + \frac{1}{R_2} + \frac{1}{R_3}\right) \cdot V \tag{2.61}$$

전체 저항 $R = \frac{V}{I}$이므로 식 (2.61)로부터 아래와 같은 식이 얻어진다.

$$R = \frac{V}{I} = \frac{1}{\frac{1}{R_1} + \frac{1}{R_2} + \frac{1}{R_3}} \tag{2.62}$$

저항 R_1, R_2, R_3, $\cdots R_n$을 병렬로 연결한 경우의 합성저항은 아래와 같이 정리된다.

$$R = \frac{1}{\frac{1}{R_2} + \frac{1}{R_2} + \frac{1}{R_3} + \cdots + \frac{1}{R_n}} \tag{2.63}$$

만일 그림 2.31과 같이 2개의 저항 R_1, R_2가 병렬로 연결된 경우의 합성저항은

$$R = \frac{1}{\frac{1}{R_1} + \frac{1}{R_2}} = \frac{1}{\frac{R_2 + R_1}{R_1 \cdot R_2}} = \frac{R_1 \cdot R_2}{R_1 + R_2} \tag{2.64}$$

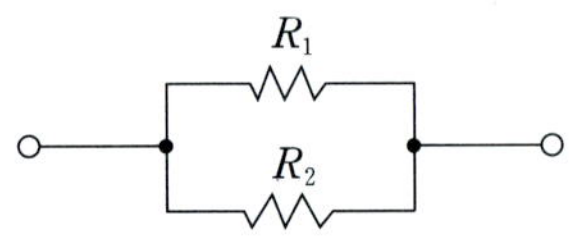

그림 2.31 두 저항의 병렬연결

예제 2.17 그림 2.30에서 $V=18[V]$, $R_1=3[\Omega]$, $R_2=2[\Omega]$, $R_3=6[\Omega]$이고, 이들 병렬저항에 직렬로 저항 $5[\Omega]$이 연결될 때 회로전류는 얼마가 되는가?

풀이

병렬 합성저항 $R_p = \dfrac{1}{\frac{1}{3}+\frac{1}{2}+\frac{1}{6}} = \dfrac{1}{\frac{2+3+1}{6}} = \dfrac{6}{6} = 1[\Omega]$

여기에 직렬로 $5[\Omega]$의 저항을 연결할 때 합성저항은 $R=R_p+5=1+5=6[\Omega]$

따라서 옴의 법칙에 의해 $I=\dfrac{18}{6}=3[A]$

2.8 키르히호프의 법칙

2.8.1 키르히호프의 전류법칙

전기회로가 구성되기 위해서는 우선적으로 전압이 있어야 하고, 그 전압에 부하가 연결되어야 한다. 이렇게 구성된 전기회로에는 당연히 전류가 흐르게 된다. 가장 간단한 전기회로는 그림 2.32(a)와 같고 이와 같이 전류가 흐를 수 있는 통로가 형성된 회로를 폐 회로

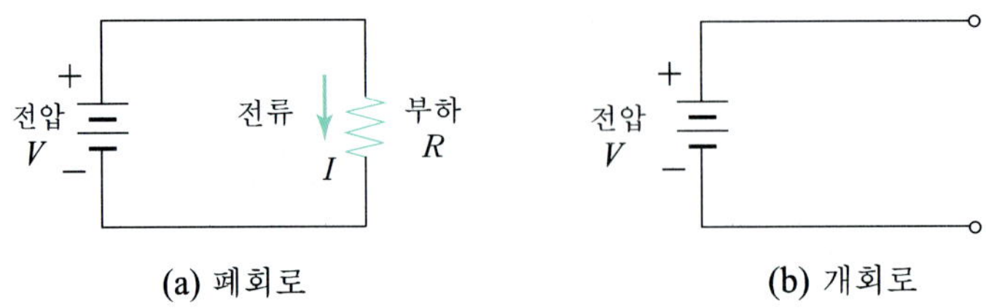

그림 2.32 폐 회로와 개회로

(閉回路 : closed circuit)라고 한다. 반면에 그림 2.32(b)와 같이 부하가 연결되지 않아서 전류가 흐르지 못하는 회로를 개회로(開回路 : open circuit)라고 한다.

그림 2.33과 같은 폐 회로에서 전류의 흐르는 방향은 전압의 +극에서 출발하여 저항을 거쳐서 전압의 −극으로 향한다.

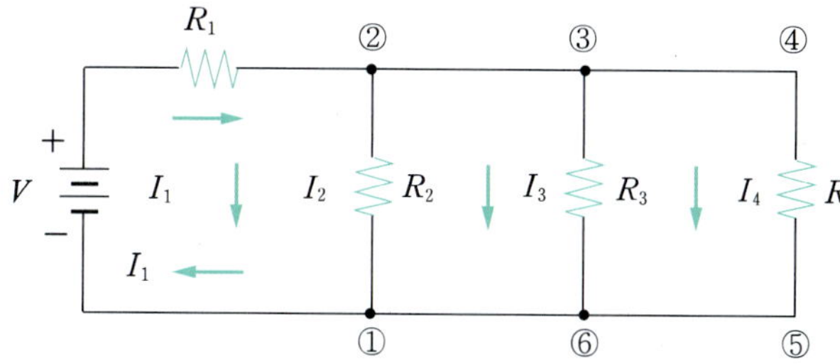

그림 2.33 폐회로망

그림 2.33에서 ②, ③, ④와 ①, ⑥, ⑤는 같은 점으로서 분기점(分岐點)이라 하며, 이곳에서 전류가 나눠져 흐르게 된다. 이 점을 접합(接合 : junction)이라고도 한다. 그림 2.33의 전류 분기점만 나타낸 것이 그림 2.34이다.

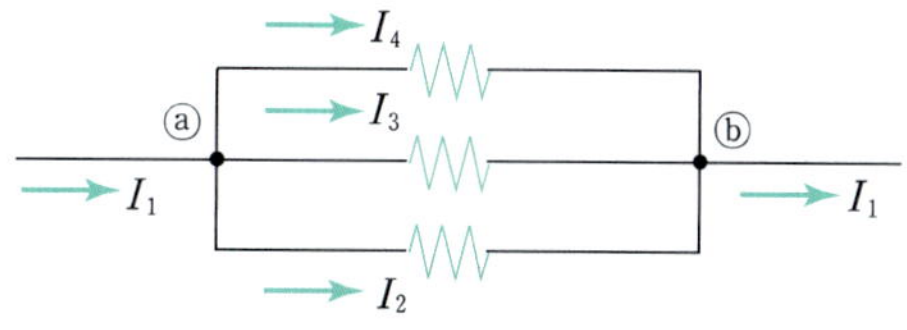

그림 2.34 분기전류

알기 쉽게 키르히호프의 전류법칙을 설명하면 '분기점에서 들어오는 전류의 합과 나가는 전류의 합은 같다'고 말할 수 있다. 따라서 그림 2.33의 분기점 ⓐ에서는

$$I_1 = I_2 + I_3 + I_4 \tag{2.65}$$

이 성립하지만 분기점 ⓑ에서 볼 때는 아래와 같다.

$$I_2 + I_3 + I_4 = I_1 \tag{2.66}$$

식 (2.65)와 식 (2.66)은 앞과 뒤만 바뀌었을 뿐 같은 식이다. 키르히호프의 전류법칙을 또 한가지 달리 표현하면 '분기점에서의 전류의 총합은 0이다.'라는 것이다. 단, 이 때 분기점에 들어오는 전류는 +, 나가는 전류는 −로 나타낼 수 있다(반대도 가능). 이를 수식으로 나타내면 아래와 같다.

$$I_1 - I_2 - I_3 - I_4 = 0 \tag{2.67}$$

결국 식 (2.67)을 이항하면 식 (2.65)와 같은 식이 된다. 이를 다시 아래와 같이 정리해 본다.

키르히호프의 전류법칙	▶ 분기점에 들어오는 전류의 합과 나가는 전류의 합은 같다 ▶ 분기점에서의 전류의 총합은 0이다.

예제 2.18 그림 2.35에서 전류 I를 구하라.

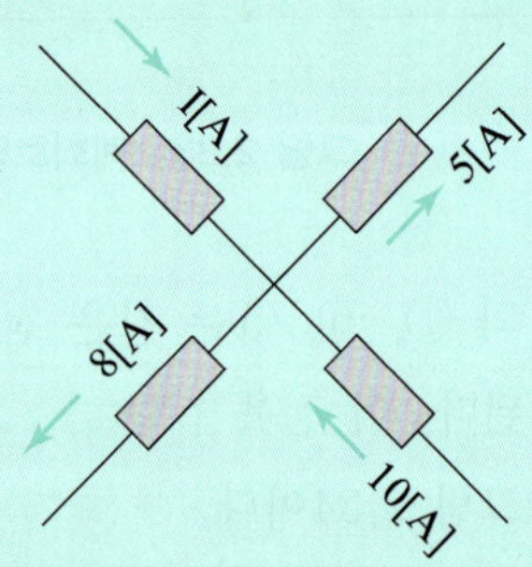

그림 2.35

풀이 키르히호프의 전류법칙으로부터

$I+10=5+8$로부터 $I=5+8-10=3$[A]

2.8.2 키르히호프의 전압법칙

그림 2.36과 같은 폐 회로에서 '저항에서의 전압강하의 합은 공급전압과 같다'라는 것이 키르히호프의 전압법칙으로 아래와 같다. 저항 R_1, R_2, R_3에서의 전압강하는 전류×저항으로부터 IR_1, IR_2, IR_3이므로 이들의 합과 공급전압 V는 같다.

$$V = IR_1 + IR_2 + IR_3 \tag{2.68}$$

또 한가지 다른 표현은 '폐 회로에서 전압과 전압강하의 총 합은 0이다.'이다. 이 때 전압의 방향과 전압강하의 방향은 서로 반대이므로 그림 2.37(a)의 예에서는 전압의 총합은 $+(V_2-V_1)$이고, 전압강하의 총 합은 $-I(R_1+R_2)$이다. 그림 2.37(b)는 ⓐ점을 기준으로 이

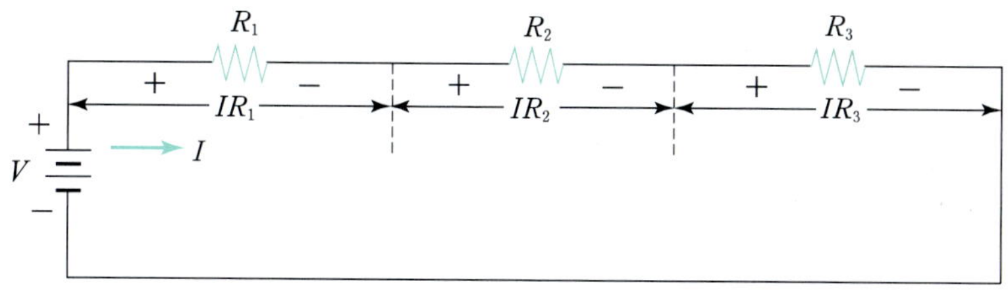

그림 2.36 키르히호프의 전압법칙

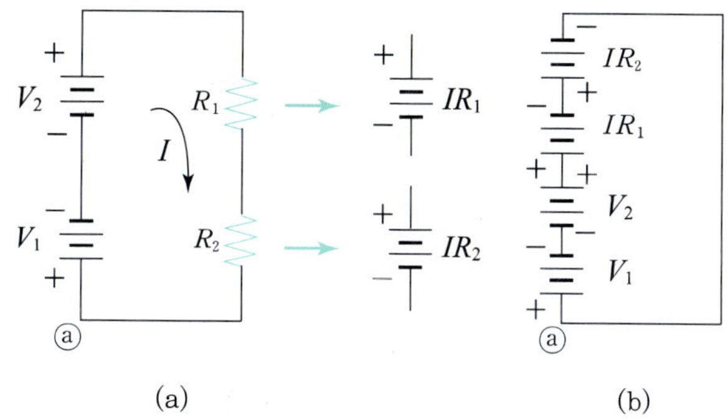

그림 2.37 전압과 전압강하

해하기 쉽도록 전압과 전압강하를 일직선상으로 펼쳐 놓은 것이다. ⓐ를 기준으로 한 전압의 총 합을 구하면 아래와 같다.

$$-V_1 + V_2 - IR_1 - IR_2 = 0,\ \ V_2 - V_1 = IR_1 + IR_2 \tag{2.69}$$

폐 회로에서 키르히호프의 전압법칙을 정리하면 아래와 같다.

키르히호프의 전압법칙	▶ 폐 회로에서 전압의 합과 저항에서 전압강하의 합은 같다. ▶ 폐 회로에서 전압과 전압강하의 총 합은 0이다

예제 2.19 그림 2.37에서 V_1=6[V], V_2=15[V], R_1=3[Ω], R_2=6[Ω]일 때 전류 I를 구하라.

풀이 키르히호프의 전압법칙으로부터

$-6+15=I\times3+I\times6=I(3+6)=9I$, $9=9I$로부터 $I=9/9=1$[A]

2.9 줄열과 전력

2.9.1 줄(Joule)의 법칙

도선에 전류를 흘리면 열(熱)이 발생한다는 사실이 영국의 줄(J.P. Joule : 1818~1889)에 의해 규명되었다. '발열량 H는 아래와 같이 전류의 제곱과 저항의 곱에 비례한다.'는 것이 「줄의 법칙」 이다. 단, t는 시간으로 단위는 초[s]이다

$$H=\frac{I^2Rt}{4.185}=0.24I^2Rt\ [\mathrm{cal}] \tag{2.70}$$

1[cal]=4.185[J], 0.24[cal]=1[J]이므로 식 (2.70)에 4.185를 곱하면 아래와 같이 [J] 단위로 바꿀 수 있다.

$$H=I^2Rt\,[\mathrm{J}] \tag{2.71}$$

1[J]은 1[V]의 전압으로 1[A]의 전류를 1[s] 동안 흐르게 할 때의 전기 에너지이다.

예제 2.20 100[V]의 전압으로 2[A]의 전류를 흘리는 전열기의 30분 동안 전기 에너지는 몇 [J] 인가?

풀이 $R=100/2=50[\Omega]$, 30[분]=30×60[s]이므로 식 (2.71)로부터
$H=I^2Rt=2^2\times50\times30\times60=360,000[\mathrm{J}]=$ **360[KJ]**

2.9.2 전력

전기회로에서 전력 $P=V\times I$이고, 옴의 법칙에 의해 $V=I\times R$이므로 전력 P는 아래와 같이 나타낼 수 있다.

$$P=(I\times R)\times I=I^2R[\mathrm{W}] \tag{2.72}$$

이것은 매초 당 전기 에너지이고, 단위는 와트[W] 또는 [J/s]이다. 따라서 위의 식에 시간 t를 곱하면 P의 전력이 t[s] 동안 계속 공급될 때의 전력량이 되고, 아래와 같다.

$$W=P\cdot t=I^2R\cdot t\,[\mathrm{J}] \tag{2.73}$$

따라서 이 식은 줄의 발열량 식인 식 (2.71)과 일치한다. 저항에 전류가 흐를 때의 열을

줄열이라 하고, 주로 전열기에 많이 이용되지만 그밖에 공업용으로도 많이 이용되고 있다. 그러나 이 줄열은 전기회로에서는 달가운 것은 아니다. 특히 동선을 사용하는 전기회로나 변압기 등에서는 이것이 손실로 나타날 뿐만 아니라 열 발생으로 부품의 내구성을 해치므로 이에 대한 배려가 필요하다. 화재요인으로 전기누전이 자주 등장한다. 이것은 가정, 공장, 빌딩 등의 배선에 사용하는 전선은 식 (2.73)에 나타난 바와 같이 저항이 일정하다면 전류의 제곱에 비례하므로 전선에 과다한 전류를 흘리면 큰 줄열이 발생하고 전선을 덮고 있는 피복이 견디지 못하고 타게 되어 화재가 발생한다. 따라서 동선은 안전하게 쓸 수 있는 범위의 전류가 그 굵기에 따라 정해져 있다. 이를 허용전류 또는 안전전류라 한다. 표 2.1은 동선의 허용전류를 나타낸다.

표 2.1 동선의 허용전류

크기(mm^2)	허용전류(A)
0.4	3
0.5	4
0.75	7
0.9	8
1.25	12

예제 2.21 전열기를 전압 200[V]에서 사용한 전력이 8[KW]라면 이 전열기의 저항은 몇 [Ω] 인가?

풀이 $P = V \cdot I = V \cdot (V/R) = V^2/R$로부터

$$R = \frac{V^2}{P} = \frac{200^2}{8\times10^3} = \frac{40\times10^3}{8\times10^3} = 5[\Omega]$$

2.10 열전현상

2.10.1 제벡 효과

그림 2.38과 같이 서로 다른 2개의 금속 A, B를 연결하여, 한쪽 접속 점을 고온으로, 다른 쪽을 저온으로 하면 두 접점 T_1, T_2 사이에 기전력이 발생하여 온도가 높은 쪽에서 낮은 쪽으로 전류가 흐르는 현상을 제벡 효과(Seebeck effect)라 한다.

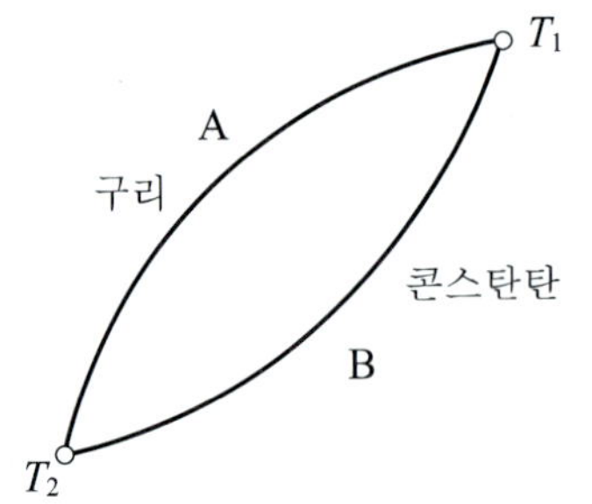

그림 2.38 제벡 효과

1821년 독일의 제벡(T.J. Seebeck : 1770~1831)에 의해 발견되었다고 해서 붙여진 이름이다. 제벡 효과에 의해 발생한 기전력을 열기전력, 흐르는 전류를 열 전류라 하고, 이때 사용한 두 금속의 쌍을 열전대(thermo-couple)라 한다. 두 접속 점 사이에 나타나는 열기전력의 크기는 금속의 종류와 접점의 온도차에 의해서 결정된다. 예컨대 구리(Cu)와 콘스탄탄을 연결하여 온도차를 100°C로 하면 4.3[mV]의 열기전력이 생겨서 고온부의 콘스탄탄에서 구리 쪽으로 열 전류가 흐른다. 두 금속이 정해진 경우에 열기전력 V_t는 접속 점의 온도차($T_1 - T_2$)에 의해 아래와 같이 결정된다. 단, $T_1 > T_2$이다.

$$V = a(T_1 - T_2) + \frac{b}{2}(T_1^2 - T_2^2) \tag{2.74}$$

열전대 온도계는 제벡 효과를 이용한 대표적인 것이다. 용광로의 온도 측정 등에 널리 이용되고 있다. 온도계로 사용되는 대표적인 열전대의 종류는 표 2.3과 같다.

표 2.3 열전대의 종류

열전대 종류	온도 범위
백금-백금·로듐	0~1,760°C
알루멜-크로멜	-100~1,400°C
구리-콘스탄탄	-200~400°C

2.10.2 펠티에 효과

제벡 효과와 반대의 현상으로 서로 다른 두 종류의 금속을 연결하여 전류를 흘리면 한쪽 접속 점의 온도가 올라가고, 다른 쪽 접속 점의 온도가 내려가서 열의 발생과 흡수가 일어나는 현상을 펠티에 효과(Peltier effect)라 한다. 1834년 프랑스의 펠티에(J.C.A.Peltier : 1785~1845)에 의해 발견되었다. 만일 전류의 방향을 바꾸면 열의 발생부와 흡수부가 바뀌게 된다. 이 현상의 대표적인 응용으로는 저온을 얻는 전자냉동이 있다.

2.10.3 톰슨 효과

같은 금속이라도 온도차가 있으면 전류가 흐를 때 열의 흡수 및 발생이 일어나는 현상을 톰슨 효과(Thomson effect)라 한다. 역시 전류의 방향을 반대로 하면 열의 흡수와 발생이 바뀐다. 제벡 및 펠티에 효과는 서로 다른 금속끼리 일어나는 현상이지만 톰슨 효과는 단독의 금속이라는 점에 차이가 있다.

2.11 초전도 상태

일반적으로 온도가 낮아지면 금속의 저항은 작아진다. 특정 금속에서는 이와 같이 온도가 내려가면 저항이 0이 되는데 이런 상태를 초전도 상태(superconductivity)라 한다. 이 초전도 현상은 네델란드의 오네스(H.K. Onnes : 1853~1926)에 의해 수은의 온도를 내리면 4.2[°K]이하에서 저항이 0이 된다는 사실을 발견한 현상이다. 현재 납, 탈륨을 비롯하여 24종의 금속이나 금속 화합물에서 초전도 현상이 일어나는 것으로 알려졌다. 초전도 현상도 외부 자기장(자계)에 의해 소멸된다. 1933년 W.마이스너(Meissner)가 초전도 상태가 되면 외부로부터 자력선이 침투하지 못한다는 마이스너 효과를 실험적으로 발견하였다. 초전도체도 전이온도 이상에서는 외부자계가 초전도체 내부를 통과하지만 전이온도 이하에서는 초전도 상태가 되어 자력선이 초전도체 내부로 침투하지 못하고 밖으로 밀려난다. 이것은 표면 유도전류에 의해 접선성분의 자계가 생겨 초전도체 내부의 자계를 상쇄시키는 때문이다.

간추림

- 전자 1개의 전하량은 -1.60×10^{-19} [C]이다.
- 2개의 점 전하 Q_1[C]과 Q_2[C]가 진공 중에서 r[m]의 거리에 떨어져 있을 때 작용하는 정전력(靜電力)은 아래와 같은 식으로 나타난다. → 정전기에 관한 쿨롬의 법칙.

$$F=\frac{1}{4\pi\epsilon}\cdot\frac{Q_1\,Q_2}{r^2}[\mathrm{N}]\quad \text{단, } \epsilon=\epsilon_0\,\epsilon_r,\ \epsilon_0=8.854\times10^{-12}$$

- 전기력선(電氣力線)은 +전하에서 −전하로 향하는 가상적인 선(線)이다.
- 전계(電界)는 전하에 의한 전기력선의 움직이는 공간을 말한다.
- 전계의 세기 E는 한쪽의 전하를 +1[C]으로 놓았을 때 다른 전하 $+Q$[C] 사이에 작용 하는 정전력을 말하며 그 크기는 아래의 식과 같다.

$$E=\frac{1}{4\pi\epsilon}\cdot\frac{Q}{r^2}[\mathrm{N/C}]$$

따라서 정전력과 전계의 세기에 관한 식은 $F=QE$[N]이다.

- 전속(電束)은 전기력선의 다발을 말하며 전하의 크기 Q로 나타내고, 면적 S에서의 전속밀도 D에 관한 식은 아래와 같다.

$$D=\frac{Q}{S}[\mathrm{C/m^2}]$$

- 전계의 세기 E와 전속밀도와의 관계식은 아래와 같다.

$$D=\epsilon E,\quad E=\frac{D}{\epsilon}[\mathrm{V/m}]$$

- 전하 $+Q$[C]로부터 r[m] 떨어진 곳에서의 전위 $V=E\cdot r$에 의해서 아래와 같다.

$$V=\frac{Q}{4\pi\varepsilon r}[\mathrm{V}]$$

- 도체 내에서의 전류 I는 시간 t[s] 동안에 도체를 통과한 전하량 Q[C]를 말하며, 그 단위는 암페어 [A]이다.

$$I=\frac{Q}{t}[\mathrm{A}]$$

- 전압, 전위, 기전력의 단위는 모두 [V]이다.
- 도전율(σ)은 저항율(ρ)의 역수로서 전류를 얼마나 잘 흘리느냐를 나타내는 정수로서 그 단위는 [S/m]이다. 단, S는 지멘스라 읽는다.

$$\sigma=1/\rho\,[\mathrm{S/m}]$$

■ 저항의 온도계수는 온도 20° C의 저항(R_{20})을 기준으로 온도 1° C 올라갈 때의 저항을 r이라 하면 아래와 같이 표시한다.

$$\alpha_{20} = \frac{r}{R_{20}}$$

■ 옴(Ohm)의 법칙 : 전류의 크기(I)는 전압의 세기(V)에 비례하고 저항의 크기(R)에 역비례한다.

$$I = \frac{V}{R}[\mathrm{A}], \quad R = \frac{V}{I}[\Omega], \quad V = I \cdot R[\mathrm{V}]$$

■ 전류가 흐를 수 있는 통로가 형성된 회로를 폐회로(closed circuit)라 하고, 그렇지 못한 회로를 개회로(open circuit)라 한다.

■ 저항의 직렬 연결 :

$$R = R_1 + R_2 + R_3 + \cdots + R_n$$

■ 저항의 병렬 연결 :

$$R = \frac{1}{\frac{1}{R_1} + \frac{1}{R_2} + \frac{1}{R_3} + \cdot\ \cdot\ \cdot + \frac{1}{R_n}}$$

■ 키르히호프의 전류 법칙 : 분기점에 들어오는 전류의 합과 나가는 전류의 합은 같다.

■ 키르히호프의 전압 법칙 : 폐 회로에서 전압의 합과 저항에서 전압강하의 합은 같다.

■ 줄열(H)은 전류의 제곱과 저항의 곱에 비례한다.

$$H = 0.24 I^2 R \cdot t[\mathrm{cal}]$$
$$= I^2 R \cdot t[\mathrm{J}]$$

■ 전력 $P = VI = I^2R = V^2/R$ [W]이고, 전력량은 $W = P \cdot t = I^2R \cdot t$ [J]이다.

■ 서로 다른 2개의 금속을 연결하여 한쪽을 고온으로, 다른 쪽을 저온으로 하면 두 접점 사이에 기전력(起電力)이 발생하여 온도가 높은 쪽에서 낮은 쪽으로 전류가 흐르는 현상을 제백 효과라 하며, 그 역현상을 펠티에 효과라 한다.

■ 같은 금속이라도 온도 차가 있으면 전류가 흐를 때 열의 흡수 및 발생이 일어나는 현상을 톰슨 효과라 한다.

■ 온도가 어느 정도 이하로 내려가면 저항이 0[Ω]이 되는 상태를 초전도상태라 한다.

연 습 문 제

1. 아래에서 단위가 같지 않은 것은?

(가) 전압　(나) 전력　(다) 기전력　(라) 전위

2. −1[C]의 전하량은 몇 개의 전자로 만들어지는가?

(가) 9×10^{12}　(나) $4\pi\times10^{15}$　(다) 6.25×10^{18}　(라) 1.6×10^{19}

3. 전계와 관계가 가장 깊은 것은?

(가) 전하　(나) 전기력선　(다) 전압　(라) 전류

4. 전속의 단위로 맞는 것은?

(가) [V]　(나) [C]　(다) [A]　(라) [J]

5. 공기 중에서 +8[C]의 점 전하로부터 20[cm] 떨어진 위치에서의 전계의 세기는 몇 [V/m]인가? 단, $1/(4\pi\epsilon_0)=9\times10^9$

(가) 9×10^{11}　(나) 1.8×10^{12}　(다) 8.855×10^{12}　(라) 9×10^{12}

6. 전류가 잘 흐르는 정도를 나타내는 정수는?

(가) 도전율　(나) 저항율　(다) 유전율　(라) 분극율

7. 도체 내에서 4[초] 동안 몇 [C]의 전하가 움직일 때 전류가 5[A]가 되는가?

(가) 0.8　(나) 1.2　(다) 9　(라) 20

8. 같은 금속에서 온도차가 있을 때 열의 흡수 또는 발생이 일어나는 현상은?

(가) 톰슨효과　(나) 압전현상　(다) 제백효과　(라) 펠티에효과

9. 들어오는 전류가 5[A], 2[A]이고, 3개의 나가는 전류가운데 2개가 1.5[A], 5[A]라면 나머지 하나의 나가는 전류는 몇 [A]인가?

(가) 0.5　(나) 1　(다) 2　(라) 2.5

10. 같은 전계의 세기에서 진공 중에서 나가는 전속선 수는 비유전율이 6인 매질에서 나가는 전속선 수의 몇 배가 되는가? 단, 같은 면적에 대한 비교임.

(가) 1　(나) 0.6　(다) 3　(라) 6

11. 공기 중에서 1[C]의 전하가 서로 1[m]의 거리에 놓여 있을 때 작용하는 힘은 몇 [N]인가?

(가) 9×10^3 (나) 9×10^5 (다) 9×10^8 (라) 9×10^9

12. 반지름이 r인 도체구에 전하 Q가 분포되어 있다. 반지름이 $r/2$인 내부 도체구를 접촉 후 떼면 작은 도체구로 이동하는 전하량은 얼마가 되는가?

(가) Q (나) $\frac{Q}{2}$ (다) $\frac{Q}{3}$ (라) $\frac{Q}{4}$

13. 전계 E[V/m] 내의 어느 한 점에 q[C]의 점 전하를 놓았을 때 이 전하에 작용하는 힘은 몇 [N]인가?

(가) $\frac{E}{q}$ (나) $\frac{qE}{4\pi\epsilon_0}$ (다) qE (라) qE^2

14. 전기력선의 성질에 해당되지 않는 것은?

(가) 전하가 없는 곳에서 전기력선은 발생, 소멸이 없다.

(나) 전기력선은 그 자신만으로 폐 곡선이 되는 일은 없다.

(다) 전기력선은 등전위면과 수직이다.

(라) 전기력선은 도체 내부에 존재한다.

15. 가우스의 법칙을 이용하여 구할 수 있는 것은?

(가) 전력 (나) 전하 간의 힘 (다) 전계의 세기 (라) 전위

16. 공기 중에서 폐 곡면을 통하여 나가는 전기력선의 총 수는 그 내부에 있는 점 전하 대수 합의 몇 배와 같은가?

(가) $\frac{1}{4\pi\epsilon_0}$ (나) $\frac{1}{2\pi\epsilon_0}$ (다) $\frac{1}{\pi\epsilon_0}$ (라) $\frac{1}{\epsilon_0}$

17. 어떤 점 전하로부터 1[m] 떨어진 점에서 전계의 세기가 1.8×10^{10}[V/m]라면 점 전하의 전하량은 얼마인가?

18. 공기중에 있는 점 전하 2×10^{-8}[C]로부터 1[m] 떨어진 점에서 전계의 세기는 얼마인가?

19. 1개의 전자가 전계에서 10[V]의 전위차 만큼 움직였을 때 전자가 전계에서 받는 에너지는 얼마인가? 단, 전자 1개의 전하량은 -1.6×10^{-19}[C]

20. 그림 2.39와 같이 공기 중에 A점에서 20[cm] 떨어진 B점에 2[μC], 10[cm] 떨어진 C점에 4[μC]의 전하가 있을 때 전위차 V_{CB}는 얼마인가?

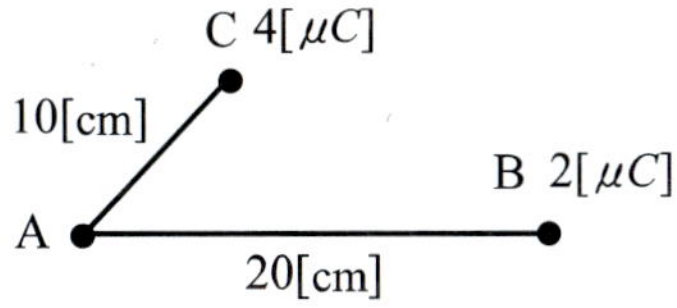

그림 2.39 전위차

21. 20°C에서 온도계수 $\alpha_{20}=0.004$인 인청동(燐靑銅)의 온도가 50°C로 올라가면 저항 값은 얼마가 되는가? 단, 20°C에서 인청동의 저항 값은 25[Ω]

22. 공기 중에서 2개의 동일 전하가 1[m] 떨어져 있을 때 둘 사이에 작용하는 반발력이 3.6×10^{-2}[N]이라면 이들 전하량은 얼마인가?

23. 공기 중에서 균등 전계 내에서 2[C]의 전하를 전계와 반대 방향으로 10[cm] 이동시키는데 17.71[J]의 에너지가 필요하다면 전계의 세기 E와 두 점간의 전위 차 V는 얼마인가? 단, $\epsilon_0 = 8.854\times10^{-12}$

24. 그림 2.40과 같은 회로에 흐르는 전류는 얼마인가?

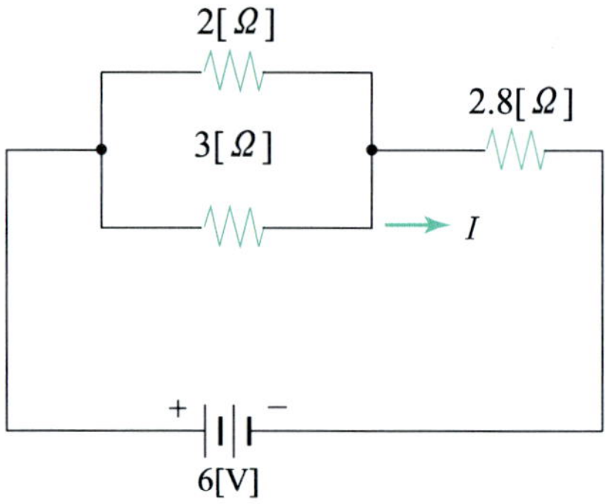

그림 2.40 저항의 병렬연결

25. 그림 2.41에서 전류 I는 얼마인가?

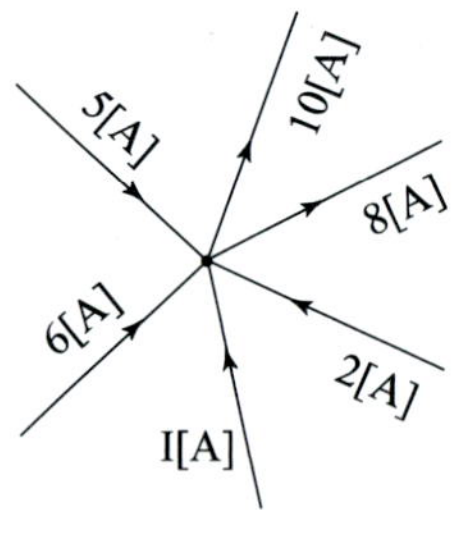

그림 2.41

26. 저항체에 전압 200[V]를 가한 때 전류 1[A]가 흐르고, 240[cal]의 열량이 발생한다면 전류가 흐른 시간은 몇 초가 되는가?

콘덴서

3

chapter

- 3.1 정전유도
- 3.2 콘덴서와 정전용량
- 3.3 콘덴서의 연결
- 3.4 콘덴서의 정전 에너지
- 3.5 콘덴서의 충전과 방전작용

3.1 정전유도

그림 3.1과 같이 −로 대전된 금속도체 A를 절연시켜 금속도체 B에 가까이 놓으면 도체 A와 가까운 부분에는 +, 반대쪽에는 −전하가 유도되며, 이런 현상을 정전유도(靜電誘導)라 한다.

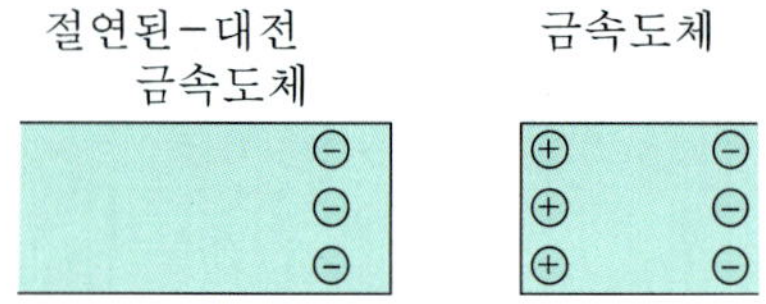

그림 3.1 정전유도

대전체 가까이에 도체가 있게되면 정전유도작용 때문에 도체는 필히 대전이 된다. 그림 3.2(a)와 같이 내부에 +로 대전된 도선이 있고 절연체를 사이로 둘러싸고 있는 금속관 B가 있다면 정전유도작용에 의하여 B의 안쪽에는 −, 반대쪽에는 +전하를 갖게 된다. 만일 그림 3.2(b)와 같이 바깥도체 B를 도체로 접지(接地)시키면 대지(大地)는 포유용량이 아주크므로 땅속으로 흘러 들어가고, 도체 B에는 −전하만 남게된다.

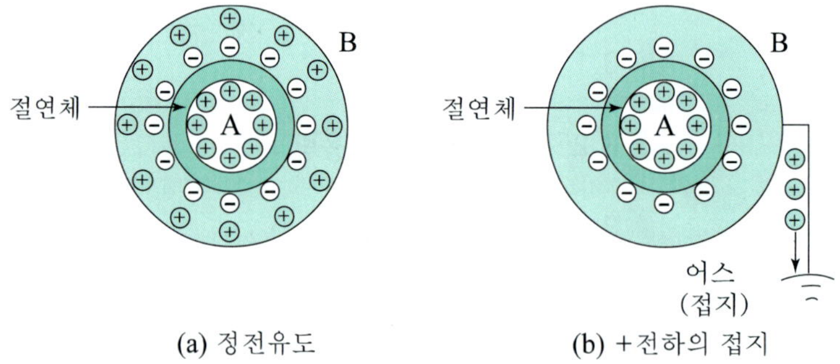

그림 3.2 2중 도체의 정전유도

그림 3.3(a)와 같이 그림 3.2(a)의 정전 유도된 외피도체에 도체 C가 가까이 놓이게 되면 역시 정전유도를 받게된다. 그러나 그림 3.3(b)와 같이 바깥도체 B에 도체 선을 접지(接地)시키면 바깥도체 B의 +전하는 땅속으로 흘러 들어가 버리고, 도체 B에는 −전하만

남게되므로 가까이에 놓인 도체 C에 정전유도작용이 일어나지 않게 된다. 이런 현상을 정전차폐(靜電遮蔽) 또는 정전 실드(shield)라 한다. 그림 3.3(a)에서 반대로 도체 C가 대전체인 경우 도체 B가 정전차폐가 되지 않으면 정전유도를 받게 되고 이의 안쪽에 있는 도체 A도 정전유도를 받을 수 있지만 그림 3.3(b)와 같이 도체 B에 정전차폐를 행하면 외부도체 C에 의해 내부도체가 정전유도를 받지 않게 된다. 우리 일상생활에 많이 이용하는 실드(shield) 선이나 케이블(cable) 선은 이러한 목적으로 만들어진 도선(導線)이다.

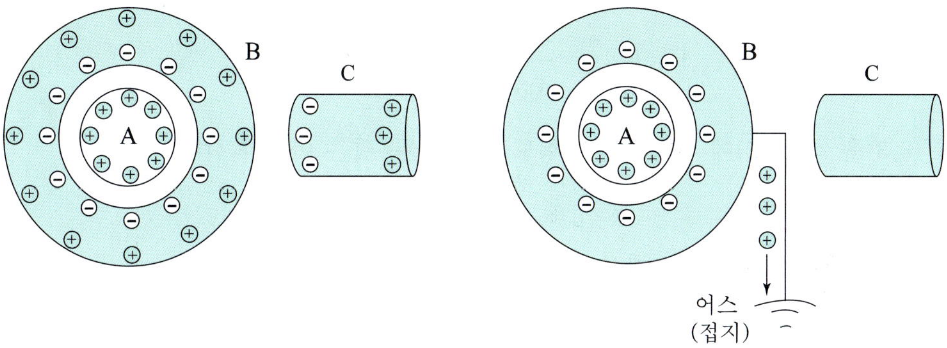

(a) 대전체와 정전유도 도체 (b) 정전차폐

그림 3.3 정전차폐

3.2 콘덴서와 정전용량

그림 3.4와 같이 2개의 평행 금속판에 전압 V[V]를 가하면 양 금속판에 전하가 모이게 된다. 이와 같이 전하를 축적하는 장치를 콘덴서(condenser) 또는 축전기(蓄電器)라 한다.

축적되는 전하의 양(量) Q는 전압의 크기에 비례한다. 이때의 비례정수를 C라 할 때 이를 커패시턴스(capacitance) 또는 정전용량(靜電容量)이라 한다. 관계식은 아래와 같다.

$$Q = CV[\mathrm{C}] \tag{3.1}$$

위의 식을 C에 관해서 풀면 아래와 같다. 그 단위는 패럿(Farad)이고, [F]로 나타낸다.

$$C = \frac{Q}{V}[\mathrm{F}] \tag{3.2}$$

일반적으로 많이 쓰이는 커패시턴스의 단위는 $[\mu\mathrm{F}] = 10^{-6}[\mathrm{F}]$, $p\mathrm{F} = 10^{-12}[\mathrm{F}]$이다. 반경 r[m]인 구형(球形) 도체에서 전계의 세기에 r을 곱한 값이 전위 V이므로

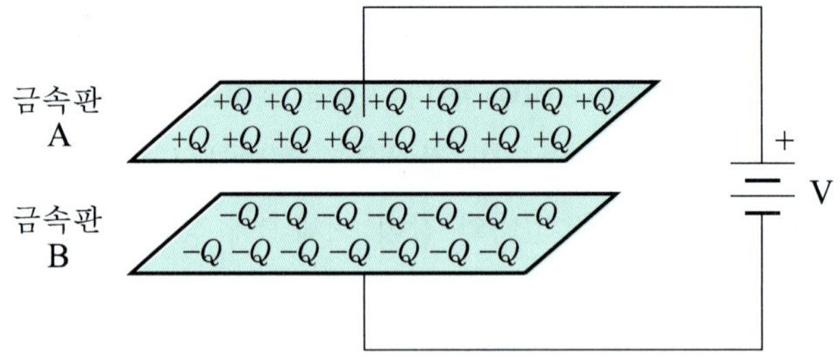

그림 3.4 콘덴서의 동작원리

$$V = E \times r = \frac{Q}{4\pi\epsilon_0 r^2} \times \ r = \frac{Q}{4\pi\epsilon_o r} \text{[V]} \tag{3.3}$$

식 (3.3)을 식 (3.2)에 대입하면 구형도체의 정전용량은 아래와 같다.

$$\text{공기 중 : } C = 4\pi\epsilon_0 r \text{ [F]} \tag{3.4}$$

만일 매질이 유전체라면 ϵ_0 대신 $\epsilon_0 \epsilon_r$ 을 대입하면 아래와 같다.

$$\text{유전체 : } C = 4\pi\epsilon_0 \epsilon_r \text{ [F]} \tag{3.5}$$

공기나 유전체 속에서의 정전용량은 유전율에 비례함을 알 수 있다. 구형 도체에 의한 콘덴서는 실용화되지 않고 있지만 금속판 도체는 여러 가지 형태의 콘덴서로 실용화되고 있다. 콘덴서는 극판 간에 삽입하는 유전체로 공기, 기름, 절연지 등이 사용되며, 현재 실용화되고 있는 평행판 콘덴서에서는 극판 간에 비유전율(ϵ_r)이 큰 유전체를 삽입한다. 그림 3.5는 평행판 콘덴서의 기본구조를 나타내며, 정전용량을 크게 하기 위해서는 그림 3.5(b)와 같이 여러 개의 금속판을 평행으로 배치하거나 그림 3.5(c)와 같이 전극으로서 얇은 금속박(金屬箔)을 사용하고 그 사이에 절연지를 넣어 두루마리 식으로 말아서 면적을 넓게 하는 방법을 사용한다.

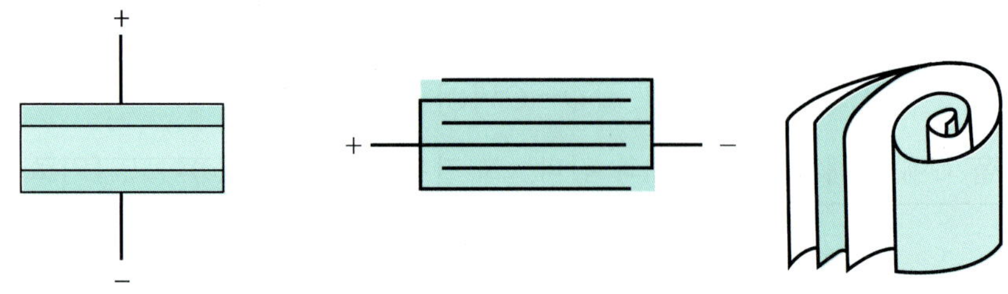

(a) 평행판 콘덴서 (b) 여러 개의 평행판 (c) 두리 말이식 평행판

그림 3.5 콘덴서의 구조와 용량 증대방법

그림 3.6과 같은 평행판 콘덴서의 정전용량에 관한 식을 구해보기로 한다. 전압 V를 가하여 양 극판에 $+Q$, $-Q$의 전하가 축적되고, 극판 간의 간격이 d라고 할 때 극판의 면적 S가 간격 d에 비해 아주 크다면 극판에 모인 전하 $+Q$, $-Q$로 만들어지는 전속(電束)은 균일하게 분포되고, 전계의 세기는 모든 점에서 같게된다.

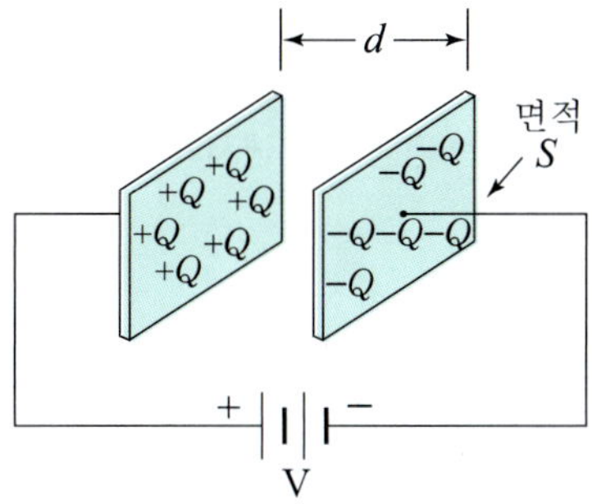

그림 3.6 평행판 콘덴서

지금 +1[C]의 점 전하를 $-Q$의 전극표면으로부터 $+Q$의 전극으로 이동시키는데는 전계의 세기에 거리 d를 곱한 일 즉 전위 V가 필요하므로 아래의 식이 성립한다.

$$V = E \cdot d[\mathrm{V}] \tag{3.6}$$

위의 식을 E에 관해 풀면

$$E = \frac{V}{d}[\mathrm{V/m}] \tag{3.7}$$

$E = \mathrm{D}/\epsilon$ 이므로

$$D = \epsilon E[\mathrm{C/m^2}] \tag{3.8}$$

또한 $D = Q/S$이므로

$$\frac{Q}{S} = \epsilon E, \quad \therefore \ Q = \epsilon ES \tag{3.9}$$

정전용량에 관한 식 (3.2)에 식(3.6), 식 (3.9)를 대입하면 아래의 결과를 얻을 수 있다.

$$C = \frac{Q}{V} = \frac{\epsilon ES}{E \cdot d} = \frac{\epsilon S}{d} \tag{3.10}$$

식 (3.10)에서 $\epsilon = \epsilon_0 \epsilon_r = 8.854 \times 10^{-12} \cdot \epsilon_r$ 을 대입하면 아래와 같다.

$$\text{유전체 : } C = \frac{\epsilon S}{d} = 8.854 \times 10^{-12} \times \frac{\epsilon_r S}{d} [\text{F}] \tag{3.11}$$

만일 공기 중이라면 식 (3.10)에서 ϵ 대신 8.854×10^{-12}를 대입하면 아래와 같다.

$$\text{공기 중 : } C = \frac{\epsilon_0 S}{d} = 8.854 \times 10^{-12} \times \frac{S}{d} [\text{F}] \tag{3.12}$$

예제 3.1 공기 중에 그림 3.7과 같은 평행판 콘덴서가 있다. 그 정전용량은 얼마인가? 단, 공기의 유전율$= 8.854 \times 10^{-12}$

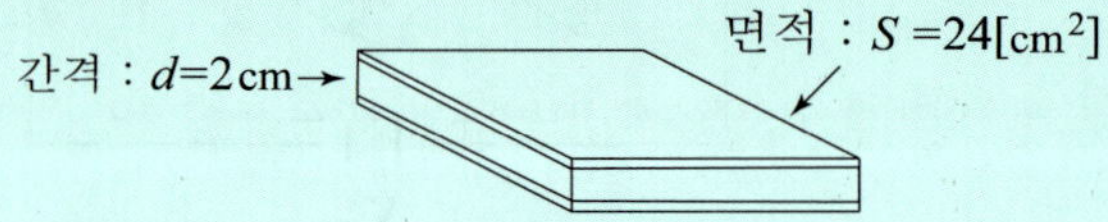

그림 3.7 평행판 콘덴서(A)

풀이 식 (3.12)로부터

$$C = 8.854 \times 10^{-12} \times \frac{S}{d} = 8.854 \times 10^{-12} \times \frac{24 \times 10^{-4}}{2 \times 10^{-2}} \fallingdotseq 106.25 \times 10^{-14}$$

$$= 1.0625 \times 10^{-12} = \mathbf{1.0625[pF]}$$

예제 3.2 그림 3.8과 같은 콘덴서에서 평행판 간격이 6[cm]일 때 정전용량을 120[pF]로 하기 위한 평행판 면적은 얼마가 되어야 하는가? 단, $\epsilon_0 = 8.854 \times 10^{-12}$

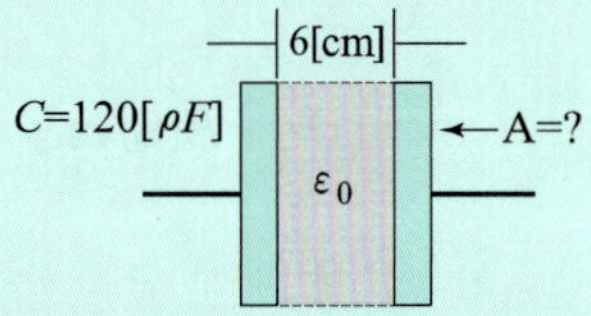

그림 3.8 평행판 콘덴서(B)

풀이 식 (3.12)로부터

$$S = \frac{d \cdot C}{8.854 \times 10^{-12}} = \frac{6 \times 10^{-2} \times 120 \times 10^{-12}}{8.854 \times 10^{-12}} = \frac{7.2}{8.854} \fallingdotseq \mathbf{0.813[m^2]}$$

예제 3.3 그림 3.9의 평행판 콘덴서의 정전용량이 $2[\mu F]$일 때 6[V]의 전압을 가해주면 콘덴서 극판에 축적되는 전하량은 몇 [C]인가?

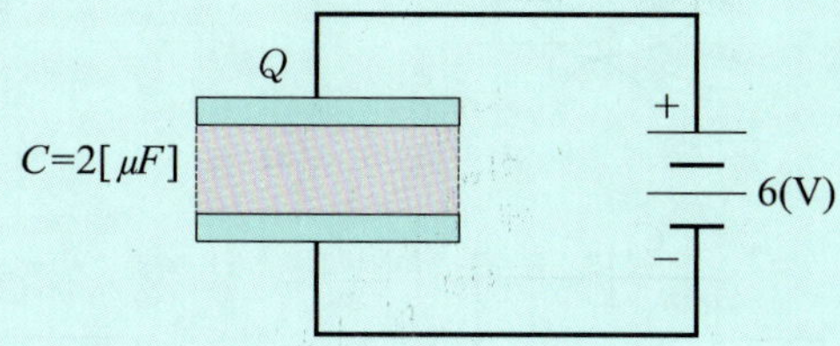

그림 3.9 콘덴서의 전하량

풀이 식 (3.10)으로부터

$$Q = CV = 2\times10^{-6}\times6 = 1.2\times10^{-5}[C]$$

3.3 콘덴서의 연결

앞 절에서는 주로 정전용량에서 살펴보았지만 이 절에서는 콘덴서의 실제 활용 시 직렬접속 또는 병렬접속이나 그 혼합형태가 필요한 경우가 많으므로 이 절에서는 이러한 접속에 대해서 다루기로 한다.

그림 3.10 콘덴서의 기호

콘덴서의 기호는 그림 3.10(a), (b)와 같다. 그림 3.10(b)는 전해 콘덴서의 표시기호로 사용한다.

3.3.1 콘덴서의 병렬연결

그림 3.11(a)와 같이 2개의 콘덴서 C_1, C_2를 같은 극끼리 서로 모아서 연결하는 것이 병렬접속이다. 이 때 1개의 정전용량으로 나타낸 것이 합성용량 C이다.

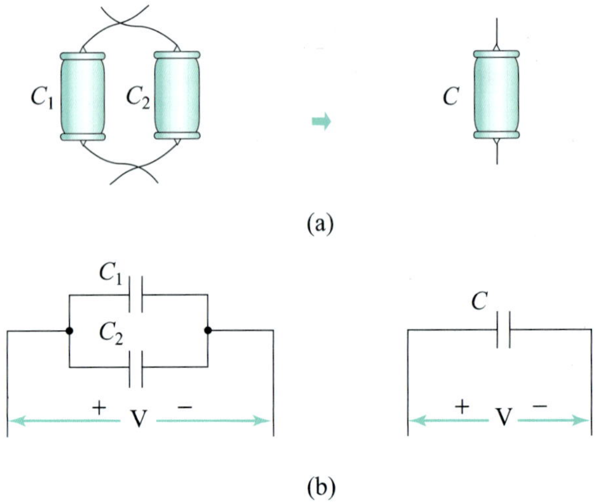

그림 3.11 콘덴서의 병렬접속

그림 3.11(b)와 같이 병렬로 접속된 콘덴서 양단에 전압 V가 가해졌을 때 +극에는 +전하, −극에는 −전하가 콘덴서에 모이게 된다. 이 때 2개의 콘덴서의 전하량은 각각의 정전용량에 해당하는 전하량이 그림 3.12와 같이 +극에는 $+Q_1$, $+Q_2$, −극에는 $-Q_1$, $-Q_2$가 된다.

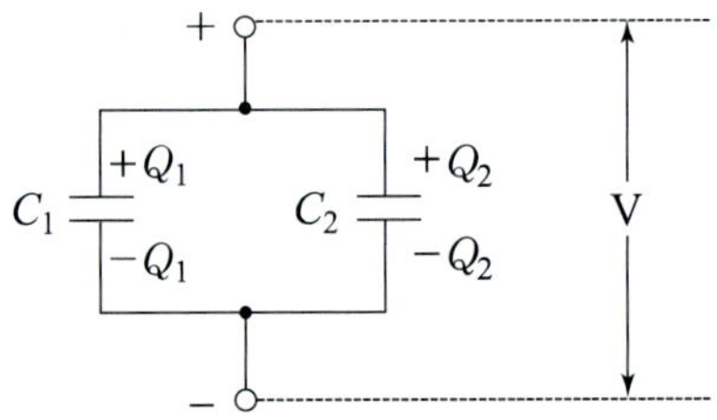

그림 3.12 병렬접속의 콘덴서 전하량

C_1, C_2의 전하량은 식 (3.1)에 의해 아래와 같이 나타낼 수 있다.

$$Q_1 = C_1 V,\ Q_2 = C_2 V \tag{3.13}$$

따라서 총 전하량 Q는

$$Q = Q_1 + Q_2$$

합성 정전용량을 C라 하면

$$C = \frac{Q}{V} = \frac{Q_1 + Q_2}{V} = \frac{C_1 V}{V} + \frac{C_2 V}{V} = C_1 + C_2 [\mathrm{F}] \tag{3.14}$$

콘덴서가 n개 병렬접속 시의 합성 정전용량은 아래와 같이 나타낼 수 있다.

$$C = C_1 + C_2 + C_3 + \cdots\cdots + C_n \quad (3.15)$$

식 (3.14)로부터 $V = \dfrac{Q}{C_1 + C_2}$ 이므로 이를 식 (3.13)에 대입하면 아래의 관계식을 얻을 수 있다.

$$Q_1 = \frac{C_1}{C_1 + C_2} Q \quad (3.16)$$

$$Q_2 = \frac{C_2}{C_1 + C_2} Q \quad (3.17)$$

예제 3.4 그림 3.11(b)와 같은 콘덴서의 병렬연결에서 $C_1 = 3[\mu F]$, $C_2 = 5[\mu F]$일 때 합성정전용량은 얼마인가?

풀이 식 (3.14)로부터

$C = C_1 + C_2 = 3 + 5 = 8[\mu F]$

참고지식

☞ 정전용량의 증대방법

1. 구조상 : 그림 3.13과 같이 극판 면적을 늘리거나 극판 간격을 줄인다.

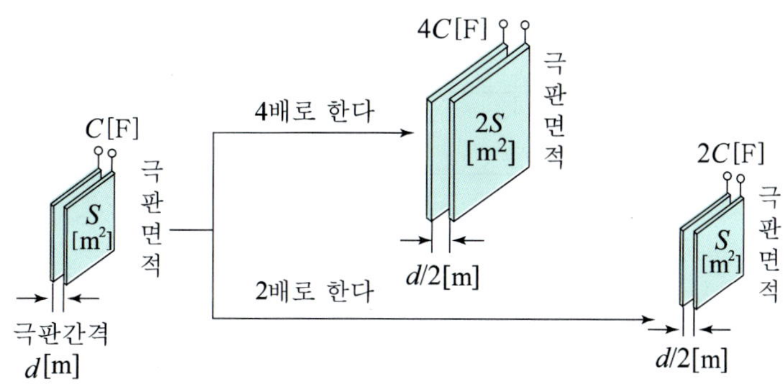

그림 3.13 콘덴서의 정전용량 증가법(1)

2. 병렬연결 : 그림 3.14와 같이 병렬로 연결한다. 전해 콘덴서의 경우 +극은 +, −극은 −극끼리 연결함에 유의할 필요가 있다.

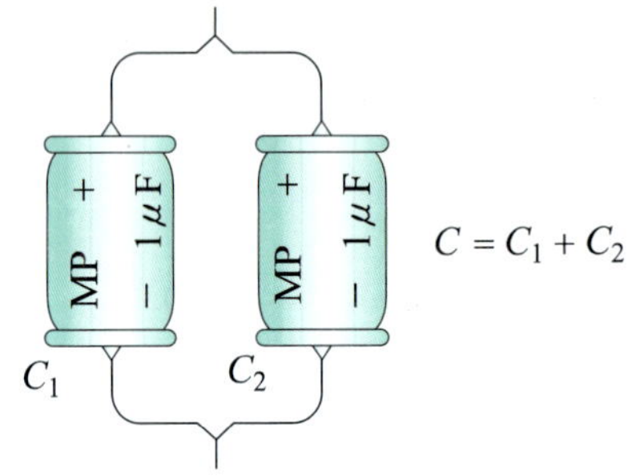

그림 3.14 콘덴서의 정전용량 증가법(2)

3.3.2 콘덴서의 직렬연결

그림 3.15(a)와 같이 한 콘덴서의 −극을 다른 콘덴서의 +극과 연결하는 것을 직렬연결이라 한다. 직렬로 연결된 콘덴서의 양단에 전압 V가 걸렸을 때의 전하량과 정전용량과의 관계식으로부터 합성 정전용량을 구해보기로 한다.

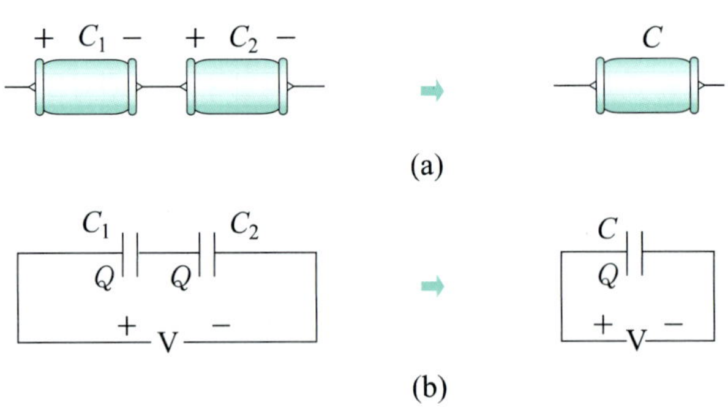

그림 3.15 콘덴서의 직렬연결

직렬연결 시의 각 콘덴서에 흐르는 전류가 같으므로 콘덴서 C_1, C_2의 전하량은 같다. 그러나 그림 3.16에서 각 콘덴서에 걸리는 전압은 정전용량이 다르므로 아래와 같다.

$$V_1 = \frac{Q}{C_1}, \quad V_2 = \frac{Q}{C_2}$$

전압 V는 V_1 과 V_2의 합이므로 아래의 관계식이 얻어진다.

$$V = V_1 + V_2 = \frac{Q}{C_1} + \frac{Q}{C_2} = Q\left(\frac{1}{C_1} + \frac{1}{C_2}\right) \tag{3.18}$$

$Q = CV$이므로 합성 정전용량은 아래와 같이 구해진다.

$$C = \frac{Q}{V} = \frac{1}{\frac{1}{C_1} + \frac{1}{C_2}} = \frac{C_1 C_2}{C_1 + C_2} [\mathrm{F}] \tag{3.19}$$

콘덴서의 직렬연결에서 각 콘덴서에 걸리는 전압에 관한 식을 구해보기로 한다. 그림 3.16에서 콘덴서 C_1에 걸리는 전압을 V_1, 콘덴서 C_2에 걸리는 전압을 V_2라 하면 C_1, C_2의 전하량은 모두 Q이므로 $Q = CV$가 된다.

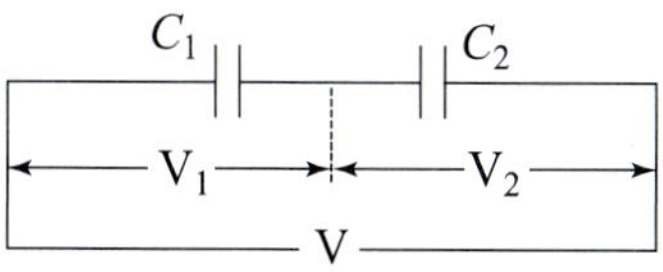

그림 3.16 콘덴서의 전압분할

$$Q = C_1 V_1,$$
$$Q = C_2 V_2$$

이므로

$$Q = CV = C_1 V_1, \quad Q = CV = C_2 V_2 \tag{3.20}$$

이 성립하고, 이 식으로부터 아래의 식이 구해진다.

$$V_1 = \frac{C}{C_1} V = \frac{1}{C_1} \cdot \frac{C_1 \cdot C_2}{C_1 + C_2} \cdot V = \frac{C_2}{C_1 + C_2} \cdot V \tag{3.21a}$$

$$V_2 = \frac{C}{C_2} V = \frac{1}{C_2} \cdot \frac{C_1 \cdot C_2}{C_1 + C_2} \cdot V = \frac{C_1}{C_1 + C_2} \cdot V \tag{3.21b}$$

예제 3.5 $C_1 = 2[\mu\mathrm{F}]$, $C_2 = 3[\mu\mathrm{F}]$일 때 C_1과 C_2를 직렬로 연결했을 때 합성 정전용량은 얼마가 되는가?

풀이 식 (3.19)로부터

$$C = \frac{C_1 \cdot C_2}{C_1 + C_2} = \frac{2 \times 3}{2 + 3} = 1.2[\mu\mathrm{F}]$$

예제 3.6 그림 3.17과 같은 콘덴서의 직렬연결에서 $C_1=3[\mu F]$, $C_2=6[\mu F]$이고, 가해진 전압이 6[V]일 때 C_1, C_2에 걸리는 전압은 각각 몇[V]가 되는가?

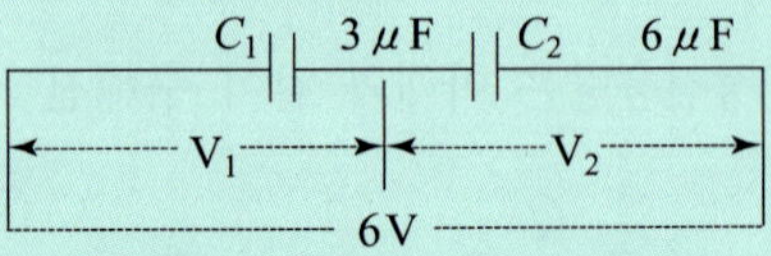

그림 3.17 콘덴서의 전압 분할

풀이 식 (3.21)로부터

$$V_1=\frac{C_2}{C_1+C_2}\cdot V,\ V_2=\frac{C_1}{C_1+C_2}\cdot V\text{이므로}$$

$$\therefore V_1=\frac{6}{3+6}\times 6=\frac{2}{3}\times 6[V]=\mathbf{4[V]},\quad V_2=\frac{3}{3+6}\times 6=\frac{1}{3}\times 6[V]=\mathbf{2[V]}$$

3.3.3 콘덴서의 직·병렬연결

그림 3.18과 같이 콘덴서가 직·병렬로 연결된 경우에는 먼저 직렬 합성 정전용량 C_S를 구하고, 그 다음에 병렬 합성 정전용량 C_P를 구한 뒤 마지막으로 C_S, C_P의 합성 정전용량 C를 구한다. 먼저 직렬 합성 정전용량 C_S를 구하면

$$C_S=\frac{C_1C_4}{C_1+C_4}$$

다음에 병렬 합성 정전용량 C_P를 구하면

$$C_P=C_2+C_3$$

따라서 최종 합성 정전용량 C는 아래와 같이 구해진다.

$$C=\frac{C_SC_P}{C_S+C_P}=\frac{\dfrac{C_1C_4}{C_1+C_4}\times(C_2+C_3)}{\dfrac{C_1C_4}{C_1+C_4}+(C_2+C_3)} \tag{3.22}$$

$$=\frac{\dfrac{C_1C_2C_4+C_1C_3C_4}{C_1+C_4}}{\dfrac{C_1C_4+C_1C_2+C_1C_3+C_2C_4+C_3C_4}{C_1+C_4}}$$

$$= \frac{C_1C_2C_4 + C_1C_3C_4}{C_1C_2 + C_1C_3 + C_1C_4 + C_2C_4 + C_3C_4}$$

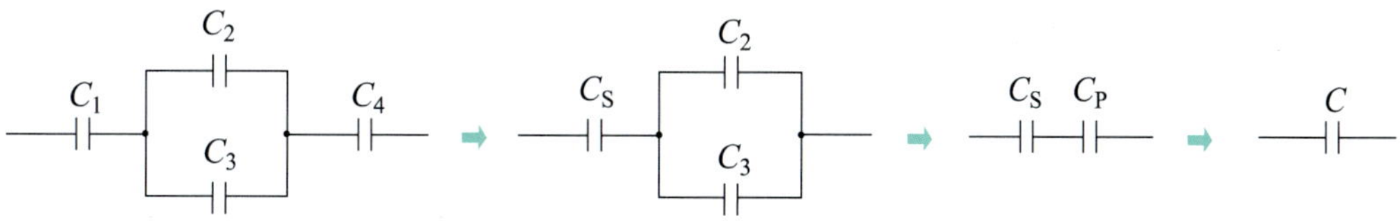

그림 3.18 콘덴서의 직·병렬 연결

예제 3.7 그림 3.18과 같은 콘덴서의 직·병렬 연결에서 $C_1=2[\mu F]$, $C_2=5[\mu F]$, $C_3=1.8[\mu F]$, $C_4=3[\mu F]$일 때 합성 정전용량은 얼마인가?

풀이 C_1과 C_4의 직렬 정전용량 C_S는

$$C_S=\frac{2\times3}{2+3}=1.2[\mu F]$$

C_2와 C_3의 병렬 정전용량 C_P는

$$C_P=5+1.8=6.8[\mu F]$$

따라서 합성 정전용량은 $C=\frac{C_S\cdot C_P}{C_S+C_P}=\frac{1.2\times6.8}{1.2+6.8}=\frac{8.6}{8}=1.02[\mu F]$

예제 3.8 그림 3.19와 같은 콘덴서의 연결에서 $C_1=15[\mu F]$, $C_2=60[\mu F]$, $C_3=20[\mu F]$ 일 때 정전용량 Cab, Cbc, Cca는 얼마인가?

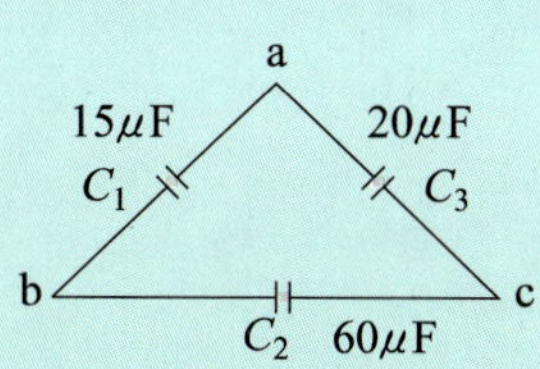

그림 3.19

풀이 2개의 직렬 합성 정전용량을 구한 뒤 이들 2개의 병렬 합성 정전용량을 구한다.

$a-c-b$: C_3, C_2 직렬 $\rightarrow\frac{60\times20}{60+20}=\frac{1200}{80}=15[\mu F]$, $Cab=15+15=30[\mu F]$

$b-a-c$: C_1, C_3 직렬 $\rightarrow\frac{15\times20}{15+20}=\frac{300}{35}=\frac{60}{7}[\mu F]$, $Cbc=\frac{60}{7}+60\fallingdotseq68.57[\mu F]$

$c-b-a$: C_2, C_1 직렬 $\rightarrow\frac{60\times15}{60+15}=\frac{900}{75}=12[\mu F]$, $Cca=12+20=32[\mu F]$

예제 3.9 그림 3.20과 같이 2개의 콘덴서 $C_1=8[\mu F]$, $C_2=2[\mu F]$가 직렬로 연결되어 있고, 양단 간에 16[V]의 전압이 가해져 있다. C_1에 병렬로 10[μF]의 콘덴서가 연결될 때 연결되기 전과 연결된 후의 C_1에 걸리는 전압은 각각 얼마인가?

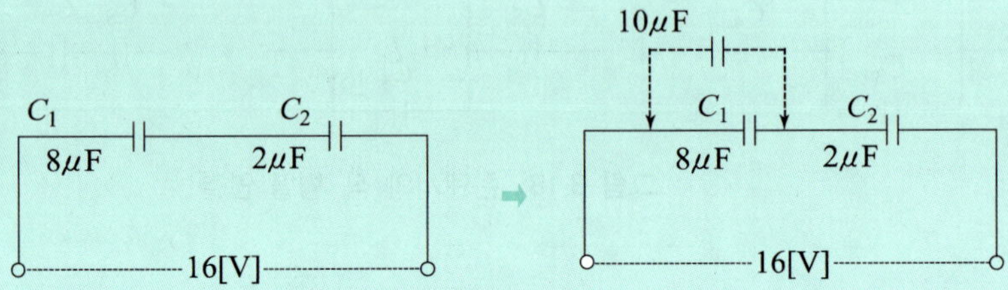

그림 3.20

풀이 먼저 C_1, C_2의 직렬 합성 정전용량 C를 구하면 아래와 같다

$$C=\frac{C_1C_2}{C_1+C_2}=\frac{8\times2}{8+2}=\frac{16}{10}=1.6[\mu F]$$

C_1에 걸리는 전압 $V_1=\frac{C_2}{C_1+C_2}\times V=\frac{2}{8+2}\times16=3.2[V]$ ← 10[μF]연결 전

10[μF]을 병렬로 연결한 경우의 합성 정전용량 C_1'는 아래와 같다.

$$C_1'=8+10=18[\mu F]$$

따라서 C_1'에 걸리는 전압 $V_1'=\frac{C_2}{C_1'+C_2}\times V=\frac{2}{18+2}\times16=1.6[V]$ ← 10[μF]연결 후

참고지식

☞ 정전용량의 표시

전해 콘덴서는 0.47μF, 1000μF와 같이 그 값을 표면에 표시하지만 세라믹, 마일라 콘덴서는 그림 3.21과 같이 나타낸다. 이 때의 단위는 [F]이다.

□ □ □ ■에서 앞의 □ □ □은 정전용량의 값을, 뒤의 ■은 그 오차 범위를 나타낸다. 또한 □ □ □에서 앞의 2개는 수 값을, 뒤의 □은 곱해지는 10의 −승수를 말한다. 따라서 154K는 15×10^{-4}[F]0.15×10^{-6}[F] = 0.15[μF], 오차는 ±10%이다. ■로 나타내는 오차 범위는 아래의 표 3.1과 같다.

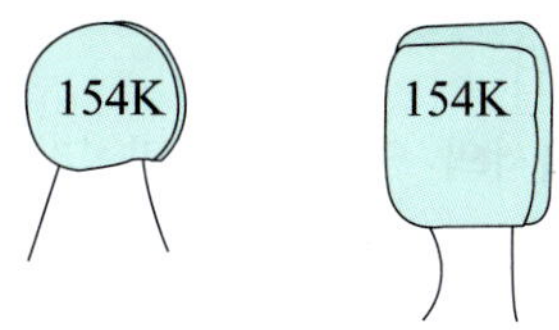

그림 3.21 정전용량의 표시

표 3.1 오차범위

표기 알파벳	허용오차범위	표기 알파벳	허용오차범위
M	±20%	D	±0.5%
K	±10%	C	±0.25%
J	±5%	B	±0.1%
G	±2%	A	±0.05%
F	±1%	Z	±0.025%

3.4 콘덴서의 정전 에너지

콘덴서의 양단에 전압을 가하면 양 극판에는 전하가 축적되고, 아울러 내부 전계에는 정전(靜電)에너지가 축적된다. 따라서 전극간에는 정전력(靜電力)이 작용한다. 이 정전력은 정전 전압계, 먼지를 모으는 전기 집진기, 전기 도장(塗裝) 등에 이용되는 등 우리 일상생활에 도움을 준다. 이 절에서는 이러한 정전 에너지의 크기가 무엇에 의해 결정되는 지를 알아보기로 한다. 그림 3.22는 정전용량이 C[F], 극판 간격이 d[m]이고, 극판에 모인 전하량이 $+Q$인 콘덴서로서 $+Q$는 아주 미소한 전하 q가 n개 모여서 만들어진 것이라고 가정한다. 따라서 $q=Q/n$이다. 정전용량이 C[F], 극판 간격 d [m]인 콘덴서의 Q[C]의 전하가 축

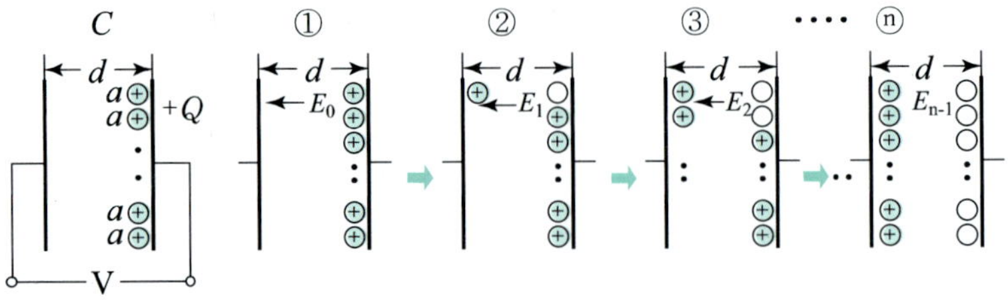

그림 3.22 전하의 이동과 전계의 세기 변화

적하고 있는 정전 에너지란 전하 Q를 즉, n개의 q를 모두 전계가 형성된 반대 극판으로 이동시키는데 필요한 일(에너지)이다.

'일=힘×거리'이므로 콘덴서에서의 일은 '전하량×전위'이고, 단위전하가 하는 일(전위)은 '전계×극판간 거리'이다. 그림 3.22의 ①은 오른쪽 극판에서 $+q$를 왼쪽 극판으로 이동시킬 경우로서 이 때의 전계는 0($E=0$)이므로 에너지 W_1은 0($W_1=0$)이다. ②는 이미 왼쪽 극판에 1개의 $+q$가 옮겨져 있으므로 전계의 세기 $E_1=q/(\mathrm{Cd})$이다. 이 식은 $V=Ed$에서 $E=V/d$이고, $Q=CV$에서 $V=Q/\mathrm{C}$를 앞에 대입하면 $E=Q/(\mathrm{Cd})$에서 Q대신 q를 넣어서 얻은 값이다. ②에서 1개의 q에 의한 전계 E_1을 무릅쓰고 왼쪽 전극까지 두 번째 전하 q를 이동하는데 필요한 일은 $W_2=qE_1\times d=\ q\{q/(\mathrm{Cd})\}\times d=q^2/C$이 된다. ③에서의 일은 왼쪽 극판에 2개의 q가 있으므로 $E_2=2q/Cd$로부터 $W_3=qE_2d=q(2q/\mathrm{Cd})\times d=2q^2/C$이 된다. 이런 식으로 해서 n번째가 되는 ⓝ에서의 일은 $W_n=qE_{n-1}d=q\{(n-1)q\}/\mathrm{Cd}\}d=\{(n-1)q^2\}/C$이 된다. 정전 에너지는 왼쪽 극판에 있던 n개의 q를 오른쪽 극판으로 모두 옮기는 데 필요한 일이므로 이들을 순차적으로 더하면 아래와 같다.

$$W=W_1+W_2+W_3+\cdots+W_n=0+\frac{q^2}{C}+\frac{2q^2}{C}+\cdots+\frac{(n-1)q^2}{C}$$
$$=\frac{q^2}{C}\{1+2+3+\cdots+(n-1)\} \tag{3.23}$$

위의 마지막 식에 등차수열의 화(和)에 관한 공식을 적용하면 아래와 같다.

$$W=\frac{q^2}{C}\cdot\frac{n-1}{2}\{1+(n-1)\}=\frac{nq^2}{2C}(n-1)=\frac{(nq)^2}{2C}\left(1-\frac{1}{n}\right) \tag{3.24}$$

$Q=nq$이므로 아래와 같이 다시 고쳐 쓸 수 있다.

$$W=\frac{Q^2}{2C}\left(1-\frac{1}{n}\right) \tag{3.25}$$

위의 식에서 n이 아주 크다면 $1/n \fallingdotseq 0$이므로 아래와 같은 공식이 구해진다.

$$W = \frac{Q^2}{2C} = \frac{(CV)^2}{2C} = \frac{1}{2}CV^2 \text{ [J]} \tag{3.26}$$

이 값이 콘덴서의 정전 에너지가 된다. 식 (3.26)에서 $Q = CV$를 대입하면 아래와 같이 나타낼 수도 있다.

$$W = \frac{1}{2}QV\text{[J]} \tag{3.27}$$

예제 3.10 공기 중에서 콘덴서의 정전용량이 $10[\mu\text{F}]$이고, 가해준 전압이 2[V]라면 콘덴서에 축적되는 정전 에너지는 얼마인가?

풀이 식 (3.26)으로부터

$$W = \frac{1}{2} \times 10 \times 10^{-6} \times 2^2 = 20 \times 10^{-6} = \mathbf{2.0 \times 10^{-5}[J]}$$

3.5 콘덴서의 충전과 방전작용

지금까지 콘덴서의 양극판에 전하가 축적되는 현상을 콘덴서 양단에 직접 전압을 가해주는 것으로 설명하였지만 실제에서는 그림 3.23(a)와 같이 저항을 통해서 콘덴서에 충전전류가 흐르고 전압의 +극 쪽에 $+Q$, −극 쪽에 $-Q$가 축적된다.

그림 3.23(a)의 회로에서 저항을 통해서 콘덴서에 전압이 가해져서 전하가 축적되는 현상을 충전(充電)이라 하며, 이 충전 속도는 콘덴서의 정전용량이 일정하다면 저항의 크기에 따라 결정된다. 저항이 작으면 충전속도가 빠르고, 크면 충전속도가 늦다. 충전속도를 나타내는 척도로서 시정수(時定數 : time constant)가 있다. 시정수는 τ(타우)로 표기하며, 단위는 [초:s]이고, 아래와 같다.

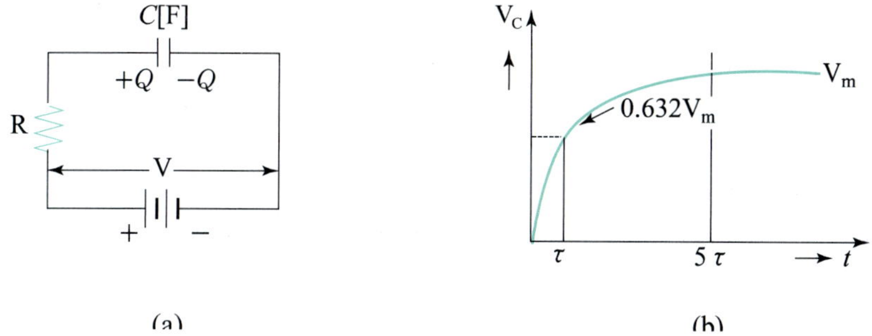

그림 3.23 콘덴서의 충전

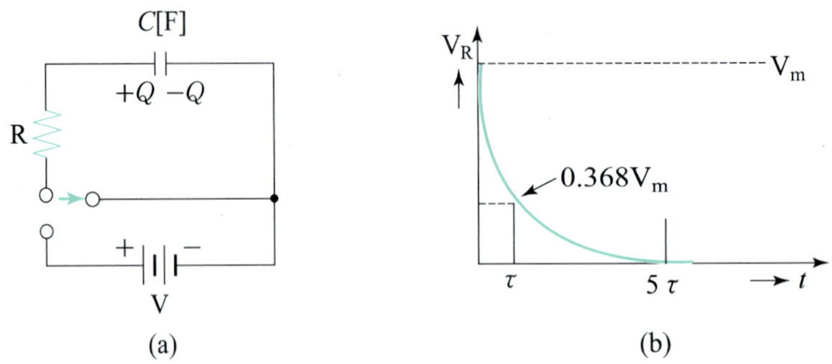

그림 3.24 콘덴서의 방전

$$\tau = RC[\text{s}] \tag{3.28}$$

그림 3.23(b)는 시간에 따른 충전곡선을 나타낸다. 시정수 값에서 최종 충전전압 V_m의 63.2% 에 도달한다. 시정수의 5배 정도의 시간이 되면 최종 전압 값(V_m)으로 충전이 완료된다. 한편 그림 3.24(a)와 같이 전압의 연결을 끊고, 저항을 전압의 −단자에 연결하면 콘덴서 C에 충전되었던 전하는 저항 R을 통해서 소멸되어 버린다. 이러한 현상을 방전(放電)이라 한다. 그림 3.24(b)는 방전특성을 나타내는 곡선이다. 역시 $\tau = RC$의 시정수 값이 작으면 빨리 방전되고, 크면 느리게 방전된다. 특성곡선에서 알 수 있듯이 시정수 값에서 충전되었던 전압 V_m의 36.8%에 도달하고, 충전에서와 마찬가지로 시정수의 5배(5τ)에서 방전이 완료되어 전압은 0이 된다. 일반적으로 콘덴서의 값이 아주 크면 방전속도도 느리게 된다. TV나 전자기기의 전원회로에 사용되는 전해 콘덴서의 정전용량이 1000[μF]에서 경우에 따라서는 10,000[μF] 이상이 되므로 방전이 완전히 되지 않은 상태에서 손으로 만지면 위험하다는 것을 염두에 두기를 바라며, 부득이 수리를 위해 만지고자 할 때는 절연체 손잡이가 붙어있는 드라이버 등으로 두 단자를 단락(short)시키면 순식간에 스파크가 발생하면서 방전이 되어 충전전압이 소멸되므로 안전하다.

예제 3.11 그림 3.23(a)와 같은 R, C회로에서 $R=15[\text{K}\Omega]$, $C=10[\mu\text{F}]$일 때 시정수는 몇 초가 되는가?

풀이 식 (3.28)로부터

$$\tau = RC = 15\times10^3\times10\times10^{-6} = 150\times10^{-3} = \mathbf{0.15[s]}$$

간추림

- − 또는 +로 대전된 금속도체를 절연시켜 놓은 상태에서 다른 금속도체를 가까이 놓으면 대전도체에 가까운 부분에 + 또는 −전하, 반대쪽에는 − 또는 +전하가 가 유도되는 현상을 정전유도라 한다.
- 정전유도가 될 수 있는 외피도체를 접지(接地:어스)시켜서 정전유도를 방지하는 현상을 정전차폐라 한다.
- 반경 r[m]인 구형 도체의 정전용량은 아래와 같다.

$$C=4\pi\epsilon r[\mathrm{F}]$$

- 2개의 평행 금속판에 전압을 가하여 양 극판에 전하를 모이게 하는 장치를 콘덴서라 하며, 정전용량 C는 단위전압(1V)을 가한 때의 전하량으로 그 단위는 패럿(Farad)이다.

$$C=\frac{Q}{V}[\mathrm{F}]$$

- 평행판 콘덴서의 전극판 면적이 S, 전극판 간격이 d일 때의 정전용량은 아래와 같다.

$$C=\frac{\epsilon_0\epsilon_r S}{d}[\mathrm{F}]$$

- 콘덴서 2개의 병렬 연결 시 합성 정전용량은 $C=C_1+C_2$이고, 콘덴서 2개의 직렬 연결 시 합성 정전용량은 아래와 같다.

$$C=\frac{C_1C_2}{C_1+C_2}\ [\mathrm{F}]$$

- 콘덴서의 정전용량이 C, 전하량이 Q, 가해진 전압이 V일 때 콘덴서에 축적되는 에너지 W는 아래와 같다.

$$W=\frac{1}{2}QV=\frac{1}{2}CV^2[J]$$

- RC 직렬회로에 전압 V가 가해질 때 콘덴서의 시정수 τ는 아래와 같다.

$$\tau=RC[S]$$

연습문제

1. 정전유도와 관계가 깊은 것은?

(가) 이온　(나) 절연체　(다) 유전체　(라) 반도체

2. 콘덴서에 12[V]의 전압을 가했을 때 전극 판의 전하량이 3[C]이라면 콘덴서의 정전용량은 몇 [F]인가?

(가) 0.25　(나) 0.5　(다) 4　(라) 36

3. 병렬로 연결된 20[μF]와 30[μF]의 콘덴서에 다시 직렬로 40[μF]가 연결된 경우에 전체 용량은 몇 [μF]인가?

(가) 22　(나) 25　(다) 40　(라) 90

4. 정전 에너지와 관계가 없는 것은?

(가) 저항　(나) 전계의 세기　(다) 전속밀도　(라) 정전용량

5. 아래에서 콘덴서의 정전용량과 관계가 없는 것은?

(가) 면적　(나) 저항　(다) 유전율　(라) 극판 간격

6. 5[μF]의 콘덴서에 100[V]의 전압을 가하면 축적되는 전하량은 몇 [C]인가?

(가) 5×10^{-3}　(나) 5×10^{-4}　(다) 5×10^{-5}　(라) 5×10^{-6}

7. 반지름이 a[m]인 구(球) 도체의 정전용량은 [F]인가?

(가) $4\pi\epsilon_0 a$　(나) $\epsilon_0 a$　(다) a　(라) $\frac{1}{4\pi}\epsilon_0 a$

8. 평행판 콘덴서의 두 극판 면적을 3배로 하고 간격을 1/2배로 하면 정전용량은 처음의 몇배가 되는가?

(가) $\frac{3}{2}$　(나) $\frac{2}{3}$　(다) $\frac{1}{6}$　(라) 6

9. 전압 V로 충전된 용량이 C라면 이 콘덴서에 용량 $2C$의 콘덴서를 병렬로 연결하면 단자전압은 몇 V여야 되는가?

(가) $3V$　(나) $2V$　(다) $\frac{V}{2}$　(라) $\frac{V}{3}$

10. 정전용량이 C[F]의 콘덴서에 V[V]의 전압을 가하여 Q[C]의 전하량이 충전될 때 콘덴서에 축적되는 에너지[J]는?

(가) $\frac{CV}{2}$　　(나) $\frac{QV}{2}$　　(다) $\frac{C^2V}{2}$　　(라) 2QV

11. 평행판 콘덴서에 전압 2[V]를 가한 때 4[C]의 전하가 축적되었다면 정전용량은 얼마인가?

12. 공기중에서 간격 5[cm], 면적 20[cm^2]인 평행판 콘덴서의 정전용량은 얼마인가?
단. $\epsilon_0 = 8.854 \times 10^{-12}$

13. 면적 40[cm^2], 매질의 비유전율 4인 평행판 콘덴서에 5[V/m]의 전계가 가해질 때의 전하량 Q는 얼마인가? 단. $\epsilon_0 = 8.854 \times 10^{-12}$

14. 그림 3.25와 같이 콘덴서가 직.병렬로 연결된 경우 합성 정전용량은 얼마인가?

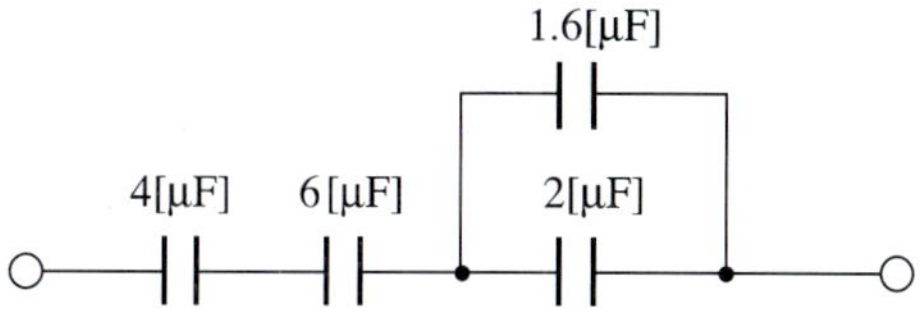

그림 3.25 콘덴서의 직·병렬연결

15. 정전용량이 50[μF]인 콘덴서에 200[V]의 전압이 가해지면 콘덴서에 축적되는 정전 에너지는 얼마가 되는가?

16. 같은 전계, 같은 크기의 콘덴서에 삽입된 유전체의 비유전율이 2인 경우에 비해서 비유 전율이 6인 경우 유전체의 정전 에너지는 몇 배가 큰가?

유전체(誘電體)

4

chapter

4.1 유전체의 분극현상

일반적으로 절연체는 전압이 가해져도 전류가 흐르지 않지만 정전계가 가해지면 표면에 전하가 유기되는 절연체를 유전체(誘電體 : dielectrics)라 한다.

그림 4.1(a)는 공기를 사이에 두고 양 극판이 있는 콘덴서에 건전지가 연결된 경우를 나타내고 있다. 그림 4.1(b)와 같이 공기 대신 양 극판 사이에 유전체를 넣으면 극판의 전하는 증가하고, 콘덴서의 정전용량 또한 커진다.

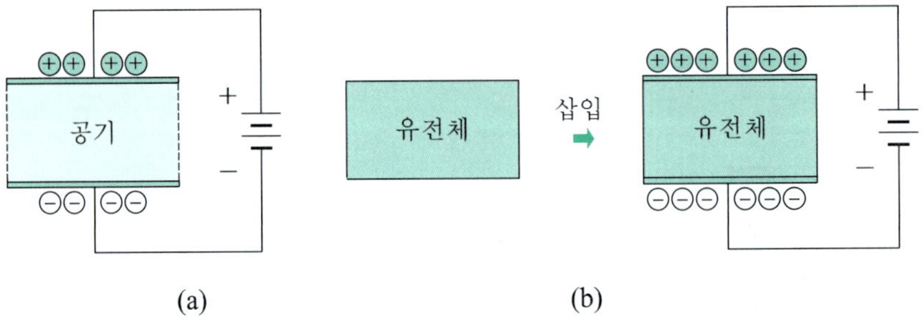

그림 4.1 콘덴서와 유전체

도체의 원자구조는 이미 1장에서 설명한 바와 같이 외각궤도를 돌고 있는 자유전자가 외부로부터 전계(전압)가 가해지면 도체인 경우는 쉽게 이탈하여 이동함으로써 전류를 흘리게 되지만 절연체는 외각궤도의 전자들이 내부의 원자핵에 아주 강하게 속박되어 있기 때문에 외부에서 전계를 가해도 전자의 이탈은 발생하지 않으므로 전류가 흐르지 않는다. 그

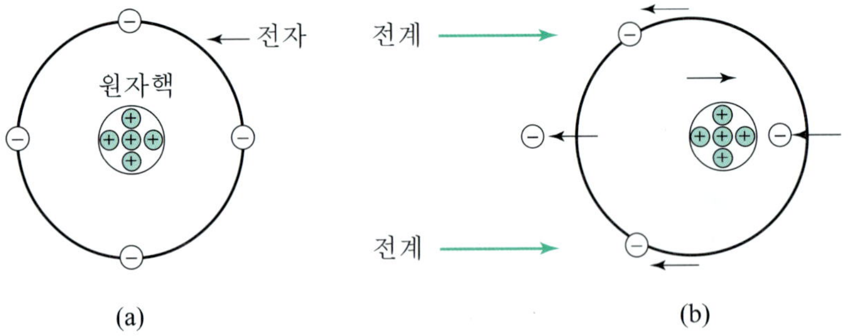

그림 4.2 유전체의 변위현상

러나 절연체 가운데 유전체에 전계가 가해지면 그림 4.2와 같이 원자핵의 양자(+전하)와 외각전자(−전하)들이 그 위치에 변화를 일으키는데 이를 변위(變位)가 발생했다고 한다. 이 변위는 전계의 방향으로 −전하가 이동하고, +전하는 그 반대방향으로 이동하게 된다. 그림 4.2(a)는 전계가 가해지지 않은 때의 원자상태이고, 그림 4.2(b)는 외부전계가 가해진 때의 원자상태이다.

콘덴서의 극판 사이에 유전체를 삽입하면 그림 4.3(a)와 같이 +극판에 가까운 쪽에는 −, −극판에 가까운 쪽에는 +전하가 모이게 되는 현상을 분극(polarization)현상이라 한다. 그림 4.3(a)는 유전체에 전계가 가해질 때 유전체를 구성하는 원자 속의 +전하는 전계의 방향으로, −전하는 그 반대방향으로 변위를 일으켜 그림 4.3(b)와 같은 전기 쌍극자(双極子)를 형성한다. 그러나 유전체 내부에서 대다수의 전기 쌍극자는 내부에서 +와 −전하가 서로 상쇄되어 중성이 되고, 유전체의 양 표면에 전극과 반대의 전하가 나타나게 된다. 이 때 유전체 양쪽 표면의 전하를 분극전하라 한다.

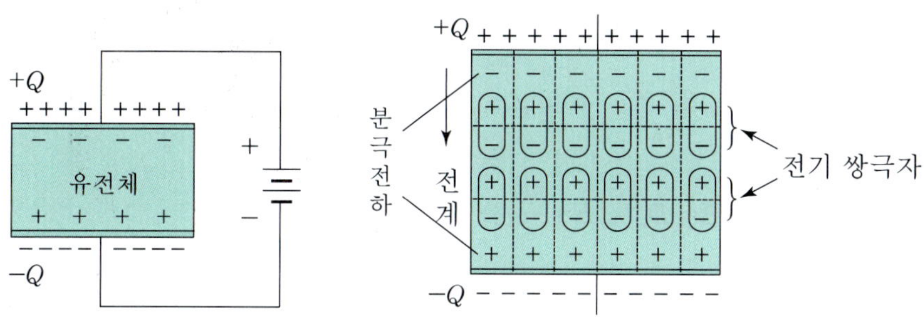

(a) (b)

그림 4.3 분극현상

분극전하의 밀도가 클수록 분극작용이 커지므로 일반적으로 분극전하의 밀도 σ[C/m^2]로 분극의 세기 P를 나타낸다.

$$P = \sigma' [\mathrm{C/m^2}] \tag{4.1}$$

분극의 세기는 유전체 내 임의의 한 점에서 가해진 전계의 방향에 수직인 면적(S)에 나타나는 분극전하량(Q)의 크기, 즉, 분극의 세기로 정의한다.

$$P = \frac{Q}{S} [\mathrm{C/m^2}] \tag{4.2}$$

엄밀히 말하면 분극의 세기 P는 벡터 량이고, 그 방향은 −분극전하에서 +분극전하로 향한다. 진공 중에서 평행판 콘덴서의 두 전극에 단위 면적당 $+\sigma$, $-\sigma$의 전하가 가해진다면 내부 평등전계 E_0는 식 (4.2)에서 $Q \to \sigma$[C], $S \to 1$[m^2]이므로 $\sigma = \epsilon_0 E_0$가 되어 E_0는

$$E_0 = \frac{\sigma}{\epsilon_0} \text{[V/m]} \tag{4.3}$$

이 된다. 만일 평행판의 전하밀도를 일정하게 하고, 유전체가 삽입된 경우에는 $\epsilon = \epsilon_0 \epsilon_r$을 대입하면 전계 E는

$$E = \frac{\sigma}{\epsilon} = \frac{\sigma}{\epsilon_0 \epsilon_r} \text{[V/m]} \tag{4.4}$$

$$E_0 - E = \frac{\sigma}{\epsilon_0} - \frac{\sigma}{\epsilon_0 \epsilon_r} = \frac{\sigma}{\epsilon_0}\left(1 - \frac{1}{\epsilon_r}\right) \tag{4.5}$$

가 되어, 유전체 삽입 시 분극의 세기, 즉 분극전하밀도가 공기 중에서보다 작게 된다. 전극에 최초에 공급된 전하를 진 전하(眞電荷) σ, 분극전하를 σ'라 하면, 전계의 형성에 기여하는 전하는 $\sigma - \sigma'$가 되며, 이를 자유전하(自由電荷)라 한다. 따라서 유전체 내부의 전계 E는 아래와 같이 나타낼 수 있다.

$$E = \frac{\sigma - \sigma'}{\epsilon_0} = \frac{\sigma - P}{\epsilon_0}, \quad P = \sigma - \epsilon_0 E = \epsilon_0 \epsilon_r E - \epsilon_0 E = \epsilon_0 (\epsilon_r - 1) E \tag{4.6a}$$

위의 식에 $\epsilon E = \epsilon_0 \epsilon_r E = D$, $\epsilon_0 E = \dfrac{D}{\epsilon_r}$을 대입하면

$$P = D\left(1 - \frac{1}{\epsilon_r}\right) \tag{4.6b}$$

또한 분극의 세기 P는 전계의 세기와 비례하므로 그 비례정수를 χ(카이)라 하면

$$P = \chi E, \quad \chi = \frac{P}{E} \tag{4.7}$$

가 되며, χ를 분극률이라 한다. 따라서 분극률은 분극이 얼마나 잘 되는가를 나타내는 상수로서 식 (4.6a), 식 (4.7)로부터

$$\chi = \epsilon_0 (\epsilon_r - 1) \tag{4.8}$$

가 되므로 ϵ_r이 클수록 분극이 용이하게 이루어진다고 볼 수 있다. 유전체가 삽입된 콘덴서에 교번 전계를 가하면 그림 4.4와 같이 변위의 방향이 번갈아 바뀌고, 변위의 교차에 의한 에너지가 유전체 손실로 변하면서 발열작용이 일어난다.

유전체 가열은 고주파에 의한 분극작용에 의한 발열현상을 이용한 원리이다. 유전체 가열의 장점은 물질 내부까지 균일하게 가열할 수 있다는 점이다.

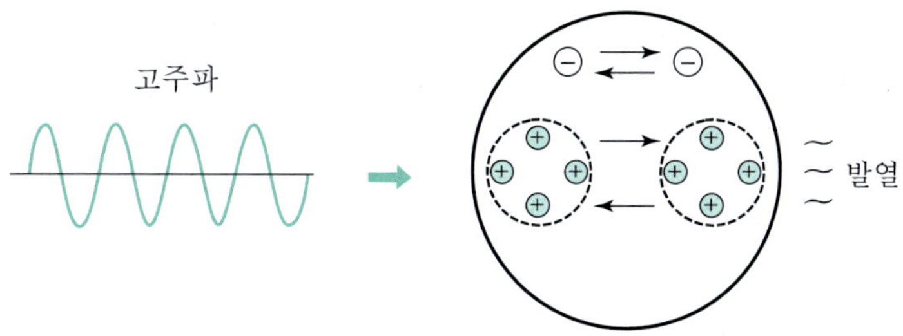

그림 4.4 유전체 가열

4.2 유전율과 비유전율

그림 4.5와 같이 간격이 d[m], 면적이 S[m^2]인 평행판 콘덴서에 유전체가 삽입된 경우의 정전용량은 아래와 같다.

$$C = \frac{\epsilon S}{d} = \frac{\epsilon_0 \epsilon_r S}{d} \text{[F]} \tag{4.9}$$

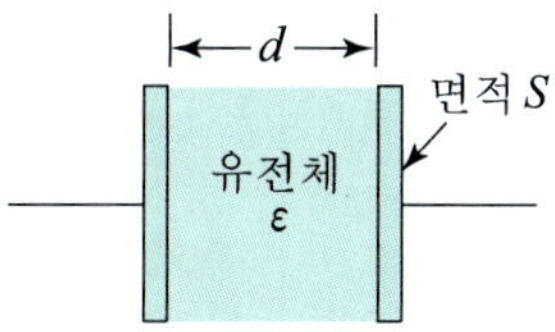

그림 4.5 유전체 삽입 평행판 콘덴서

식 (4.9)에서 비유전율 ϵ_r 은 1보다 크므로 정전용량 C는 공기 중에서의 정전용량 C_0보다 ϵ_r 배만큼 증가한다.

$$\epsilon = \epsilon_0 \epsilon_r \tag{4.10}$$

식 (4.10)에서 공기 중에서의 유전율의 ϵ_r 배인 값 ϵ를 임의의 유전체에 대한 유전율이라 한다. 3장의 식 (3.8)로부터 $\epsilon = \dfrac{D}{E}$이고, 식 (2.22), 식 (2.23)으로부터 각각 D 와 E의 단위는 [C/m^2], [V/m]이고, C =Q/V[C/V → F]=로부터 [C/m^2]/[V/m]=(C)/(V·m)=[F/m]가 되므로 유전체 ϵ 의 단위는 [F/m]가 된다. 유전체는 그 종류에 따라 분극효과가 다르며, 같은 전계가 가해져도 어떤 물질은 분극이 잘 일어나지 않고 어떤 물질은 분극이 쉽게 일어나는 물질이 있다. 원자 내부에서 변위하기 쉬운 물질은 전계의 영향을 크게 받으므로 분극효과가 커지고, 비유전율 ϵ_r 이 크다. 기체 등은 비유전율이 대개 1에 가깝지만, 어느 물질의 비유전율은 수백에서 천에 가깝다. 비유전율의 크기는 극판의 형상에 관계없이 유전체의 물리적 성질에 의해 결정되는 상수이다. 패러데이(Faraday)의 실험에 의하면 진공 중에서의 콘덴서 정전용량을 C_0, 유전체를 삽입할 때의 정전용량을 C라 할 때 비(比)유전율(relative permitivity) ϵ_r 을 아래와 같이 나타낸다. 달리 말하면 진공 중의 유전율을 1로 했을 때의 물질의 상대적인 유전율을 비유전율이라 한다.

$$\epsilon_r = \frac{C}{C_0} = \frac{\epsilon}{\epsilon_0} \tag{4.11}$$

여러 물질의 비 유전율은 표 4.1과 같다.

표 4.1 각 물질의 비유전율

물 질	비유전율 ϵ_r	물 질	비유전율 ϵ_r
진공	1	물	80.7
공기	1.0006	고무	2.0~3.5
운모	2.5~6.6	에보나이트	2.0~3.5
파라핀	2.0~2.3	베크라이트	4.5~7.0
유리	6.0~10.0	산화 치탄	117
자기(磁器)	5.0~6.9	폴리에틸렌	2.3
종이	1.2~2.6	글리세린	50
산소(O_2)	1.00053	목재	2.5~7.7
수소(H_2)	1.00027	로셀염	200~4000
목재	2.5~7.7	티탄산 바륨	250~4500
석영	8.3	변압기유	2.2~2.4
에틸 알콜	25.8		

4.3 복합 유전체

그림 4.6은 평행판 콘덴서에 여러 개의 다른 유전체가 직렬로 삽입된 경우이다.

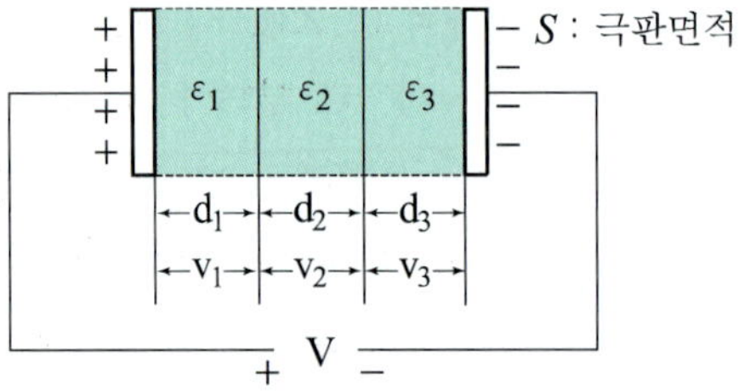

그림 4.6 복합 유전체의 전계

콘덴서의 극판 면적을 S, 그 두께를 d_1, d_2, d_3, 유전율을 ϵ_1, ϵ_2, ϵ_3, 각각에 걸린 전압을 V_1, V_2, V_3이라 하면 식 (3.6), 식 (3.9)로부터 아래와 같은 관계식이 성립한다.

$$V_1 = \frac{Qd_1}{\epsilon_1 S}[\mathrm{V}] \tag{4.12}$$

$$V_2 = \frac{Qd_2}{\epsilon_2 S}[\mathrm{V}] \tag{4.13}$$

$$V_3 = \frac{Qd_3}{\epsilon_3 S}[\mathrm{V}] \tag{4.14}$$

따라서 V는 아래와 같다.

$$\begin{aligned} V &= V_1 + V_2 + V_3 \\ &= \frac{Qd_1}{\epsilon_1 S} + \frac{Qd_2}{\epsilon_2 S} + \frac{Qd_3}{\epsilon_3 S} \\ &= Q\left(\frac{d_1}{\epsilon_1 S} + \frac{d_2}{\epsilon_2 S} + \frac{d_3}{\epsilon_3 S}\right) \end{aligned} \tag{4.15}$$

위의 식들에서 알 수 있는 것은 복수 개의 유전체가 혼입되어 있을 때 각 유전체에 가해지는 전압은 그 두께에 비례하고, 유전율 및 면적에 반비례함을 알 수 있다.

한편 정전용량은 $C = Q/V$이므로 식 (4.15)를 변형하면

$$\frac{V}{Q} = \frac{1}{C} = \left(\frac{d_1}{\epsilon_1 S} + \frac{d_2}{\epsilon_2 S} + \frac{d_3}{\epsilon_3 S}\right) = \frac{1}{C_1} + \frac{1}{C_2} + \frac{1}{C_3}$$

$$\therefore\ C = \frac{1}{\dfrac{1}{C_1} + \dfrac{1}{C_2} + \dfrac{1}{C_3}} \tag{4.16}$$

위의 식에서

$$C_1 = \frac{\epsilon_1 S}{d_1},\quad C_2 = \frac{\epsilon_2 S}{d_2},\quad C_3 = \frac{\epsilon_3 S}{d_3} \tag{4.17}$$

이 된다.

예제 4.1 그림 4.6의 복합 유전체에서 극판면적 $S = 50[\mathrm{cm}^2]$, 두께 $d_1 = 1[\mathrm{cm}]$, $d_2 = 2[\mathrm{cm}]$, $d_3 = 1.5[\mathrm{cm}]$라면 전체 정전용량은 얼마인가? 단, $\epsilon_1 = 6$, $\epsilon_2 = 4$, $\epsilon_3 = 1.5[\mathrm{F/m}]$

풀이 식 (4.16), 식 (4.17)으로부터

$$\begin{aligned} \frac{1}{C} &= \frac{1\times 10^{-2}}{6\times 50\times 10^{-4}} + \frac{2\times 10^{-2}}{4\times 50\times 10^{-4}} + \frac{1.5\times 10^{-2}}{1.5\times 50\times 10^{-4}} \\ &= \frac{1}{3} + 1 + 2 = \frac{10}{3} \quad \therefore \mathrm{C} = \frac{3}{10} = 0.3[\mathrm{F}] \end{aligned}$$

그림 4.7은 동심 원통형의 고압용 케이블을 나타낸다. 중심의 도선 둘레에 비유전율이 ϵ_1 인 유전체와 비유전율이 ϵ_2 인 유전체로 둘러싸여 있다. 1[m]당의 전하를 Q라 하면, 전속은 방사상으로 나가므로 유전체 내의 임의의 점 P(반경 r)에서의 전계의 세기는 전하를 원둘레($2\pi r\times1$)로 나눈 값이다.

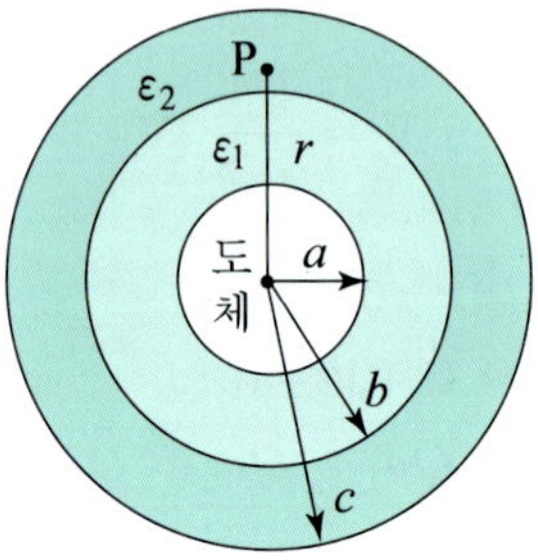

그림 4.7 동축 케이블의 전계의 세기

따라서 전속밀도는

$$D=\frac{Q}{2\pi r},\ D=\epsilon E$$

가 되고, 위의 두 식으로부터 아래의 식을 구할 수 있다.

$$E=\frac{Q}{2\pi\epsilon\cdot r}=\frac{Q}{2\pi\epsilon_0\epsilon_r\cdot r}\,[\text{V/m}] \tag{4.18}$$

위의 식에서 ϵ 대신에 비유전율 $\epsilon_1(=\epsilon_0\epsilon_{r1})$, $\epsilon_2(=\epsilon_0\epsilon_{r2})$인 2개의 유전체를 삽입한 경우에

(1) $r=a\sim b$ 구간에서의 전계의 세기 E_1은 아래와 같다.

$$E_1=\frac{Q}{2\pi\epsilon_1 r}\,[\text{V/m}] \tag{4.19}$$

(2) $r=b\sim c$ 구간에서의 전계의 세기 E_2는 아래와 같다.

$$E_2=\frac{Q}{2\pi\epsilon_2 r}\,[\text{V/m}] \tag{4.20}$$

두 도체 사이의 전위차 $V=\int E_1 dr+\int E_2 dr$이므로

$$V=\int_a^b\frac{Q}{2\pi\epsilon_1 r}\text{dr}+\int_b^c\frac{Q}{2\pi\epsilon_2 r}\text{dr}$$

$$= \frac{Q}{2\pi}\left(\frac{1}{\epsilon_1}\int_a^b \frac{1}{r}\mathrm{dr} + \frac{1}{\epsilon_2}\int_b^c \frac{1}{r}\mathrm{dr}\right)$$

$$= \frac{Q}{2\pi}\left(\frac{1}{\epsilon_1}\ln\frac{b}{a} + \frac{1}{\epsilon_2}\ln\frac{c}{b}\right)$$

$C = \dfrac{Q}{V}$ 로부터 $$C = \frac{2\pi}{\frac{1}{\epsilon_1}ln\frac{b}{a} + \frac{1}{\epsilon_2}ln\frac{c}{b}}[\mathrm{F/m}] \qquad (4.21)$$

4.4 유전체의 정전에너지

평행판 콘덴서의 극판에 전압 V가 주어졌을 때 전하는 0에서부터 증가하여 Q에 도달하면 충전(充電)이 종료된다. 이 때 콘덴서의 정전에너지 dW는 전압 V에 비례하여 전하가 Q까지 증가해 가므로 그림 4.8에서 연청색 부분의 면적이 정전 에너지가 된다. 연청색 부분의 면적은 직사각형 면적 $V \cdot Q$의 1/2이므로 정전 에너지 $W = \frac{1}{2}V \cdot Q$가 된다.

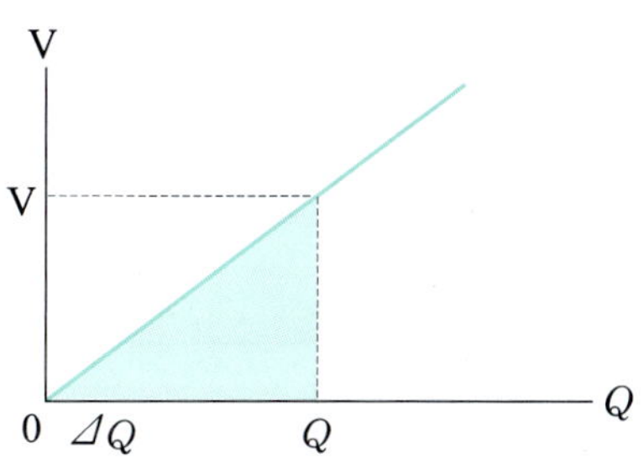

그림 4.8 정전 에너지

적분(積分) 방정식에 의해 구해보면 $V = Q/C$이므로 아래와 같다.

$$W = dW = \int_0^Q VdQ = \int_0^Q \frac{Q}{C}dQ = \frac{1}{C}\int_0^Q QdQ = \frac{1}{C}\cdot\frac{Q^2}{2} \qquad (4.22)$$

$$V = \frac{Q}{C},\ Q = C\cdot V\text{이므로 } W = \frac{1}{2}V\cdot Q = \frac{1}{2}C\cdot \mathrm{V}^2[\mathrm{J}] \qquad (4.23)$$

여기서 평행판 간격이 $d\,[\mathrm{m}]$, 면적이 $S\,[\mathrm{m}^2]$, 가해진 전계의 세기가 $E[\mathrm{V/m}]$이고, 극판 사이에 유전율 ϵ인 유전체가 삽입되어 있다면 식 (3.6), 식 (3.10)에 의해 $V = E\cdot d$, $C = (\epsilon S)/d$이고, $D = \epsilon E$이므로 이들을 식 (4.23)에 대입하면 유전체에 저장되는 에너지 W는 아래와 같이 나타낼 수 있다.

$$W = \frac{1}{2}\left(\frac{\epsilon S}{d}\right)\cdot(E\cdot d)^2 = \frac{1}{2}\epsilon E^2\cdot S\cdot d = \frac{1}{2}D\cdot E\cdot S\cdot d\,[\mathrm{J}] \tag{4.24}$$

위의 식은 대전도체가 갖는 정전(靜電) 에너지 (식 4.23)을 극판 사이에 있는 유전체 내의 전계 에너지로 치환된 값을 의미한다. 대전도체에 의한 전계에서 단위 체적 당 저장하는 정전 에너지 즉 정전 에너지 밀도 W'는 식 (4.24)를 $S\cdot d[\mathrm{m}^3]$로 나눈 값으로 아래와 같다.

$$W' = \frac{1}{2}\epsilon E^2[\mathrm{J/m^3}] \tag{4.25}$$

식 (4.24)에서 $D=\epsilon E$이므로 아래와 같이 고쳐 쓸 수 있다.

$$W' = \frac{1}{2}\epsilon\, E^2 = \frac{1}{2}(\epsilon E)\cdot E = \frac{1}{2}D\cdot E\,[\mathrm{J/m^3}] \tag{4.26}$$

예제 4.2 극판 면적 $S=50[\mathrm{cm}^2]$, 간격 $d=0.5[\mathrm{cm}]$인 콘덴서에서 비유전율 $\epsilon_r=2$인 유전체에 축적되는 에너지는 얼마인가? 단, $\epsilon_0=8.854\times10^{-12}$, 인가전압 $V=40[\mathrm{V}]$.

풀이 $C=(\epsilon_0\,\epsilon_r\,S)/d$이고, 식 (4.23)으로부터 $W=(1/2)CV^2$이므로

$$C = \frac{8.854\times10^{-12}\times2\times50\times10^{-4}}{0.5\times10^{-2}} \fallingdotseq 1.771\times10^{-11}$$

$$W = \frac{1}{2}C\cdot \mathrm{V}^2 = \frac{1}{2}\times(1.771\times10^{-11})\times(40)^2 = 8\times1.771\times10^{-9} \fallingdotseq \mathbf{1.42\times10^{-8}[J]}$$

4.5 유전체에 작용하는 힘

4.5.1 전계가 경계면에 수직인 경우

그림 4.9와 같이 2개의 접해 있는 유전체 내에 전압 V에 의해 전계가 수직으로 가해질 경우에 두 유전체 내부에서의 전속밀도 즉 전하밀도는 일정하므로 그 크기를 D, 유전율이 ϵ_1 인 유전체 내 전계의 세기를 E_1, 유전율이 ϵ_2 인 유전체 내 전계의 세기를 E_2라 하면 식 (4.26)에 의해 두 유전체 내에서 단위 면적당 에너지밀도는 $E_1=D/\epsilon_1$, $E_2=D/\epsilon_2$ 이므로

$$W_1' = \frac{1}{2}\epsilon_1(E_1)^2\cdot d = \frac{1}{2}\epsilon_1\left(\frac{D}{\epsilon_1}\right)^2\cdot d = \frac{1}{2}\frac{D^2}{\epsilon_1}\cdot \mathrm{d}[\mathrm{J/m^2}] \tag{4.27a}$$

$$W_2' = \frac{1}{2}\epsilon_2(E_2)^2\cdot d = \frac{1}{2}\epsilon_2\left(\frac{D}{\epsilon_2}\right)^2\cdot d = \frac{1}{2}\frac{D^2}{\epsilon_2}\cdot \mathrm{d}[\mathrm{J/m^2}] \tag{4.27b}$$

가 된다.

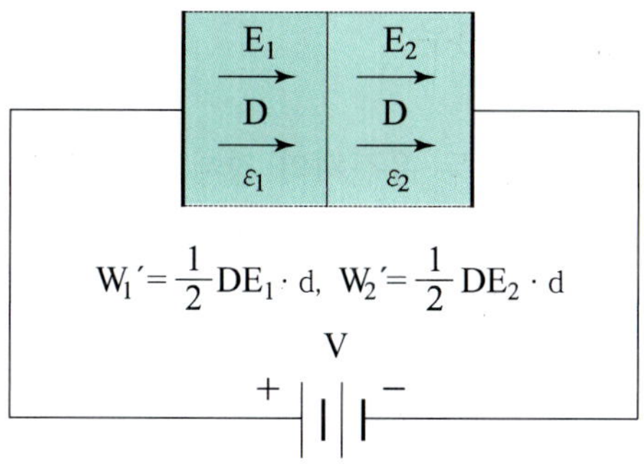

그림 4.9 전계가 경계면에 수직인 경우

만일 $\epsilon_1 > \epsilon_2$ 라면 $E_2(D/\epsilon_2) > E_1(D/\epsilon_1)$, $W_2' > W_1'$이 되므로 두 유전체 내에 축적되는 단위 면적 당 에너지밀도의 차(差)는 아래와 같이 나타낼 수 있다.

$$W_2' - W_1' = \frac{1}{2}(E_2 - E_1)D \cdot d = \frac{1}{2}\left(\frac{1}{\epsilon_2} - \frac{1}{\epsilon_1}\right)D^2 \cdot d\,[\mathrm{J/m^2}] \tag{4.28}$$

이 에너지 밀도 차에 의해서 ϵ_2 유전체에서 ϵ_1 유전체로 작용하는 힘이 생긴다.

일 즉 에너지(W)=힘×움직인 거리 즉, $W = F \times d$로부터 $F = W/d$를 식 (4.28)에 대입하면

$$F = \frac{W_2' - W_1'}{d} = \frac{1}{2}(E_2 - E_1)D = \frac{1}{2}\left(\frac{1}{\epsilon_2} - \frac{1}{\epsilon_1}\right)D^2\,[\mathrm{N/m^2}] \tag{4.29}$$

이상을 정리하면 '전계가 유전체의 경계면에 수직으로 가해지는 경우에는 유전율이 작은 유전체로부터 유전율이 큰 유전체 쪽으로 식 (4.29)와 같은 힘이 작용한다.'

예제 4.3 평행판 콘덴서에 비유전율이 2와 6인 유전체를 삽입하고, 20[cm^2]의 경계면에 평행으로 140[V/m]인 전계가 가해졌을 때 작용하는 힘의 크기는 몇 [N]인가?
단, 공기의 유전율 $\epsilon_0 = 8.854 \times 10^{-12}$

풀이 $\epsilon_1 = \epsilon_0 \times 2$, $\epsilon_2 = \epsilon_0 \times 6$, 이므로 식 (4.27), 식 (4.29)에 대입하여 F를 구하고, 이 식에 평행판의 면적 $S = 20 \times 10^{-4}$을 곱하면 되므로

$$F = \frac{1}{2}(\epsilon_2 E^2 - \epsilon_1 E^2) = \frac{1}{2}(\epsilon_2 - \epsilon_1)\epsilon_0 E^2 \cdot$$

$$= \frac{1}{2} \times (6-2) \times 8.854 \times 10^{-12} \times 140^2 \times 20 \times 10^{-4} \fallingdotseq 6.942 \times 10^{-10}[\mathrm{N}]$$

4.5.2 전계가 경계면에 평행인 경우

그림 4.10과 같이 유전율이 다른 두 유전체의 경계면에 전계가 평행하게 가해질 경우에는 경계조건에 의해 전계 E는 같고, 전속밀도 D가 다르므로(D_1, D_2) $\epsilon_1 > \epsilon_2$라면 $D_1 = \epsilon_1 E$, $D_2 = \epsilon_2 E$에 의해 $D_1 > D_2$가 된다.

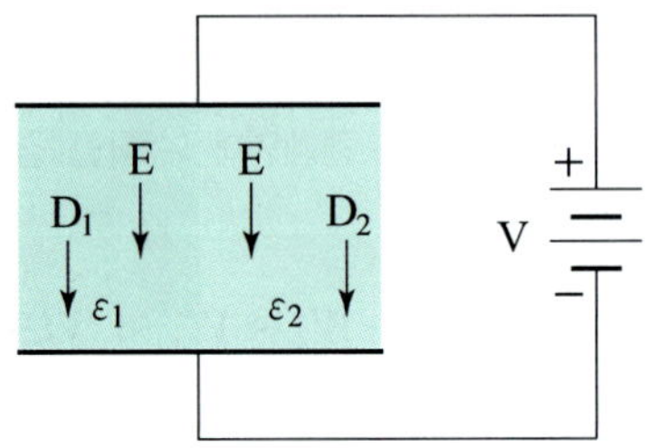

그림 4.10 전계가 경계면에 평행인 경우

따라서 두 유전체에 축적되는 단위 면적 당 에너지 밀도는 아래와 같고,

$$W_1' = \frac{1}{2} D_1 \cdot E \cdot d = \frac{1}{2}(\epsilon_1 E) \cdot E \cdot d = \frac{1}{2}\epsilon_1 E^2 \cdot d \ [\mathrm{J/m^2}]$$

$$W_2' = \frac{1}{2} D_2 \cdot E \cdot d = \frac{1}{2}(\epsilon_2 E) \cdot E \cdot d = \frac{1}{2}\epsilon_2 E^2 \cdot d \ [\mathrm{J/m^2}]$$

$D_1 > D_2$로부터 $W_1' > W_2'$이고, $F = W/d$이므로 에너지 차 즉 작용하는 힘의 크기는

$$F = \frac{W_1' - W_2'}{d} = \frac{1}{2}(D_1 - D_2) \cdot E = \frac{1}{2}(\epsilon_1 - \epsilon_2) \cdot E^2 \ [\mathrm{N/m^2}] \tag{4.30}$$

이상을 정리하면 '전계가 유전체의 경계면에 평행하게 가해질 경우에는 유전율이 큰 유전체로부터 유전율이 작은 유전체 쪽으로 식 (4.30)과 같은 힘이 작용한다.'

4.6 유전체의 특수 현상

4.6.1 접촉전기

다른 종류의 두 도체를 접촉시키면 두 도체의 원자핵에 의한 결속력의 차이로 결속력이 약한 쪽에서 강한 쪽으로 가전자(價電子)가 이동하게 되고, 약한 쪽이 전자를 잃으므로 +, 전자를 얻은 쪽이 −로 대전(帶電)되며, 이와 같은 전기를 접촉전기 또는 접촉전위 차라 한

다. 이 현상은 1797년 이탈리아의 물리학자 볼타(Volta)에 의해 발견되었다고 해서 볼타효과(Volta effect)라고도 한다. 이러한 현상은 유전체와 유전체, 유전체와 도체를 접촉시켰을 때도 나타난다.

4.6.2 압전현상

전기석, 로셀염, 수정, 티탄산 바륨 등의 결정체에 어떤 방향으로 기계적인 응력(應力)을 가하면 그 내부에 분극현상이 일어나고, 양 단면에 나타난 분극전하(+, −전하)에 의해 나타나는 전기현상을 압전(壓電)현상, 이 때 나타나는 분극전하를 압전기(壓電氣)라 한다. 그림 4.11(a)와 같은 결정판을 잘라내어 x축 또는 y축에 기계적인 응력을 가하면 판(板)의 양쪽에는 그림 4.11(c), (d)와 같이 기계적인 응력에 비례하는 −, +의 전하가 생긴다. 그림 4.11(c)는 x축에, 그림 4.11(d)는 y축에 기계적인 압력을 가한 경우를 나타낸다. 이것은 기계적 변형-전기적 변형으로의 변환을 의미하며, 이 현상을 이용한 대표적인 제품으로 마이크로폰이 있다.

만일에 반대로 결정체에 전계를 가하면 전계에 비례한 기계적 응력 변환이 일어나며, 이러한 현상을 역(逆) 압전효과라 한다. 이현상을 이용한 대표적인 제품으로 크리스털 이어폰이 있다. 일반적으로 압전현상은 방향성을 갖고, 기계적 응력과 같은 방향으로 분극현상이 일어나는 현상을 종효과(縱効果), 기계적 응력과 수직으로 분극이 일어나는 것을 횡효과(橫効果)라 한다.

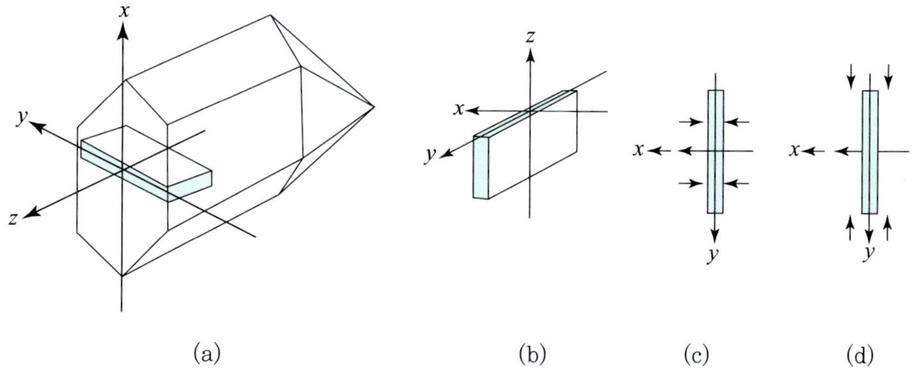

그림 4.11 압전기(壓電氣)의 발생

4.6.3 초전효과

압전성을 갖는 결정판을 가열하면 판 양쪽에 서로 다른 부호의 전하가 발생하는데 이 때 발생한 전기를 초전기(焦電氣) 또는 파이로전기(Pyroelectricity)라 한다. 이 현상은 18세기 무렵부터 알려진 현상이다. 보통 때는 분극에 의한 표면전하가 이온 등의 부착에 의해 중화되어 있는데 온도가 변하면 분극의 크기가 변하며, 그 변한 만큼 표면전하가 나타난다. 온도가 상승할 때 +로 대전하는 끝을 동류단(同類端), −로 대전하는 끝을 이류단(異類端)이라 하며, 이것은 결정에 따라 결정된다.

간추림

- 콘덴서의 양 극판 사이에 유전체를 삽입하면 +극판에 가까운 쪽에 −, −극판에 가까운 쪽에 +전하가 모이게 되는 현상을 분극현상이라 한다.
- 분극의 세기 P는 백터량이고, 그 방향은 −분극전하에서 +분극전하로 향하며, 그 크기는 전계의 세기와 비례하고, 그 비례정수 χ를 분극율이라 한다.

$$P = \chi E, \quad \chi = \frac{P}{E}$$

- 진공 중에서 콘덴서의 정전용량을 C_0, 유전체 삽입 시의 정전용량을 C라 하면 비유전율 ϵ_r의 관계식은 아래와 같다.

$$\epsilon_r = \frac{C}{C_0} = \frac{\epsilon}{\epsilon_0}, \qquad \epsilon = \epsilon_0 \epsilon_r$$

- 두 복합 유전체의 합성 정전용량은 아래와 같다.

$$C = \frac{C_1 C_2}{C_1 + C_2}, \text{ 단, } C_1 = \frac{\epsilon_1 S}{d_1}, \ C_2 = \frac{\epsilon_2 S}{d_2}$$

- 중심 둘레에 비 유전율이ϵ_1 유전체와 ϵ_2인 유전체로 둘러싸인 동축 케이블의 전전용량 C는 아래와 같다.

$$C = \frac{2\pi}{\frac{1}{\epsilon_1} ln\frac{b}{a} + \frac{1}{\epsilon_2} ln\frac{c}{b}} \ [\text{F/m}]$$

- 매질의 유전율 ϵ, 면적 $S[\text{m}^2]$, 극판간격 $d[\text{m}]$인 콘덴서의 정전 에너지는 아래와 같다.

$$w = \frac{1}{2}\epsilon E^2 \cdot S \cdot d = \frac{1}{2} D \cdot E \cdot S \cdot d \ [\text{J}]$$

- 유전율 ϵ_1, ϵ_2인 복합 유전체의 경계면에 수직으로 전계가 가해질 때 단위 면적 당 작용하는 힘은 아래와 같다.

$$F = \frac{1}{2}(E_2 - E_1)D = \frac{1}{2}\left(\frac{1}{\epsilon_2} - \frac{1}{\epsilon_1}\right) D^2 [\text{N/m}^2], \text{ 단, } \epsilon_1 > \epsilon_2$$

- 유전율 ϵ_1, ϵ_2 인 복합 유전체의 경계면에 평행으로 전계가 가해질 때 단위 면적 당 작용하는 힘은 아래와 같다.전계의 세기 E 와 전속밀도와의 관계식은 아래와 같다.

$$F = \frac{1}{2}(D_1 - D_2) \cdot E = \frac{1}{2}(\epsilon_1 - \epsilon_2) \cdot \text{E}^2 \ [\text{N/m}^2], \text{ 단, } \epsilon_1 > \epsilon_2$$

- 접촉전기 : 다른 종류의 두 도체를 접촉시켰을 때 결속력이 약한 쪽에서 결속력이 강한 쪽으로 자유전자가 이동하여 도체가 대전되는 현상.

- 압전현상 : 전기석, 로셀염 등의 결정체에 일정 방향으로 기계적인 응력을 가해 주면 그 내부에서 분극현상에 의해 분극전하가 나타나는 전기적인 현상.
- 초전(焦電)효과 : 압전성을 갖는 결정판을 가열 시 서로 다른 부호의 전하가 발생하는 현상.

연 습 문 제

1. 아래에서 분극현상과 관계가 적은 것은?

(가) 전하 (나) 콘덴서 (다) 유전체 (라) 이온

2. 동일 규격 콘덴서의 극판 간에 유전체를 넣으면?

(가) 용량이 증가하고 극판 간 전계는 감소한다.

(나) 용량이 증가하고 극판 간 전계는 불변이다.

(다) 용량이 감소하고 극판 간 전계는 불변이다.

(라) 용량이 불변하고 극판 간 전계는 증가한다.

3. 전계 E, 전속밀도 D, 유전율 ϵ, 분극의 세기 P 사이의 관계를 올바로 표시한 것은?

(가) $P=D+\epsilon E$ (나) $P=D-\epsilon_0 E$ (다) $\epsilon P=\mathrm{D}-\epsilon P$ (라) $\epsilon P=D-E$

4. 다음 유전체 중 비 유전율이 가장 큰 것은?

(가) 수소 (나) 종이 (다) 운모 (라) 공기

5. 비 유전율 ϵ_r의 설명으로 틀린 것은?

(가) 진공의 비 유전율은 0이다.

(나) 공기의 비유전율은 1이다.

(다) ϵ_r은 항상 1보다 크다.

(라) ϵ_r은 절연물의 종류에 따라 다르다.

6. 정전용량이 C인 콘덴서의 극판 사이에 삽입한 비 유전율이 4인 유전체를 제거하고, 공기로 대체하였을 때의 용량을 C_0라고 하면 C와 C_0의 관계는?

(가) $C=4C_0$ (나) $C=2C_0$ (다) $C=\dfrac{C_0}{4}$ (라) $C=\dfrac{C_0}{2}$

7. 그림 4.12와 같이 전속밀도 1[C/m^2] 중에 $\epsilon_r=5$인 유전체가 놓여 있어서 균일하게 분극이 생겼다면 분극의 세기 P[C/m^2]는?

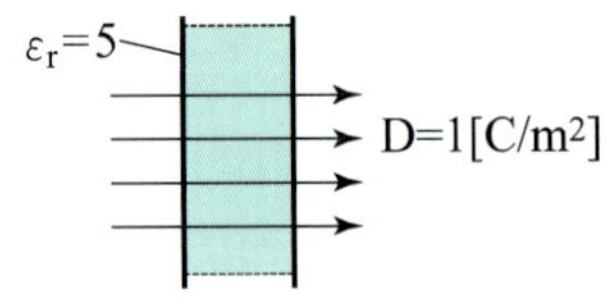

그림 4.12

(가) 0.3 (나) 0.5 (다) 0.8 (라) 1.0

8. 비 유전율이 4이고, 전계의 세기가 50[KV/m]인 유전체 내의 전속밀도 D는 몇 [μC/m^2]인가? 단, $\epsilon_0 = 8.854\times10^{-12}$

(가) 0.70832 (나) 0.8854 (다) 1.7708 (라) 7.0832

9. 유전율 $\epsilon_1 > \epsilon_2$인 유전체에서 경계면에 전속이 수직일 때 경계면상의 작용하는 힘은?

(가) ϵ_2의 유전체 사이에서 ϵ_1의 유전체 방향

(나) ϵ_1의 유전체에서 ϵ_2의 유전체 방향

(다) 전속밀도의 방향

(라) 전속밀도의 반대 방향

10. 1[μF], 2[μF], 3[μF]인 3개의 콘덴서를 병렬로 연결하고, 모든 콘덴서에 6[μC]의 전하량이 충전되었을 때 2[μF]의 콘덴서에 축적되는 정전 에너지는 몇 [μJ]인가?

(가) 1 (나) 2 (다) 3 (라) 5

11. 면적 40[cm^2], 매질의 비유전율 4인 평행판 콘덴서에 5[V/m]의 전계가 가해질 때의 전하량 Q는 얼마인가?

12. 그림 4.13과 같은 콘덴서에서 극판 사이의 매질이 공기일 때의 정전용량이 3[μF]이다. 이 극판 사이에 평행으로 판 간격 1/2 두께의 유리판으로 대체하면 정전용량은 얼마가 되는가? 단, 유리판의 유전율 $\epsilon_r = 6$.

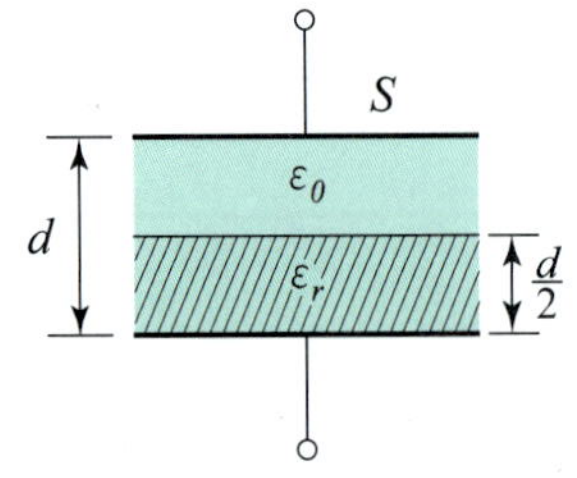

그림 4.13

13. 같은 전계, 같은 크기의 콘덴서에 삽입된 유전체의 비유전율이 2인 경우에 비해서 비유 전율이 6인 경우 유전체의 정전 에너지는 몇 배가 큰가?

14. 균등전계와 수직으로 비 유전율이 $\epsilon_r = 4$인 유전체 판을 놓았을 때 유전체 판 내의 전속 밀도가 2×10^{-6}[C/m^2]이라면 유전체 내의 분극의 세기는 얼마인가?

15. 평판 콘덴서에 어떤 유전체를 넣었을 때 전속밀도가 2.4×10^{-5}[C/m^2]이고, 단위 체적 당 에너지가 5.3×10^{-3}[J/m^3]이라면 이 유전체의 유전율은 얼마인가?

자계(磁界)

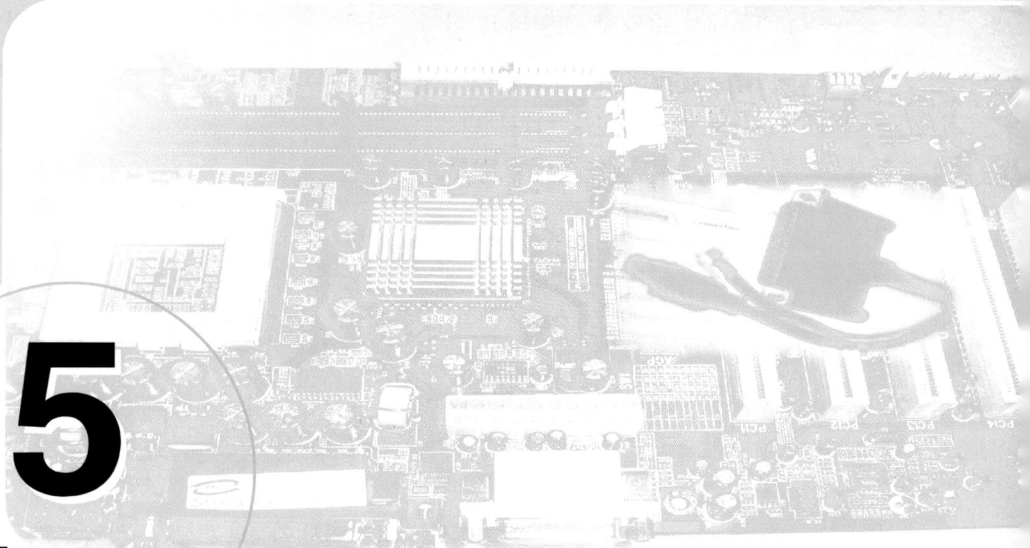

5
chapter

- 5.1 자석
- 5.2 자기유도
- 5.3 자기 모멘트
- 5.4 자화의 세기
- 5.5 자계
- 5.6 자위
- 5.7 정전계와 정자계의 비교

5.1 자석(磁石 : Magnet)

자석(磁石)은 일찍이 고대 그리스나 고대 중국에서 자연상태로 발견된 하나의 광석이며, 영어로 magnet는 지역 이름이 마그네시아(magnesia)라는 곳에서 발견된 광석의 이름 magnetite에서 유래한 것이라고 한다. 최근에는 금속이나 세라믹으로 만들어진 합금 및 세라믹이 우리 일상생활에서 많이 사용되고 있다. 그림 5.1은 우리 주위에서 접할 수 있는 여러 가지 형상의 자석을 나타낸다.

그림 5.1 여러 가지 자석의 형상

우리는 자석 주위에는 자기(磁氣) 또는 자계(磁界)가 존재함을 경험을 통해서 잘 알고 있다. 그림 5.2(a)와 같이 막대자석의 양끝에 못을 가까이 갖다대면 강하게 끌어당김을 목격할 수 있다. 이와 같이 막대자석에서 자석의 세기가 집중되어있는 자석의 양끝 점을 자극(磁極 : magnetic pole)이라 한다.

그림 5.2 자석의 성질

'자석이 세다', '자석이 약하다'에서 자석의 세기란 자극의 세기를 말한다. 하나의 자석에는 N(North)극과 S(South)극이 있으며, 그림 5.2(b)와 같이 N극과 S극 양극을 연결하는 축(軸)을 자축(磁軸)이라 한다. 자극의 세기는 그림 5.2(b)에 나타낸 바와 같이 자석의 양끝

N, S극에 집중되어 있으며, 하나의 점으로 되어 있다. 그림 5.3(a)와 같이 하나의 막대자석 A의 N극 앞 일정거리(r)에 다른 자석 B를 놓았을 때 서로 끌어당기는 힘을 f_1이라 하고, 그림 5.3(b)와 같이 또 다른 자석 C를 자석 A의 N극 앞에 동일거리로 놓았을 때 끌어당기는 힘을 f_2라 할 때 힘 f_1, f_2가 같을 때 '자극의 세기는 같다'고 한다. 만일 자석 B가 갖고 있는 자기량(磁氣量)이 자석 C가 갖고 있는 자기량 보다 m배 크다면 두 힘간의 관계식은 $f_1 = mf_2$로 나타낼 수 있다. 자극의 세기는 자극이 갖고 있는 자기량의 크기로 나타내며, 그 단위는 웨버[Wb]이다. 또한 자극이 갖고 있는 자기량을 자하(磁荷)라고 한다. 자하는 전기량의 전하(電荷)에 해당한다.

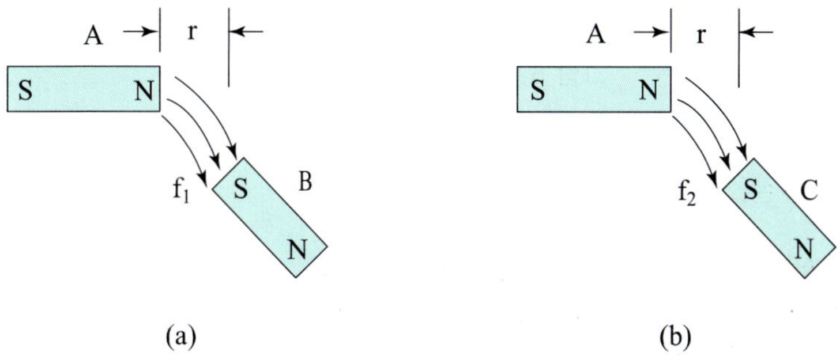

그림 5.3 자극의 세기

그림 5.4와 같이 자침(磁針)의 중심을 끈으로 매달면 N극은 지구의 북쪽, S극은 남쪽을 가리킨다. 이것은 지구 자체가 하나의 큰 자석으로서 자침과의 사이에 자력(磁力)이 작용하는 때문이고, 이와 같이 지구가 자석의 성질을 띠는 것을 지자기(地磁氣)라고 한다. 실제에 있어서 실험에 의하면 그림 5.4(b)와 같이 지자기의 북극은 지구의 북극과 정확히 일치하지 않고 약간의 편각(偏角)을 갖고 있는 것으로 밝혀졌다.

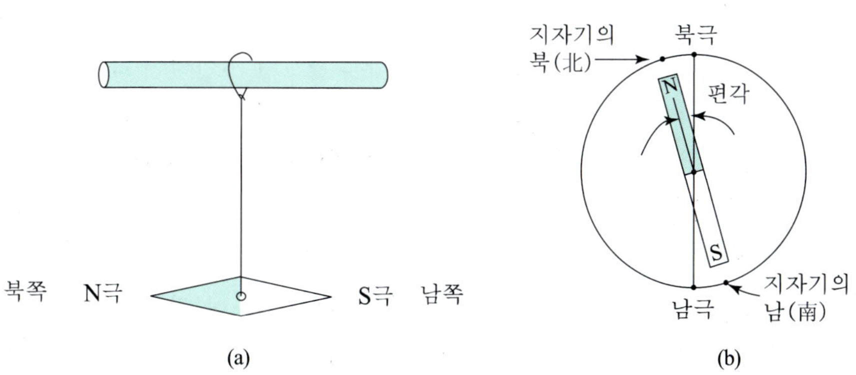

그림 5.4 자석의 남.북 지시

또 한 가지의 실험은 그림 5.5와 같이 두 개의 자석을 맞대어 놓으면 다른 극끼리는 인력(引力)이, 같은 극끼리는 서로 반발력(反撥力)이 작용함을 알 수 있다. 이것은 전계에서 +전하와 −전하끼리는 인력이 작용하고, +와 +, −와 −전하끼리는 반발력이 작용하는 것과 같다.

(a) 인력 (b) 반발력

그림 5.5 자석의 반발력과 인력

이상 자석의 성질을 정리하면 아래와 같다.

1. 자석의 양단은 철편(鐵片)을 끌어당기는 힘이 있다.
2. 자침(磁針)을 매달면 지구의 남극과 북극을 가리킨다.
3. 자석의 양단에는 같은 크기의 힘을 갖는 N극과 S극, 2개의 자극(磁極)이 있다.
4. 자석에 작용하는 힘의 종류는 N극과 N극, S극과 S극끼리는 반발력, N극과 S극 사이에는 인력, 두 가지가 있다.

5.2 자기유도

그림 5.2(a))에서와 같이 자석의 N극 또는 S극에 못이 들어붙을 때, 못에는 그림 5.6과 같이 자석의 N극에 가까운 쪽에는 S극이, 먼 쪽에는 N극이 생기게 되는데 이러한 현상을 자기유도(磁氣誘導 : magnetic induction) 또는 자화(磁化)라 한다. 그림 5.6에서 자석의 N극에 제일 가까운 못은 자기유도 작용에 의해 가까운 쪽에 S, 먼 쪽에 N극의 새로운 자석이 되어 다시 두 번째 못을 끌어당기고 있다.

그림 5.7에서와 같이 자석의 자성에 의해 다른 자극이 유도되는 물질을 상자성체(常磁性體 : paramagnetic material), 반대로 같은 자극이 유도되는 물질을 반자성체(反磁性體 : diamagnetic material)라 한다. 자화된 뒤 자석을 멀리 떨어트려도 자성(磁性)이 강하게 남는 물질을 강자성체(强磁性體 : ferromagnetic material)라 한다.

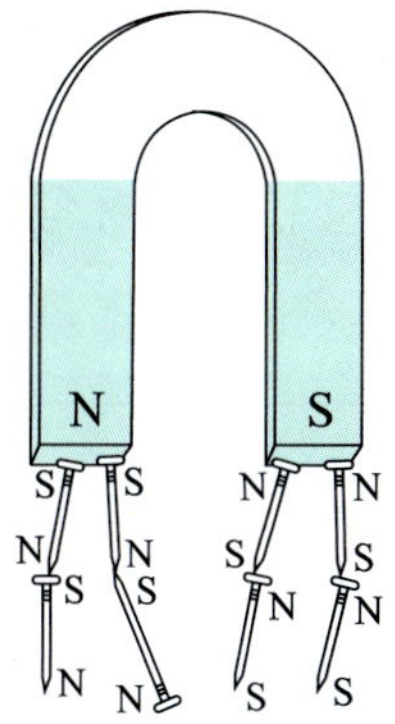

그림 5.6 자기유도 현상

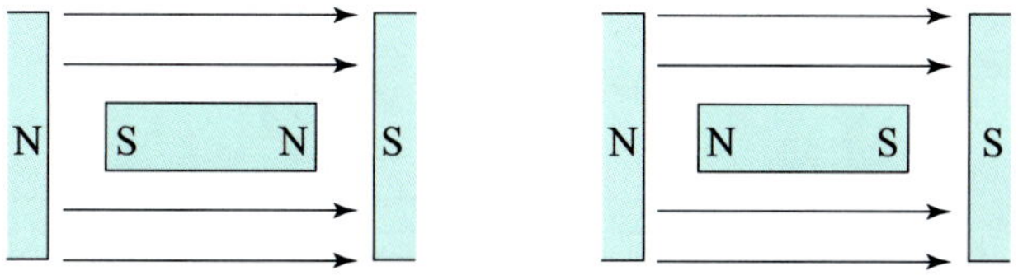

(a) 상자성체 (b) 반자성체

그림 5.7 상자성체와 반자성체

대표적인 상자성체, 강자성체, 반자성체 물질은 아래와 같다.

- ▶ 상자성체 : 백금, 알루미늄,
- ▶ 강자성체 : 철, 니켈, 코발트, 망간,
- ▶ 반자성체 : 은, 구리, 금, 인

그림 5.8은 상자성체로 자석을 만드는 과정을 나타낸다. 그림 5.8(a)에서 내부에 무질서하게 배열된 자석을 분자자석이라 한다. 그림 5.8(b)와 같이 이 자성체에 자석을 갖다대면 자석 가까운 곳의 분자자석은 반듯하게 배열이 됨을 알 수 있고, 그림 5.8(c)와 같이 강한 자석을 자성체에 대고, 고루 문지르면 자성체 전체의 분자자석은 모두 질서정연하게 배열된 상태가 된다.

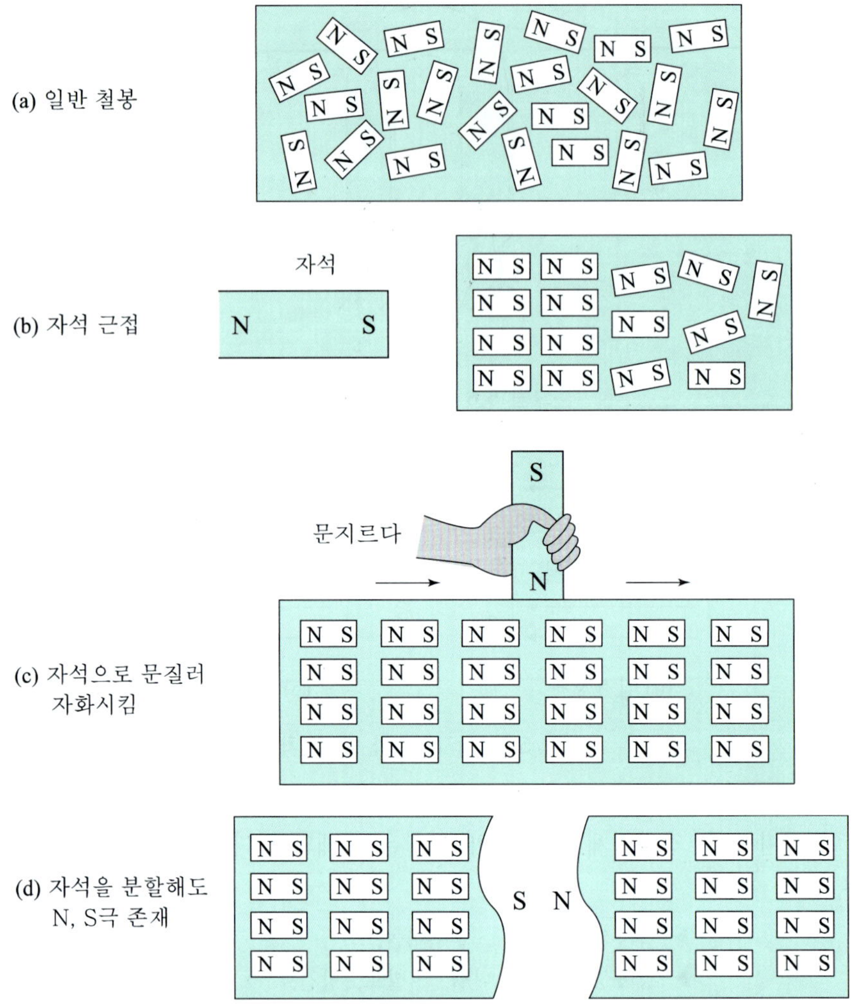

그림 5.8 자화 과정

자성체 내부에 자기분자(磁氣分子) 또는 분자자석(分子磁石)이 있다는 가설(假說)은 자화 현상을 쉽게 설명하는데 도움이 되기 때문에 오래 전부터 많이 사용되어 왔다. 그림 5.8(d)와 같이 자석을 쪼개더라도 *N*, *S*극은 그대로 나타난다는 사실은 자기분자설을 상당히 밑받침한다고 볼 수 있다. 물리학에서 분자(分子)는 '물질을 쪼개고 쪼갤 때 물질의 특성을 나타내면서 더 이상 쪼개지 못하는 물질의 최소단위인 원자(原子)의 결합체이므로 분자자석(分子磁石)의 정의 또한"자석을 쪼갤 때 자석의 특성을 유지하는 최소단위의 분할자석이다.'라고 표현할 수 있다. 이를 달리 해석하면 그림 5.9와 같이 '자석은 쪼개어져도 *N*극, *S*극은 쪼개어지지 않는다.'라고 말할 수 있다.

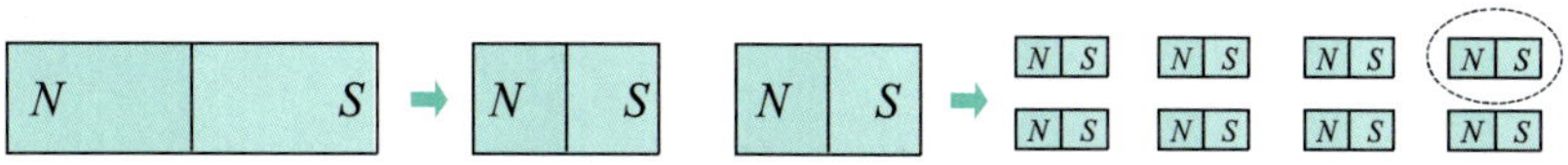

그림 5.9 자석의 분할

그림 5.9의 오른쪽의 아주 작게 분할된 소 자석 가운데 하나만 골라서 등가적으로 나타낸 것이 그림 5.10이다. 아주 작은 미소자극 +m과 −m이 미소거리 l로 떨어져 있다고 볼 수 있다. 이 한 쌍의 자극을 자기 쌍극자(magnetic dipole)라 한다.

그림 5.10 자기 쌍극자

5.3 자기 모멘트

자석의 능력을 나타내는 것으로 자기 모멘트(magnetic moment)가 있다. 그림 5.11과 같이 균등자계 중에 자침을 놓으면 자침은 자계와 직각의 힘을 받아서 회전하게 되며, 자축이 자계의 방향과 일치하면 정지한다.

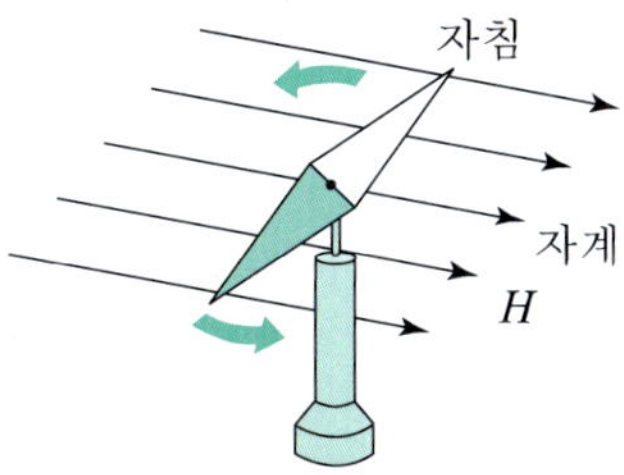

그림 5.11 평등자계 중의 자침

그림 5.12와 같이 H[A/m]의 균등자계 중에 자계와 직각으로 자침을 놓은 경우를 고찰해 본다. 자침의 길이가 l[m], 자침은 0을 중심으로 해서 90°회전해서 자계의 방향으로 향하게 된다. 자침의 N극의 자기량이 m[Wb]일 때 자침에 작용하는 힘은 아래와 같이 된다.

$$F = mH[\mathrm{N}] \tag{5.1}$$

따라서 N극에 생기는 토오크 τ_0는 힘과 반 길이($l/2$)의 곱이므로 아래와 같다.

$$\tau_0 = F \times \frac{l}{2} = \frac{mHl}{2}[\mathrm{N \cdot m}] \tag{5.2}$$

자침 전체적으로 볼 때 N극, S극에 같은 토오크가 생기므로 전체 토오크는 식 (5.2)의 2배가 된다.

$$\tau = 2\tau_0 = 2 \times \frac{mHl}{2} = mHl[\mathrm{N \cdot m}] \tag{5.3}$$

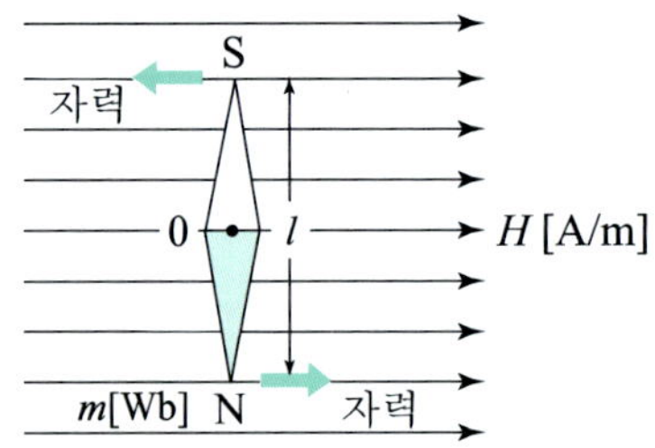

그림 5.12 자계와 직각의 힘에 의한 자침의 회전

만일 그림 5.13과 같이 동일 크기의 자침이 자계의 방향과 θ의 각도로 놓인 때의 토오크를 고찰해 보면 이 때의 자침길이는 $NP\left(=\frac{l}{2}sin\theta\right)$, $SQ\left(=\frac{l}{2}sin\theta\right)$ 이므로 하나의 극에 가해지는 토오크는 아래와 같다.

$$\tau_0 = mH \times \left(\frac{l}{2}sin\theta\right)$$

따라서 전체 토오크는 $2\tau_0$가 되어 아래와 같이 나타낼 수 있다.

$$\tau = 2\tau_0 = 2 \times mH \times \left(\frac{l}{2}sin\theta\right) = mHl\ \sin\theta\ [\mathrm{N \cdot m}] \tag{5.4}$$

식 (5.4)에서 ml은 하나의 자석에 있어서의 정수로서 자석에 따라 m과 l은 변한다고 해도 일정 자석에서 m과 l의 곱은 항상 일정하므로 토오크는 변하지 않는다. 이 ml은 자석의 능력을 표시하는 값으로서 이를 자석의 자기 모멘트라 한다. 단위는 [Wb·m]이다. 따라서 자기 모멘트 M은 아래와 같이 나타낸다.

$$M = \sigma V = JV \text{ (단, } \sigma = J \text{ 로 놓는다)}$$

$$\therefore J = \frac{M}{V} [\text{Wb/m}^2] \tag{5.7}$$

J의 값은 자석의 크기에 관계되지 않고, 철(鐵)이 자화된 정도를 나타내는 비율이라고 할 수 있다. 따라서 J의 크기를 자화의 세기라 부르며, 또한 자화의 세기 J는 식 (5.7)에서 나타낸 바와 같이 그 자석의 단위 체적 당 자기 모멘트가 된다. 또한 관점을 달리해서 보면 균등하게 자화된 자석의 자기 모멘트가 M[Wb·m], 체적이 V[m^3]일 때 그림 5.17과 같이 단위 체적당 자기 모멘트가 J인 작은 자석들이 직·병렬로 놓인 것이라 간주할 수 있다.

이 때 전체의 자기 모멘트는 $M=JV$가 된다.

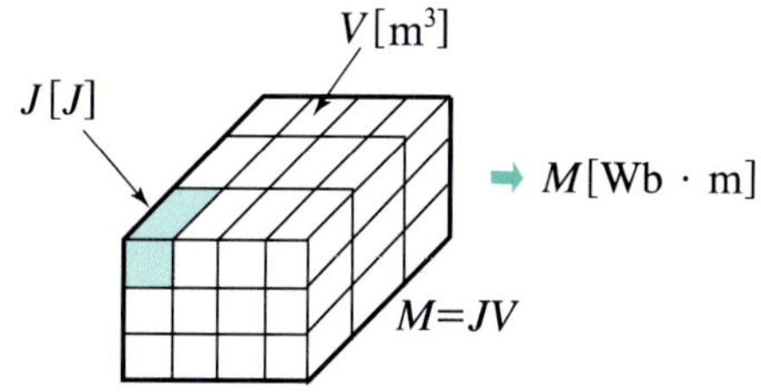

그림 5.17 자기 모멘트

봉(棒) 자석의 양극 부근에 있는 자기분자는 자석 내부의 자기분자와 달리 구속력이 약하다. 이 때문에 그림 5.18과 같이 배열이 흐트러지기가 쉽고 오랜 기간이 지나면 자력이 감소한다.

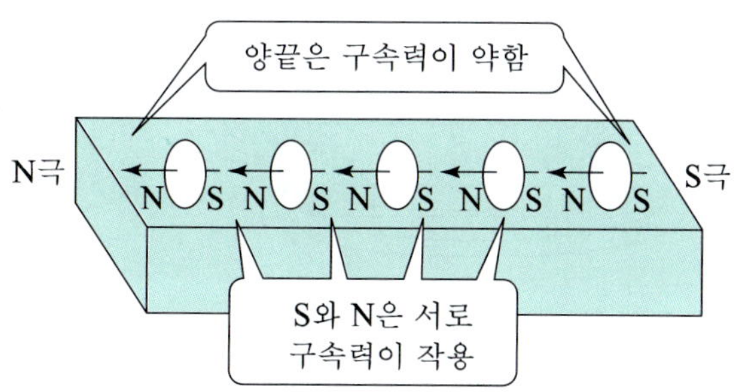

그림 5.18 양극에 있는 자기분자의 특성

한편 그림 5.19의 고리형 자석은 양 자극이 접근해 있으므로 양 자극의 자기분자는 서로 구속력이 합해져 동작하므로 자하가 보존되기가 쉽다. 따라서 봉 자석의 자하를 오래 보존하려면 그림 5.20과 같이 연 철편으로 루프를 만들어 자기분자를 구속하면 된다.

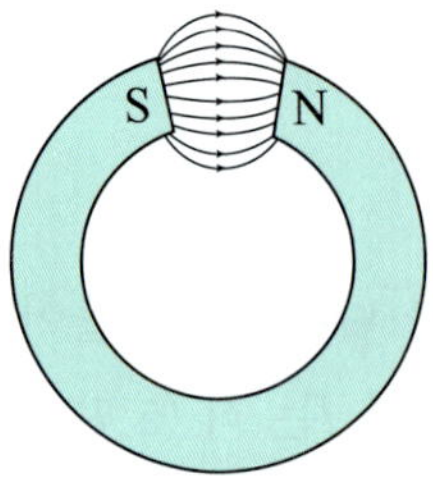

그림 5.19 고리형 자석

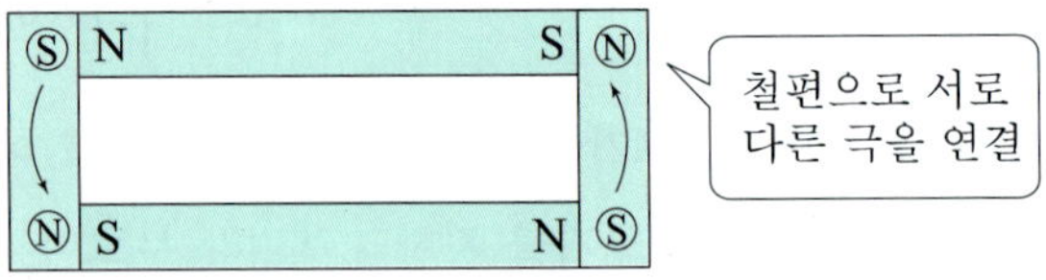

그림 5.20 봉 자석의 보존법

5.5 자계(磁界)

5.5.1 자기력선(磁氣力線)

그림 5.21(a)는 자석 주위에 쇳가루를 뿌려 놓았을 때 자석의 끌어당기는 힘에 의한 쇳가루의 분포 모양을 나타낸 것이다. 자석의 *N*극과 *S*극에 흡인된 쇠 가루의 분포를 보면 그림 5.21(a)와 같이 자석의 *N*극과 *S*극 사이에는 자력이 작용하는 선(線)이 존재함을 알 수 있다. 이를 자력선(磁力線) 또는 자기력선(磁氣力線)이라 하며, 자력선이 존재하는 공간을 자계(磁界 : magnetic field) 또는 자장(磁場)이라 한다. 그림 5.21(b)에서와 같이 자기력선은 *N*극에서 나와 *S*극으로 들어간다.

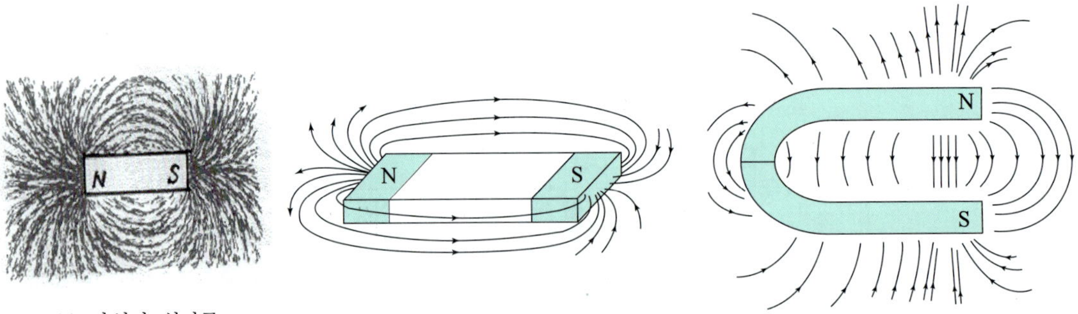

(a) 자석과 쇳가루 (b) 막대자석의 자기력선 (c) 말굽자석의 자기력선

그림 5.21 자기력선과 자계

자기력선은 자계의 분포를 알기 쉽게 나타낼 뿐만 아니라 자계 내에서의 여러 가지 현상을 이해하는데 도움이 된다. 자기력선의 성질은 아래와 같고, 그림 5.22는 이들을 설명한다.

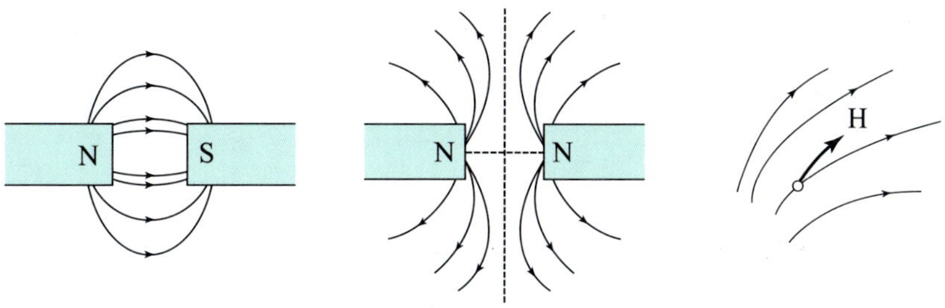

(a) (b) (c)

그림 5.22 자기력선의 성질

1. 자기력선은 *N*극에서 나와 *S*극으로 향한다. : 그림 5.22(a)
2. 자극부분에서 자력선밀도가 가장 크다.
3. 자기력선은 서로 반발한다. : 그림 5.22(b)
4. 자기력선의 방향은 한 점에서의 접선 방향과 일치한다. : 그림 5.22(c)
5. 자기력선의 밀도는 그 점에서의 자계의 세기와 같다. : 그림 5.22(c)
6. 자기력선은 자극이 없는 곳에서는 발생, 소멸이 없고, 연속적이다.
7. 같은 방향의 자력선 끼리에는 서로 수직인 방향으로 반발력이 작용한다.
8. 자력선은 서로 교차하지 않는다.
9. 자력선은 급히 꺽어지거나 비틀어지려고 하지 않는다.

5.5.2 자기력과 쿨롬의 법칙

이미 설명한 것처럼 그림 5.23와 같이 같은 자극끼리는 반발력, 다른 극끼리는 인력이 작용한다. 만일 이들 자극이 가까울수록 반발력과 인력은 더 커지고, 자극의 세기가 더 커지면

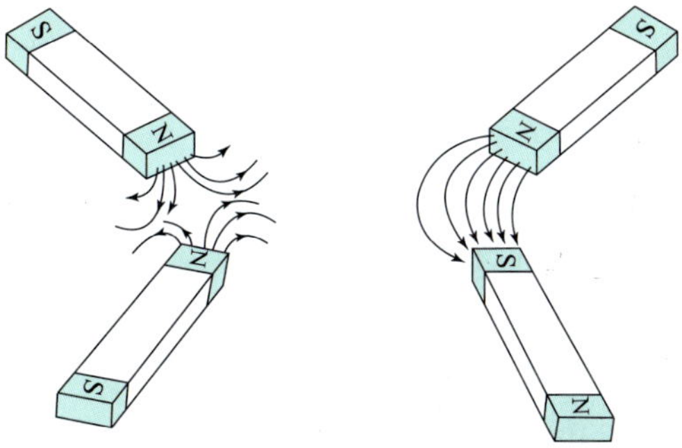

(a) 반발력 (b) 인력

그림 5.23 자극간의 반발력과 인력

커질수록 자극간에 작용하는 힘이 더 커짐을 실험적으로 알 수 있다. 이와 같이 '자극간의 힘은 자극의 세기의 곱에 비례하고, 극간 거리의 제곱에 반비례한다'를 「쿨롬(Coulomb)의 법칙」이라 한다.

그림 5.24에서 자극간에 작용하는 힘, 즉 자력(磁力)은 양 자극을 잇는 직선 방향으로 작용하고, 그 크기 F를 쿨롬의 법칙으로 표현하면 아래와 같다.

$$F = k\frac{m_1 \times m_2}{r^2}\,[\mathrm{N}] \tag{5.8}$$

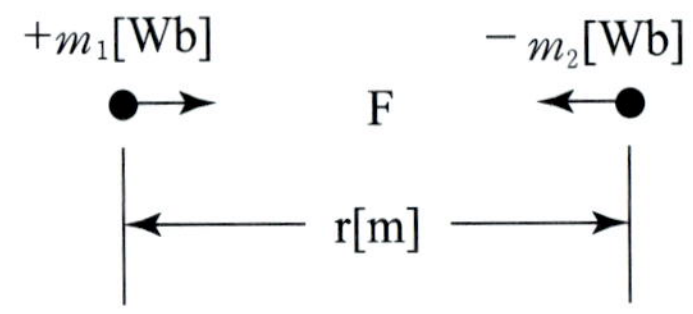

그림 5.24 자극간에 작용하는 힘

여기서 힘의 단위는 뉴턴[N], 자기의 세기 m_1, m_2의 단위는 웨버(Wb), 비례정수 $k = 1/(4\pi\mu_0)$이며, μ_0는 진공 중의 투자율로서 $4\pi \times 10^{-7}$[H/m]이므로 $k = 6.33 \times 10^4$[H/m]이 된다. 따라서 다시 정리하면 아래와 같이 다시 나타낼 수 있다.

$$F = \frac{1}{4\pi\mu_0} \times \frac{m_1 \times m_2}{r^2} = 6.33 \times 10^4 \times \frac{m_1 \times m_2}{r^2}\,[\mathrm{N}] \tag{5.9}$$

위의 식은 진공 중에서 자극간의 힘이지만 일반 매질에서 자극간에 작용하는 자력은

$$F = \frac{1}{4\pi\mu} \times \frac{m_1 \times m_2}{r^2} = \frac{1}{4\pi\mu_0\mu_r} \times \frac{m_1 \times m_2}{r^2}\,[\mathrm{N}] \tag{5.10}$$

이 된다. 위에서 $\mu = \mu_0\mu_r$이고, μ_r은 매질의 비 투자율(比透磁率)로서 뒤의 자성재료에서 다시 설명하기로 한다.

예제 5.3 공기 중에 6×10^{-4}[Wb]와 3×10^{-3}[Wb]의 2개의 자극을 10[cm]간격에 놓았을때 둘 사이에 생기는 힘은 얼마인가?

풀이 식 (5.9)로부터

$$F = 6.33 \times 10^4 \times \frac{6 \times 10^{-4} \times 3 \times 10^{-3}}{(10 \times 10^{-2})^2} \fallingdotseq 11.4[\mathrm{N}]$$

5.5.3 자계의 세기

자계의 세기(magnetic field strength) H는 그림 5.25(a)와 같이 자계 중에 1[Wb]의 정(+) 자극을 놓았을 때 여기에 작용하는 자력의 크기로 나타내며, MKS 단위계에서는 [N/Wb]이지만 실제 자계의 단위로 사용하는 것은 [A/m]이다.

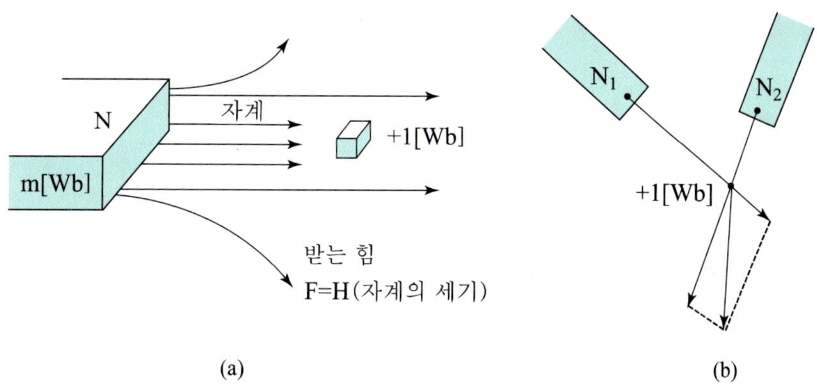

그림 5.25 자계의 세기

자계의 세기는 그림 5.25(b)와 같이 크기와 방향을 갖는 벡터량이다. 만일 H[A/m]의 자계 중에 m[Wb]의 자극을 놓았을 때의 자력 F는 아래와 같이 나타낸다.

$$F = mH[\text{N}] \tag{5.11}$$

위의 식에서 +1[Wb]의 자극을 놓았다면 $F=H$[N]가 되므로

$$F = \frac{1}{4\pi\mu} \times \frac{1 \times m}{r^2} = \frac{m}{4\pi\mu_0\mu_r r^2}[\text{N}] \tag{5.12}$$

이고, 자계의 세기 H는 위의 식에서 1[Wb]가 받는 힘이므로

$$\text{H} = \frac{1}{4\pi\mu} \times \frac{1 \times m}{r^2}[\text{N/wb}] = \frac{m}{4\pi\mu_0\mu_r r^2}[\text{A/m}] \tag{5.13}$$

식 (5.11)로부터 1[Wb]란 '1[A/m]의 자계 중에 임의의 자극을 놓았을 때 1[N]의 힘이 작용하는 자극의 세기'라고 말할 수 있다. 공기 중에서 자계의 세기 H는 아래와 같다.

$$\text{H} = \frac{1}{4\pi\mu_0} \times \frac{1 \times m}{r^2} = 6.33 \times 10^4 \times \frac{m}{r^2}[\text{A/m}] \tag{5.14}$$

예제 5.4 공기중에 +2[Wb]의 자극으로부터 10[cm] 떨어진 위치에서 자계의 세기는 몇 [A/m]인가?

풀이 식 (5.14)에서 $m=2$[Wb], $r=0.1$[m]를 대입하면

$$H=6.33\times10^4\times\frac{2}{0.1^2}=6.33\times10^4\times2\times10^2=\mathbf{1.266\times10^7[A/m]}$$

예제 5.5 $H=2$[A/m]의 자계 중에 놓은 5[μWb]의 자극이 받는 자력은 얼마인가?

풀이 식 (5.11)로부터

$$F=mH=5\times10^{-6}\times2=\mathbf{10^{-5}[N]}$$

5.5.4 자속 및 자속밀도

여러 개의 자력선을 합친 것을 자속(磁束 : magnetic flux)이라 한다. 1[Wb]의 자극으로부터는 1개의 자속이 나온다고 가정하며, 그 단위는 역시 웨버[Wb]가 된다. 자력선 대신 자속을 사용하는 이유는 같은 크기의 자극이라고 해도 어느 매질(媒質) 속에 놓이느냐에 따라 나오는 자력선의 수가 다를 것이므로 매질에 관계없이 1[Wb]의 자극에서 1개의 자속이 나온다고 가정하면 편리하기 때문이다. 그렇다면 공기 중에 $+m$[Wb]의 자극으로부터 나오는 자력선의 수가 얼마인가를 계산해보기로 한다.

그림 5.26과 같이 자극으로부터 거리 r[m]인 구면(球面)을 생각하면 자계의 세기 H에 구(球)의 면적을 곱한 것이 자력선의 수가 된다. 반경이 r인 구의 면적은 $4\pi r^2$이므로 식 (5.14)에 이 값을 곱하면 총 자력선의 수 N은

$$N=\frac{1}{4\pi\mu_0}\times\frac{1\times m}{r^2}\times4\pi r^2=\frac{m}{\mu_0} \tag{5.15a}$$

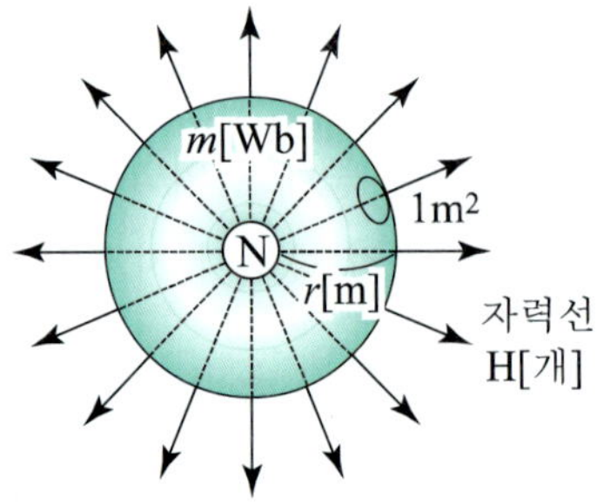

그림 5.26 구면(球面) 상의 자력선 수

공기 중에서라면 $$N=\frac{m}{4\times3.14\times10^{-7}}=7.9618\times10^5 m \tag{5.15b}$$

위의 식에서 자극이 +1[Wb]라면 자력선의 수가 7.9618×10^5개가 되므로 자속 1개는 자력선 796,180개에 해당한다. 따라서 이 수를 자력선으로 헤아린다면 무척 많은 개수이므로 그림 5.27(a)와 같이 1개의 자속으로 가름한다면 매질에 관계없이 m[Wb]의 자극으로부터는 그림 5.27(b)와 같이 m개의 자속이 나온다고 볼 수 있기 때문에 다루기가 편리하다.

그림 5.28과 같이 공기 중에서 자극의 세기 m[Wb], 자극면적 1[m^2]인 자력선의 분포가 균등한 균등자계에서 자력선은 평행으로 고르게 나온다. 균등자계에서의 자계의 세기 H는 1[m^2] 당 총 자력선의 수=자계의 세기로부터

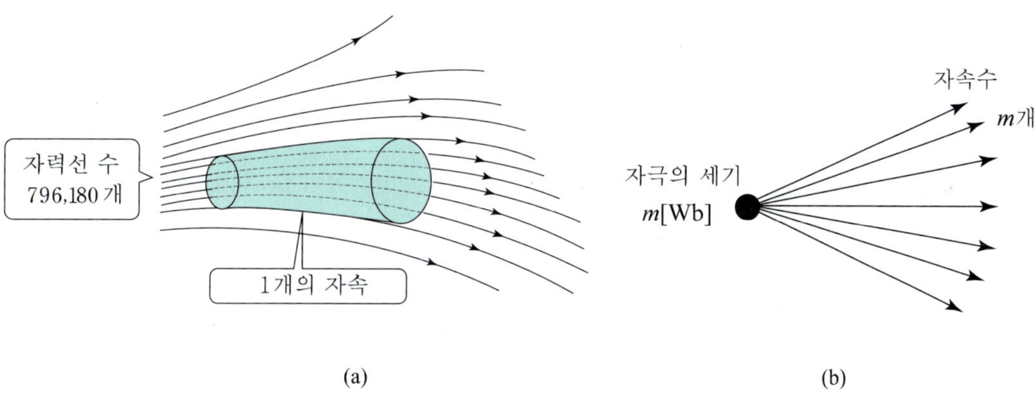

그림 5.27 자력선과 자속의 관계

$$H=\frac{m}{\mu_0}\text{[A/m]} \tag{5.16}$$

가 된다. 따라서 식 (5.16)을 고쳐 쓰면 아래와 같은 관계식을 얻을 수 있다.

$$m=\mu_0 H\text{[Wb]} \tag{5.17}$$

m[Wb]로부터 m개의 자속이 나오고, m은 자극의 단위면적 당 자속 수이므로 식 (5.17)이 바로 자속밀도 B가 된다.

$$B=\mu_0 H[\text{Wb/m}^2] \tag{5.18}$$

자속밀도의 단위는 [Wb/m^2] 대신 테스라[T : Tesla]를 사용한다. 위의 식은 공기 중에서이므로 일반 매질에서의 자속밀도는 $\mu_0\mu_r=\mu$로부터 아래와 같이 나타낸다.

$$B=\mu_0\mu_r H=\mu H\text{[T]} \tag{5.19}$$

매질의 단면적이 S[m^2], 자계를 통과하는 자속이 ϕ[Wb]라면 자속밀도 B는

$$B = \frac{\phi}{S}\,[\mathrm{T}] \tag{5.20}$$

가 된다. 식 (5.20)에 식 (5.18), 식 (5.19)를 대입하면

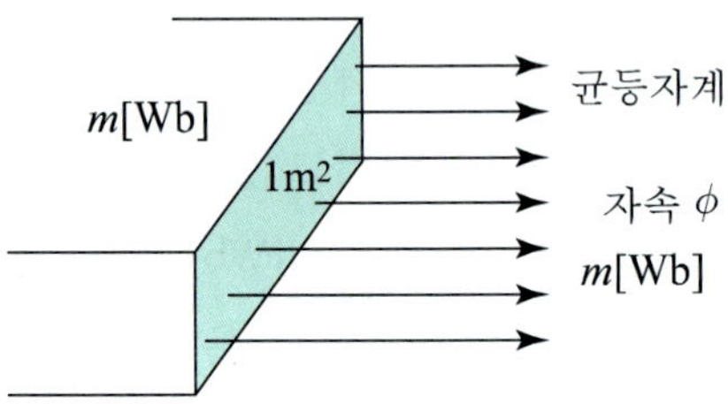

그림 5.28 자속밀도

$$\text{공기 중의 자속 : } \Phi = \mu_0 HS\,[\mathrm{Wb}] \tag{5.21}$$

$$\text{일반 매질 중의 자속 : } \Phi = \mu_0\mu_r HS\,[\mathrm{Wb}] \tag{5.22}$$

예제 5.6 공기중의 균등자계에 놓인 자극으로부터 자계의 세기가 3.18×10^6[A/m]인 경우의 자속밀도를 구하라. 단, $\mu_0 = 4\pi\times10^{-7}$

풀이 식 (5.18)에서 $\mu_0 = 4\pi\times10^{-7}$, $H = 3.18\times10^6$을 대입하면

$$B = 4\times3.14\times10^{-7}\times3.18\times10^6 \fallingdotseq 4[\mathrm{T}]$$

예제 5.7 자극으로부터 나온 12[Wb]의 자속과 직각으로 놓인 가로 1.2[m], 세로 50[cm]의 철판에서의 자속밀도는 얼마인가?

풀이 식 (5.20)으로부터

$$B = \frac{12}{1.2\times0.5} = \frac{12}{0.6} = 20[\mathrm{T}]$$

자기유도에서 강한 자석을 사용할 때의 자력(磁力)과 약한 자석을 사용할 때의 자력에 차이가 있음을 알 수 있듯이 실제로 자성체를 약한 자계보다 강한 자계 속에서 자화시키면 더 강한 자성을 띠게 된다. 그림 5.29는 자화의 세기에 대한 자속밀도의 증가곡선을 나타낸다. 이 자화곡선으로부터 자화의 세기가 커질수록 자속밀도는 증가하지만 어느 값 이상에서는 더 이상 자속밀도가 증가하지 않고 일정 값으로 포화(飽和)된다는 점을 알 수 있다. 이런 현상을 자기포화(磁氣飽和)라 하고, 그림 5.29와 같은 곡선을 자화곡선 또는 B-H곡선이

라 한다. 자성체에 따라 자기 포화 값은 각각 다르다. 포화현상을 자기분자설로 설명하면 자화의 세기에 따라 일정방향으로 배열되는 분자자석의 수가 증가하지만 자성체 내부의 분자자석 모두가 정렬이 끝나면 더 이상 진전되지 않기 때문에 자기포화가 일어난다고 볼 수 있다. 자세한 내용은 제 7장에서 설명하기로 한다.

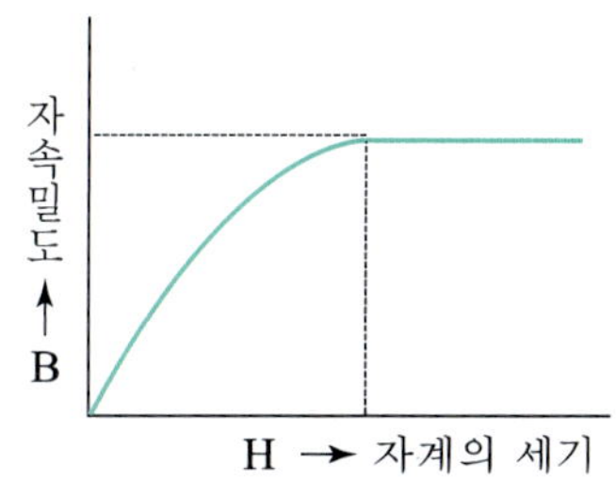

그림 5.29 B-H곡선

5.6 자위(磁位)

그림 5.30과 같이 자극 $+m$[Wb]에 의한 자계(H)내에 있는 자극 +1[Wb]를 무한 원점에서 거리가 r[m]되는 점까지 이동시키는데 소요되는 일을 그 점의 자위(magnetic potential)라 한다. 정전계에서의 전위(電位)에 해당한다.

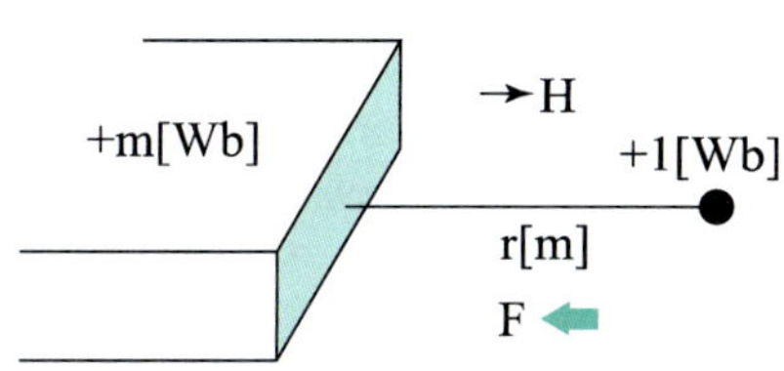

그림 5.30 자위

그림 5.30의 $+m$[Wb]에서 거리가 r인 위치에 놓인 +1[Wb]의 자극은 자계로부터 아래의 힘을 받게 된다.

$$F=\frac{m\times 1}{4\pi\mu r^2}=\frac{m}{4\pi\mu r^2}\,[\mathrm{N}] \tag{5.23}$$

따라서 이러한 반발력을 물리치고 $+m$[Wb]쪽으로 +1[Wb]를 $r[m]$만큼 이동시키는 데 소요되는 일은

$$W = F \times r = \frac{m}{4\pi\mu r^2} \times r = \frac{m}{4\pi\mu r} [\mathrm{J}] \tag{5.24}$$

가 된다. 자위(磁位) U_m의 정의는 아래와 같으므로

$$U_m = \frac{\text{자계내의 무한 원점에서 거리}r[\mathrm{m}]\text{까지 m[Wb]의 자극을 이동하는데 필요한 일[J]}}{\mathrm{m[Wb]}} [\mathrm{J/Wb}] \tag{5.25}$$

단위는 [J/Wb]이지만 [A : 암페어] 또는 [AT : 암페어 턴]으로 나타낸다. 따라서 (5.23), (5.24)로부터 자계 H로부터 r거리에서 자극에 대한 자위 U_m은 아래와 같다.

$$U_m = \frac{m}{4\pi\mu r} [\mathrm{A}] \tag{5.26}$$

공기 중에서의 자위 U_{ma}는 아래와 같다.

$$U_{ma} = \frac{m}{4\pi\mu_0 r} = 6.33 \times 10^4 \times \frac{m}{r} \tag{5.27}$$

그림 5.31과 같이 자극 $+m$[Wb]로부터 거리 r_1, r_2인 자극에 대한 자위 U_{m1}, U_{m2}는

$$U_{m1} = \frac{m}{4\pi\mu r_1} [\mathrm{A}] \tag{5.28}$$

$$U_{m2} = \frac{m}{4\pi\mu r_2} [\mathrm{A}] \tag{5.29}$$

가 되고, 거리 r_1인 점 P에서의 자위 U_{m1}과 거리 r_2인 점 S에서의 자위 U_{m2}의 차(差)를 자위차(磁位差)라 하며 P점에서 S점까지의 자위차 U_d는 아래와 같이 나타낼 수 있다.

$$U_d = U_{m2} - U_{m1} = \frac{m}{4\pi\mu}\left(\frac{1}{r_2} - \frac{1}{r_1}\right) [\mathrm{A}] \tag{5.30}$$

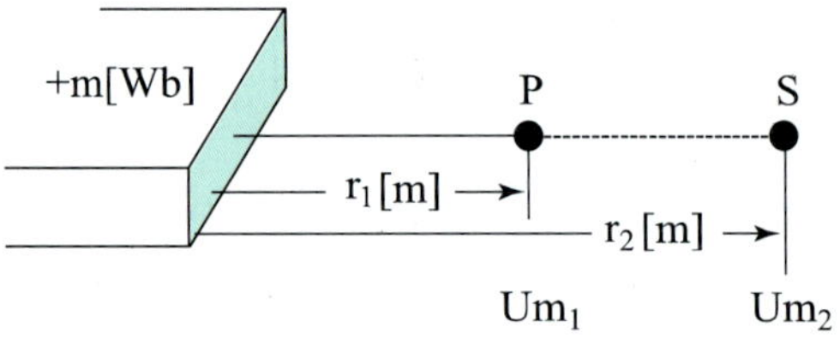

그림 5.31 자위차

참고지식

☞ 자위의 단위 : 식 (5.25)로부터 $\left[\dfrac{J}{Wb}\right]=\left[\dfrac{W\cdot s}{V\cdot s}\right]=\left[V\cdot A\cdot \dfrac{s}{V}\cdot s\right]=[A]$

자계의 세기(H)의 단위는 왜 [A/m]인가?

자위와 자계의 세기와의 단위관계는 자계의 세기에 관한 식은 아래와 같으므로

$$H=\frac{m}{4\pi\mu r^2}=\frac{m}{4\pi\mu r}\times\frac{1}{r}$$

자위 ⇩ ⇩

자계의 세기 단위 : = [A]×[1/m]=[A/m]

가 된다.

예제 5.8 공기 중에서 자극 10[Wb]의 자계로부터 2[m] 떨어진 점 자극의 자위는 얼마인가?

풀이 식 (5.27)로부터

$$U_{ma}=6.33\times10^4\times\frac{m}{r}=6.33\times10^4\times\frac{10}{2}=3.165\times10^5[A]$$

5.7 정전계와 정자계의 비교

정전계에서의 전하(電荷)는 정자계에서의 자하(磁荷)에 비유된다. 마찬가지로 전계는 자계에 비유되는 등 정전계와 정자계 사이에 그 유사성이 있다. 대응되는 용어와 그 관계식을 표 5.1에 정리해 본다.

표 5.1 정전계와 정자계의 비교

정전계		정자계	
전하	Q[C]	자하	m[Wb]
전기력	$F=\dfrac{1}{4\pi\epsilon_0}\cdot\dfrac{Q_1Q_2}{r^2}$ $=9\times10^9\cdot\dfrac{Q_1Q_2}{r^2}$[N]	자기력	$F=\dfrac{1}{4\pi\mu_0}\cdot\dfrac{m_1m_2}{r^2}$ $=6.33\times10^4\cdot\dfrac{m_1m_2}{r^2}$[N]
전계의 세기	$E=\dfrac{1}{4\pi\epsilon_0}\cdot\dfrac{Q}{r^2}$[V/m]	자계의 세기	$H=\dfrac{1}{4\pi\mu_0}\cdot\dfrac{m}{r^2}$[AT/m]

전위	$V=\frac{1}{4\pi\epsilon_0}\cdot\frac{Q}{r}$ [V]	자위	$U=\frac{1}{4\pi\mu_0}\cdot\frac{m}{r}$ [AT]
전기력선	$N=\frac{Q}{\epsilon_0}$ [개]	자기력선	$N=\frac{m}{\mu_0}$ [개]
전속	$\Phi=Q$[C]	자속	$\phi=m$[Wb]
전속밀도	$D=\epsilon_0 E$[C/m^2]	자속밀도	$B=\mu_0 H$[Wb/m^2]
유전율	$\epsilon_0=\frac{1}{4\pi\times9\times10^9}$ $=8.854\times10^{-12}$[F/m]	투자율	$\mu_0=4\pi\times10^{-7}$ $\fallingdotseq1.26\times10^{-6}$ [H/m]

간추림

- 자석의 세기가 집중되어 있는 자석의 양끝을 자극(磁極)이라 한다.
- 자극의 세기는 자극이 갖고 있는 자기량의 크기를 말한다.
- 자기량은 자하(磁荷)라고도 하며, 그 단위는 [Wb]이다.
- 자석은 N극과 S극의 두 자극이 있으며, 아래와 같은 성질을 갖는다.
  - 자석의 양단은 철편(鐵片)을 끌어당기는 힘이 있다.
  - 자침(磁針)을 매달면 지구의 남극과 북극을 가리킨다.
  - 자석의 양단에는 같은 크기의 힘을 갖는 N극과 S극, 2개의 자극(磁極)이 있다.
  - 자석에 작용하는 힘의 종류는 N극과 N극, S극과 S극끼리는 반발력, N극과 S극 사이에는 인력, 두 가지가 있다.
- 자석에 잘 붙는 쇠붙이(자성체)를 자석의 양단에 갖다대면 N극에 가까운 쪽에 S, S극에 가까운 쪽에 N극이 자성체에 유도되는데 이 현상을 자기유도 또는 자화라 한다.
- 자기 유도 시 서로 다른 극(極)이 유도되는 물질을 상자성체, 같은 극이 유도되는 물질을 반자성체라 한다.
- 자기분자(磁氣分子)는 자석의 특성을 유지하는 최소의 분할자석을 말한다.
- 자기 모멘트 M은 자석이 H[A/m]의 자계 중에 놓였을 때 직각으로 작용하는 토오크를 말하며, 자기량을 m, 길이를 l이라 하면 $M=ml$[Wb·m]이다.
- 자화의 세기 J는 자성체의 자화되는 비율로서 단위 체적 당 자기모멘트로 나타낸다.

$$J = M/V\,[\mathrm{Wb/m^2}]$$

- 자기력선(자력선)은 자석의 N극에서 S극으로 나오는 가상적인 선(線)으로서 자기의 힘이 미치는 방향을 나타낸다.
- 쿨롬의 법칙 : 자극간에 작용하는 힘(자력) F는 자극의 세기의 곱에 비례하고, 극간거리의 제곱에 반비례한다.

$$F = k\frac{m_1 m_2}{r^2}\,[\mathrm{N}]$$

- 자력 또는 자기력 : 자계에서 쿨롬의 법칙에 의해 나타나는 힘
- 자계의 세기 H란 자계에 +1[Wb]의 정 자극을 놓았을 때 이에 작용하는 힘을 말하며, 떨어진 거리 r[m]에서의 H는

$$H = \frac{m}{4\pi\mu r^2}\,[\mathrm{A/m}]$$

- 자속(磁束)이란 여러 개의 자력선을 합친 자력선의 다발을 말하며, 자극의 세기가 m[Wb]이면 자속의 수는 m[개]이다.
- 자속밀도 B는 단위 면적 당 자속의 수를 말하며, 자계의 세기와의 관계는 $B=\mu H$이다.
- 자계의 세기 H를 증가하면 자속밀도 B도 증가하지만 일정 크기의 H에 도달하면 B는 더 이상 증가하지 않는 현상을 자기포화라 한다. 자속밀도에 대한 자계의 세기를 나타내는 B-H곡선은 아래와 같다.

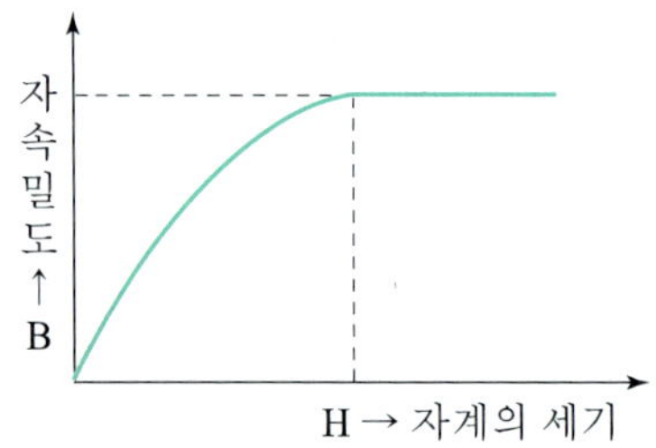

- $+m$[Wb]로 형성된 자계를 향해서 무한원점으로부터 +1[Wb]의 자극을 r[m] 이동하는데 소요되는 일을 자위(磁位)라 하며, 그 단위는 [J/Wb] 또는 [A]이다.

$$U=\frac{m}{4\pi\mu r}[A]$$

연습문제

1. 자석의 성질에 해당되지 않는 것은?

(가) N극은 지구의 북극, S극은 지구의 남극을 지시한다.

(나) 아무 물건이나 끌어당긴다.

(다) 서로 다른 극끼리 인력, 같은 극끼리 반발력을 갖는다.

(라) 같은 크기의 힘을 갖는 N극과 S극이 있다.

2. +, − 2개의 점 자극이 일정 거리 r에 떨어져 있을 때 맞는 현상은?

(가) r에 비례하는 인력　(나) r에 역 비례하는 반발력

(다) r의 제곱에 비례하는 반발력　(라) r의 제곱에 역 비례하는 인력

3. 자계의 세기의 단위는?

(가) [A/m]　(나) [Wb/m^2]　(다) [W/m]　(라) [A/m^2]

4. 자기량과 같은 것은?

(가) 전하　(나) 자력　(다) 자하　(라) 자속

5. 자속밀도의 단위는?

(가) Ω　(나) H　(다) S　(라) T

6. 자극의 세기 5[Wb]로부터 나오는 자속의 수는?

(가) 1　(나) 5　(다) 10　(라) 25

7. 자기 모멘트의 크기를 결정하는 것은?

(가) 자극의 세기　(나) 투자율　(다) 유전율　(라) 자속밀도

8. 자력은 ( )의 곱에 비례한다.

(가) m　(나) r　(다) μ　(라) H

9. 공기 중에서 자계의 세기가 4[A/m]라면 자속밀도의 크기는?
단 공기 중의 투자율은 μ_0이다.

(가) $4/\mu_0$　(나) μ_0　(다) $4\mu_0$　(라) $4^2\mu_0$

10. 진공 중에서 4π[Wb]의 자하로부터 발산되는 총 자력선의 수는?

(가) 4π　　(나) 10^7　　(다) $4\pi\times10^7$　　(라) $\frac{10^7}{4\pi}$

11. 공기 중에 5×10^{-3}[Wb]의 자극이 있다. 이 자극과 40[cm] 떨어져 있는 점에서의 자계의 세기는 얼마가 되는가? 단, $1/(4\pi\mu_0)=6.33\times10^4$

12. 공기 중에 동일 자기량이 1[m] 떨어져 있을 때 자극간에 작용하는 힘이 25.32[N]이라면 자극의 세기는 얼마인가? 단, $1/(4\pi\mu_0)=6.33\times10^4$

13. 공기 중에서 자계의 세기 500[A/m]인 자계 속의 자속밀도는 얼마인가?
단, $\mu_0=4\pi\times10^{-7}$

14. 1000[AT/m]의 자계 중에 어떤 자극을 놓았을 때 3×10^2[N]의 힘을 받았다고 한다. 자극의 세기는 얼마인가?

15. 단 면적 4[cm^2]의 자속밀도가 5×10^7[T]라면 통과하는 자속의 수는 얼마인가?

16. 철심의 단 면적이 25[cm^2]이고, 여기에 $4\pi\times10^{-5}$[Wb]의 자속을 통과시켰을 때 자계의 세기는 200[AT/m]라면 이 철심의 비 투자율은 얼마인가? 단, $\mu_0=4\pi\times10^{-7}$

17. 그림 5.32와 같이 공기 중에서 자극의 세기 20[μWb]로부터 떨어진 점 P, Q의 자위차는 얼마인가?
단, $\mu_0=4\times3.14\times10^{-7}$

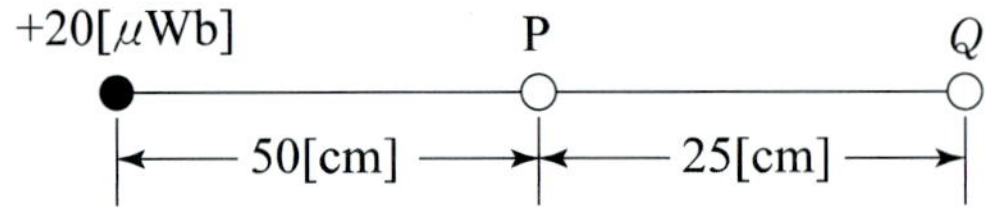

그림 5.32 자위 차

전류의 자기작용

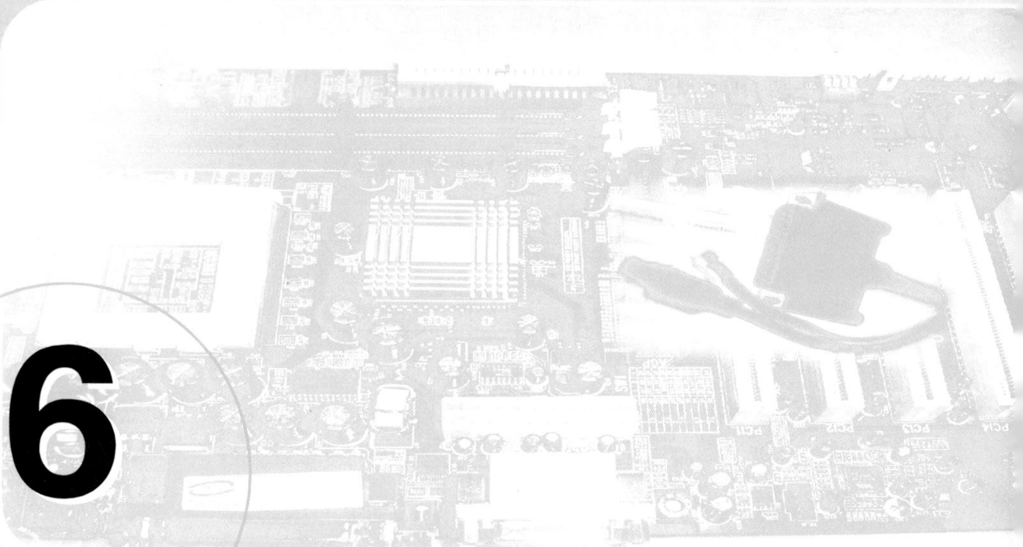

6
chapter

6.1 전류와 자계

덴마크의 물리학자 에르스테드(H.C.Oersted)는 실험을 통해 전류가 흐르는 도체와 직각 방향으로 자계가 형성된다는 사실을 발견하였다. 그림 6.1과 같이 도선(導線)에 직류전류를 흘리고 이 도선을 관통하여 직각으로 쇠 가루가 뿌려진 종이를 놓는다면 전류가 흐르지 않을 때 무질서하게 위치했던 쇠 가루는 전류가 흐르는 도선 주위에 원형 형태로 배열이 된다.

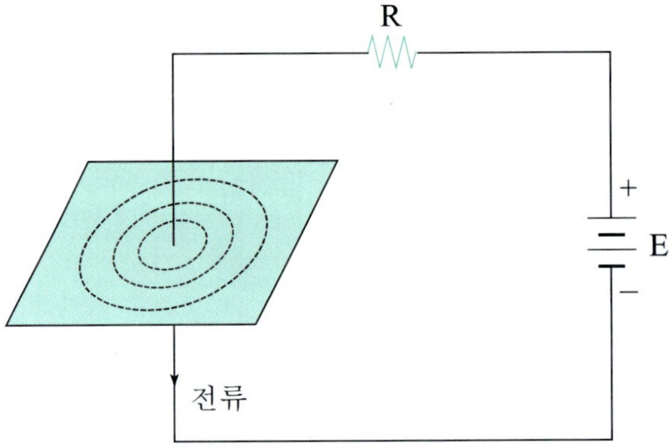

그림 6.1 전류와 자계

여기서 알 수 있는 것은 전류가 흐를 때 이것과 직각인 평면에 원모양의 형태로 많은 자력선이 생겨 자계를 만든다는 사실이다. 만일 종이 위에 쇠 가루 대신 작은 자침을 놓는다

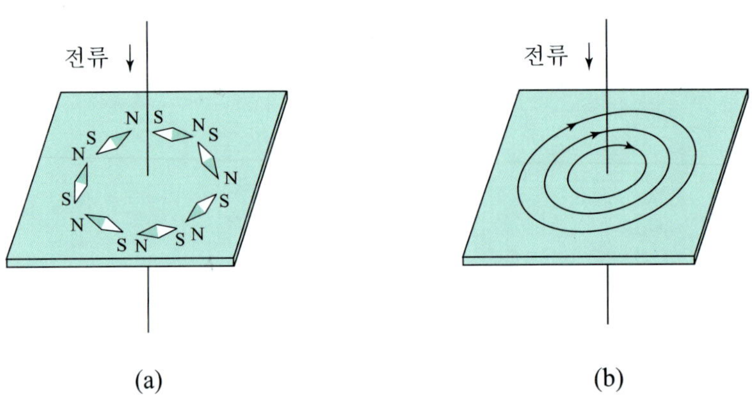

그림 6.2 전류에 의한 자력선의 방향

면 그림 6.2(a)와 같이 N극(진한 부분)이 시계방향으로 향하게 되므로 이를 자력선으로 나타내면 그림 6.2(b)와 같다.

도선에 전류를 흘릴 때 도선에 직각인 방향으로 원형상의 자력선이 생길 때 전류의 방향과 자력선의 방향은 「오른 나사의 법칙」이 적용된다. 그림 6.3(a)와 같이 오른 나사의 들어가는 방향을 전류라고 할 때 나사를 돌리는 회전방향을 자력선의 방향으로 한다면 도선의 흐르는 전류에 대해 직각의 오른쪽 회전방향으로 자력선이 형성된다.

그림 6.3(b)는 전류방향을 반대 입장에서 본 그림이다.

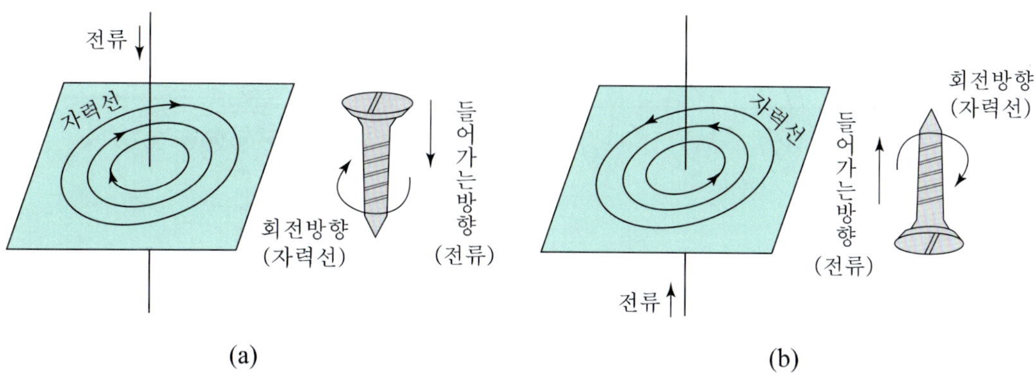

그림 6.3 오른 나사의 법칙

그림 6.3(a)에서 보면 알 수 있듯이 도체 주위의 자력선은 폐곡선(閉曲線)을 만들며, 연속적이므로 도중에 끊기지 않는다. 또한 그림 6.4(a)와 같이 하나의 원형으로 된 도선에 전류가 시계방향으로 흐를 때 각 점의 접선방향으로 폐곡선(원)의 자력선이 생긴다. 그림 6.4(a)의 P점과 Q점이 짧은 직선 도체로 간주하면 이들 주위에 형성되는 자력선은 그림

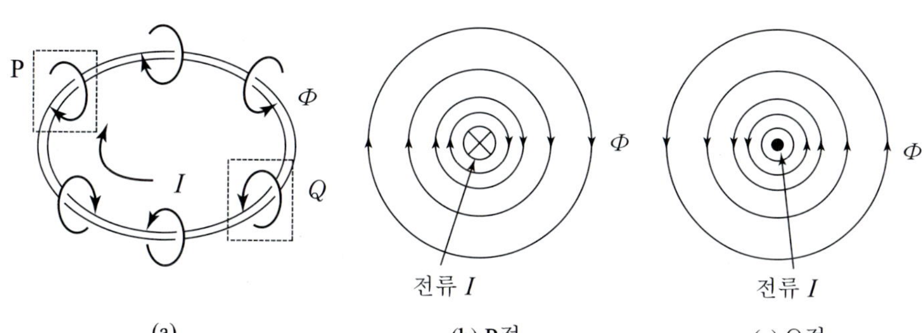

그림 6.4 폐회로에서의 전류와 자기력선

6.4(b)와 그림 6.4(c)처럼 된다. 그림 6.4(a), (b)에서 ⊗표시는 지면에 대하여 도선의 전류가 들어가고, ◉표시는 나오는 방향을 나타내며, ϕ(자속)는 자기력선을 뜻한다.

결국 원형 도선의 P점, Q점에서 고찰한 결과를 정리하면 그림 6.4(b), (c)에서 전류와 자력선의 방향은 그림 6.3의 오른 나사의 법칙과 일치한다고 볼 수 있다. 이상의 결과를 좀 더 확대해서 해석해 보면 그림 6.5(a)와 같은 코일에 전류가 흐를 경우에 자력선의 분포는 그림 6.5(b)와 같다.

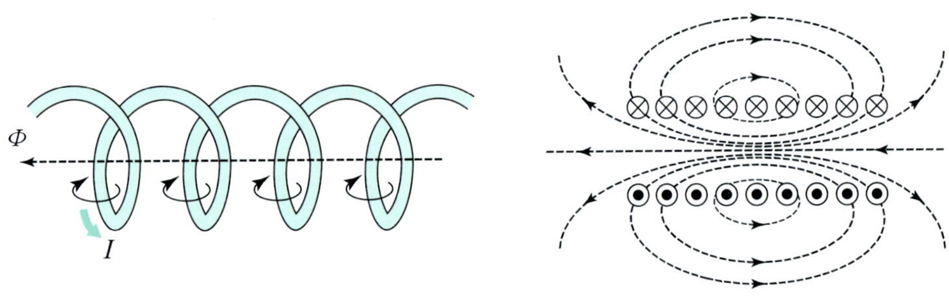

(a) (b)

그림 6.5 원형 코일에 작용하는 자계

이상을 정리해 보면 원형 코일(coil)에 전류를 흘린 경우의 자력선의 방향 역시 그림 6.6과 같이 전류와 자력선을 바꿔 생각하면 오른 나사의 법칙이 적용된다.

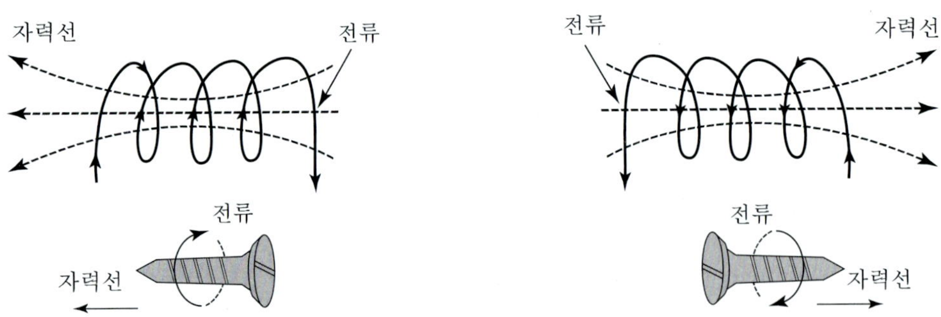

(a) (b)

그림 6.6 원형 코일에 흐르는 전류와 전력선

직선 도선과 코일에 흐르는 전류와 자력선의 방향을 그림 6.7(a), (b)와 같이 해석할 수 있는데 이를 「오른손 엄지손가락의 법칙」이라 한다. 오른 나사의 법칙과 오른손 엄지손가락의 법칙은 일치하므로 어느 것을 이용해도 상관없다.

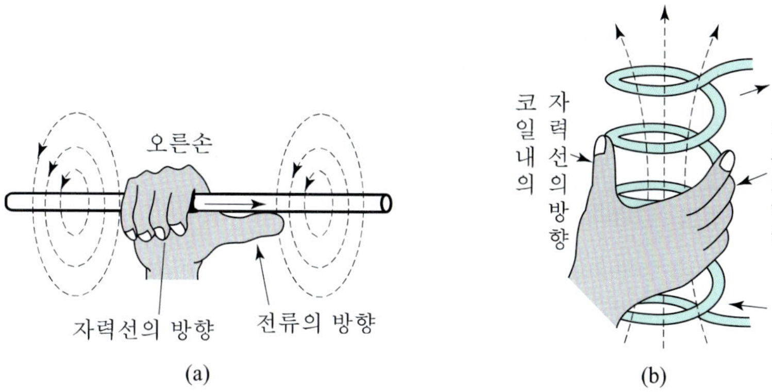

그림 6.7 오른손 엄지손가락의 법칙

참고지식

* **전류, 자력선의 방향 표시 ➡ 크로스(⊗)와 도트(◉)**

그림 6.8과 같이 화살이 날아가는 방향으로 보이는 것은 깃이고, 그 모양이 크로스(cross) 표시(⊗)이다. ⊗은 지면(紙面)을 기준으로 종이 안쪽 방향이 된다. 반면 화살이 내 쪽으로 오고있다고 생각할 때는 화살 끝이 보이므로 이 경우는 도트(dot) 표시이다. ◉은 지면(紙面)을 기준으로 종이 바깥 방향이 된다.

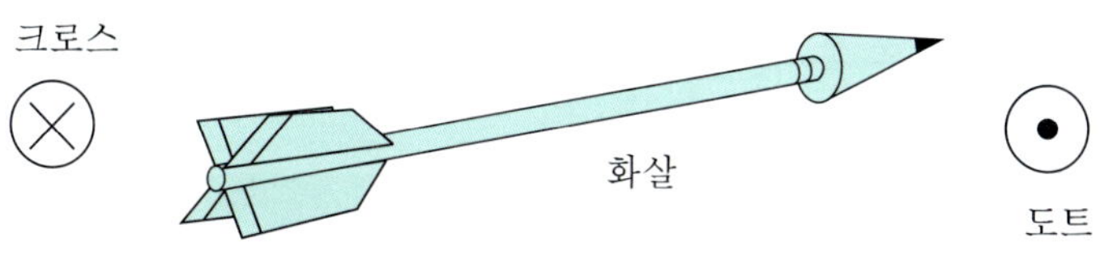

그림 6.8 크로스와 도트

그림 6.9는 전자석의 원리도이다. 철심에 코일(coil)을 여러 차례 감고 전지를 코일의 양단에 연결하면 직류전류가 흐르고, 그림 6.6(a)와 같이 자력선이 형성되면서 자계 내의 철심은 자석이 되며, 이것이 전자석(電磁石)이다. 그림 6.7(b)와 같이 코일의 전류방향과 전자석의 자극의 방향은 오른손 엄지 손가락의 법칙에 의해 결정된다. 그림 6.9에서 코일에 전류가 흐르면 철심 속에 자력선, 즉 자속이 생기는데 이 자속을 만드는 힘을 기자력(起磁力 : electromotive force)이라 하며, 이 기자력 F는 코일의 권수(卷數) n과 흐르는 전류 I의 곱(積)이 된다. 따라서 기자력이 클수록 전자석의 세기는 증가하게 되며, 기자력의 단위는 전

류와 같은 암페어[A]이다. 기자력의 관계식은 아래와 같다.

$$F = nI\,[\mathrm{A}] \tag{6.1}$$

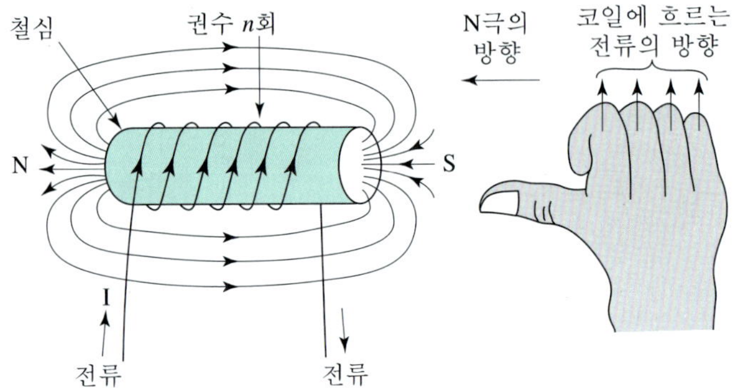

그림 6.9 전자석의 원리

전자석의 원리를 응용한 것으로 전자 계전기(電磁 繼電器) 일명 전자 릴레이(relay)가 있다. 전자 릴레이는 전자력을 이용해서 기계적으로 전기회로를 개폐(開閉)하는 장치로서 그 구조는 그림 6.10(a)와 같고, 여러 가지 종류가 있으나, 그림 6.10(b)는 소형 전자 릴레이의 모양을 나타낸다. 동작원리는 그림 6.10(a)와 같이 스위치에 의해 ①, ②간의 전지가 연결되면 코일에 전류가 흐르게 되고, 코일은 전자석이 되어 그 힘에 의해 가동 철편이 전자석 쪽으로 끌어당겨지고 여기에 붙어있는 가동접점이 ④와 떨어지고 ③과 연결이 되므로 램프에 불이 들어오게 된다. 반면 스위치가 열리면 코일에 전류가 흐르지 않으므로 전자력이 없어지게 되므로 가동접점은 복귀되면서 ③과 떨어져 ④와 붙게되면서 램프의 불은 꺼진다.

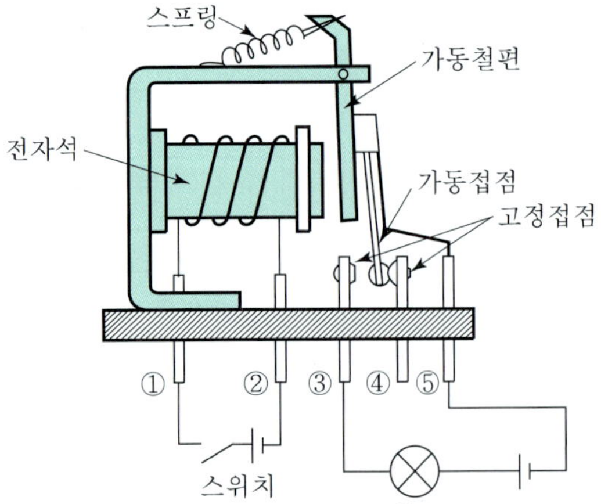

(a)

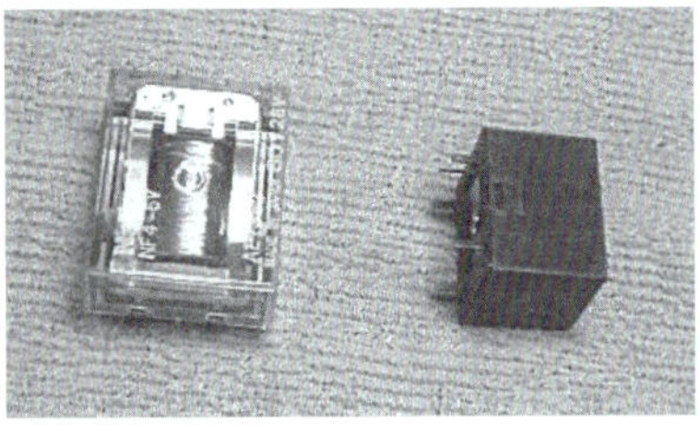

(b)

그림 6.10 릴레이의 동작원리

예제 6.1 그림 6.9의 전자석에서 코일의 권수가 120회, 전류가 0.5[A]이다. 코일을 1회 감아서 같은 기자력을 얻자면 전류를 얼마 흘려야 되는가?

풀이 식 (6.1)로부터

기자력 $F=120\times0.5=60$[A]

따라서 $I=F/n$에 $n=1$, $F=60$[A]를 대입하면 $I=60/1=$**60[A]**

6.2 암페어의 주회적분 법칙

그림 6.11과 같이 전류가 흐르고 있는 직선도체로부터 r[m] 떨어진 점 P의 자계의 세기 H를 계산해 보기로 한다.

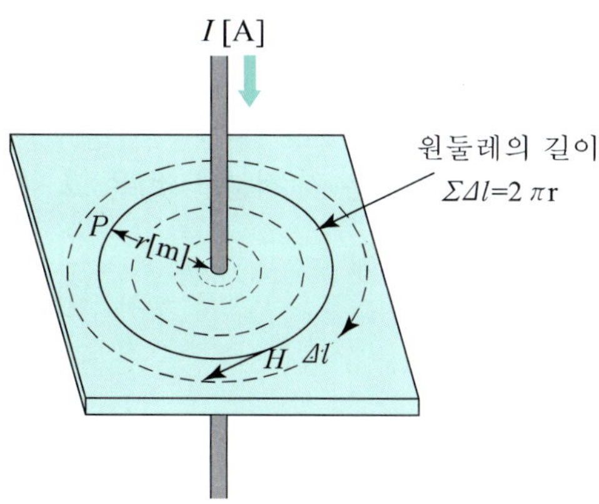

그림 6.11 암페어 주회적분의 법칙

전계의 세기 H는 전류 I에 비례하고(식 6.1), 떨어진 거리 r에 역 비례하므로 아래와 같이 쓸 수 있다.

$$H \propto \frac{I}{r}$$

위의 식에 $1/(2\pi)$를 곱해도 비례관계에는 변함이 없으므로 아래와 같이 변형할 수 있다.

$$H \propto \frac{I}{2\pi r} \tag{6.2}$$

비례정수를 k라 하면 아래와 같이 정리해서 쓸 수 있다.

$$H= k\frac{I}{2\pi r}\ \text{[A/m]} \tag{6.3}$$

위의 식에서 H의 단위는 전류의 단위 [A]를 $2\pi r$(원둘레의 길이:l[m])로 나눈 값이므로 [A/m]가 된다. 식 (6.3)에서 비례정수 k=1로 놓으면

$$H\cdot 2\pi r=I \tag{6.4}$$

가 되고, 식 (6.4에서) 좌측 항은 도체로부터 반경이 r인 각 점에서의 전계의 세기 H와 원둘레의 미세 길이 Δl을 곱해서 이들을 모두 합친 것이므로 아래와 같은 식이 된다.

$$H{\cdot}2\pi r= \sum H\Delta l= I \tag{6.5}$$

$\sum H\Delta l= H\int_0^{2\pi r} dl= I$이므로 위의 관계식을 「암페어의 주회적분(周回積分) 법칙」이라 한다.

〈주〉 이하 Δl 대신 dl로 표기하기로 함($\Delta \rightarrow d$).

암페어의 주회적분 법칙

도체로부터 반경 r[m]의 자력선 상에서 미소 길이 Δl과 그 점에서 자계의 세기 H와의 곱 $H\Delta l$을 원둘레 전체에 걸쳐 모은 것(적분한 것)은 그 폐곡선(閉曲線)내의 전류 I와 같다.

$$H\int_0^{2\pi r} dl= I$$

그림 6.11에서 직선 도체가 무한히 길다면 도체로부터 r[m] 떨어진 점 P상에서의 자계의 세기 H는 직선도체에 대하여 동심원 형태로 생기고, 그 원둘레 상에서의 자계의 세기 H는 어느 점에서도 같으므로 식 (6.5)로부터 자계의 세기 H는 아래와 같다.

$$H= \frac{I}{2\pi r}\ \text{[A/m]} \tag{6.6}$$

예제 6.2 그림 6.11에서 도선이 1개 대신 3개의 도선이 모두 같은 방향으로 0.5[A]의 전류가 흐른다면 반경 40[cm]에서의 자계의 세기 H는 얼마가 되는가?

풀이 식 (6.6)에서 I=3×0.5[A], r=0.4[m]를 대입하면

$$H= \frac{3\times 0.5}{2\times 3.14\times 0.4} \fallingdotseq 0.6\text{[A/m]}$$

예제 6.3 무한 길이의 직선 도선에 6.28[A]의 전류가 흐를 때 자계의 세기가 5[A/m]인 점은 직선 도선으로부터 얼마의 거리에 떨어져 있는가?

풀이 풀이 식 (6.6)으로부터

$$r = \frac{I}{2\pi H} = \frac{6.28}{2 \times 3.14 \times 5} = \frac{1}{5} = 0.2[\mathrm{m}]$$

토막지식

알레산드로 볼타(Allesandro Volta : 1745~1827) 이탈리아의 코모에서 1745년 태어났으며, 코모에 있는 왕립학교를 졸업하고1783년 파비아대학의 물리학 교수가 되었다. 1800년 최초의 전지인 볼타전지(Voltaic cell)를 발명하였다. 볼타전지는 황산 속에 아연과 구리를 넣었을 때 아연은 -, 구리는 +로 대전되어 이들을 전극으로 사용한 1차 전지였으나 오늘날은 사용되지 않고있다. 현재 전압의 단위인 볼트(Volt)는 그의 이름에서 따온 것이다.

6.2.1 무한 길이의 원통도체에 의한 자계

그림 6.12(a), (b)와 같이 반경이 a[m]인 무한히 긴 원통도체에 전류 I가 흐를 때 자계의 세기를 원통 밖과 원통 내에서의 자계의 세기를 구해보기로 한다.

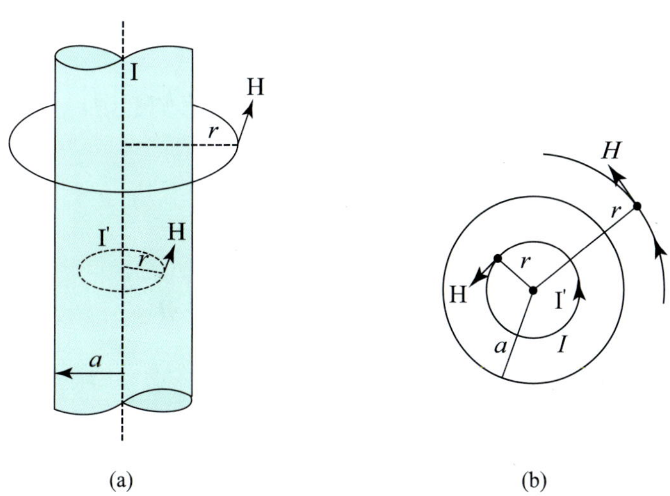

그림 6.12 무한 길이의 원통도체에 의한 자계

(1) 원통 외부의 자계(r〉a)

원통의 축(軸)에서 r[m] 떨어진 거리에서 자계의 세기는 암페어의 주회적분의 법칙에 의해

$$H\int_0^{2\pi r} dl = \mathrm{H}\cdot 2\pi r = \mathrm{I}, \quad \therefore\ H = \frac{I}{2\pi r}\,[\mathrm{A/m}] \tag{6.7}$$

가 된다.

(2) 원통 내부의 자계(r〈a) : 그림 6.12(b)

도체 내부의 전류분포는 균일하고, 반경 r[m]인 원둘레 내의 전류를 I'라 할 때 암페어의 주회적분의 법칙에 의해

$$H\int_0^{2\pi r} dl = \mathrm{H}\cdot 2\pi r = \mathrm{I}', \quad \therefore\ H = \frac{I'}{2\pi r}$$

그림 6.13과 같이 반경 a인 원통도체와 반경 r인 원통도체의 전류는 단 면적에 비례하므로 아래와 같은 결과를 얻을 수 있다.

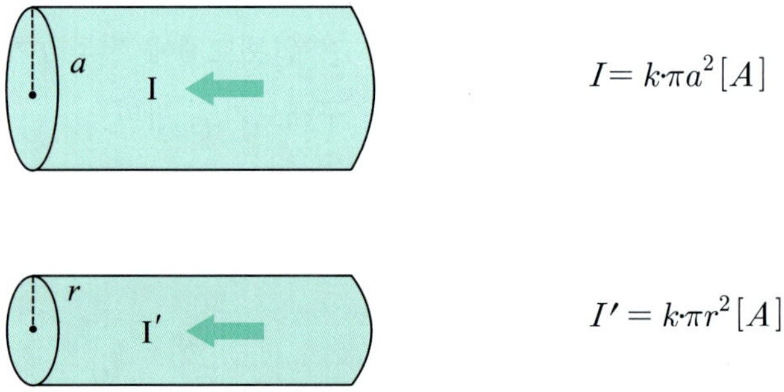

그림 6.13 원통도체의 전류

$$\frac{I'}{I} = \frac{\pi r^2}{\pi a^2} = \frac{r^2}{a^2} \qquad \therefore\ I' = \frac{r^2}{a^2}\cdot I \tag{6.8}$$

식 (6.8)을 식 (6.7)에 대입하면

$$H = \frac{1}{2\pi r}\cdot\frac{r^2}{a^2}\cdot I = \frac{r}{2\pi a^2}\cdot I\ [\mathrm{A/m}] \tag{6.9}$$

만일 전류가 도체 표면에만 흐를 경우에는 도체 외부의 자계는 변함이 없으나 도체 내부에는 $\int H\cdot dl = 0$이 되어 $H=0$이 된다.

6.2.2 솔레노이드의 자계

그림 6.14(a), (b)와 같이 원통 또는 고리 모양(환상 : 環狀)의 철심에 도선을 촘촘히 감은 코일을 솔레노이드(solenoid)라 한다.

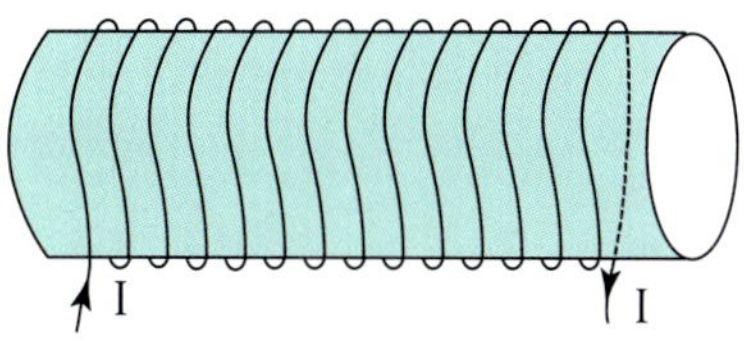

(a) 원통형 솔레노이드

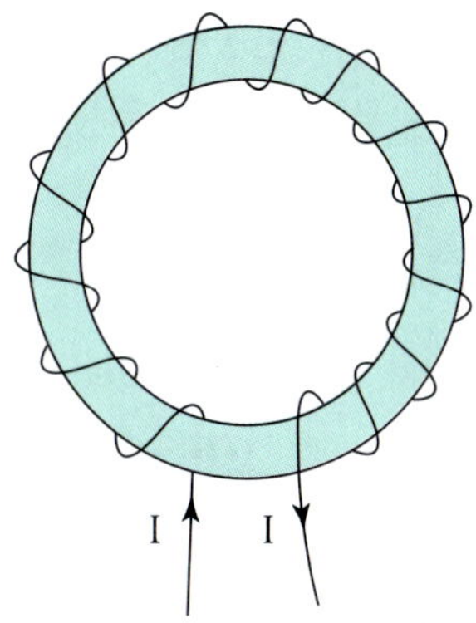

(b) 환상 솔레노이드

그림 6.14 솔레노이드

(1) 환상 솔레노이드의 자계

그림 6.15와 같이 권수(卷數) n회의 환상(環狀) 코일에 전류 I를 흘릴 때 코일 내부의 자계의 세기 H를 구해 보기로 한다. 여기서 환상 코일의 내부 자계는 균일하다고 생각한다.

그림 6.15에서 환상 코일의 반경 r은 내경과 외경의 평균치를 사용하고, 경로의 길이 l

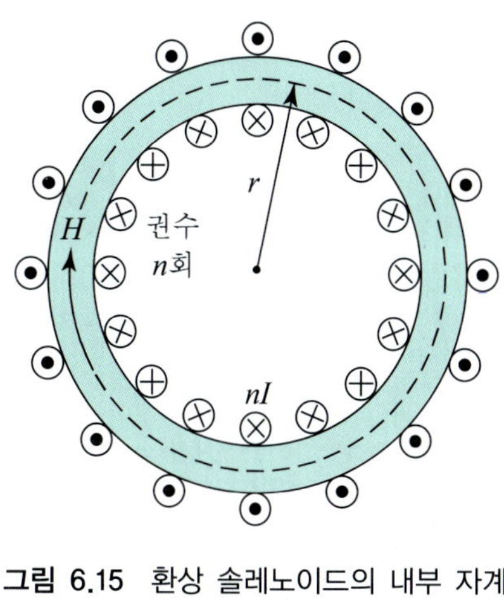

그림 6.15 환상 솔레노이드의 내부 자계

은 $2\pi r$이 된다. 전체 전류는 nI이고, 반경 r인 원형 코일의 둘레길이 $l=\int dl=2\pi r$이므로 암페어의 주회적분 법칙에 의해 내부 자계의 세기는 아래와 같이 구해진다.

$$Hl=H\cdot 2\pi r=nI, \quad \therefore\ H=\frac{nI}{l}=\frac{nI}{2\pi r} \tag{6.10}$$

(2) 무한 길이의 원통형 솔레노이드의 자계

그림 6.16은 무한 길이의 원통형 솔레노이드를 나타낸다. 내부 모든 점에서의 자계는 균일하다.

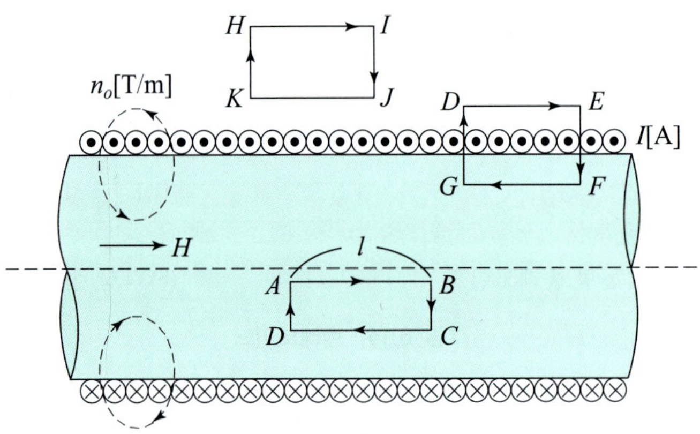

그림 6.16 무한 길이의 솔레노이드 내부의 자계

(a) 내부자계

그림 6.16에서 솔레노이드 내부에 축 방향과 평행인 AB, CD와 축 방향과 수직인 DA, BC로 이루어지는 직사각형의 폐 적분로(積分路)에 쇄교하는 전류가 없으므로 암페어의 주회적분의 법칙을 적용하면 아래와 같다.

$$\int_A^B Hdl+\int_B^C Hdl+\int_C^D Hdl+\int_D^A Hdl=0 \tag{6.11}$$

위의 식에서 $\int_B^C Hdl$성분과 $\int_D^A Hdl$의 선 적분 성분은 자계와 수직이므로 0으로 놓으면

$$\int_A^B Hdl+\int_C^D Hdl=0, \quad \therefore\ \int_A^B Hdl=-\int_C^D Hdl=\int_D^C Hdl$$

로부터

$$\int_A^B Hdl=\int_D^C Hdl \tag{6.12}$$

이 되어 솔레노이드 내에서 AB, CD의 위치에 관계없이 식 (6.12)는 성립하므로 솔레노이드 내부자계는 축 방향에 어느 점에서나 같은 균등자계가 된다.

(b) 외부 자계

마찬가지로 그림 6.16에서 폐 적분로 $HIJK$에암페어 주회적분의 법칙을 적용하면 솔레노이드 외부에서도 쇄교하는 전류가 없기 때문에 아래와 같이 쓸 수 있다.

$$\int_H^I Hdl + \int_I^J Hdl + \int_J^K Hdl + \int_K^H Hdl = 0$$

위의 식에서 $\int_I^J Hdl$, $\int_K^H Hdl$ 성분은 자계와 직각이므로 0으로 놓으면

$$\int_H^I Hdl + \int_J^K Hdl = \int_H^I Hdl - \int_K^J Hdl = 0$$

으로부터

$$\int_H^I Hdl = \int_K^J Hdl \tag{6.13}$$

이 되어 역시 외부자계도 균등자계임을 알 수 있다. 그러나 솔레노이드로부터 무한히 떨어진 점에서의 자계는 0이므로 무한 원점에서 외부자계는 존재하지 않는다.

(c) 내부와 외부의 경계영역에서의 자계

그림 6.16에서 솔레노이드 내부와 외부의 경계영역에서는 도선이 포함되므로 권수가 n회이면 전체전류는 nI가 되고, 암페어의 주회적분의 법칙을 적용하면 아래와 같다.

$$\int_D^E Hdl + \int_E^F Hdl + \int_F^G Hdl + \int_G^D Hdl = nI \tag{6.14}$$

따라서

$$H \cdot l = nI, \quad \therefore H = \frac{nI}{l} \text{[A/m]} \tag{6.15}$$

위의 식에서 단위 길이 당 권수를 $n_0 = \dfrac{n}{l}$이므로 아래와 같이 고쳐 쓸 수 있다.

$$H = n_0 I \text{ [A/m]} \tag{6.16}$$

예제 6.4 그림 6.15와 같이 평균 반경 20[cm]의 환상 철심에 260회의 코일을 감아서, 여기에 전류 5[A]를 흘릴 때 철심내의 자계의 세기는 얼마가 되는가?

풀이 식 (6.10)으로부터 $H = nI/(2\pi r)$이므로

$$H = \frac{260 \times 5}{2 \times 3.14 \times 0.2} \fallingdotseq 1035 \text{[A/m]}$$

예제 6.5 전류분포가 균일하고 반경이 r[m]인 무한히 긴 원통도체에서 4[A]의 전류를 흘렸을 때 도체 중심에서 $\frac{1}{2}r$[m]에서 자계의 세기가 $\frac{1}{4\pi}$[A/m]라면 r은 얼마인가?

풀이 식 (6.9)로부터

$$H=\frac{r}{2\pi a^2}\cdot I \text{이므로 } \frac{1}{4\pi}=\frac{\frac{1}{2}r}{2\pi r^2}\cdot I=\frac{I}{4\pi r},\ 1=\frac{I}{r},\ \therefore r=\mathrm{I}=4[\mathrm{m}]$$

예제 6.6 단위 길이 당 권수가 500회인 무한히 긴 솔레노이드에 전류 20[mA]를 흘렸을 때 솔레노이드 내부의 자계의 세기는 얼마인가?

풀이 식 (6.16)으로부터 $H=n_0 I$이므로

$$H=500\times20\times10^{-3}=10[\mathrm{A/m}]$$

6.3 비오 · 사바르의 법칙

1819년 에르스테드(Oersted)는 도선에 전류가 흐르면 그 주위에 자계가 생긴다는 것을 발견하였고, 1820년 프랑스의 비오(Biot)와 사바르(Savart)에 의해 실험적으로 도선 전류와 자계의 세기에 관한 아래의 공식을 만들어졌다.

$$dH=\frac{Idl}{4\pi r^2}sin\theta[\mathrm{A/m}] \tag{6.17}$$

식 (6.17)은 그림 6.17의 도선 AB에서 미소한 길이 dl에서 전류가 흐르 때 떨어진 거리 r인 점 P에서 자계의 세기 dH를 나타낸다. θ는 도선 dl의 접선과 OP가 이루는 각이다.

도선에 전류 I가 흐를 때 도선의 미소부분 dl로부터 거리 r인 점 P에서의 자계의 세기 dH의 크기는 식 (6.17)과 같이 주어지며, 그 방향은 오른 나사의 법칙에 따라 dl과 점 P로 이루어지는 면적에 수직이 되며, 이를 「비오·사바르의 법칙」이라 한다.

그림 6.17에서 도선의 A점에서 B점까지에 의한 자계의 세기 H는 식 (6.17)을 적분하면

$$H=\int_A^B dH=\frac{I}{4\pi}\int_A^B\frac{\sin\theta}{r^2}dl[\mathrm{A/m}] \tag{6.18}$$

이 되며, 이 식을 이용하면 여러 가지 형태의 도선의 전류에 의한 자계의 세기를 구할 수 있다. 암페어의 주회적분 방식은 대칭성 자계에 유리하지만 비오·사바르의 법칙은 모든 경우에 적용할 수 있는 이점이 있다.

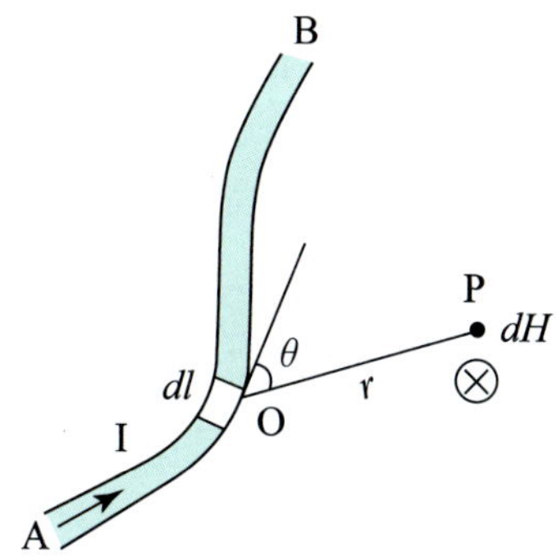

그림 6.17 비오·사바르의 법칙

(2) 직선 도선의 자계

그림 6.18과 같은 직선 도선 AB에서 r[m] 떨어진 점 P에서의 자계의 세기 H를 비오·사바르의 법칙에 의해 구해보기로 한다. 미소길이 dl에서 r[m] 떨어진 점 P에서의 자계를 dH라 할 때 dH는 아래와 같은 식으로 나타낼 수 있다.

$$dH = \frac{Idl}{4\pi r^2}\sin\theta \tag{6.19}$$

그림 6.18에서 $\frac{r_0}{r} = \sin\theta = \cos\beta$이므로 식 (6.19)는 아래와 같이 고쳐 쓸 수가 있다.

$$dH = \frac{Idl}{4\pi r^2}\cos\beta \tag{6.20}$$

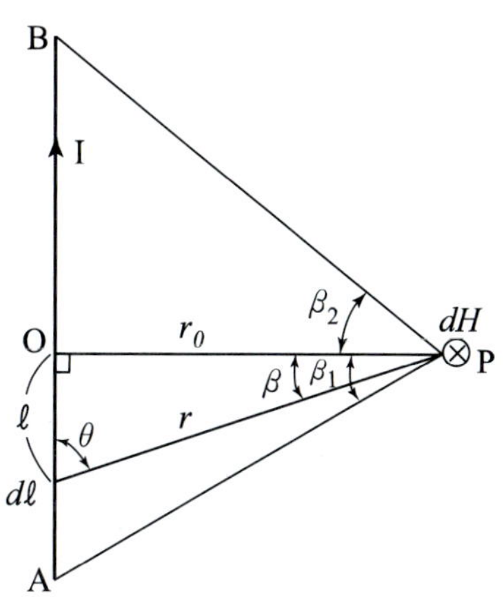

그림 6.18 직선 도선의 자계

그림 6.18에서 $\frac{l}{r_0} = \tan\beta$ 이므로 $l = r_0 \cdot \tan\beta$, $dl = r_0 \sec^2\beta\, d\beta$

$$\sec\beta = \frac{r}{r_0} \text{ 이므로 } dl = r_0 \left(\frac{r}{r_0}\right)^2 d\beta = \frac{r^2}{r_0} d\beta$$

따라서 식 (6.19)는 아래와 같이 고쳐 쓸 수 있다.

$$dH = \frac{I}{4\pi r^2} \frac{r^2}{r_0} \cos\beta\, d\beta = \frac{I}{4\pi r_0} \cos\beta\, d\beta \tag{6.21}$$

식 (6.21)을 β_1에서 β_2까지 적분하면

$$H = \frac{I}{4\pi r_0} \int_{-\beta_1}^{\beta_2} \cos\beta\, d\beta = \frac{I}{4\pi r_0} (\sin\beta_1 + \sin\beta_2) [\text{A/m}] \tag{6.22}$$

무한 길이의 직선 도선인 경우에는 $\beta_1 = \beta_2 = \pi/2$를 식 (6.22)에 대입하면 $\sin(\pi/2) = 1$이므로

$$H = \frac{I}{4\pi r_0}(1+1) = \frac{I}{2\pi r_0} [\text{A/m}] \tag{6.23}$$

이 되어 앞에서 암페어 주회적분 방식으로 얻은 식 (6.6)과 일치한다.

참고지식

만일 그림 6.19와 같이 두 직선 도선이 평행하게 위치하고 같은 크기의 전류가 서로 반대방향으로 흐르고 있다면 두 도선의 가운데 위치에서의 자계의 세기 H는 0이다.

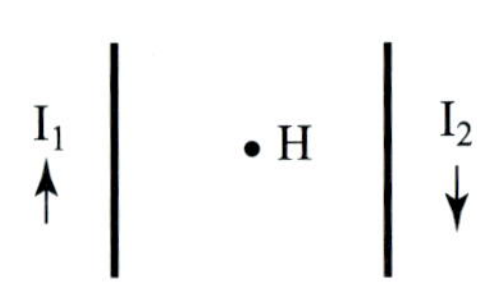

그림 6.19 두 직선 도선의 자계

예제 6.7 그림 6.20과 같이 한변의 길이가 $2\sqrt{2}$[m]인 정방형의 도선에 전류 I=15.7[A]를 흘렸을때 중심점의 자계의 세기는 얼마인가?

풀이 한 변에 대한 중심 점 O의 H는 식 (6.22)로부터

$$H_{BA} = \frac{I}{4\pi r_0}(\sin\beta_1 + \sin\beta_2) [\text{A/m}]$$

$I = 15.7[\mathrm{A}]$, $r_0 = \sqrt{2}$, $\beta_1 = \beta_2 = 45° \rightarrow \sin 45° = \dfrac{1}{\sqrt{2}}$ 이므로

$$H_{BA} = \frac{15.7}{4 \times 3.14 \times \sqrt{2}} \cdot \frac{2}{\sqrt{2}} = 1.25[\mathrm{A/m}]$$

$$= H_{BA} + H_{CB} + H_{DC} + H_{AD}$$

$$= H_{BA} \times 4$$

$$= 5[\mathrm{A/m}]$$

정방향에 의한 자계의 세기 H는 $\therefore H = 4H_{BA}[\mathrm{A/m}]$
(모두 ⊗방향이므로 중심자계는 4배가 된다.)

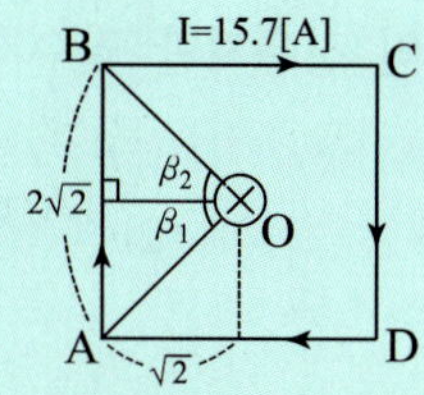

그림 6.20 정방형 도선의 자계

(2) 원형 코일의 중심 자계

그림 6.21과 같은 한 바퀴의 원형 코일에 전류 I를 흘릴 때 중심에서의 자계를 구해보기로 한다. 원의 중심에서 코일까지의 반경이 $r[\mathrm{m}]$이고, 미소부분 dl에서의 접선과 반경 사이의 각도는 90°이다. 중심에서 자력선의 방향은 오른 나사의 법칙에 의해 들어가는 방향이다.

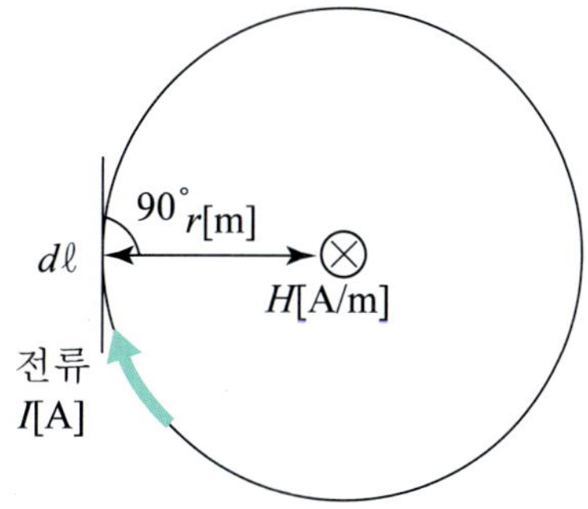

그림 6.21 원형 코일의 중심 자계

비오·사바르의 법칙을 이용하여 코일 전체로부터 중심에서의 자계의 세기는 아래와

같다.

$$H = \int_0^{2\pi r} \frac{I \cdot \sin 90°}{4\pi r^2} dl \qquad (6.24)$$

위의 식에서 $\sin 90° = 1$이므로

$$H = \frac{I}{4\pi r^2} \int_0^{2\pi r} dl \qquad (6.25)$$

위의 식에서 코일의 둘레 길이를 적분한 것은 $2\pi r$이므로

$$H = \frac{I}{4\pi r^2} \cdot 2\pi r = \frac{I}{2r} [\text{A/m}] \qquad (6.26)$$

식 (6.26)은 코일의 권수가 1회인 경우지만 권수가 n회인 경우에는 아래와 같다.

$$H = \frac{nI}{2r} [\text{A/m}] \qquad (6.27)$$

(3) 원형 코일 축상의 자계

그림 6.22와 같은 반경 r[m]의 원형 코일에 전류 I[A]를 흘릴 때 중심으로부터 l[m]떨어진 코일 축(軸)상에서의 자계의 세기를 비오·사바르의 법칙을 이용하여 구해보기로 한다.

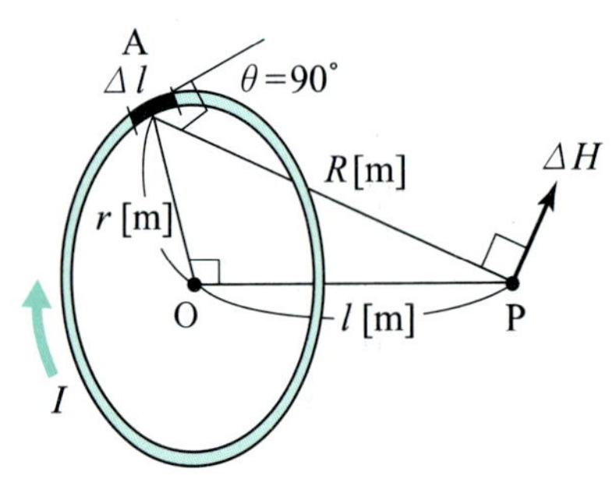

그림 6.22 원형 코일 축상에서의 자계

원형 코일의 미소길이 $dl(\Delta l)$에 의한 자계 $dH(\Delta H)$의 방향은 그림 6.23과 같이 dl과 점 P를 포함한 면에 수직이 되어 오른 나사의 법칙을 따른다.

자계는 벡터 량이므로 자계의 합성은 벡터의 가산으로 다루어져야 한다. 그림 6.24는 그림 6.22를 벡터로 다루기 쉽게 나타낸 것으로 원형 코일상의 점 A에 의한 자계 dH는 dl의 중심 A와 P를 연결한 선(線)과 직각으로 생긴다. 그림 6.24에서 보듯이 dH는 OP와 평행한 벡터 성분 dH_h와 직각인 벡터 성분 dH_0로 분해할 수 있다.

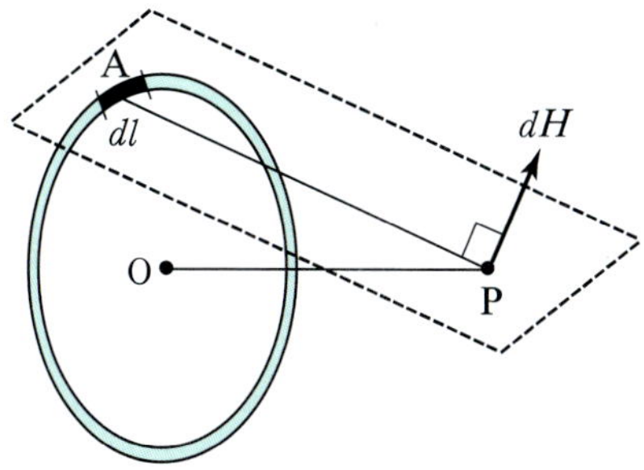

그림 6.23 원형 코일 자계의 방향

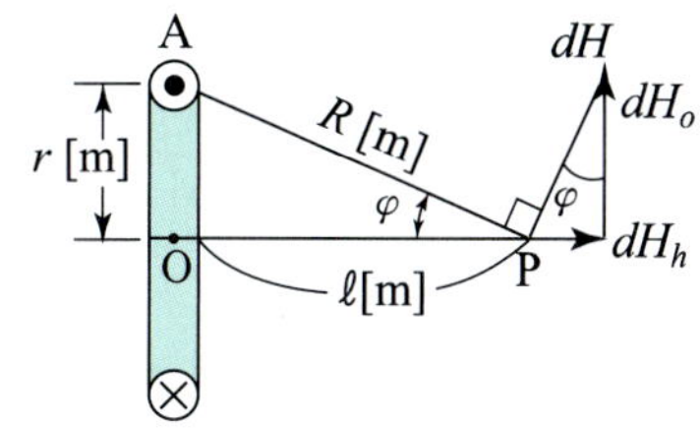

그림 6.24 dH의 평행, 직각성분

그러나 dH_h는 모든 원둘레에 걸쳐 모으면 서로 상쇄되므로 dH는 평행성분 dH_h만으로 이루어지게 된다. 따라서 축상의 자계의 세기 H는 아래의 식이 성립한다.

$$H = \int_0^{2\pi} dH_h = \int_0^{2\pi} dH \sin\phi \tag{6.28}$$

그림 6.24에서 $dH_h = dH \cdot \sin\phi$, AP와 dl이 이루는 각 $\theta = 90°$, $\sin 90° = 1$이므로 비오·사바르의 법칙에 의해 아래와 같은 식이 얻어진다.

$$dH = \frac{I \cdot dl}{4\pi R^2} \sin 90° = \frac{I \cdot dl}{4\pi R^2} \tag{6.29}$$

따라서 식 (6.29)를 식 (6.28)에 대입하면

$$H = \int_0^{2\pi} dH_h = \int_0^{2\pi} dH \sin\phi = \frac{I \cdot \sin\phi}{4\pi R^2} \int_0^{2\pi r} dl \tag{6.30}$$

$\sin\phi = r/R$이고, $\int_0^{2\pi r} dl = 2\pi r$이므로 식 (6.30)은 아래와 같다.

$$H = \frac{I(r/R)}{4\pi R^2} \times 2\pi r = \frac{Ir^2}{2R^3} \text{ [A/m]} \tag{6.31}$$

$R = \sqrt{r^2 + l^2} = (r^2 + l^2)^{1/2}$이므로

$$H = \frac{Ir^2}{2(r^2 + l^2)^{3/2}} \text{ [A/m]} \tag{6.32}$$

가 된다. 만일 코일의 권수가 n회라면

$$H = \frac{nIr^2}{2(r^2 + l^2)^{3/2}} \text{ [A/m]} \tag{6.33}$$

식 (6.32), 식 (6.33)에서 $l = 0$이면 원형 코일의 중심에서의 자계가 된다.

참고지식

■ 쇄교(鎖交 : interlink)란?

그림 6.25(a)에서 'C_1과 C_2가 쇄교한다'고 말한다. 각각 1회 쇄교하지만 좌측은 +쇄교, 우측은 −쇄교(오른 나사의 법칙에 맞는 방향이 +, 반대방향이 −)가 된다. 그림 6.25(b)에서는 C_1이 C_2와 2회 쇄교한다. 그림 6.25(c)는 쇄교하지 않는 경우이다.

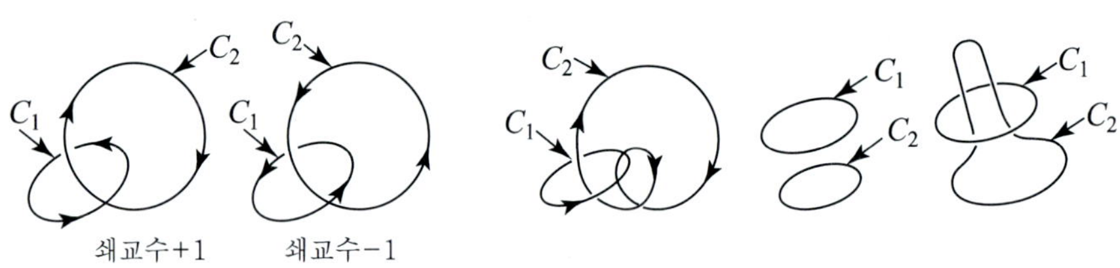

(a) 1회 쇄교 (b) 2회 쇄교 (c) 쇄교가 아닌 경우

그림 6.25 쇄교

그림 6.26(a)에서는 ϕ_1, ϕ_3가 +쇄교, ϕ_2가 −쇄교, 그림 6.26(b)에서는 ϕ와 I_1, I_2가 +쇄교, I_3가 −쇄교, 각각 전류 및 자속에 대해 3회 쇄교하고 있다. 그림 6.26(c)는 전류 I에 대해 n개의 자속이 쇄교하고 있으며, 보통 쇄교 자속 수가 $n\phi$라고 한다. 반면 그림 6.26(d)는 자속 ϕ에 쇄교하는 전류는 nI가 된다.

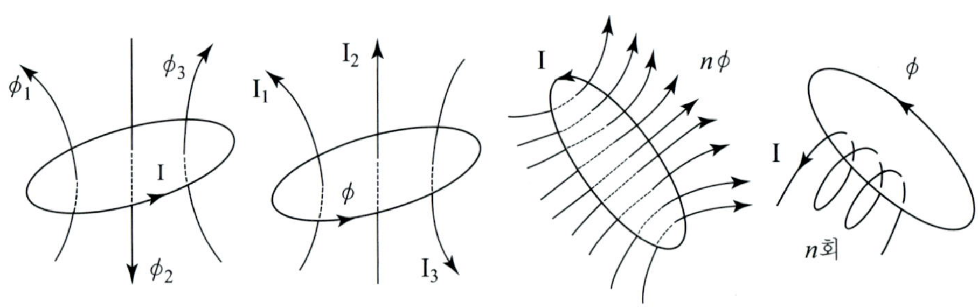

(a) (b) (c) (d)

그림 6.26 전류와 자속의 쇄교

예제 6.8 그림 6.27과 같이 평균 반경 10[cm], 권수 20회의 코일에 전류 15[A]를 흘렸을 때 코일 중심에서 자계의 세기는 얼마인가?

풀이 식 (6.27)로부터 $H = nI/(2r)$이므로

$$H = \frac{20 \times 15}{2 \times 0.1} = 1.5 \times 10^3 [\mathrm{A/m}]$$

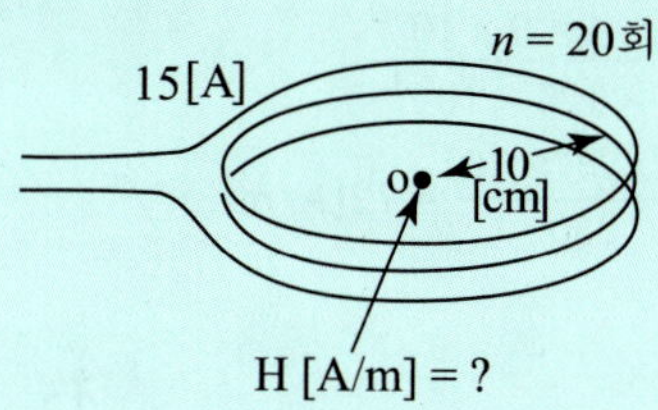

그림 6.27 코일 중심 자계

예제 6.9 그림 6.28과 같이 평균 반경 50[cm], 권수 60회의 코일에 전류를 흘려서 그 중심에서 자계의 세기가 150[A/m]라면 흘린 전류는 몇 [A]인가?

풀이 식 (6.27)로부터 $H = nI/(2r)$이므로

$$150 = \frac{60I}{2 \times 0.5} = 60\mathrm{I}, \quad \therefore \ I = \frac{150}{60} = 2.5[\mathrm{A}]$$

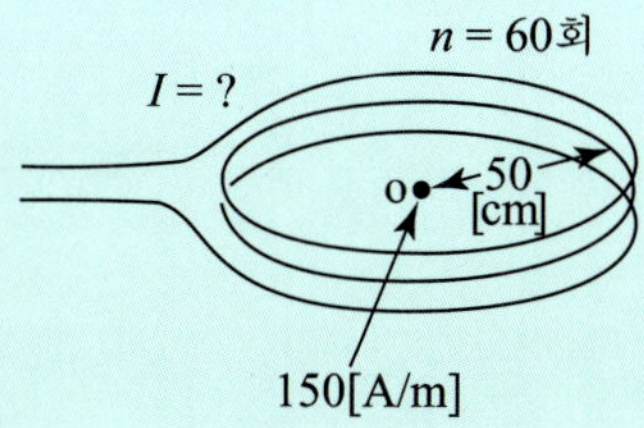

그림 6.28 코일의 전류

예제 6.10 그림 6.29와 같이 반경 30[cm], 권수 50회의 코일에 4[A]의 전류가 흐를 때 코일의 중심 축상 40[cm]인 점에서 자계의 세기 H를 구하라.

풀이 식 (6.33)으로부터

$$H=\frac{50\times4\times(3\times10^{-1})^2}{2\times[(3\times10^{-1})^2+(4\times10^{-1})^2]^{3/2}}$$

$$=\frac{50\times4\times9\times10^{-2}}{2\times125\times10^{-3}}$$

$$=\frac{50\times36\times10}{250}=72[\text{A/m}]$$

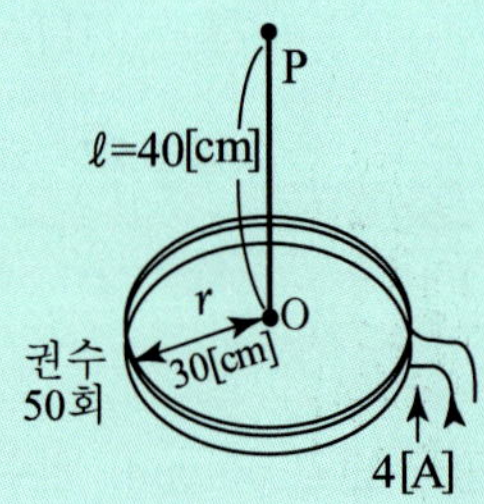

그림 6.29 코일 축상의 자계

간추림

- 오른 나사의 법칙, 오른손 엄지손가락의 법칙
  1. 직선 도선에 전류가 흐를 때 도선에 직각인 방향으로 원 형상의 자력선이 생기며, 전류의 방향이 오른 나사의 진행방향이라면 자력선의 방향은 오른 나사의 회전방향과 같다.
  2. 오른 손의 엄지를 제외한 나머지 손가락 모두를 쥐었을 때 이들의 방향이 코일의 전류 방향이라면 세워진 엄지 손가락 방향은 자력선의 방향이 되고, 반대로 네 손가락의 쥐어진 방향이 자력선이라면 세워진 엄지 손가락은 전류의 방향을 가리킨다.
- 철심에 코일을 많이 감고, 코일의 양단에 직류전압을 가하여 전류를 흘리면 철심은 전자석이 되며, 그 방향은 오른 나사의 법칙에 따른다.
- 전자석의 세기는 코일 권수 n과 전류의 곱 nI로 나타난다.
- 암페어의 주회적분의 법칙
  폐 곡선으로 이루어진 도체에 전류 I가 흐를 때 일정거리에서의 자계의 세기는 도체의 미소 점에 대한 일정거리에서의 미소 자계의 세기를 모두 합한 값과 도체에 흐르는 전류와 같다.

$$\oint_C Hdl = I$$

- 직선 도선에 전류 I를 흘릴 때 도선에 직각으로 r[m] 떨어진 점에서의 자계의 세기는 $H=\frac{I}{2\pi r}$ [A/m]이다.
- 반경이 r인 환상 솔레노이드 내부의 자계의 세기는 권수가 n이라면 $\frac{nI}{2\pi r}$ [A/m]이다
- 무한 길이인 솔레노이드의 단위 길이 당 권수를 n_0이라 하면 내부와 외부의 경계 사이에서 자계의 세기는 $H=n_0 I$이다.
- 비오·사바르의 법칙
  임의의 도선에 전류 I가 흐르 때 도선의 미소길이 dl에서 r[m] 떨어진 점에서의 미소 자계의 세기는 $dH=\frac{Idl}{4\pi r^2}sin\theta$ 이다.

연습문제

1. 코일에 전류가 흐르면 직각방향으로 발생하는 것은?

(가) 전압 (나) 정전용량 (다) 자력선 (라) 저항

2. 직선 도선에 전류가 흐를 때 오른 나사의 법칙에서 나사의 회전방향에 해당하는 것은?

(가) 전속 (나) 전하 (다) 전압 (라) 자력선

3. 전자석의 세기에 영향을 주지 않는 요소는?

(가) 전압 (나) 권수 (다) 길이 (라)전류

4. 코일에 전류를 흘릴 때 전류의 방향과 자력선의 방향에 관계되는 법칙은?

(가) 암페어의 주회적분의 법칙 (나) 오른손 엄지손가락의 법칙

(다) 옴의 법칙 (라) 비오·사바르의 법칙

5. 직선 도체에 전류 I[A]를 흘릴 때 자계의 세기는 ( )에 역 비례한다.

(가) 전류 (나) 거리 (다) 저항 (라)전압

6. 철심 위에 코일을 160회 감고, 전류 2[A]를 흘릴 때 기자력은 얼마인가?

7. 무한 길이의 직선 도선에 6[A]의 전류가 흐를 때 20[cm] 떨어진 점에서 자계의 세기는 얼마인가?

8. 직선 도체에 흐르는 전류가 1[A]일 때 원형으로 생기는 자력선의 자계의 세기 H가 2[A/m]이라면 도체의 반경은 얼마인가?

9. 평균 반경이 40[cm], 권수 314회인 환상 솔레노이드 내부의 자계가 125[A/m]가 되게 하자면 솔레노이드의 코일에 흐르는 전류는 얼마로 해야 되는가?

10. 원주형의 무한히 긴 도선에 15.7[A]의 전류가 흐를 때 도선의 중심축에서 50[cm] 떨어진 점에서 자계의 세기는 얼마인가?

11. 평균 반경이 30[cm]의 환상 철심에 240회의 코일을 감고, 여기에 6.28[A]의 전류를 흘렸을 때 철심 내의 자계의 세기는 얼마인가?

12. 평균 반경이 5[cm]인 환상 솔레노이드에 3.14[A]의 전류를 흘릴 때 내부자계가 200[A/m]였다면 코일의 권수는 얼마인가?

13. 반경 r=30[cm]의 원형코일에 전류 I[A]가 흐를 때 중심 축 상에서 l=40[cm]의 거리에서의 자계의 세기가 5[A/m]이다. 전류 I는 몇 [A]인가?

전자력과 전자유도

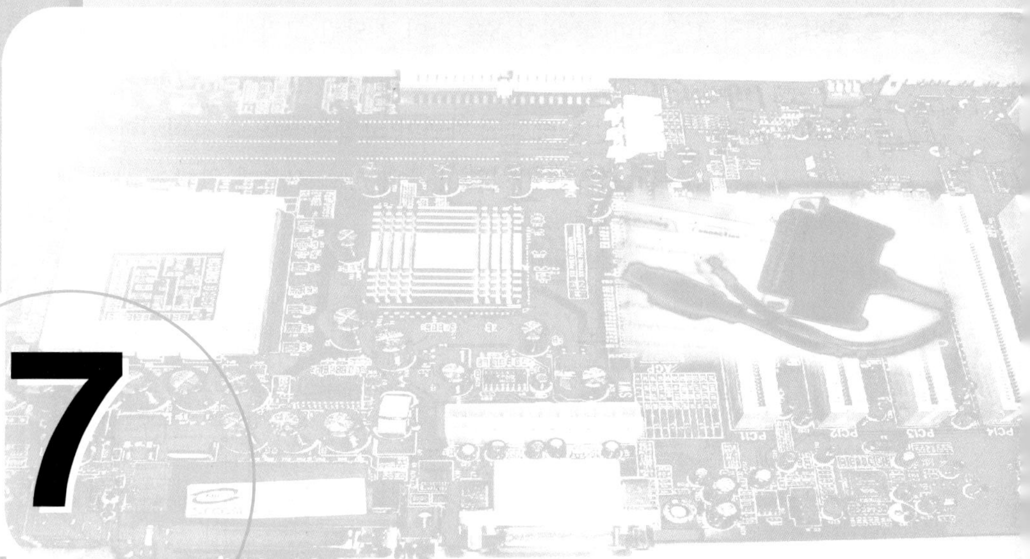

7
chapter

- 7.1 전자력
- 7.2 평행도선에 작용하는 힘
- 7.3 전자유도
- 7.4 핀치 효과
- 7.5 홀 효과
- 7.6 직류 발전기의 원리
- 7.7 와전류와 아라고의 원판
- 7.8 표피 효과
- 7.9 자기유도
- 7.10 상호유도
- 7.11 변압기의 원리
- 7.12 자기 인덕턴스와 상호 인덕턴스
- 7.13 자계 에너지
- 7.14 인덕턴스의 계산
- 7.15 인덕턴스의 연결

7.1 전자력(電磁力)

그림 7.1(a)와 같이 강한 자석을 놓고, 바로 그 위에 매달은 도체에 전류를 흘리면 도체는 회전을 하게 된다. 역시 그림 7.1(b)와 같이 철심에 코일을 감고 코일에 전류를 흘리면 철심은 전자석이 되며, 스위치 S를 닫아 매달린 코일에 전류를 흘리면 전자석의 N극에서 S극으로 향하는 자력선에 놓인 코일은 힘을 받아 안으로 움직인다. 만일 코일에 연결된 전압 E_2의 극성을 바꾸면 힘의 방향도 바뀌어 코일은 밖으로 움직인다. 이와 같이 자계 중에 위치한 도체에 전류가 흐르면 자계와 전류의 상호 작용에 의해 도체에 생기는 전자적(電磁的)인 힘이 발생하며, 이를 전자력(電磁力 : electromagnetic force)이라 한다.

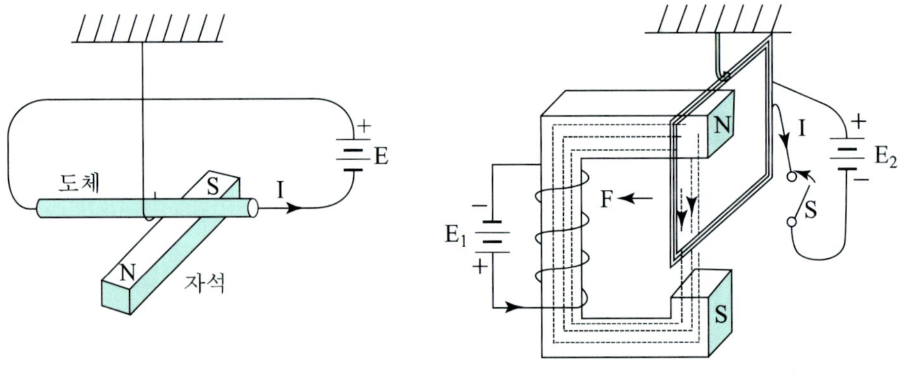

(a) (b)

그림 7.1 전자력

그림 7.2(a)는 도체에 전류가 흐르지 않을 때 자석에 의한 자력선의 상태를 나타낸다. 앞장에서 공부한 바와 같이 도체에 전류가 흐르면 오른 나사의 법칙에 의해 그림 7.2(b)와 같이 자력선이 분포하게 된다(도선의 전류방향은 ⦿이므로 밖으로 나온다).

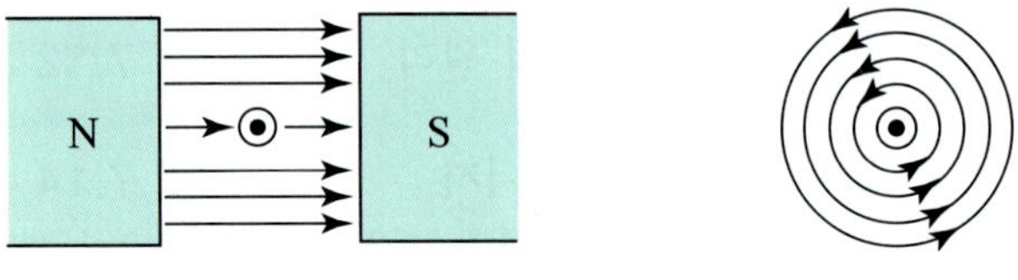

(a) (b)

그림 7.2 균등자계와 도체전류에 의한 자계

그림 7.3(a)는 설명의 편의상 그림 7.2(a)와 그림 7.2(b)를 중첩시킨 경우를 나타낸다. 실제로 그림 7.2(a)와 같은 균등자계 속에 도체를 놓고 전류를 흘리면 도체주위에 생기는 자력선과 자극으로부터의 자속들이 서로 간섭을 하게 된다. 따라서 그림 7.3(b)와 같이 상부에서는 자극에서 발생하는 자력선과 도체전류에 의한 자력선이 서로 반대방향이기 때문에 자력선이 감소한다. 한편 하부에서는 자극에서 발생하는 자력선과 전류에 의한 자력선의 방향이 같기 때문에 자력선이 증가하므로 자력선의 밀도가 아래쪽이 높고 위쪽이 낮으므로 도체는 위쪽으로 힘을 받게되는데 이 힘이 바로 전자력이다.

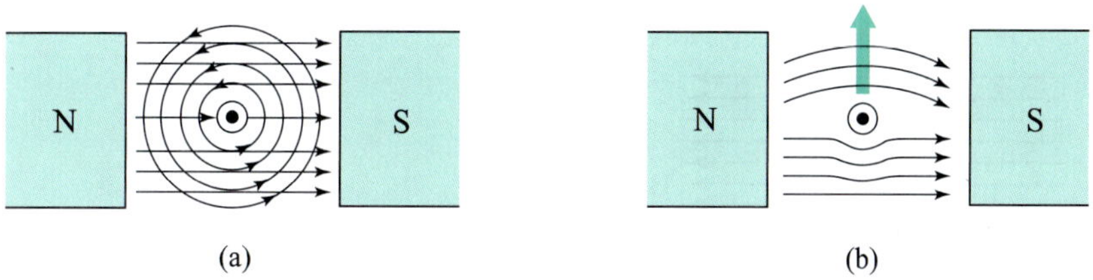

그림 7.3 자계 중의 도체전류에 의한 전자력

여기서 자속밀도가 B[T]인 균등자계 속에 길이 l[m]의 도선을 자계의 방향과 직각으로 놓고, 여기에 I[A]의 전류를 흘렸을 때 도선에 생기는 전자력의 크기 F는

$$F = BIl\,[\mathrm{N}] \tag{7.1}$$

로 나타낸다. 이 때 전류의 방향, 자계의 방향, 전자력의 방향은 그림 7.4(a)와 같이 왼손의 가운데 손가락(중지)이 전류, 둘 째 손가락(검지)이 자계 , 엄지손가락이 전자력의 방향을 나타낸다. 이를 「플래밍의 왼손 법칙」 이라 한다. 그림 7.4(b)는 그림 7.3(a)의 경우를

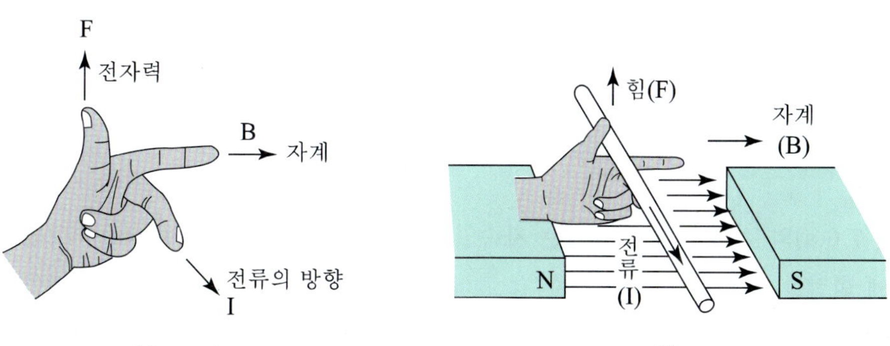

그림 7.4 플래밍의 왼손 법칙

플래밍의 왼손법칙으로 연관시켜 그려놓은 것이다. 만일 그림 7.4(b)에서 전류의 방향이 반대이면 전자력의 방향도 반대가 된다.

자속밀도 B[T]의 균등자계 중에 자계와 직각방향으로 길이 l[m]의 도체를 놓고, 여기에 전류 I[A]를 흘렸을 때 생기는 전자력 F는 식 (7.1)과 같지만 자계의 방향과 도체의 방향이 직각이 아니고 그림 7.5와 같이 각 θ를 이루고 있을 때의 전자력 F는

$$F = BIl\sin\theta\,[\mathrm{N}] \tag{7.2}$$

가 된다. 이 경우에 그림 7.5(b)는 좌표 상으로 플래밍의 왼손법칙을 나타낸 것이다.

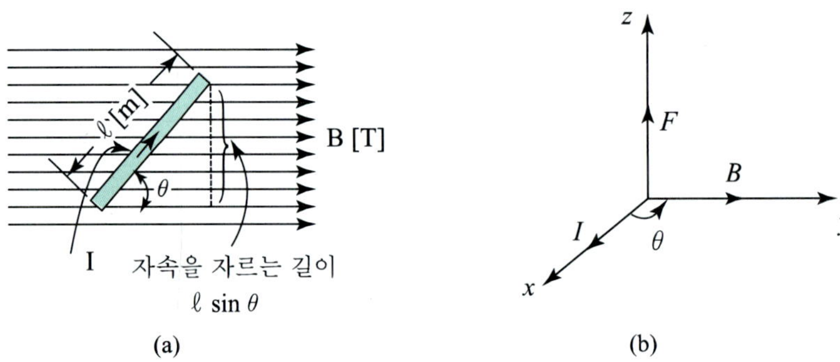

그림 7.5 자계와 경사 도체의 전자력

예제 7.1 그림 7.4(b)와 같이 자속밀도 5[T]의 균등자계 속에 길이 40[cm]의 도선을 자계와 직각으로 놓고, 여기에 3[A]의 전류를 흘렸을 때 도선에 작용하는 전자력의 크기는 얼마가 되는가?

풀이 식 (7.1)에 $B=5$[T], $I=3$[A], $l=0.4$[m]를 대입하면

$F = 5\times3\times0.4 = $ **6[N]**

7.1.1 직류 전동기의 동작 원리

그림 7.6(a)와 같이 직류 전동기는 자속밀도 B[T]의 균등자계에 구형(矩形) 코일을 놓고, 그 끝에 회전할 수 있는 구조의 정류자(commutator)라고 하는 반 원통형의 금속편을 붙여 회전하도록 되어 있다. 금속편에는 카본으로 만들어진 브러시(brush)를 접촉시켜서 코일에 전류를 흐르게 하면 플레밍의 왼손법칙에 의해 코일의 양변에 전자력이 생겨 화살표 방향의 회전력이 생긴다. 코일이 반 회전하면 금속편과 브러시의 접촉이 반대로 되어 코일에 흐르는

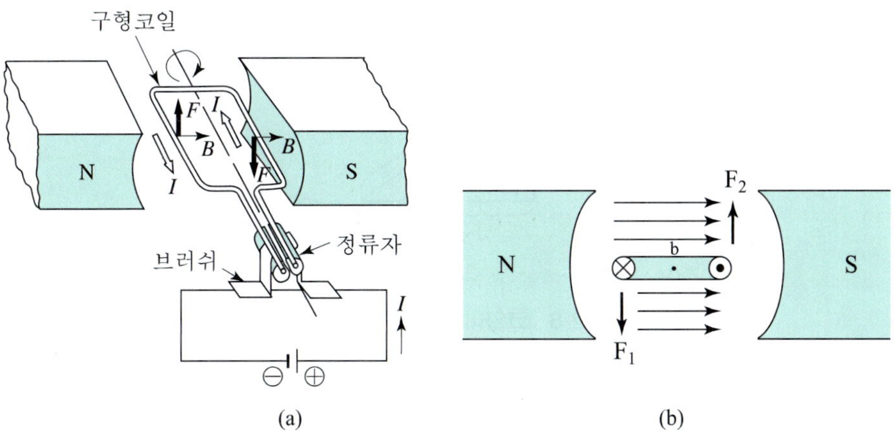

그림 7.6 구형 코일에 작용하는 전자력

전류는 동일한 방향이 되므로 코일에 작용하는 전자력은 회전방향이 되어 그대로 돌게된다.

좀 더 자세히 설명하면 그림 7.7과 같이 구형 코일에 전류 I[A]를 흘려서 코일 면을 자계의 방향과 평행하게 놓을 때 AB와 CD의 양변에 각각 $F=BIl$[N] 크기의 힘이 번갈아 반대방향으로 작용한다. 여기에 대하여 AD, BC 양변에는 전류가 자계의 방향과 평행이므로 힘이 발생하지 않는다. 코일의 회전력을 토오크라 하면 토오크 T는 그림 7.7에서 회전 중심에서의 거리 $b/2$와 F의 곱으로 나타낼 수 있으므로 변 AB에 작용하는 힘을 F_1, 변 CD에 작용하는 힘을 F_2라 하면 $F_1=F_2=BIl$ 이므로 T는 아래와 같다.

$$T=\left(F_1\times\frac{b}{2}\right)+\left(F_2\times\frac{b}{2}\right)=BIlb\,[\mathrm{N\cdot m}] \tag{7.3}$$

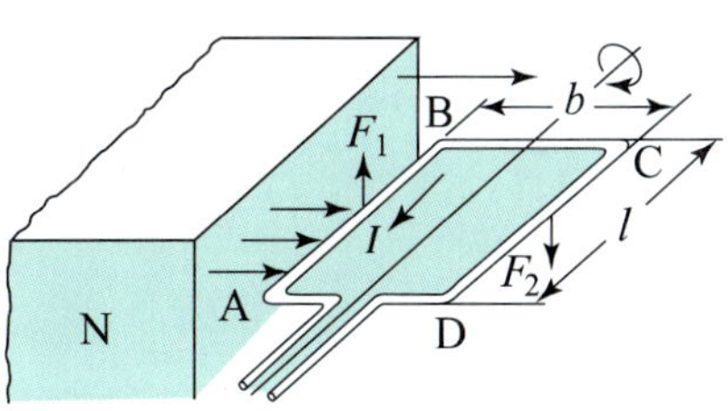

그림 7.7 구형 코일에 작용하는 전자력

만일 코일면과 자계의 방향이 그림 7.8과 같이 각도 θ일 때의 토오크는

$$T=F\times b\cos\theta\,[\mathrm{N\cdot m}] \tag{7.4}$$

바로 이 원리를 이용해서 만든 것이 직류 전동기(DC motor)이다.

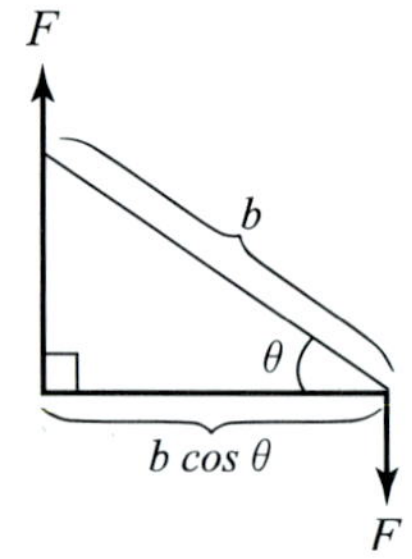

그림 7.8 코일이 경사질 때의 전자력

예제 7.2 그림 7.9와 같이 자계의 세기 12[A/m]인 공기 중의 균등자계 속에 길이 40[cm]의 도선을 자계와 60°의 각도로 놓고, 여기에 15[A]의 전류를 흘렸을 때 도선에 작용하는 전자력의 크기는 얼마가 되는가? 단, $B=\mu_0 H$, $\mu_0=4\pi\times10^{-7}$

풀이 $B=\mu_0 H=4\pi\times10^{-7}\times12$, $\sin60°=\dfrac{\sqrt{3}}{2}$ 이므로

식 (7.2)에 $F=BIl\sin\theta$에 이들을 대입하면

$$F=4\pi\times10^{-7}\times12\times15\times0.4\times\frac{\sqrt{3}}{2}$$
$$=452.16\times\sqrt{3}\times10^{-7}\fallingdotseq7.83\times10^{-5}[\mathrm{N}]$$

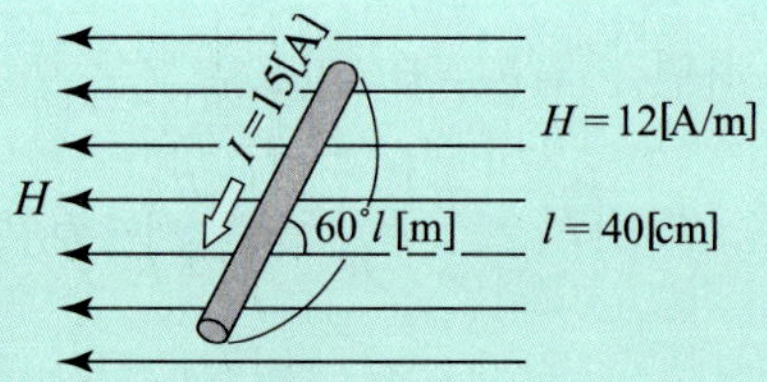

그림 7.9

7.1.2 가동 코일형 계기의 동작 원리

전자력을 이용한 것으로 가동 코일형 미터 계기가 있다. 그림 7.10(a)는 영구자석을 사용한 가동 코일형 계기의 구조와 동작원리를 나타낸다. 고정된 영구자석의 자극 사이에 코일을 집어넣고 축에 스프링을 붙여서 코일 면이 자계와 평행하도록 만들어져 있다. 가동코일에 전류를 흘리면 코일에 의한 전류와 자계와의 사이에 전자력이 발생하여 코일은 시계방향으로 회전하게 된다. 코일이 시계방향으로 회전하면 스프링은 감겨지므로 반 시계방향으

로 복원하려는 힘이 생기고, 가동코일의 회전은 스프링의 반 시계방향의 힘과 같게되는 위치에서 지침(指針)이 멎게 된다. 가동코일의 회전하는 각도는 전류의 크기에 비례하기 때문에 그림 7.10(b)와 같이 가동코일의 회전각에 대응하는 전류 값을 눈금으로 매기면 전류를 직독할 수 있는 직류전류계가 된다.

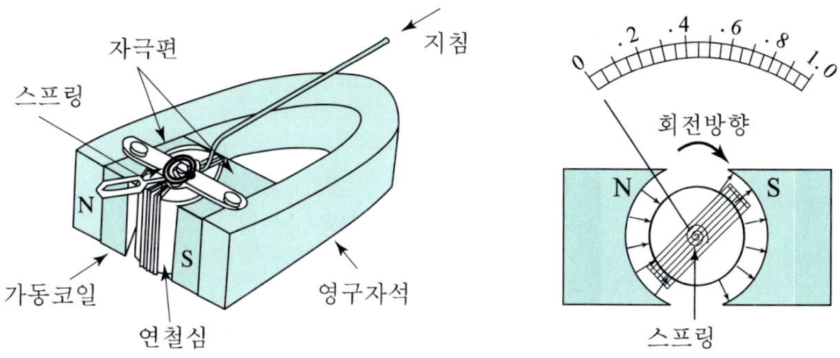

(a) 구조 (b) 원리

그림 7.10 가동 코일형 계기의 구조와 동작원리

> 토막지식
>
> **플래밍(John Ambrose Fleming : 1849~1945)** 영국의 기술자인 그는 라디오의 검파기로 사용하는 2극 진공관을 발명하였다. 또한 1804년 자계 중에 놓은 도체에 흐르는 전류와 전자력, 자계 중에서 움직이고 있는 도체에 유기되는 기전력 사이의 관계를 쉽게 이해하도록 왼손 및 오른손 법칙을 고안해 내었다.

7.2 평행 도선에 작용하는 힘

전류와 자계 간에 전자력이 작용한다는 것은 전류 상호 간에도 같은 현상이 발생할 수 있음을 의미한다. 그림 7.11과 같이 두 개의 도선을 평행하게 놓고, 둘 다 전류를 흘리면 도선 A 둘레에는 점선으로 표시한 자력선이 생긴다. 이 자력선 안에 도선 B가 들어 가 있기 때문에 도선 B는 플래밍의 왼손법칙에 의해 화살표 방향의 힘 F_2를 받게 되고, 반대로 도선 B에도 점선으로 표시한 자력선이 둘레에 생기기 때문에 이 자력선에 들어가 있는 도선 A 도 화살표 방향으로 힘 F_1을 받게 된다. 따라서 서로 끌어당기는 흡인력이 작용한다.

만일 도선 A와 도선 B에 흐르는 전류가 서로 반대방향이라면 그림 7.11(b)와 같이 서로 밀어내는 반발력이 작용하게 된다. 이들 힘의 크기를 구해보기로 한다.

그림 7.11(a)에서

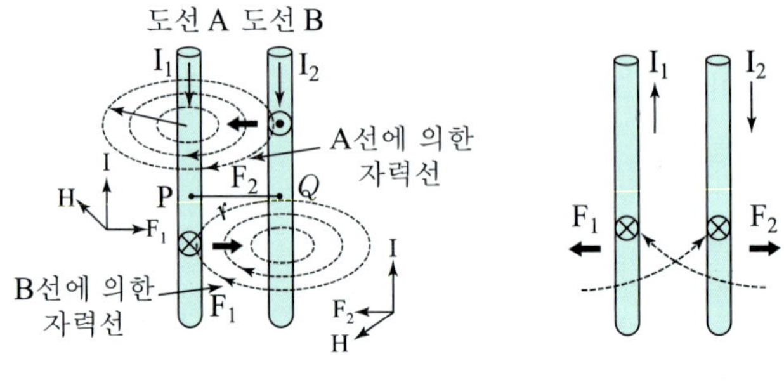

(a) 흡인력 (b) 반발력

그림 7.11 평행도선에 작용하는 힘

도선 B의 전류 I_2[A]에 의해서 거리 r[m] 떨어진 도선 A상의 점 P에서 자계의 세기 H_1은

$$H_1 = \frac{I_2}{2\pi r}\,[\mathrm{A/m}] \tag{7.5}$$

가 되고, 도선 A의 전류 I_1[A]에 의해서 같은 거리 r[m] 떨어진 도선 B상의 점 Q에서의 자계의 세기 H_2는

$$H_2 = \frac{I_1}{2\pi r}\,[\mathrm{A/m}] \tag{7.6}$$

이 된다. 점 P에 흐르는 전류 I_1에 의해서 도선 A의 단위 길이 당 작용하는 힘 F_1은

식 (7.1)의 $F=BIl$에서 $l=1$[m]이므로

$$F_1 = B_1 I_1 = \mu H_1 I_1$$

위의 식에 $H_1 = \frac{I_2}{2\pi r}$를 대입하면

$$F_1 = \frac{\mu I_1 I_2}{2\pi r}\,[\mathrm{N/m}] \tag{7.7}$$

마찬가지로 점 Q에 흐르는 전류 I_2에 의해서 도선 B의 단위 길이 당 작용하는 힘 F_2는

$$F_2 = B_2 I_2 = \mu H_2 I_2 = \frac{\mu I_1 I_2}{2\pi r}\,[\mathrm{N/m}] \tag{7.8}$$

식 (7.7)과 식 (7.8)은 크기가 같지만 방향은 상대방 쪽으로 향한다. 즉 서로 끌어당기는 인력(引力)으로 작용한다. 또한 그림 7.11(b)와 같이 도선 A와 도선 B의 전류의 방향이 다른 경우에 힘의 크기는 식 (7.8)과 같지만 방향이 서로 등지는 쪽이므로 반발력으로 작용한

다. 만일 공기 중에서라면 식 (7.7) 또는 식 (7.8)에서 μ대신에 $\mu_0 = 4\pi \times 10^{-7}$을 대입하면 아래와 같은 식이 된다.

$$\text{공기 중} : F = \frac{2I_1I_2}{r} \times 10^{-7} [\text{N/m}] \tag{7.9}$$

예제 7.3 그림 7.12와 같이 공기 중 10[cm]의 거리에 서로 평행한 2개의 긴 도선이 있다. 각각에 10[A]의 전류를 흘렸을 때 1[m] 길이의 도선 상호간에 작용하는 전자력 크기는 얼마인가?

풀이 식 (7.9)에 $I_1 = I_2 = 10$[A], $r = 1$[m]를 대입하면

$$F = \frac{2 \times 10 \times 10 \times 10^{-7}}{1} = 2 \times 10^{-4} [\text{N}]$$

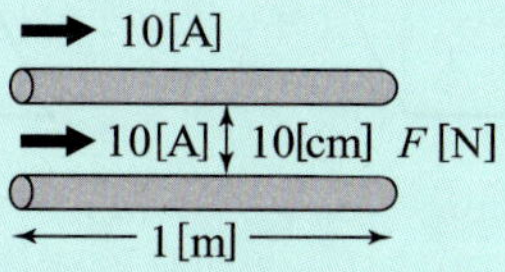

그림 7.12

토막지식

■ **트랜스(변압기)에서는 왜 소리가 나는가?**

직선 도선이 나란히 배치한 경우만 평행 도선이 아니고, 코일 형태로 된 전열기의 니크롬선이나 트랜스의 코일도 일종의 평행 도선이라고 말할 수 있다. 그림 7.13과 같이 감겨진 코일 이웃사이에는 평행 도선에서와 같이 동일 크기의 전류가 동일 방향으로 흐르므로 화살표 표시의 흡인력이 작용하게 된다. 만일 여기에 주기적으로 방향이 변하는 교류(交流)를 가하면 전류의 방향이 주기적으로 바뀌므로 힘도 흡인력과 반발력이 주기적으로 일어나게 되며 이것이 진동으로 변하여 소리가 나게 된다.

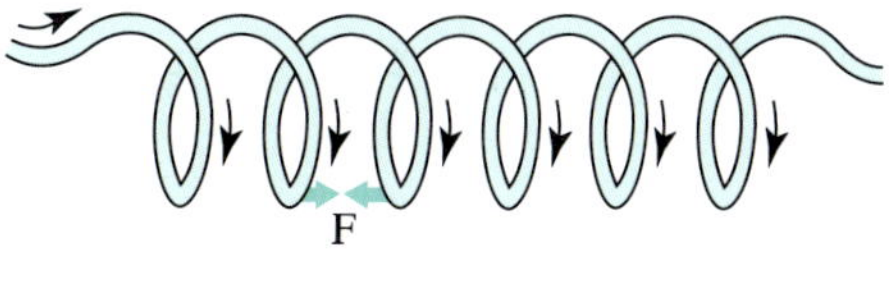

그림 7.13 코일의 진동

자속밀도 B가 균일한 자계내를 전하 q[C]가 속도 v [m/s]로 자계의 방향에 대해서 수직으로 움직일 때 이 전하에는 자계와 속도 면에 수직인 방향으로 힘이 작용하게 된다. 이 전자력을 로렌츠의 힘(Lorentz force)이라 한다.

그림 7.14(a), (b)와 같이 +전하와 −전하인 경우에 힘의 방향은 반대이고, 자계, 속도, 힘간에는 역시 플래밍의 왼손법칙이 성립한다. 전자력의 크기를 나타내면 아래와 같다.

$$F = qvB[\mathrm{N}] \tag{7.10}$$

만일 전하의 운동방향과 자계 간의 각도가 θ라면 아래의 식으로 나타낸다.

$$F = qv\mathrm{B}\sin\theta[\mathrm{N}] \tag{7.11}$$

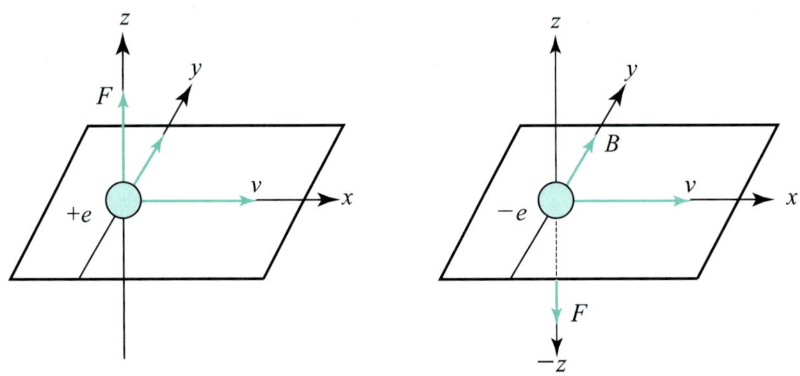

(a) 정(+) 전하 (b) 부(-) 전하

그림 7.14 균등자계내에서 전하가 받는 힘

한편 전하 q는 $F=q\mathrm{E}$에 해당하는 힘을 받게 되므로 전계와 자계가 동시에 존재하는 공간에서 전하가 움직일 때 로렌츠의 힘은 이 성분이 추가되어 아래와 같이 나타낸다.

$$F = \underset{①}{qvB} + \underset{②}{qE} = q(vB+E)[\mathrm{N}] \tag{7.12}$$

위의 식에서 ①항과 ②항의 차이점은 전계내의 전하는 항상 전계방향의 힘을 받지만 자계내의 전하는 운동방향과 직각인 힘을 받는다는 점이다.

7.3 전자유도

기전력(起電力)을 얻기 위해서는 전지와 같이 물질의 화학적 변화를 일으킬 때 발생하는 에너지를 전기 에너지로 바꾸는 방법이 있지만 또 한 가지 자계에 의해 기전력을 일으키는 방법이 있으며, 이를 전자유도(電磁誘導)라 한다. 이는 발전기 및 변압기의 원리가 된다.

그림 7.15(a)와 같이 코일 속에 코일 면과 직각으로 영구자석을 넣었다 뺐다하면 자속의

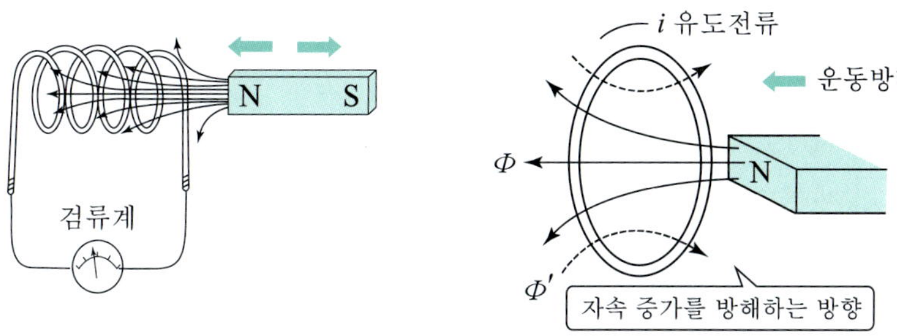

(a) 유도 기전력의 발생 (b) 자속 변화의 방해 방향

그림 7.15 유도기전력과 전류

변화로 말미암아 코일 양단에 연결된 검류계에 전류가 흐른다. 이것은 코일 양단에 기전력이 발생했음을 나타낸다. 이 현상을 전자유도 현상이라 하고, 이 때 발생한 기전력을 유도기전력, 코일에 흐르는 전류를 유도전류라 한다. 유도된 기전력의 크기는 감은 코일의 권수와 단위시간에 얼마나 많은 자속의 변화를 일으키느냐에 비례한다. 이를 「노이만(Neumann' s law)의 법칙」 또는 「패러데이의 법칙(Faraday' s law)」이라 한다. 코일 권수를 n, 자속의 변화를 $d\phi(\Delta\phi)$, 시간변화를 $dt(\Delta t)$라 하면 유도 기전력의 크기 e_1은 아래와 같은 식으로 나타낼 수 있다.

$$e_1 = -n\frac{d\phi}{dt}\,[\mathrm{V}] \tag{7.13}$$

위의 식에서 −부호는 그림 7.15(b)와 같이 유도 기전력이 자속의 변화를 방해하는 쪽으로 생긴다는 것을 의미한다. 좀 더 자세히 설명하면 그림 7.16(a)에서 자석을 코일 가까이로 접근시키면 자속 수가 증가하므로 코일은 자속 수를 감소하는 반대방향으로 자속을 발생시킨다.

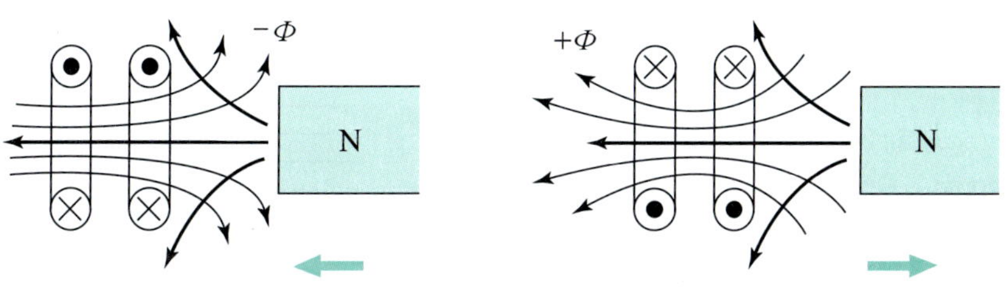

(a) (b)

그림 7.16 렌츠의 법칙

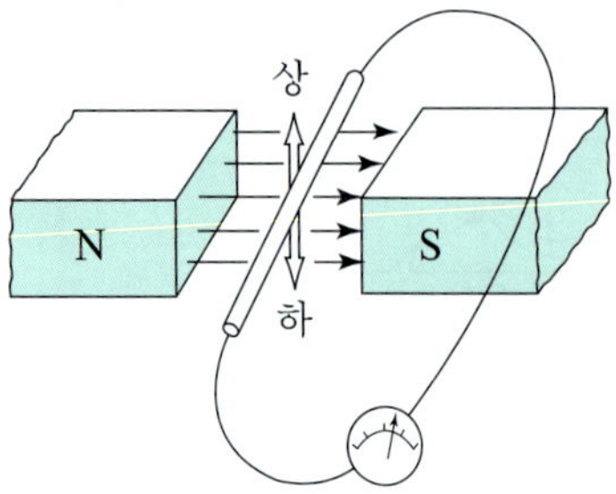

그림 7.17 자계 중의 도체 운동

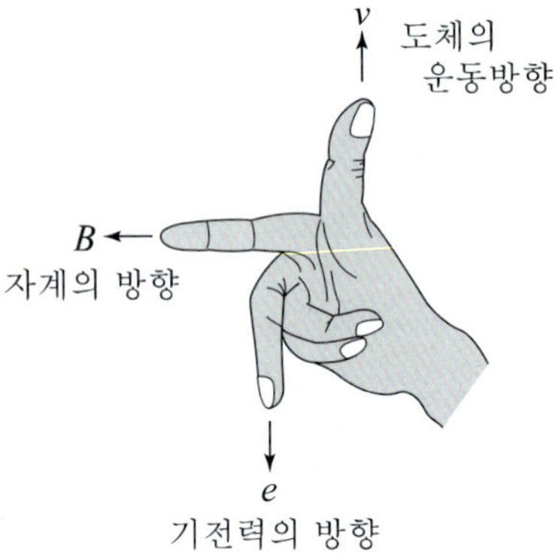

그림 7.18 플래밍의 오른손 법칙

반대로 그림 7.16(b)와 같이 자석을 코일에서 떨어트리면 자속 수가 감소하므로 자속 수를 증가시키는 방향으로 자속을 발생시킨다. 이를 「렌츠의 법칙(Lenz' s law)」이라 한다. 따라서 식 (7.13)으로부터 코일을 관통하는 자속이 1초에 1개일 때 코일에 발생하는 기전력이 1[V]가 된다. 그림 7.17과 같이 자속밀도 B[T]의 평등자계 속에 길이 l[m]의 도선을 자속과 직각으로 일정한 속도 v로 움직일 때 발생하는 기전력의 크기 e는 자속밀도 B, 도체의 길이 l, 움직이는 속도 v의 곱으로 나타난다.

$$e = Blv\,[\mathrm{V}] \tag{7.14}$$

이 때 자계의 방향, 도체를 움직이는 방향, 유도 기전력의 방향은 그림 7.18과 같으며, 이를 「플래밍의 오른손 법칙(Fleming's right hand rule)」이라 한다.

- ▶ 엄지 : 도체의 운동방향(v)
- ▶ 검지 : 자속의 방향(B)
- ▶ 중지 : 기전력의 방향(e)

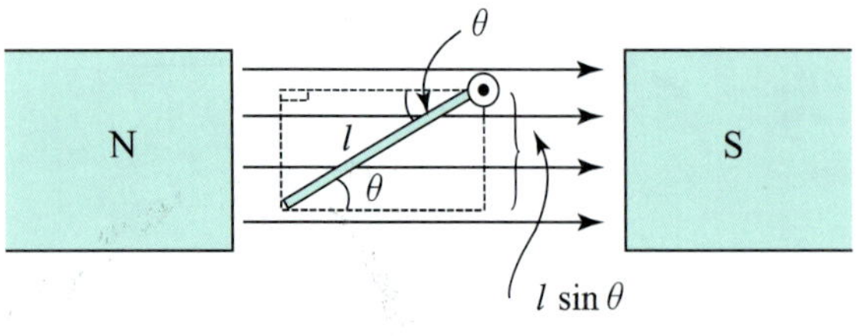

그림 7.19 자계와 각도 θ인 도체

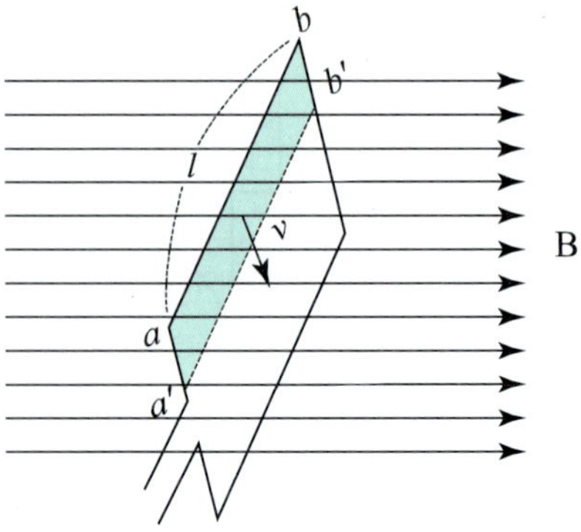

그림 7.20 $e=Blv$

그림 7.19와 같이 직선도체가 자계와 각도 θ일 때의 등가 수직길이는 $l\sin\theta$이므로 각도 θ로 움직일 때의 기전력은 아래와 같다.

$$e = Bvl\sin\theta\,[\mathrm{V}] \tag{7.15}$$

참고지식

☞ 왜 전자유도에 의한 유도 기전력 $e=Blv$가 되는가?

그림 7.20과 같이 한 변의 길이 ab가 l [m]인 구형(矩形) 코일이 자속과 직각으로 쇄교하면서 속도 v[m/s]로 움직인다면 시간 dt[s] 후에 움직인 단 면적은 S=lvdt가 되고, 이때 쇄교한 자속의 증가 수 $d\phi=-BS$가 된다(-부호는 자속의 반대 증가를 의미). 따라서 식 (7.13)에서 n=1인 경우에 해당하므로 $e=-d\phi/dt$에 $d\phi=-BS=-Blvdt$를 대입하면 아래와 같다.

$$e = -\left(-\frac{Blvdt}{dt}\right) = Blv\,[\mathrm{V}]$$

7.4 핀치 효과

그림 7.21은 액체 기둥 도체의 단면도이다. 만일 액체도체에 전류를 흘리면 오른 나사의 법칙에 의한 자력선이 원형으로 생겨 중심으로 향하는 힘이 작용하게 된다. 이 자기력에 의해 중심부의 액체는 수축이 되고 액체 도체의 단면이 오그라든다.

도체의 단면적이 작아지면 액체도체의 저항은 커지고 발생하는 줄열이 증가함과 동시에 전류 또한 감소하게 된다. 전류가 작아지면 자기력 또한 감소되어 수축되었던 중심부는 다시 늘어나고, 이와 같은 작용이 반복하게 되는 현상을 핀치 효과(pinch effect)라 한다.

이러한 핀치효과를 이용하면 좁은 공간에 열 에너지를 모을 수 있다. 대표적인 응용 예로 핵 융합에 의한 고온·고밀도의 플라즈마 발생이 있다.

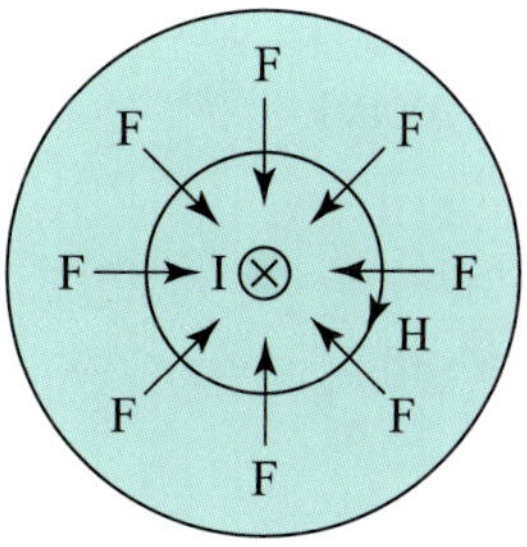

그림 7.21 핀치 효과

7.5 홀 효과

그림 7.22와 같이 도체 또는 반도체에 전류 I를 흘리고, 이것에 직각인 방향으로 자계 B를 가하면 I와 B가 이루는 면에 직각 방향으로 기전력이 발생하는데 이러한 현상을 1879년 미국의 물리학자 홀(Edwin Herbert Hall)이 발견하였다고 해서 홀 효과(Hall effect)라 한다.

x축에 전류 I[A], y축에 자속밀도 B[Wb/m^2]를 가하면 z축 방향으로 힘이 작용하여 윗면에는 +전하, 아래 면에는 −전하가 생겨 아래와 같은 기전력 E[V]가 발생한다.

$$E = R_H \cdot \frac{I \cdot B}{d} [\text{V}] \tag{7.16}$$

위의 식에서 d[m]는 도체의 두께이고, R_H는 홀 정수라 한다. 홀 소자로서는 Bi, Ge, Si, $InSb$ 등이 있다. 자계의 강도측정에 이 홀 효과를 이용한다.

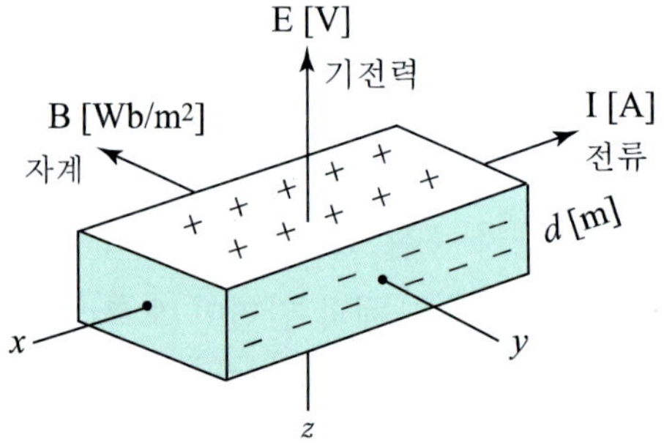

그림 7.22 홀 효과

예제 7.4 100회 감은 코일속으로 0.1초에 0.2[Wb]의 자속량을 변화시킬 때 전자유도에 의해 코일에 발생하는 기전력은 몇 [V]가 되는가?

풀이 식 (7.13)에 의해

$$e = -100 \times \frac{0.2}{0.1} = -200[\text{V}]$$

예제 7.5 그림 7.19에서 도체의 길이가 40[cm], 자속밀도 2[T]인 자계속에서 5[m/s]로 도체를 움직인다면 유도 기전력은 얼마가 되는가? 단, 직선도체와 자계는 직각.

풀이 식 (7.14)에 의해

$$e = 2 \times 0.4 \times 5 = 4[\text{V}]$$

7.6 직류발전기의 원리

직류 발전기의 원리는 그림 7.6(a)의 직류 전동기와 반대로 그림 7.23(a)와 같이 코일에 부하저항을 접속해서 코일을 회전시키면, 전자유도에 의한 식 (7.13)과 같이 회전각도에 따라 변하는 유도 기전력이 발생하여 부하저항에 전류가 흐르게 된다. 코일이 반 회전했을 때 기전력의 방향은 반대가 되지만 브러시(brush)가 한 쪽 정류자에 접속하므로 부하에 나타나는 전압은 그림 7.23(b)의 연한 청색 부분과 같이 동일방향의 직류전압에 가까운 파형이 된다. 코일의 수를 증가시키면 더욱 직류에 가까운 파형이 되며(점선) 부하저항에는 옴의 법칙에 의한 직류전류(e/R)가 흐르게 된다.

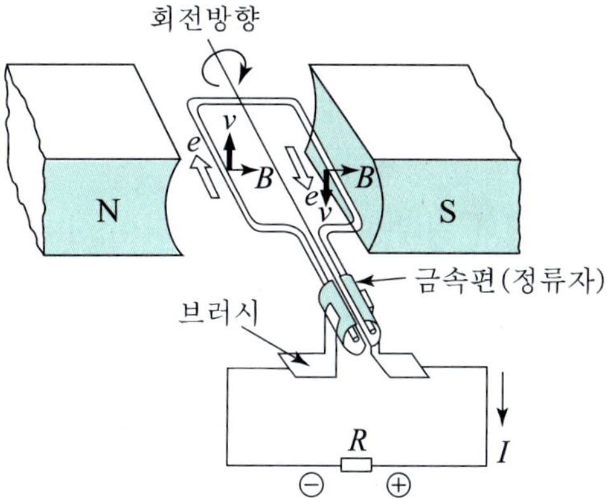

(a) 원리

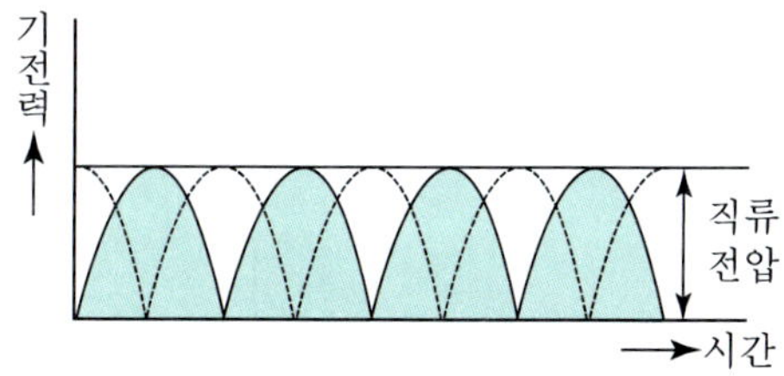

(b) 유도기전력의 파형

그림 7.23 직류 발전기

그림 7.24와 같이 자속밀도 B[T]인 균등자계내에서 구형(矩形)코일이 중심축의 주위를 각도 θ로 회전할 때 코일에 유도되는 기전력 e를 구해보기로 한다.

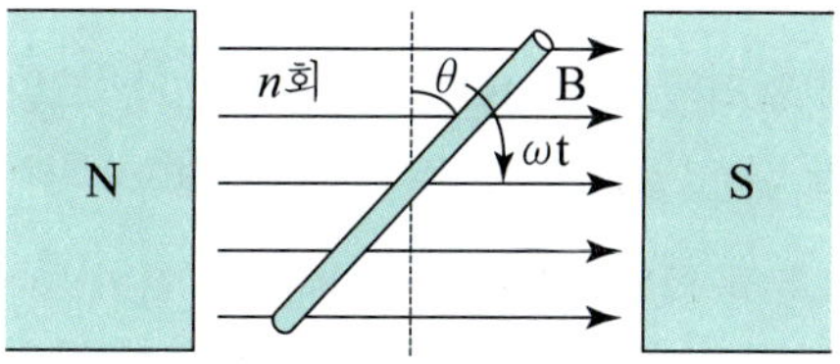

그림 7.24 코일과 회전각도

코일의 권수가 n회, 면적이 S[m^2]이라면 자속 쇄교수는 $\phi = nBS\cos\theta$이므로 식 (7.14)에 대입하면

$$e = -d\frac{\phi}{dt} = -\frac{d(nBS\cos\theta)}{dt} = -nBS\frac{d}{dt}\cos\theta = nBS\sin\theta\frac{d\theta}{dt} \tag{7.17}$$

이 된다. $\frac{d\theta}{dt} = \omega, \theta = \omega t$이므로 이를 식 (7.17)에 대입하여 정리하면

$$\therefore\ e = n\omega BS\sin\omega t\,[\mathrm{V}] \tag{7.18}$$

이 되며, $n\omega BS$를 E_m으로 놓으면

$$e = E_m\sin\omega t\,[\mathrm{V}] \tag{7.19}$$

가 된다. 식 (7.19)에서 $\sin\omega t = 1$일 때 e는 최대가 되며, 이때의 e값이 E_m이 되므로 E_m은 최대치를 나타낸다. 그림 7.25는 교류 발전기의 코일의 회전위치에 따른 교류 전압 값(식 7.19)과 그 파형을 나타낸다. 교류 발전기는 그림 7.23(a)의 직류 발전기의 구조와 거의 같으나 정류자가 없이 코일이 회전하게 되므로 +전압과 −전압이 번갈아 나타난다. 그림 7.25에서 ○의 코일표시는 코일의 위치가 자계와 평행인 경우를 의미한다.

기전력은 각도 90°($\omega t = \pi/2$), 270°($\omega t = 3\pi/2$)에서 최대가 되며, 0°($\omega t = 0$), 180°($\omega t = \pi$)에서 최소가 된다.

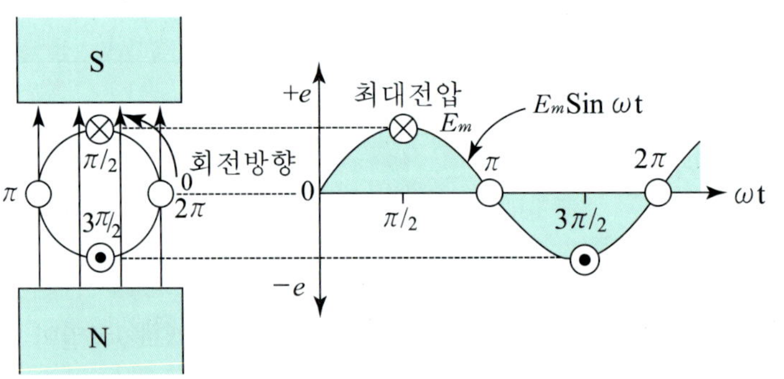

그림 7.25 교류 발전기와 그 파형

예제 7.6 그림 7.24에서 코일의 권수 150회, 자속밀도 5[T], 코일면적 0.04[m^2]이고, 각속도가 $\pi/6$[rad/s]일 때 코일에 유기되는 전압은 얼마인가?

풀이 식 (7.19)에서 $E_m = n\omega BS = 150\times(\pi/6)\times5\times0.04$[V], $\sin\omega t = \sin(\pi/6) = 1/2$이므로

$$e = 150\times\frac{\pi}{6}\times5\times0.04\times\frac{1}{2} = \frac{5\pi}{2} = 7.85[\mathrm{V}]$$

7.7 와전류(渦電流)와 아라고의 원판

7.7.1 와 전류

그림 7.26(a), (b)와 같이 자석과 도체를 마주 놓으면 도체내부로 자속이 관통한다. 만일 자석을 도체 쪽으로 움직이던가 도체를 자석 쪽으로 움직이면 시간에 따른 자속의 변화가 일어나므로 렌츠의 법칙에 의해 자속의 시간적 변화에 해당하는 기전력이 유도된다. 이 역(逆) 기전력으로 폐(閉) 회로에 흐르는 전류를 소용돌이 전류 또는 와 전류(渦電流 : eddy current)라 한다. 그림 7.26(a)에서 도체 판의 실선으로 나타낸 원형 화살표는 자석을 도체 판 쪽으로 접근시켰을 때의 와 전류를, 점선 화살표는 자석을 도체로부터 멀리 할 때의 와 전류를 나타낸다. 그림 7.26(b)는 자석을 고정한 상태에서 도체 판을 좌우로 움직인 경우를 나타낸다. 도체 판 좌우에 소용돌이 형태의 와 전류가 발생한다. 역시 안쪽은 접근할 때, 바깥쪽은 떨어질 때의 전류를 나타낸다. 여기서 유념할 것은 자석의 *N*극에서 나오는 자속 밀도 중간 부분이 크고 좌우 부분이 작으므로 발생하는 자력선의 밀도 또한 중간 쪽이 크고, 좌측 및 우축 부분이 작다는 점과 도체의 우측부분에서는 자속을 끊는(쇄교하는) 비율이 작으므로 자속을 증가시키는 방향으로, 좌측부분에서는 자속을 끊는 비율이 크므로 자속을 감소시키는 방향으로 한 쌍의 와 전류가 만들어진다는 점이다.

와 전류의 분포상태는 도체 판의 형상, 길이, 도전율, 투자율 등에 의해서 결정되며, 와 전류 발생 시 도체에는 와 전류 의한 열 손실이 발생하는데 이 손실을 와 전류손이라 한다.

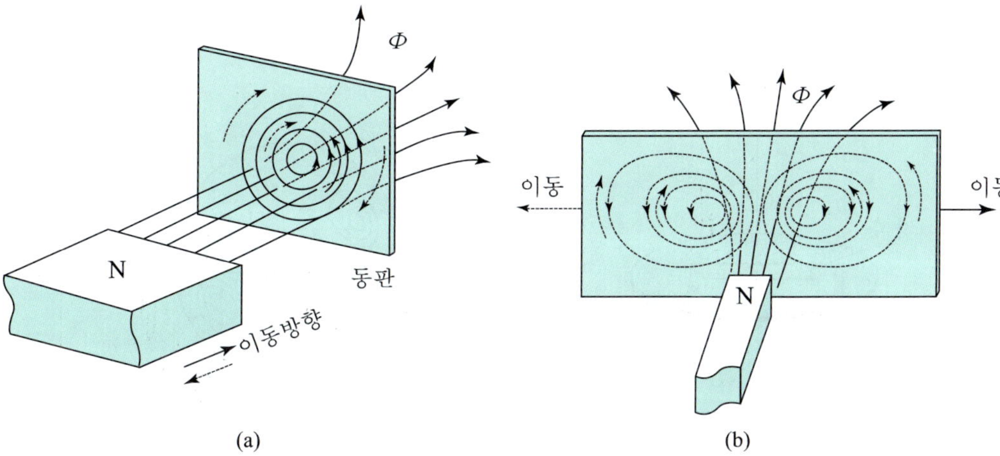

그림 7.26 와 전류의 발생

도체의 단위 체적 당 와 전류손 P_e는 아래의 관계식과 같다.

$$P_e = K_e f^2 t^2 B_m^2 [\mathrm{W/m^3}] \tag{7.20}$$

위의 식에서 K_e는 와 전류 손실계수, σ는 철심의 도전율, f는 사용 교류 주파수, t는 도체의 두께, B는 최대 자속밀도이다. 자속의 변화를 이용한 변압기(트랜스)에서는 이 와 전류손을 적게 하기 위해 절연된 얇은 박막철심을 적층하여 사용하고 있다. 와 전류를 유용하게 사용하는 응용기기로는 고주파 유도로(高周波 誘導爐)와 전자(電磁) 레인지, 적산 전력계가 있다.

7.7.2 아라고의 원판

그림 7.27(a)는 1824년 프랑스의 아라고(Arago)가 와 전류의 존재를 실험한 아라고의 원판(Arago's disc)의 원리를 나타낸다. 그림 7.27(a)와 같이 동판(銅版)위에 작은 자석을 매달아 놓고, 자석을 회전시키면 동판이 이에 따라 회전하게 된다. 반대로 그림 7.27(b)와 같이 자석을 고정시키고, 동판을 회전시키면 자석이 회전하게 됨을 발견하였고, 이를 '아라고'가 발견했다고 해서 아라고의 원판이라 한다. 이 현상은 그림 7.27(b)와 같이 자석을 회전시키면 자석의 N극, S극에서 발생하는 자력선 가운데 동판을 통과하는 자속이 부분적으로 변화하므로 전자유도 작용에 의하여 이 변화를 막기 위한 와 전류가 발생하고, 이 와 전류와 자력선 사이에 플래밍의 왼손법칙에 따른 힘으로 동판이 자석을 따라 회전하게 된다.

그림 7.28은 아라고의 원판의 원리를 이용한 전력량계의 구조를 나타낸다. N극, S극을 갖는 영구자석 대신에 전자석을 사용하여 전자석의 전류가 변화하면 전자력의 변화로 자석은 고정되어 있어도 원판이 회전하게 된다. 전류에 비례해서 회전수가 증가하게 된다. 이밖에 아라고의 원판은 유도 전동기의 원리로도 이용되고 있다.

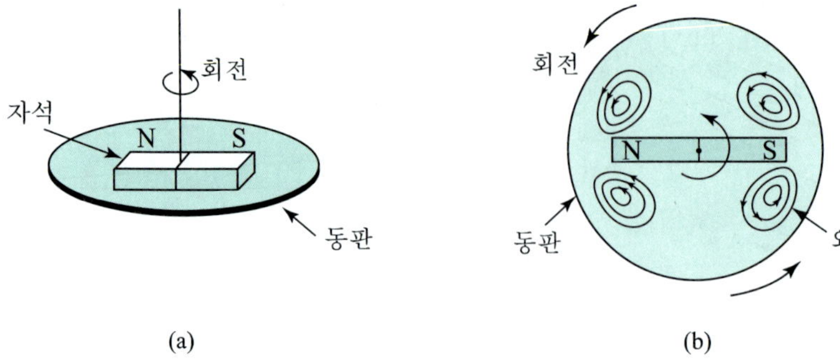

그림 7.27 아라고의 원판

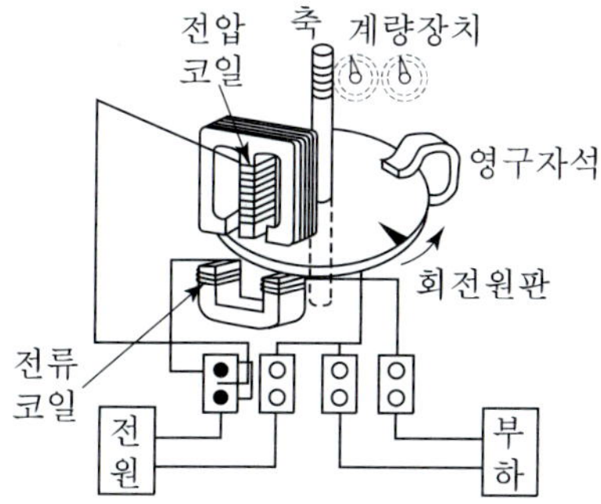

그림 7.28 전력량계의 구조

> ■ **인덕션 렌지**
> 인덕션 렌지는 내부에 코일을 넣고, 이 코일에 고주파 전류를 흘리면 자력선이 용기(철, 스테인리스)의 강자성체를 통하여 자속이 변하여 와 전류(eddy current)가 생긴다. 이 때문에 발생하는 자성체 저항 성분에서의 줄(Joule)열을 이용한 조리 장치이다.

7.8 표피효과

그림 7.29(a)의 원주형 도체에 흐르는 전류가 시간의 변화에 따라 변하지 않는 직류라면 도체 내에서 전류의 분포는 균일하지만 교류인 경우에는 중심부에 가까울수록 전류와 쇄교하는 자속의 수가 많아짐에 따라 전자유도에 의한 역 기전력의 발생으로 전기적 저항이 증가하여 전류는 감소하게 된다. 한편 표면에 가까워질수록 쇄교하는 자속의 수가 줄어들므로 역 기전력이 작아지므로 전류는 대부분이 표면에서만 흐르게 되는데 이와 같은 현상을 표피효과(skin effect)라 한다.

이 효과는 주파수가 높아질수록, 도전율 및 투자율이 커질수록 크게 나타나게 되어 도체 중심보다 도체 표면부분에 많은 전류가 흐르게 된다. 표면 전류밀도의 $1/e(0.368)$배가 되

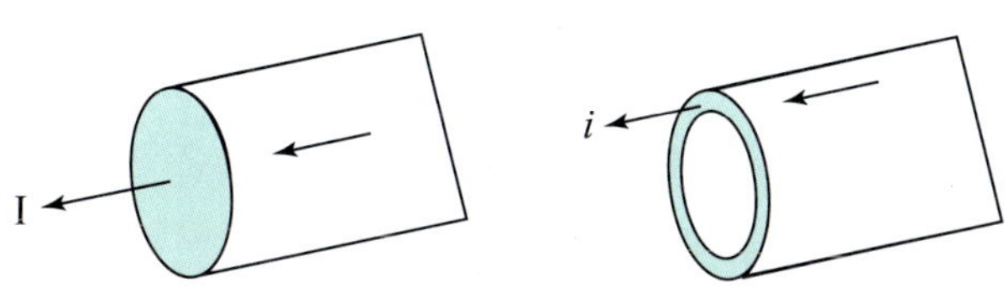

(a) 직류인 경우 (b) 교류인 경우

그림 7.29 원주형 도체의 표피효과

는 표피(表皮)에서의 깊이를 표피두께 또는 침투깊이 δ(델타)라 하며 그 관계식은 아래와 같다.

$$\delta = \frac{1}{\sqrt{\pi f \mu \sigma}} [\mathrm{m}] \tag{7.21}$$

위의 식에서 f는 교류 주파수, μ는 도체의 투자율, σ는 도체의 도전율이다. 주파수가 높아질수록 표피효과가 커지므로 이 효과를 줄이기 위해 가는 도선을 절연시켜 여러 가닥으로 합쳐 모은 리츠선(litz wire)을 사용하던가 도체의 가운데 부분을 없앤 원통도체를 사용한다.

7.9 자기유도(自己誘導)

그림 7.30에서 스위치 S를 닫으면 전류 I가 흘러서 자속 ϕ는 화살표 방향으로 증가하게 된다. 자속이 변하므로 전자유도에 의해 역 기전력이 발생하여 그림 7.30(b)와 같이 i'방향의 전류를 흘리려고 한다. 이 결과 렌츠의 법칙에 의해 전류 I의 증가를 방해한다. 이러한 현상을 자기유도(自己誘導 : self induction)라 한다.

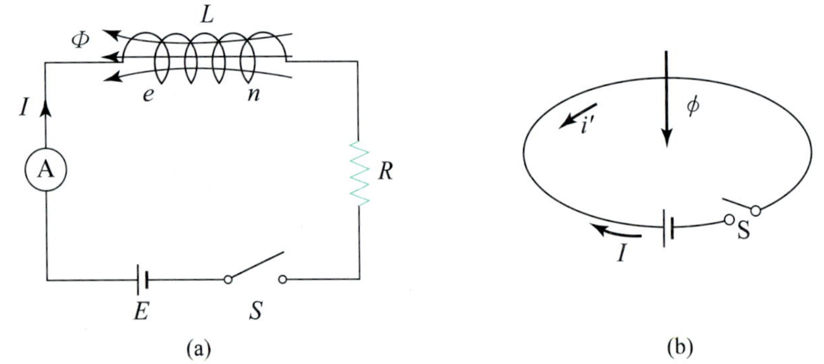

그림 7.30 자기유도 현상

권수 n일 때 코일에 흐르는 전류를 I라 할 때 생기는 자속을 ϕ라 하면 전류와 쇄교하는 자속 $n\phi$는 전류 I에 비례하므로 비례정수를 L이라 하면

$$n\phi = LI, L = \frac{n\phi}{I} [\mathrm{H}] \tag{7.22}$$

이를 식 (7.13)에 대입하면 $e=-\frac{dn\phi}{dt}=-\frac{dLI}{dt}=-L\frac{dI}{dt}$ [V] (7.23)

식 (7.23)에서 L은 코일의 형상과 투자율에 의해 정해지는 상수로서 자기유도계수 또는 자기 인덕턴스(self inductance)라 한다. 식 (7.23)에서 전류의 시간적인 변화 성분(dI/dt)이 일정하다면 L값이 클수록 유도 기전력도 크게 된다. 그 단위는 헨리[H]이다. 1[H]는 1[초] 간에 1[A]의 전류 변화가 있을 때 코일에 유도되는 기전력이 1[V]일 때의 자기 인덕턴스 값을 말한다. 또한 인덕턴스를 갖는 소자를 인덕터(inductor)라 한다.

예제 7.7 코일에 전류가 2초간에 1[A]에서 3[A]로 증가했을 때 코일에 발생하는 유도 기전력은 얼마인가? 단, 자기유도계수 $L=100$[mH]

풀이 식 (7.22)에서 $dI=3-1=2$[A], $dt=2$[s]를 대입하면

$$e=-100\times10^{-3}\times\frac{2}{2}=-0.1\text{[V]}$$

7.10 상호유도(相互誘導)

그림 7.31과 같이 2개의 코일을 인접해 놓고, 한 쪽 코일에 스위치 S를 닫아 전류를 흘리면 이 전류에 의한 자속이 다른 쪽 코일과 쇄교하면서 2차 코일에는 전자유도에 의해 이 자속의 변화를 방해하는 방향으로 자속이 생겨 역 기전력이 발생하게 된다. 반대로 2차 코일에 전류를 흘리는 경우 1차 코일 측에 마찬가지의 유도 기전력이 발생한다. 이와 같이 서로 코일에 흐르는 전류의 변화에 의해 상대 측 코일에 유도 기전력이 발생하는 현상을 상호유도(相互誘導 : mutual induction)라 한다.

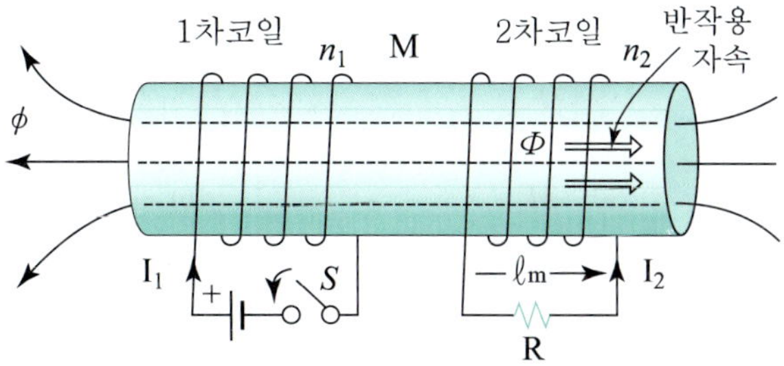

그림 7.31 상호유도

지금 1차 코일에 흐르는 전류가 dt[초] 간에 dI[A]만큼 변화해서 2차 코일에 쇄교하는 자속이 $d\phi$[Wb]만큼 변화했다면 2차 코일에 유도되는 기전력 e_2는 아래와 같다.

$$e_2 = -n_2 \frac{d\Phi}{dt} \text{[V]} \tag{7.24}$$

위의 식에서 n_2는 2차 코일의 권수이다. 자속의 변화가 있으면 전류의 변화도 수반되므로 유도 기전력 e_m은 dI/dt에 비례하므로 비례정수를 M이라 하면 아래와 같다.

$$e_m = -M \frac{dI}{dt} \text{[V]} \tag{7.25}$$

위의 식에서 비례정수 M을 상호 인덕턴스(mutual inductance)라 한다. 상호 인덕턴스의 값 역시 코일의 형상, 권수에 의해서 결정되며, 그 단위는 자기 인덕턴스와 같이 [H]이다. 위의 두 가지 식으로부터 $n_2 d\phi = MdI$이므로 1차 코일에 I_1[A]의 전류가 흐르고, 2차 코일과 쇄교하는 자속이 ϕ[Wb]라면 전류와 자속의 변화분은 각각 I_1과 ϕ이므로 아래의 식들이 얻어진다.

$$n_2\Phi = MI_1, \qquad M = \frac{n_2\Phi}{I_1} \text{[H]} \tag{7.26}$$

참고지식

그림 7.32(a)와 같이 1차 코일의 전류와 2차 코일의 전류방향이 같은 경우엔 상호 인덕턴스 M의 값은 +, 그림 7.32(b)와 같이 반대인 경우에는 −가 된다.

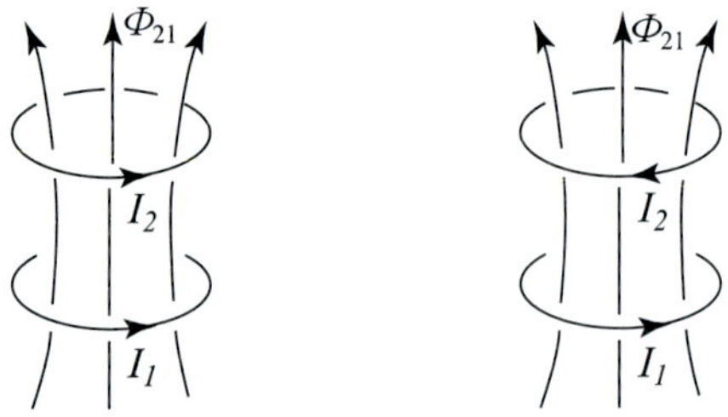

(a) +M (b) −M

그림 7.32 +, − 상호 인덕턴스

예제 7.8 같은 철심에 1차와 2차 코일이 감겨져 있을 때 1차 코일에 전류가 2초간에 1[A]에서 5[A]로 증가했을 때 2차 코일에 발생하는 유도 기전력은 얼마인가?
단, 상호유도계수 $M=60$[mH]

풀이 식 (7.26)에서 $M=60\times10^{-3}$[H], $dI=5-1=4$[A], $dt=2$[s]를 대입하면

$$e=-60\times10^{-3}\times\frac{4}{2}=-0.12[\mathrm{V}]$$

예제 7.9 같은 철심에 1차와 2차 코일이 감겨져 있을 때 1차 코일에 전류가 초 당 8[A] 변했을 때 2차 유도 기전력이 0.4[V]라면 상호유도계수는 얼마인가?

풀이 식 (7.25)로부터 $M=-e_2/(dI/dt)$이므로

$$M=-0.4/8=-50[\mathrm{mH}]$$

7.11 변압기(変圧器)의 원리

상호유도를 이용한 대표적인 장치가 변압기(transformer)이다. 일명 트랜스라고도 한다. 변압기의 동작원리는 그림 7.33과 같이 같은 철심 위에 1차와 2차의 2개의 코일을 감아 놓고, 1차 코일에 흐르는 전류를 변화시키면 상호 유도작용에 의해 전류의 변화 분만큼 2차 코일에 기전력이 유도된다. 1차 코일 측에 교류전압 e_1을 가해주면 그 교류의 변화에 대응하는 자속이 변화하고, 그 자속이 철심을 통하여 2차 코일과 쇄교하므로 유도 기전력이 발생한다. 따라서 변압기는 직류가 아닌 교류 전압에 유용하다.

그림 7.34(a)는 철심으로 규소강판을 사용한 일반적인 변압기의 구조를 나타낸다. 1차 코일에 가해준 교류전압을 e_1, 1차 코일의 권수를 n_1, 2차 코일의 권수를 n_2, 2차 코일에

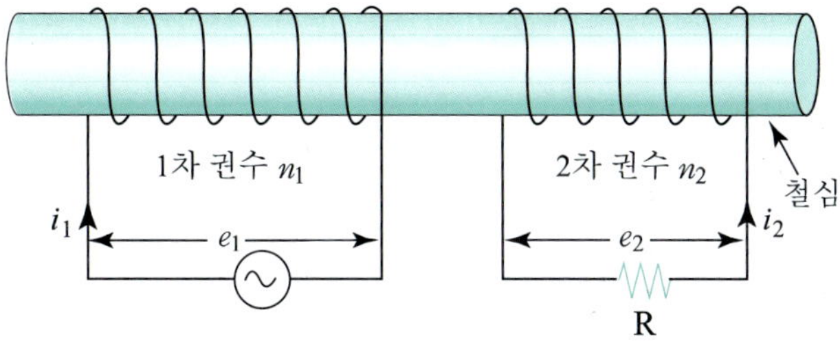

그림 7.33 변압기의 원리

유도되는 전압을 e_2라고 할 때 e_1과 e_2의 크기는 전자유도의 식에 의해 아래와 같다.

$$e_1 = -n_1 \frac{d\phi}{dt}, \quad e_2 = -n_2 \frac{d\phi}{dt}$$

따라서 1차측과 2차측의 전압비(電壓比), 즉 변압비(變壓比)는

$$\frac{e_2}{e_1} = \frac{-n_2 d\frac{\phi}{dt}}{-n_1 d\frac{\phi}{dt}} = \frac{n_2}{n_1} \tag{7.27}$$

$$\therefore \ e_2 = \frac{n_2}{n_1} \cdot e_1 \tag{7.28}$$

식 (7.28)에서 $n_2 > n_1$이면 2차측 전압은 1차측 전압보다 커지므로 승압(昇壓) 변압기가 되고, $n_2 < n_1$이면 1차측보다 2차측 전압이 떨어지므로 강압(降壓) 변압기가 된다. 이와 같이 변압기는 1차측 및 2차측 코일의 권수비를 조절하여 교류전압을 조절할 수 있다. 변압기에 손실이 없다면 1차측 전력과 2차측 전력이 같으므로

$$e_1 i_1 = e_2 i_2 \quad \therefore \frac{i_2}{i_1} = \frac{e_1}{e_2} \tag{7.29}$$

가 되어 1차측과 2차측의 전류비는 변압비의 역수(逆數)가 된다.

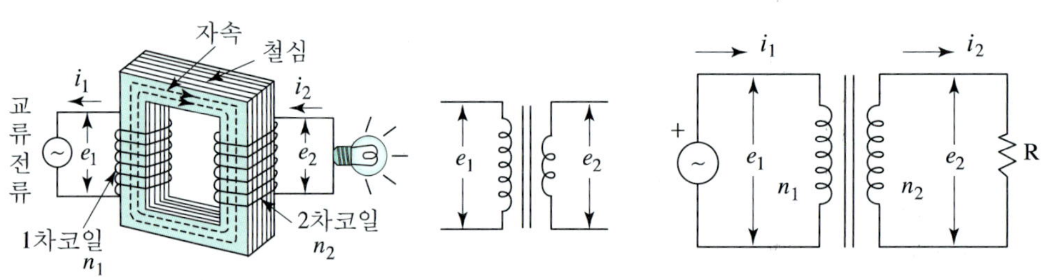

(a) 변압기의 구조　　(b) 변압기 기호　　(c) 변압기 회로

그림 7.34 변압기

그림 7.34(b), (c)는 변압기의 기호와 변압기 회로를 나타낸다. 변압기는 철심에 코일을 감는 방법에 따라 그림 7.35와 같이 내철형과 외철형으로 구분된다.

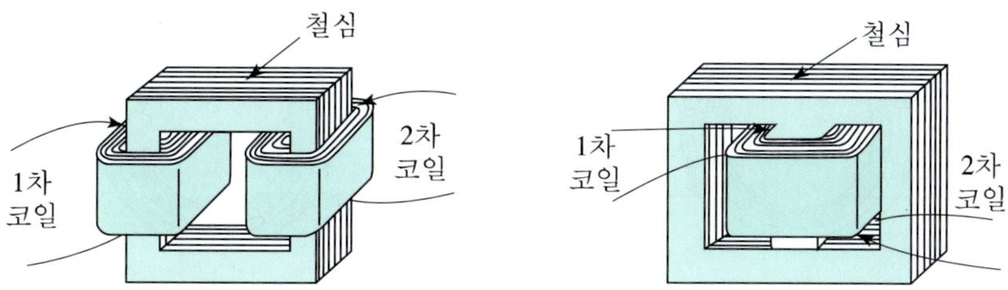

(a) 내철형　　　　(b) 외철형

그림 7.35 내철형과 외철형 변압기

예제 7.10 1차 측 권수가 50회, 2차 측 권수가 150회인 변압기에서 1차 측에 교류전압 20[V]를 가했을 때 2차 측 코일에 나타나는 전압은 얼마인가?

풀이 식 (7.28)로부터 $e_2 = \dfrac{150}{50} \times 20 = 60[\text{V}]$

예제 7.11 1차 측 권수가 80회인 변압기에서 1차측에 교류전압 220[V]를 가해서 2차측에서 교류전압 27.5[V]를 얻고자 한다면 2차측 권수는 얼마로 해야 되는가?

풀이 식 (7.28)로부터 $n_2 = (e_2/e_1) \cdot n_1$이므로

$$n_2 = \frac{27.5}{220} \times 80 = \frac{1}{8} \times 80 = 10[\text{회}]$$

7.12 자기 인덕턴스와 상호 인덕턴스

그림 7.36(a)와 같이 권수가 n_1회인 1차 코일과 권수가 n_2회인 2차 코일이 있을 때 1차 코일에 I_1의 전류가 흘러서 ϕ_1의 자속이 생겼을 때 자속 쇄교 수 $n_1\phi_1$은 코일에 흐르는 전류에 비례하므로

$$n_1\phi_1 = L_1 I_1$$

이 되고, 여기서 L_1은 1차 코일의 자기 인덕턴스이다. 따라서 L_1에 관한 식은 아래와 같다.

$$L_1 = \frac{n_1\phi_1}{I_1}[\text{H}] \tag{7.30}$$

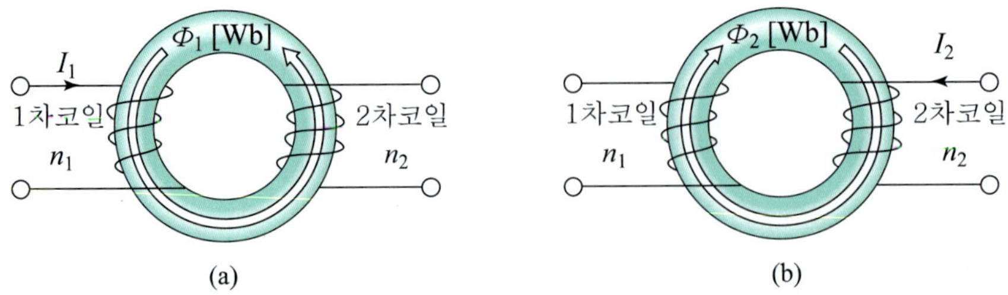

그림 7.36 자기 인덕턴스와 상호 인덕턴스

한편 누설 자속이 없고, 1차 코일에 의해 생긴 자속 ϕ_1이 모두 2차 코일과 쇄교한다면 2차 코일의 자속 쇄교 수는 $n_2\phi_1$이 되고, $n_2\phi_1$은 1차 전류에 비례하므로

$$n_2\phi_1 = MI_1$$

$$\therefore M = \frac{n_2\phi_1}{I_1} \text{[H]} \tag{7.31}$$

여기서 비례상수 M은 1차 코일에 전류를 흘린 경우의 상호 인덕턴스이다.

다음에 그림 7.36(b)와 같이 2차 코일에 I_2의 전류가 흐를 때 생기는 자속 수를 ϕ_2라 하면 2차 코일의 자기 인덕턴스 L_2와 상호 인덕턴스 M은 아래와 같다.

$$L_2 = \frac{n_2\phi_2}{I_2} \text{[H]} \tag{7.32}$$

$$M = \frac{n_1\phi_2}{I_2} \text{[H]} \tag{7.33}$$

1차 코일에 전류를 흘렸을 때의 상호 인덕턴스와 2차측에 전류를 흘렸을 때의 상호 인덕턴스는 같으므로 둘 다 M으로 놓고, 식 (7.31)과 식 (7.33)을 곱하여 변형하면 아래와 같다.

$$M \times M = \frac{n_2\phi_1}{I_1} \times \frac{n_1\phi_2}{I_2} = \frac{n_1\phi_1}{I_1} \times \frac{n_2\phi_2}{I_2} = L_1 \times L_2$$

$$\therefore M^2 = L_1 L_2$$

따라서 누설 자속이 없는 경우에 자기 인덕턴스와 상호 인덕턴스의 관계식은 아래와 같다.

$$M = \sqrt{L_1 L_2} \text{[H]} \tag{7.34}$$

그림 7.36과 같이 누설 자속이 있는 경우에는 2차 코일과 쇄교하는 자속 ϕ_{21}은 1차 코일

에서 만들어지는 ϕ_1보다 작게 된다. 또한 2차 코일에 전류를 흘렸을 때 생기는 자속 ϕ_2, 1차 코일과 쇄교하는 자속을 ϕ_{12}이라 하면

$$\frac{n_2\phi_{21}}{I_1}\times\frac{n_1\phi_{12}}{I_2} < \frac{n_2\phi_1}{I_1}\times\frac{n_1\phi_2}{I_2}$$

이 되므로 상호 인덕턴스 M은

$$M < \sqrt{L_1L_2}\,[\mathrm{H}] \tag{7.35}$$

이 된다. 따라서 누설 자속이 있는 경우에 M과 L_1, L_2의 관계는

$$k = \frac{M}{\sqrt{L_1L_2}} \tag{7.36}$$

이 되고, 위의 식에서 k를 결합계수(coupling factor)라 한다. 결합계수는 코일 사이에 전자적 결합이 얼마나 잘 되는가를 표시하는 척도로 사용되며, k가 1에 가까우면 밀결합(密結合), 1보다 아주 작으면 소결합(疎結合)이라 한다.

결합계수($0 \leq k \leq 1$)

(1) $k=0$: 전자적(電磁的) 결합이 전혀 안 됨($M=0$)

(2) $0<k<1$: 일반적인 전자적 결합 상태($M=k\sqrt{L_1L_2}$)

(3) $k=1$: 완전한 전자적 결합 상태($M=\sqrt{L_1L_2}$)

예제 7.12 권수가 60회인 코일에 6[A]의 전류를 흘렸을 때 자속 ϕ가 2[Wb]였다면 코일의 자기 인덕턴스는 얼마인가?

풀이 식 (7.30)으로부터

$$L = \frac{n\phi}{I} = \frac{60\times2}{6} = 20[\mathrm{H}]$$

예제 7.13 같은 철심 위에 감긴 두 코일의 자기 인덕턴스가 각각 20[mH], 5[mH]라면 상호 인덕턴스는 얼마인가? 단, k=1.

풀이 식 (7.34)로부터

$$M = \sqrt{20\times5} = \sqrt{100} = 10[\mathrm{mH}]$$

7.13 자계 에너지

인덕턴스를 갖는 전기회로에 전류를 흘리면 발생한 유도 기전력에 의해 전류의 흐름을 방해하려고 하므로 이를 극복하려는 에너지가 전원으로부터 공급되어야 하고, 결국 이 에너지는 인덕턴스 자계내에 축적되며, 이를 자계 에너지(magnetic energy)라 한다. 자기 인덕턴스 L[H]에 전류 I[A]가 흐를 때 전류변화에 의한 자기 인덕턴스에 유도되는 기전력은

$$e = -L\frac{dI}{dt}$$

이므로 이 유도 기전력에 대항하여 미소전하 dq를 운반하는데 필요한 에너지(일) dW는

$$dW = -edq = -\left(-L\frac{dI}{dt}\right)dq = L\frac{dq}{dt}dI$$

$I = \frac{dq}{dt}$이므로 이를 위의 식에 대입하면 아래와 같이 고쳐 쓸 수 있다.

$$dW = LIdI \tag{7.37}$$

따라서 시간 t[s] 동안에 전류 I[A]를 흘렸을 때의 자기 인덕턴스 L에 축적되는 총 에너지는 식 (7.37)을 적분하면

$$W = \int dW = L\int_O^I IdI = \frac{1}{2}LI^2[\text{J}] \tag{7.38}$$

$\phi = LI$이므로 식 (7.38)은 아래와 같이 고쳐 쓸 수 있다.

$$W = \frac{\phi I}{2} = \frac{\phi^2}{2L}[\text{J}] \tag{7.39}$$

또한 식 (7.38)에서 $LI = \phi = B \cdot S$, $I = H \cdot d$이므로

$$W = \frac{1}{2}LI \cdot I = \frac{1}{2}B \cdot S \cdot H \cdot d = \frac{1}{2}B \cdot H \cdot S \cdot d[\text{J}] \tag{7.40}$$

그러므로 정자계에 단위 체적 당 축적되는 에너지는 아래와 같다.

$$W' = \frac{1}{2}\text{B} \cdot \text{H}[\text{J/m}^3] \tag{7.41}$$

$B = \mu H$, $H = \frac{B}{\mu}$이므로 아래와 같이 고쳐 쓸 수 있다.

$$W' = \frac{1}{2} B \cdot \frac{B}{\mu} = \frac{B^2}{2\mu} [\text{J/m}^3] \tag{7.42}$$

자기 인덕턴스가 L_1[H], L_2[H]이고, 상호 인덕턴스가 M[H]인 2개의 코일에 전류 I_1[A], I_2[A]를 흘렸을 때 축적되는 에너지는 아래와 같다.

$$W = \frac{1}{2} L_1 I_1^2 + \frac{1}{2} L_2 I_2^2 \pm M I_1 I_2 [\text{J}] \tag{7.43}$$

참고지식

콘덴서에 의한 정전계 에너지와 인덕터에 의한 정자계 에너지를 비교하면 표 7-1과 같다.

표 7.1 정전계 에너지와 전자계 에너지

구 분	에너지 밀도	에너지	축적소자	에너지 공급원
정전계	$\frac{1}{2} D \cdot E [\text{J/m}^3]$	$\frac{1}{2} C V^2 [\text{J}]$	콘덴서 : C	전압 : V
정자계	$\frac{1}{2} B \cdot H [\text{J/m}^3]$	$\frac{1}{2} L I^2 [\text{J}]$	인덕터 : L	전류 : I

예제 7.14 자기 인덕턴스가 100[mH]인 코일에 전류를 흘렸을 때 쇄교 자속 수가 2[Wb]라면 코일에 축적되는 에너지는 얼마인가?

풀이 식 (7.39)로부터

$$W = \frac{\phi^2}{2L} = \frac{2 \times 2}{2 \times 100 \times 10^{-3}} = 20[\text{J}]$$

7.14 인덕턴스의 계산

7.14.1 환상 솔레노이드

(1) 자기 인덕턴스

그림 7.37과 같이 단 면적 $S[\text{m}^2]$, 평균 자로(磁路)의 길이 l[m], 철심의 투자율 μ, 권수 n회인 환상 솔레노이드에 I[A]의 전류를 흘렸을 때의 자속 ϕ는 자속밀도 B에 단 면적을 곱

한 값이므로 $\phi = BS$이고, $B = \mu H$이므로

$$\phi = \mu H \cdot S$$

식 (6.10)에서 환상 솔레노이드의 자계의 세기 $H = \dfrac{nI}{l}$이므로

$$\phi = \frac{\mu S n I}{l} \tag{7.44}$$

코일과 쇄교하는 자속 수는 $n\phi$이므로

$$\phi' = n\phi = \frac{\mu n^2 S I}{l} \tag{7.45}$$

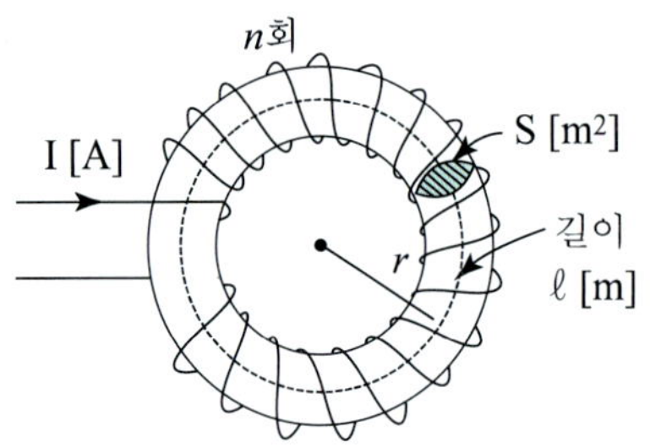

그림 7.37 환상 솔레노이드의 L

따라서 자기 인덕턴스는 아래와 같다.

$$L = \frac{\phi'}{I} = \frac{\mu n^2 S}{l} = \frac{\mu_0 \mu_r n^2 S}{l} \text{[H]} \tag{7.46}$$

$\mu_0 = 4\pi \times 10^{-7}$을 대입하면

$$L = \frac{4\pi \mu_r n^2 S}{l} \times 10^{-7} \text{[H]} \tag{7.47}$$

이 된다.

예제 7.15 길이가 80[cm]이고, 평균반경이 4[cm], 권수 50회인 공심(空芯)의 환상 솔레노이드의 자기 인덕턴스는 얼마인가?

풀이 식 (7.47)에 매질이 공기인 경우이므로 $\mu_r = 1$, $S = \pi \times (4 \times 10^{-2})^2$을 대입하면

$$L = \frac{4\pi \times 50^2 \times \pi \times (4 \times 10^{-2})^2}{80 \times 10^{-2}} \times 10^{-7} \fallingdotseq 1.97 \times 10^{-5} \text{[H]}$$

(2) 상호 인덕턴스

그림 7.38과 같은 투자율이 μ, 자로의 평균길이가 l, 단면적이 S인 환상 철심에 권수 n_1, n_2인 2개의 코일을 감고, 1차 코일에 I_1의 전류를 흘렸을 때 1차 코일에 쇄교하는 자속 수는 식 (7.44)로부터

$$\phi_1 = \frac{\mu S n_1 I_1}{l} \, [\text{Wb}] \tag{7.48}$$

가 된다. 2차 코일에 쇄교하는 자속 수 ϕ_2은 ϕ_1에 n_2를 곱하면

$$\phi_{21} = \frac{\mu S n_1 n_2 I_1}{l} \, [\text{Wb}] \tag{7.49}$$

이 되므로 1차 코일에 의한 상호 인덕턴스 M은

$$M = \frac{\phi_{21}}{I_1} = \frac{\mu S n_1 n_2}{l} \, [\text{H}] \tag{7.50}$$

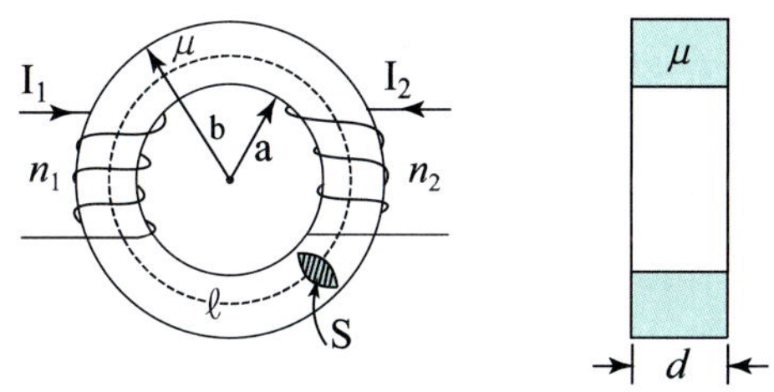

그림 7.38 환상 솔레노이드의 상호 인덕턴스

만일 공기 중이라면

$$M = \frac{4\pi \mu_r S n_1 n_2}{l} \times 10^{-7} \, [\text{H}] \tag{7.51}$$

7.14.2 무한 길이의 솔레노이드

그림 7.39와 같이 코일을 균일하게 감은 무한 길이의 솔레노이드에서 단위 길이 당 권수를 n_0, 단 면적을 $S[\text{m}^2]$이라 하고, 전류 I[A]를 흘렸을 때의 자기 인덕턴스 L을 구해본다. 제 6장에서 구한 무한 길이의 자계의 세기에 관한 식 (6.16)으로부터 $H = n_0 I$이므로

$$B = \mu H = \mu n_0 I$$

로 고쳐 쓸 수 있고, 단 면적 S와 쇄교하는 자속의 수는 아래와 같다.

$$\phi = BS = \mu n_0 IS$$

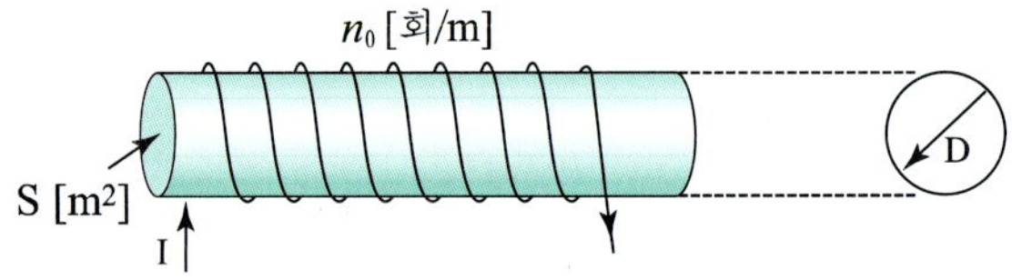

그림 7.39 무한히 긴 솔레노이드의 L

따라서 단위 길이 당 쇄교하는 총 자속의 수는 $n_0\phi$이므로

$$\phi' = n_0\phi = \mu n_0^2 IS$$

가 되고 단위 길이 당 자기 인덕턴스 L은 아래와 같이 유도된다.

$$L = \frac{\phi'}{I} = \mu n_0^2 S = \mu_0 \mu_r n_0^2 S[\mathrm{H/m}] \quad (7.52)$$

만일 공기 중에서라면 아래와 같다.

$$\text{공기 중 :} \quad L = 4\pi n_0^2 S \times 10^{-7}[\mathrm{H/m}] \quad (7.53)$$

공기 중에서 길이 l[m]의 인덕턴스는 위의 식에 l을 곱하면 아래와 같다.

$$\text{공기 중에서 } l \text{ 길이 :} \quad L = 4\pi n_0^2 S \times 10^{-7} \times l[\mathrm{H}] \quad (7.54)$$

예제 7.16 단위 길이 당 권수가 500회이고, 단면적의 반경이 4[cm]인 무한히 긴 공심 솔레노이드의 단위 길이 당 자기 인덕턴스는 얼마인가?

풀이 식 (7.54)에 $S = \pi \times (4 \times 10^{-2})^2$을 대입하면

$L = 4 \times \pi \times (5 \times 10^2)^2 \times \pi \times (4 \times 10^{-2})^2 \times 10^{-7} ≒ \mathbf{1.58[mH]}$

7.14.3 유한 길이의 솔레노이드

무한 길이의 솔레노이드에서는 자속밀도가 $B = \mu n_0 I$가 성립하지만 길이가 유한할 때는 일부 자속이 누설되므로 이 값보다 작아진다. 솔레노이드 단면의 지름을 D[m]라 하면 단면적 $S = \pi(D/2)^2 = \pi D^2/4$이므로 길이 l[m]인 자기 인덕턴스는 아래와 같은 식이 된다.

$$L = K4\pi\mu_r\left(\frac{\pi D^2}{4}\right)n_0^2 l \times 10^{-7}[\mathrm{H}] \tag{7.55}$$

위의 식에서 K는 D/l에 의해 결정되는 계수로서 나카오카의 계수(Nagaoka' s coefficint) 라고 하며, 이 값은 표 7.2와 같다.

표 7.2 나카오카 계수

D/l	K	D/l	K
0.0	1.000	1.0	0.688
0.1	0.959	2.0	0.526
0.2	0.920	3.0	0.429
0.3	0.884	4.0	0.365
0.4	0.850	5.0	0.320
0.5	0.818	6.0	0.285
0.6	0.789	7.0	0.258
0.7	0.761	8.0	0.237
0.8	0.735	9.0	0.219
0.9	0.711	10.0	0.203

7.14.4 원주형 도체

그림 7.40과 같이 반경이 a[m]인 원형의 단 면적을 갖는 도체에 균일하게 전류가 흐르는 경우에 도체 내부에서와 도체 외부에서의 자기 인덕턴스를 구해보기로 한다.

(1) 내부 인덕턴스

그림 7.40에서 도체의 내부 거리 $r\,(r\langle a)$인 단면적을 통하여 흐르는 전류는 r^2I/a^2이므로 암페어의 주회적분에 의하여 자계의 세기 H는 6장의 식 (6.9)에 따라

$$H = \frac{rI}{2\pi a^2}[\mathrm{A/m}] \tag{7.56}$$

이다. 원주형 도체의 단위 길이 당 자기 인덕턴스를 구해보기로 한다.

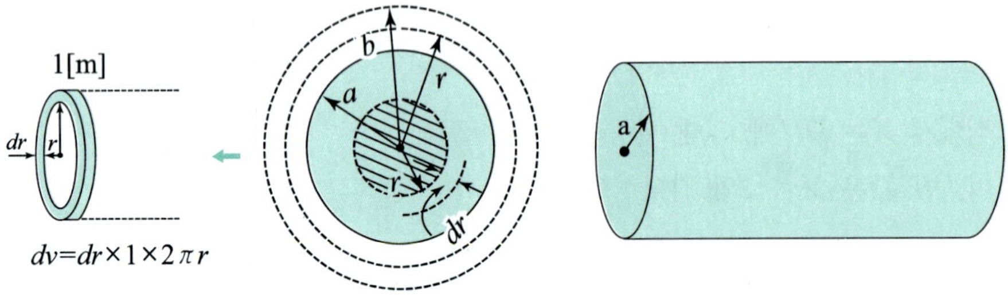

그림 7.40 원주형 도체의 인덕턴스

그림 7.40에서 미소 체적 dv에서의 단위 길이 당 축적되는 미소 에너지 dW라고 할 때 단위체적 당 축적되는 에너지에 관한 식 (7.41), (7.42), 식 (7.56)을 이용해 적분하면

$$W=\int_0^a dW=\int_0^a \frac{1}{2}\, B\cdot H dv=\frac{1}{2}\int_0^a \mu H^2 dv$$

$$=\frac{1}{2}\int_0^a \mu\left(\frac{r}{2\pi a^2}I\right)^2 2\pi r\times 1\times dr$$

$$=\frac{1}{2}\cdot\frac{\mu I^2}{2\pi a^4}\int_0^a r^3 dr=\frac{\mu I^2}{4\pi a^4}\cdot\frac{a^4}{4}=\frac{\mu I^2}{16\pi}\,[\mathrm{J/m}] \tag{7.57}$$

가 된다. $W=\frac{1}{2}LI^2$으로부터 $L=\frac{2W}{I^2}$이므로 이 관계식에 식 (7.57)을 대입하면 내부 인덕턴스 L_i는

$$L_i=2\cdot\left(\frac{\mu I^2}{16\pi}\right)/I^2=\frac{\mu}{8\pi}\,[\mathrm{H/m}] \tag{7.58}$$

가 된다.

(2) 외부 인덕턴스

그림 7.40에서 도체의 중심에서 거리 $r(a<r)$인 점에서 자계의 세기 H는

$$H=\frac{I}{2\pi r}\,[\mathrm{A/m}]$$

가 된다. 반경이 a인 도체와 도체 외부의 반경 b사이의 자속 ϕ는

$$\phi=\int B\cdot ds=\int_a^b \mu\, H\cdot dr\times 1=\mu\int_a^b \frac{I}{2\pi r}dr$$

$$=\frac{\mu I}{2\pi}\int_a^b \frac{1}{r}dr=\frac{\mu I}{2\pi}[\ln r]_a^b=\frac{\mu I}{2\pi}\ln\frac{b}{a}\,[\mathrm{Wb/m}] \tag{7.59}$$

가 된다. $\phi=LI$로부터 $L=\frac{\phi}{I}$이므로 식 (7.59)를 대입하면 외부 인덕턴스 L_e는

$$L_e = \frac{\phi}{I} = \frac{\mu}{2\pi} ln \frac{b}{a} \text{[H/m]} \tag{7.60}$$

가 된다. 만일 공기 중이라면 아래와 같이 고쳐 쓸 수 있다.

$$L_e = 2\mu_r \times 10^{-7} \times \ln \frac{b}{a} \text{[H/m]} \tag{7.61}$$

예제 7.17 동선(銅線)의 비투자율을 근사적으로 1로 보았을 때 동선 2[km] 길이의 자기 인덕턴스는 얼마인가? 단, $\mu_0 = 4\pi \times 10^{-7}$

풀이 $\mu = \mu_0 \mu_r = 4\pi \mu_r \times 10^{-7}$이므로 식 (7.58)에 l을 곱하면

$$L = \frac{\mu}{8\pi} \times l = \frac{4\pi \times 10^{-7}}{8\pi} \times 2 \times 10^3 = 10^{-4}\text{[H]} = \mathbf{0.1[mH]}$$

7.14.5 평행 왕복 도선

(1) 자기 인덕턴스

그림 7.41과 같이 반경 a[m], 간격 d[m]의 거리에 평행하게 놓여져 있는 왕복 선로의 단위 길이 당 자기 인덕턴스를 구해보기로 한다.

그림 7.41에서 점 P에 대한 자계의 세기는 두 도선에 흐르는 전류에 의해 발생하는 자계의 세기가 같은 방향이므로 제6장 직선 도선의 자계의 세기에 관한 식 (6.23)에 의해 만들어 지는 두 값을 더해주면

$$H = \frac{I}{2\pi x} + \frac{I}{2\pi(d-x)} \text{[A/m]} \tag{7.62}$$

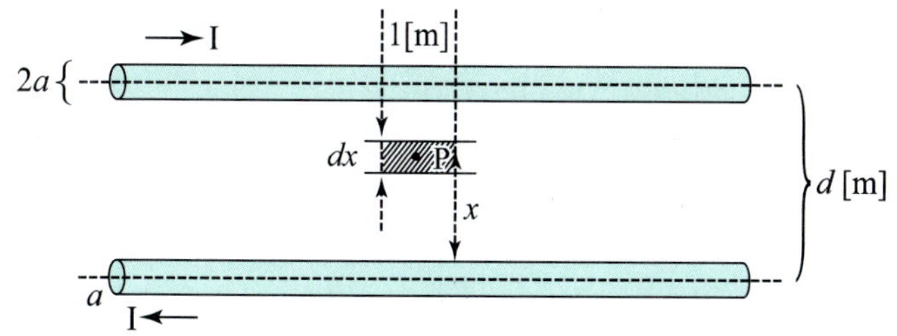

그림 7.41 평행 왕복 도선의 L

이고, 그림 7.41의 점 P에서 폭 dx, 거리 1[m]의 면적을 통과하는 자속 $d\phi$는

$$d\phi = B(dx \times 1) = \mu_0 H dx$$

가 된다. 단위 길이 당의 자속을 ϕ라 하면 자기 인덕턴스는

$$L = \frac{\phi}{I} = \frac{1}{I}\int_{a}^{d-a} \mu_0 H dx \,[\mathrm{H/m}] \tag{7.63}$$

위의 식에 식 (7.62)를 대입하면

$$L = \frac{\mu_0}{I}\int_{a}^{d-a} \left\{ \frac{I}{2\pi x} + \frac{I}{2\pi(d-x)} \right\} dx = \frac{\mu_0}{\pi} \ln \frac{d-a}{a} \,[\mathrm{H/m}] \tag{7.64}$$

도선의 반경에 비해 간격이 훨씬 크다면($d \gg a$) 식 (7.64)는 아래와 같이 고쳐 쓸 수 있다.

$$L \fallingdotseq \frac{\mu_0}{\pi} \ln \frac{d}{a} \,[\mathrm{H/m}] \tag{7.65}$$

μ_0 대신 $4\pi \times 10^{-7}$을 대입하면

$$L = 4\pi \ln \frac{d}{a} \times 10^{-7} \,[\mathrm{H/m}] \tag{7.66}$$

길이 l[m]에 대한 자기 인덕턴스는 아래의 식과 같다.

$$L = 4\pi l \cdot \ln \frac{d}{a} \times 10^{-7} \,[\mathrm{H}] \tag{7.67}$$

이 인덕턴스 값은 전류가 표피에만 흐르는 경우이다. 그러나 전류가 내부까지 균일하게 흐르는 경우에 내부에서의 자기 인덕턴스가 식 (7.58)에서와 같이 도선 1개 당 $\mu/8\pi$이므로 도선 2개에 대한 자기 인덕턴스 $\mu/4\pi$가 식 (7.65)에 추가되어야 한다. 따라서 이를 정리하면 전체 인덕턴스는 아래의 식과 같다.

$$\begin{aligned} L &= \frac{\mu_0}{\pi} \ln \frac{d}{a} + \frac{\mu}{4\pi} = \frac{\mu_0}{\pi} \ln \frac{d}{a} + \frac{\mu_0}{4\pi} \\ &= \frac{\mu_0}{4\pi} \mu_r \left(4 \ln \frac{d}{a} + 1 \right) [\mathrm{H/m}] \end{aligned} \tag{7.68}$$

공기 중에서 길이 l[m]에 대한 자기 인덕턴스는 아래와 같다.

$$\text{공기 중 :} \quad L = \frac{\mu_0 l}{4\pi} \left(4\ln \frac{d}{a} + 1 \right) [\mathrm{H}] \tag{7.69}$$

(2) 상호 인덕턴스

그림 7.42와 같은 2개의 왕복 도선 A, B와 평행한 다른 왕복 도선 C, D 사이의 상호 인덕턴스를 구해 본다. 두 도선 A, B 사이에 서로 반대방향의 전류($+I_1$, $-I_1$)가 흐르고 있고, 점 P쪽으로의 거리를 x라 하면 점 P에서 도선 A 및 도선 B에 대한 자계의 세기

H_A, H_B는 아래의 식과 같다.

$$H_A = \frac{I_1}{2\pi x}\,[\mathrm{A/m}] \tag{7.70}$$

$$H_B = \frac{-I_1}{2\pi x}\,[\mathrm{A/m}] \tag{7.71}$$

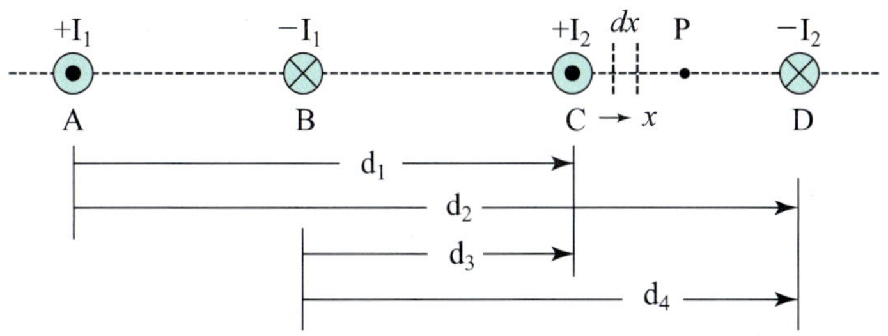

그림 7.42 평행 왕복 도선의 상호 인덕턴스

C, D 사이의 거리 x에서 미소길이 dx에서 단위 길이 당 통과하는 자속의 수 ϕ_A와 ϕ_B는

$$\phi_A = \int \mu H_A \cdot ds = \mu \int_{d_1}^{d_2} \frac{I_1}{2\pi x} dx \times 1 = \frac{\mu I_1}{2\pi}(\ln d_2 - \ln d_1) = \frac{\mu I_1}{2\pi} \ln \frac{d_2}{d_1}\,[\mathrm{Wb/m}] \tag{7.72}$$

$$\phi_B = \int \mu H_B \cdot ds = -\mu \int_{d_3}^{d_4} \frac{I_1}{2\pi x} dx \times 1 = -\frac{\mu I_1}{2\pi}(\ln d_4 - \ln d_3) = -\frac{\mu I_1}{2\pi} ln \frac{d_4}{d_3}\,[\mathrm{Wb/m}] \tag{7.73}$$

가 된다. 따라서 1차 코일 전류 I에 의한 C, D 사이의 쇄교 자속 수 ϕ는

$$\phi = \phi_A + \phi_B = \frac{\mu I_1}{2\pi}\left(\ln \frac{d_2}{d_1} - \ln \frac{d_4}{d_3}\right) = \frac{\mu I_1}{2\pi} \ln \frac{d_2\, d_3}{d_1\, d_4}\,[\mathrm{Wb/m}] \tag{7.74}$$

가 되고, 상호 인덕턴스 M은 아래와 같이 구할 수 있다.

$$M = \frac{\phi}{I_1} = \frac{\mu}{2\pi} \ln \frac{d_2\, d_3}{d_1\, d_4}\,[\mathrm{H/m}] \tag{7.75}$$

만일 공기 중이라면

$$M = 2 \ln \frac{d_2\, d_3}{d_1\, d_4} \times 10^{-7}\,[\mathrm{H/m}] \tag{7.76}$$

이 된다. 2차 코일에 전류 I_2를 흘리고, A, B 사이 임의의 점에 대한 상호 인덕턴스를 계산해도 마찬가지의 결과를 얻을 수 있다.

7.14.6 동축 케이블

그림 7.43과 같은 반경이 각각 a, b인 동축 케이블의 단위 길이에 대한 자기 인덕턴스를 구해보기로 한다. 단, 외부도체의 두께는 무시한다. 안팎 도체간에 반경이 $r(a<r<b)$이고, 미소거리 dr인 미소 원통을 지나가는 자속 $d\phi$는

$$d\phi = Bdr = \mu Hdr = \frac{\mu I}{2\pi r}dr \qquad (7.77)$$

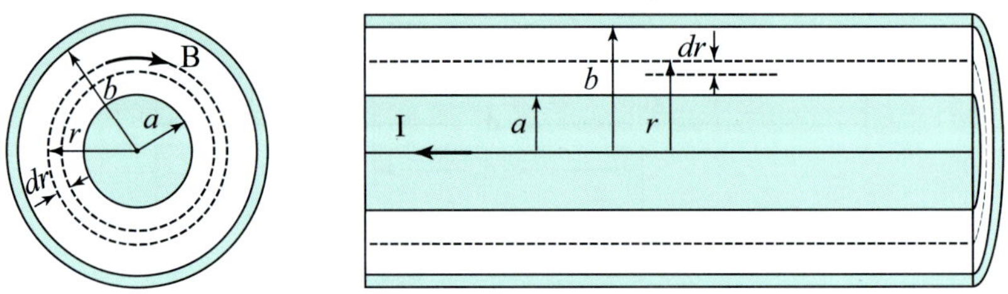

그림 7.43 동축 케이블의 L

내부 도체와 쇄교하는 총 자속은 식 (7.77)을 적분하면

$$\phi = \int_a^b d\phi = \frac{\mu I}{2\pi}\int_a^b \frac{1}{r}\,dr = \frac{\mu I}{2\pi}[\ln r]_a^b = \frac{\mu I}{2\pi} ln \frac{b}{a}\,[\text{Wb/m}]$$

따라서 단위 길이 당 자기 인덕턴스는

$$L = \frac{\phi}{I} = \frac{\mu}{2\pi}\ln\frac{b}{a}\,[\text{H/m}] \qquad (7.78)$$

내부 도체의 자기 인덕턴스가 $\frac{\mu}{8\pi}$이므로 이를 식 (7.78)에 추가하면 전체 자기 인덕턴스는 아래와 같이 나타낼 수 있다.

$$L = \frac{\mu}{2\pi}\ln\frac{b}{a} + \frac{\mu}{8\pi}\;[\text{H/m}] \qquad (7.79)$$

참고지식

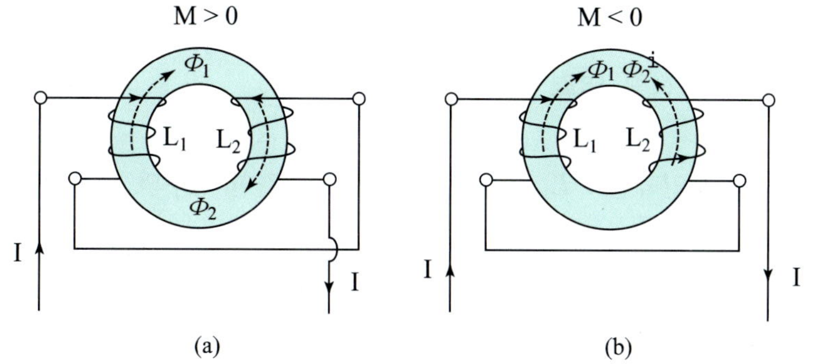

그림 7.44

그림 7.44(a)에서 두 코일에서 발생하는 자속은 서로 증가하는 방향으로 작용하기 때문에 상호 인덕턴스는 $+M$이 되고, 그림 7.44(b)에서는 자속이 서로 반대방향이므로 감소하게 작용하기 때문에 상호 인덕턴스는 $-M$이 되며, 각각의 합성 인덕턴스는 아래와 같다.

$$\text{(a)}\quad L = L_1 + L_2 + 2M \tag{7.80}$$

$$\text{(b)}\quad L = L_1 + L_2 - 2M \tag{7.81}$$

예제 7.18 그림 7.44(a)에서 $L_1 = 20$[mH], $L_2 = 15$[mH], $M = 5$[mH]인 경우에 전체 코일의 인덕턴스는 얼마가 되는가?

풀이 식 (7.80)에서 $L = 20 + 15 + (2 \times 5) = $ **45[mH]**

예제 7.19 그림 7.44(b)와 같이 자속이 감소하는 쪽으로 코일을 연결하는 경우에 상호 인덕턴스는 얼마가 되는가? 단, 두 코일의 자기 인덕턴스는 각각 50[mH], 합성 인덕턴스 값은 20[mH]이다.

풀이 식 (7.81)에서 $L = L_1 + L_2 - 2\mathrm{M}$

$$20 = 50 + 50 - 2M,\ 2M = 50 + 50 - 20 = 80,\ \therefore\ M = \frac{80}{2} = \mathbf{40[mH]}$$

7.15 인덕턴스의 연결

7.15.1 인덕턴스의 직렬 연결

그림 7.45와 같이 인덕턴스 L_1, L_2, L_3을 직렬로 연결한 경우의 합성 인덕턴스를 구해보기로 한다.

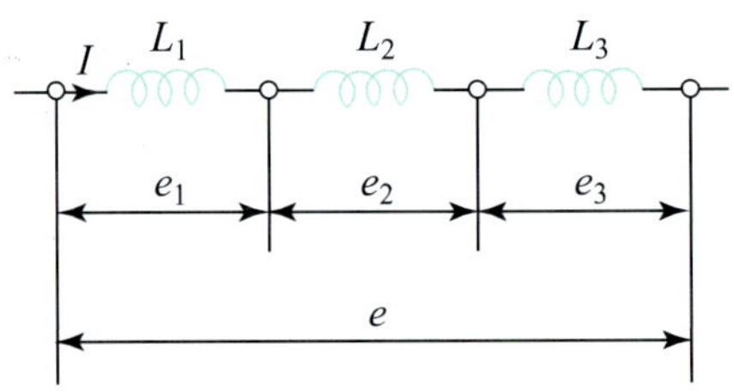

그림 7.45 인덕턴스의 직렬 연결

코일에 전류 I가 흐른다면 각각의 코일에 유도되는 기전력은 아래와 같다.

$$e_1 = -L_1 \frac{dI}{dt} [\mathrm{V}] \tag{7.82a}$$

$$e_2 = -L_2 \frac{dI}{dt} [\mathrm{V}] \tag{7.82b}$$

$$e_3 = -L_3 \frac{dI}{dt} [\mathrm{V}] \tag{7.82c}$$

합성 인덕터스를 L이라 할 때 관계식은 아래와 같다.

$$e = -L \frac{dI}{dt} [\mathrm{V}] \tag{7.83}$$

$e = e_1 + e_2 + e_3$이므로 식 (7.82a)~식 (7.82c)와 식 (7.83)으로부터

$$e = -L\frac{dI}{dt} = -L_1\frac{dI}{dt} + \left(-L_2\frac{dI}{dt}\right) + \left(-L_3\frac{dI}{dt}\right) = -(L_1 + L_2 + L_3)\ \frac{dI}{dt}$$

$$\therefore L = L_1 + L_2 + L_3 [\mathrm{H}] \tag{7.84}$$

의 관계식이 얻어진다.

7.15.2 인덕턴스의 병렬 연결

그림 7.46과 같이 인덕턴스 L_1, L_2, L_3을 병렬로 연결한 경우에 각각의 코일에 흐르는 전류를 I_1, I_2, I_3라 하면 전체전류는 이들의 합이므로

$$I = I_1 + I_2 + I_3 \tag{7.85}$$

가 되고, 코일 양단에 걸리는 전압은 모두 같으므로 아래의 관계식이 성립한다.

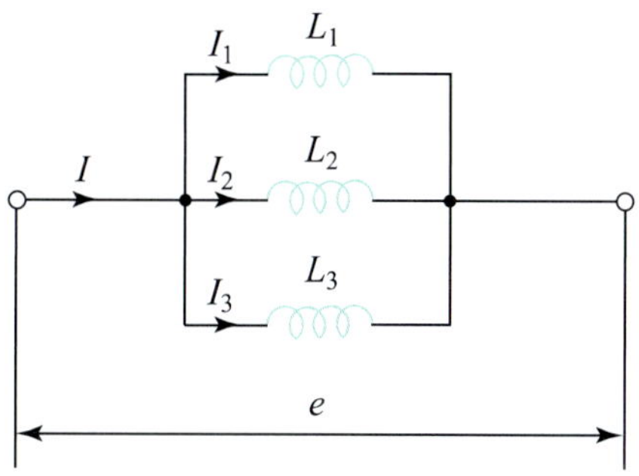

그림 7.46 인덕턴스의 병렬 연결

$$e = -L_1\frac{dI_1}{dt} = \left(-L_2\frac{dI_2}{dt}\right) = \left(-L_3\frac{dI_3}{dt}\right)$$

$$\therefore \quad \frac{dI_1}{dt} = -\frac{e}{L_1}, \quad \frac{dI_2}{dt} = -\frac{e}{L_2}, \quad \frac{dI_3}{dt} = -\frac{e}{L_3} \tag{7.86}$$

이들을 모두 더하면 $\dfrac{dI_1}{dt} + \dfrac{dI_2}{dt} + \dfrac{dI_3}{dt} = -\left(\dfrac{e}{L_1} + \dfrac{e}{L_2} + \dfrac{e}{L_3}\right)$,

위의 식을 정리하면 $\dfrac{dI_1 + dI_2 + dI_3}{dt} = \dfrac{dI}{dt} = -\left(\dfrac{1}{L_1} + \dfrac{1}{L_2} + \dfrac{1}{L_3}\right)e$ (7.87)

$e = -L\dfrac{dI}{dt}$ 이므로 $\dfrac{dI}{dt} = -\dfrac{e}{L}$ (7.88)

식 (7.87), 식 (7.88)로부터 아래의 관계식을 얻을 수 있다.

$$\frac{1}{L} = \frac{1}{L_1} + \frac{1}{L_2} + \frac{1}{L_3}$$

$$L = \frac{1}{\dfrac{1}{L_1} + \dfrac{1}{L_2} + \dfrac{1}{L_3}} \tag{7.89}$$

이상의 결과로부터 인덕턴스의 직렬 및 병렬 연결의 계산은 저항의 직렬 및 병렬 연결의 계산과 같은 방식으로 구할 수 있음을 알게 된다. 그림 7.47과 같이 인덕턴스 L_1, L_2가 직렬, L_3, L_4가 병렬로 연결된 회로의 합성 인덕턴스의 계산은 저항과 마찬가지로 아래와 같이 구한다.

$$L = L_1 + L_2 + \frac{L_3 \cdot L_4}{L_3 + L_4} \tag{7.90}$$

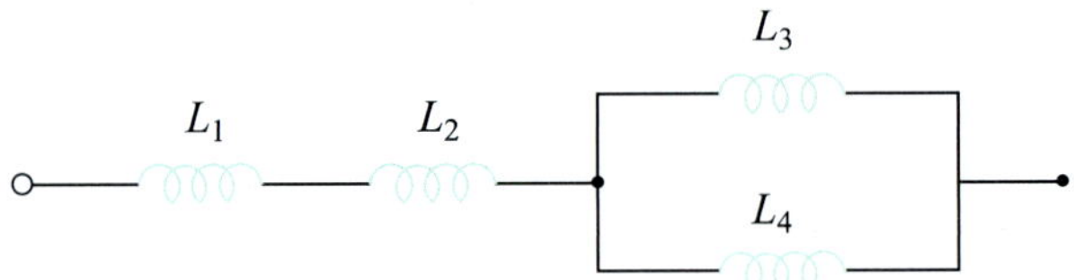

그림 7.47 인덕턴스의 직.병렬 연결

간추림

- 자계 중에 놓인 도체에 전류를 흘릴 때 도체에 작용하는 힘을 전자력(電磁力)이라 하며, 전자력의 크기 F는 자속밀도 B, 도체의 길이 l, 전류 I라 하면

$$F = BIl \ [\mathrm{N}]$$

- 플래밍의 왼손 법칙 : 전자력의 방향을 왼손으로 나타낸 법칙

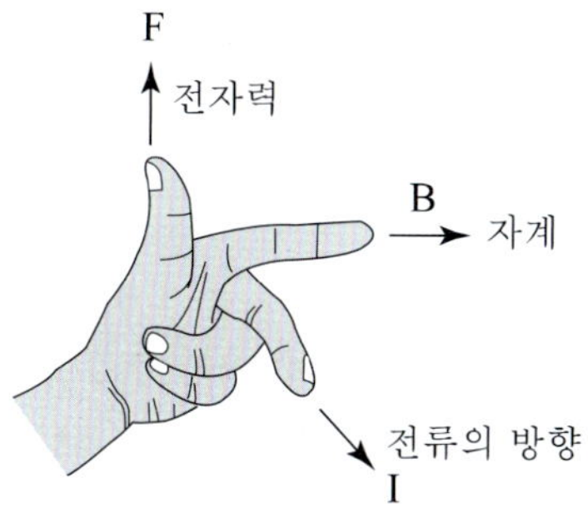

(a)

플래밍의 왼손 법칙을 이용한 대표적인 전기기기로서는 직류 전동기가 있다.

- 평행 도선에 작용하는 힘 : 거리가 r인 평행 도선에 전류 I_1, I_2를 흘릴 때 자계의 세기 H_1, H_2 및 단위 길이 당 작용하는 힘 F는 아래와 같다.

$$H_1 = \frac{I_2}{2\pi r}[\mathrm{A/m}]$$

$$H_2 = \frac{I_1}{2\pi r}[\mathrm{A/m}]$$

$$F = \frac{\mu I_1 I_2}{2\pi r}[\mathrm{N/m}]$$

- 핀치(pinch) 효과 : 액체 도체에 전류를 흘리면 원형으로 발생하는 자력선에 의해 중심으로 향하는 자기력의 생성·소멸의 반복작용으로 액체가 오므라졌다 늘어났다를 반복하는 현상.

- 홀(Hall) 효과 : 도체 또는 반도체에 전류 I와 직각방향으로 자계 B를 가하면 전류와 자계가 이루는 면에 직각으로 기전력이 발생하는 현상으로 그 크기 E는 아래와 같다.
  단. R_H는 홀 정수이고, d는 도체의 두께이다.

$$E = R_H \frac{I \ B}{d}[\mathrm{V}]$$

- 전자유도(電磁誘導) : 코일 속에 자석을 넣었다 뺏다 하면서 통과 자속을 변화시키면 코일 양단에는 자속의 시간 변화량과 코일의 권수에 비례하는 역(逆) 기전력이 발생하는 현상을 말하며, 이러한 현상은 균등자계 속에서 도체(코일)를 움직여도 마찬가지로 역 기전력이 발생한다. 이때 역 기전력의 크기 e는 아래와 같다. 단, n은 코일의 권수이다.

$$e = -n\frac{d\phi}{dt}[\mathrm{V}]$$

■ 렌츠의 법칙 : 전자유도가 일어날 때 자속의 수가 감소하면 증가하는 쪽으로, 자속의 수가 증가하면 감소하는 쪽으로 역 방향의 자속이 발생하는 현상을 말한다.

■ 플래밍의 오른손 법칙 : 전자유도에 의한 역 기전력의 방향을 나타내는 법칙으로 자속밀도를 B, 도체의 길이를 l, 도체의 움직이는 속도를 v라 하면 기전력 e는 아래와 같다.

$$e = Blv[\mathrm{V}]$$

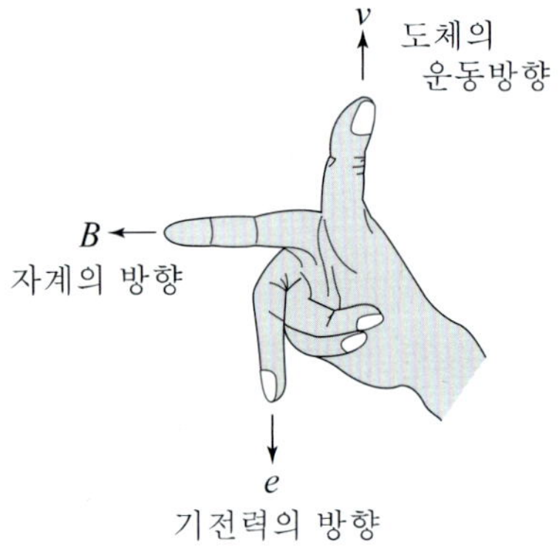

플래밍의 오른손 법칙을 이용한 대표적인 전기기기로서는 직류 발전기가 있다.

■ 와 전류 : 렌츠의 법칙에 의한 역 기전력으로 폐회로에 흐르게 되는 전류를 말한다.

■ 프랑스의 아라고(Arago)가 와 전류의 존재를 확인하기 위해 실험에 사용한 자계 속에서 회전하는 도체원판을 '아라고의 원판'이라 한다.

■ 표피효과 : 원주 도체에 흐르는 전류 대부분이 도체 표면쪽에 흐르는 현상을 말한다.

■ 자기유도 : 코일에 전류가 흐르면 렌츠의 법칙에 의해 전류의 흐름을 방해하는 역 방향의 기전력이 발생하는 현상을 말하며, 역 기전력의 크기는 전류의 시간에 따른 변화량과 자기 유도계수 즉, 자기 인덕턴스에 비례한다.

$$e = -L\frac{dI}{dt}[\mathrm{V}]$$

■ 상호유도 : 2개의 코일이 인접해 있을 때 전자유도현상에 의해 상대측에 유도 기전력을 일으키는 현상을 상호유도라 하며, 이 때의 기전력은 상호 유도계수 M과 자속의 시간에 대한 변화량에 비례한다. 그 크기 e는 아래와 같다.

$$e = -M\frac{dI}{dt}[\text{V}]$$

- 변압기는 상호유도현상을 이용한 장치로서 권수가 n_1인 한쪽 코일에 e_1의 전압을 가했을 때 권수가 n_2인 다른쪽 코일에 유도되는 전압 e_2사이의 관계식은 아래와 같다.

$$\frac{e_2}{e_1} = \frac{n_2}{n_1}, \quad e_2 = \frac{n_2}{n_1} \cdot e_1$$

- 자기 인덕턴스 : 권수 n인 코일에 전류 I가 흐를 때 쇄교하는 자속이 ϕ라면 자기 인덕턴스는 아래와 같다.

$$L = \frac{n\phi I}{I}[\text{H}]$$

- 상호 인덕턴스 : 권수 n_1인 1차 코일에 전류 I_1을 흘렸을 때 쇄교 자속 수가 ϕ_{21}이고, 권수 n_2인 2차 코일의 전류 I_2에서 쇄교 자속 수가 ϕ_2라면 상호 인덕턴스 M_{12}, M는 아래와 같다.

$$M_{12} = \frac{n_2\phi_{12}}{I_1}[\text{J}], \quad M = \frac{n_1\phi_2}{I_2}[\text{H}]$$

- 코일의 자계 에너지 : $W = \frac{1}{2}LI^2[\text{J}] = \frac{\phi^2}{2L}[\text{J}]$
- 코일의 단위체적당 에너지 : $W' = \frac{B^2}{2\mu} = \frac{1}{2}B \cdot H[\text{J/m}^3]$
- 인덕턴스 L_1, L_2의 직렬 연결 : $L = L_1 + L_2$
- 인덕턴스 L_1, L_2의 병렬 연결 : $L = \frac{L_1 . L_2}{L_1 + L_2}$

연 습 문 제

1. 코일에 전류가 흐르면 직각방향으로 발생하는 것은?
   (가) 전압 (나) 정전용량 (다) 자력선 (라) 저항

2. 자계 속에서 도선에 작용하는 전자력(電磁力)의 설명 중 맞는 것은?
   (가) 전류가 크면 커진다. (나) 전류가 작아질수록 커진다.
   (다) 도선의 길이가 작을수록 커진다. (라) 자속밀도와는 무관하다.

3. 플래밍의 왼손 법칙에 포함되지 않는 것은?
   (가) 전압 (나) 자계 (다) 전자력 (라) 전류

4. 전류가 흐르는 코일 속에 도체를 넣었다 뺐다할 때 유도되는 기전력에 대해 맞는 설명은?
   (가) 자계의 크기에 비례한다. (나) 전류의 크기에 비례한다.
   (다) 자속의 시간적 변화에 비례한다. (라) 전압의 크기에 비례한다.

5. 변압기(트랜스)는 아래의 어느 현상을 이용한 것인가?
   (가) 자기유도 (나) 상호유도 (다) 전자유도 (라) 자화

6. 도선이 자속을 자를 때 자력선의 방향, 전류, 도선에 가해지는 힘에 관한 법칙은?
   (가) 플래밍의 오른손 법칙 (나) 렌츠의 법칙
   (다) 파라디의 법칙 (라) 플래밍의 왼손 법칙

7. 코일의 자기 인덕턴스가 50[mH]이다. 이 코일에 20[ms] 사이에 전류가 4[A]의 비율로 증가했다면 코일에 유도되는 기전력은 몇 [V]가 되는가?
   (가) −0.04 (나) −10 (다) −25 (라) −100

8. 아래에서 전자유도의 법칙과 관련이 있는 법칙은?
   (가) 오른 나사의 법칙 (나) 플래밍의 왼손 법칙
   (다) 렌츠의 법칙 (라) 플래밍의 왼손 법칙

9. 전자유도에 의해 발생하는 것은?
   (가) 자계 (나) 기전력 (다) 전류 (라) 전자력

10. 플래밍의 오른손 법칙을 이용한 것은?

(가) 변압기　(나) 전자석　(다) 직류 전동기　(라) 직류 발전기

11. 자속밀도 25[T]의 균등자계 속에 길이 20[cm]의 도체를 자계와 직각으로 놓고, 전류를 0.5[A] 흘렸을 때 도체에 작용하는 전자력의 크기는 몇 [N]이 되는가?

(가) 2.5　(나) 10　(다) 25　(라) 62.5

12. 변압기에서 (　)에 의한 손실을 줄이기 위해서 성층철심을 사용한다.

(가) 표피효과　(나) 와 전류손　(다) 핀치효과　(라) 줄열

13. 아라고의 원판과 관계가 적은 것은?

(가) 동판(銅版)　(나) 자석　(다) 상호유도　(라) 적산 전력계

14. 아래의 설명 중 표피효과와 관계가 없는 것은?

(가) 도체의 표면에만 전류가 흐르는 현상이다.
(나) 도전율이 높을수록 커진다.
(다) 주파수가 커질수록 커진다.
(라) 직류에서 일어나는 현상이다.

15. 자기 인덕턴스가 100[mH]인 코일 4개를 2개는 직렬, 2개는 병렬로 연결하였을 때 합성 인덕턴스는 몇 [mH]가 되는가?

(가) 50　(나) 100　(다) 150　(라) 250

16. 자속밀도 2.5[T]의 평등자계 중에 길이 20[cm]의 도체를 자계의 방향과 직각으로 놓고, 여기에 얼마의 전류를 흘리면 전자력의 크기가 10[N]이 되는가?

17. 권수가 200회인 코일에 초당 2[Wb]의 자속이 변한다면 유도 기전력은 얼마인가?

18. 코일에 흐르는 전류가 2초 사이에 10[A] 변화했다면 코일에 발생한 자기유도 기전력은 얼마가 되는가? 단, 코일의 자기 인덕턴스 L은 20[mH]이다.

19. 철도 궤도 사이의 거리가 1.6[m]로 절연되어 있다. 철도 궤도상에서 열차가 지구 자계의 수직분력 $B=0.2\times10^{-4}$[Wb/m^2]을 절단하면서 시속 90[km/h]로 달릴 때 두 궤도 사이에 발생하는 기전력은 얼마인가?

20. 1차 권수가 250회인 트랜스(변압기)에 200[V]의 전압이 가해질 때 2차 측 코일에 16[V]의 전압을 얻고자 한다면 2차 코일의 권수는 얼마로 해야 하는가?

21. 권수가 250회, 단 면적 200[cm^2]의 공심 코일에 전류 2[A]를 흘릴 때 자계의 세기가 0.8[A/m]라면 코일의 자기 인덕턴스는 얼마인가? 단, $\mu_0 = 4\pi \times 10^{-7}$.

22. 1[m] 당 권수1500회, 단면의 반경이 2[cm]의 무한히 긴 공심 솔레노이드의 1[m] 당 자기 인덕턴스는 얼마인가? 단, $\mu_0 = 4\pi \times 10^{-7}$.

23. 그림 7.48과 같이 같은 철심에 두 개의 코일이 감겨져 있을 때 상호 인덕턴스 M은 얼마인가? 단, $L_1 = 40$[mH], $L_2 = 90$[mH], 결합계수 $k = 0.5$.

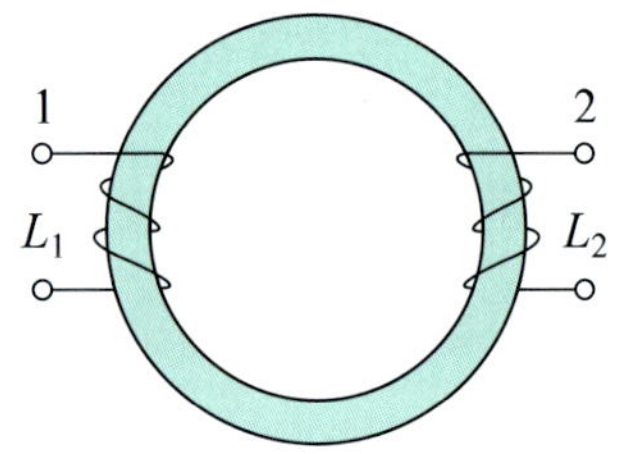

그림 7.48 상호 인덕턴스

24. 비 투자율이 1500이고, 자속밀도가 20[Wb]인 철심에 축적되는 단위 체적 당 에너지의 크기는 얼마가 되는가? 단, $\mu_0 = 4\pi \times 10^{-7}$.

25. 그림 7.49와 같이 $L_1 = 20$[mH], $L_2 = 50$[mH]인 두 코일이 결합계수 $k = 0.6$으로 연결된 상태에서 전류 20[A]를 흘리면 합성 코일에 축적되는 에너지는 얼마가 되는가?

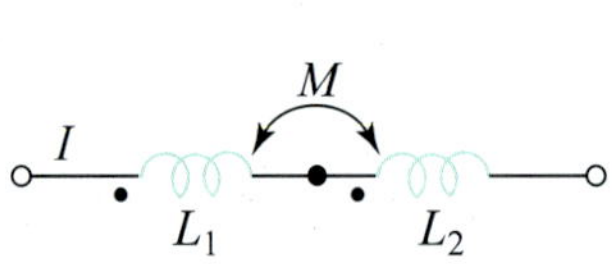

그림 7.49 인덕턴스의 연결

26. 반경이 10[cm]인 공심(空芯) 환상 솔레노이드의 길이가 60[cm], 코일의 권수가 200회라면 자기 인덕턴스는 얼마인가? 단, 공기 중의 $\mu_0 = 4\pi \times 10^{-7}$

27. 그림 7.37에서 $S = 5$[cm^2], 철심의 평균 길이 $l = 20$[cm], 권수 $n = 200$회라고 할 때 코일에 전류

10[A]를 흘리면 자계에 축적되는 에너지는 몇 [J]인가? 단, 철심의 $\mu_r = 100$이고, $\mu_0 = 4\pi \times 10^{-7}$.

28. 그림 7.50과 같이 무한히 긴 평행 직선도선 A, B에 각각 2[A], 6[A]의 전류가 흐를 때 점 P에서의 자계의 세기가 0이라면 점 P에서 도선 B까지의 거리 r_2는 얼마인가?, 단, $r_1 = 10$[cm]

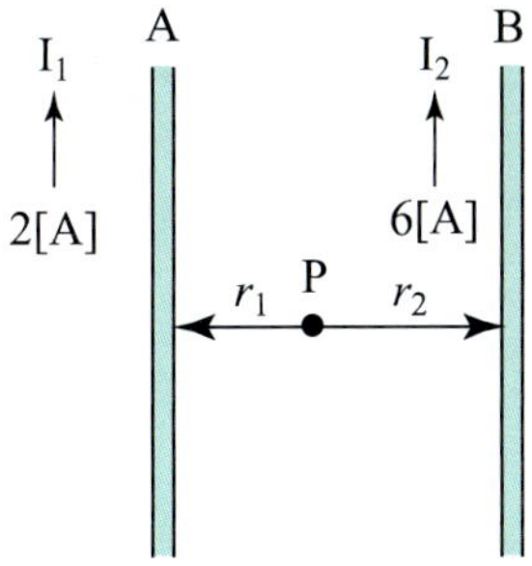

그림 7.50

29. 반경이 20[mm], 길이 50[m]인 동선의 공기 중에서의 내부 인덕턴스는 얼마인가?
단, $\mu_0 = 4\pi \times 10^{-7}$, $\mu_r \doteqdot 1$로 계산.

30. 그림 7.51과 같이 3개의 무한히 긴 전선에 각각 0.5[A]의 전류가 흐를 때 반경 20[cm]에서의 자계의 세기를 구하라.

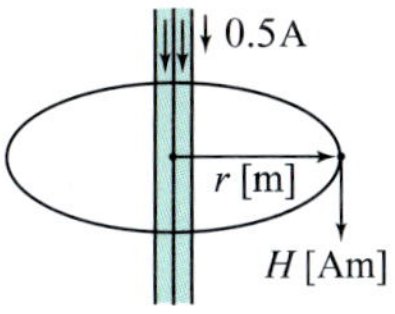

그림 7.51

자성체와 자기회로

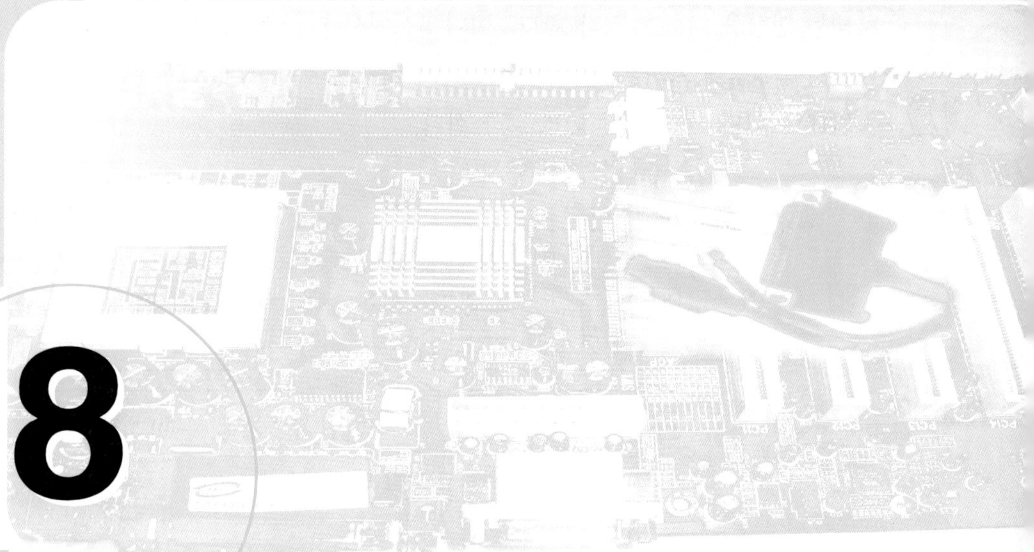

8
chapter

8.1 자성체

자계 내에 임의의 물질을 놓았을 때 자석의 성질을 띠는 물질을 자성체(磁性体), 그렇지 않은 물질을 비 자성체라 한다. 이와 같이 자계 내에서 임의의 물질이 자석의 성질을 띠게 되는 현상을 자화(磁化)라 한다. 이미 5장에서 언급했지만 그림 8.1과 같이 자계 내에 놓인 물질이 N극에 가까운 쪽이 *S*극, *S*극에 가까운 쪽이 N극으로 유도되면 상자성체(常磁性体), 반대로 되면 반자성체(反磁性体)라 한다.

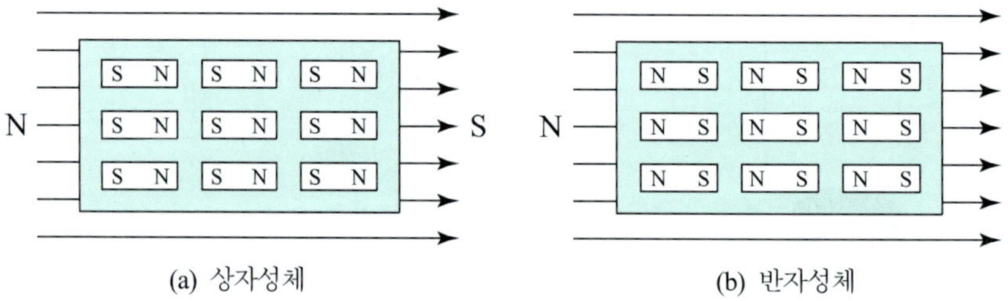

그림 8.1 자성체

자성체를 분류하면 자석을 가까이 했을 때 철(Fe)과 같은 물질은 강하게 끌리고, 알루미늄(Al)같은 물질은 약하게 끌린다. 이 때 철을 강자성체(强磁性体), 알루미늄을 상자성체라 한다. 반면 은(Au) 또는 구리(Cu) 등은 끌리는 것이 아니라 반발하는 성질을 나타나는데 이들은 앞서 5장에서 언급한 바와 같이 반자성체라 한다. 자화의 주 발생원인은 물질의 원자 궤도상에서 전자의 스핀운동에 의한 전기 쌍극자 모멘트에 관계가 있다고 밝혀져 있다. 그림 8.2(a)와 같이 자기 쌍극자가 한 방향으로 일정하게 배열된 경우가 강자성체, 그림 8.2(c)와 같이 서로 반대 방향으로 일정하게 배열된 경우가 반자성체이다.

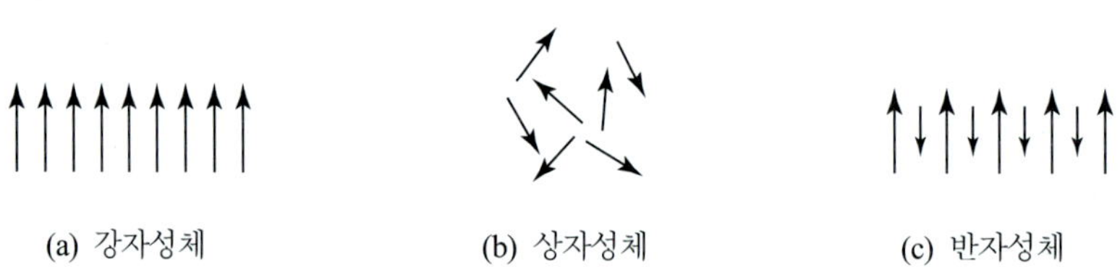

그림 8.2 자성체

토막지식

■ 페라이트(Ferrite) 코어

페라이트 자석은 산화 제2철($CoO \cdot Fe_2O_3$)을 주성분으로 하는 복합 산화물로서 1933년 OP자석에서 출발하여 현재 세계 각국에서 양산되고 있는 Ba페라이트는 1959년 Went에 의해 개발되었고, 그 후 1963년 Cochardt가 Sr페라이트를 개발하였다. 페라이트 자석은 비용 면에서나 성형 면에서 유리하므로 인덕터 코어, 스피커, 컴퓨터 메모리 코어 등 다양하게 이용되고 있는 합금 자석이라고 볼 수 있다.

8.2 자화율과 비 투자율

자화의 세기 J는 그림 8.3과 같이 자성체 내부에서 자화의 크기와 방향으로 나타내는 자화선이다. 자화선은 자성체 내부의 S극으로부터 출발하여 N극에서 끝나고, 자하가 m[Wb]이면 m개가 되므로 ±1[Wb]의 자극에서는 자화선 1개가 발생한다고 볼 수 있다.

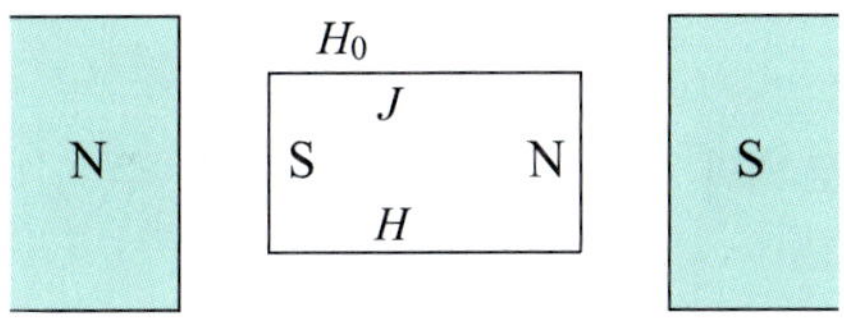

그림 8.3 자화

이미 5장의 식 (5.7)에서 J의 단위가 [Wb/m^2]이므로 자화의 세기는 단위면적의 자화선 수, 즉 자화선의 밀도와 같다. 또한 자화의 세기는 외부 자계 H_0에 의한 내부 자계 H에 비례하므로 아래와 같이 나타낼 수 있다.

$$J = \chi H[\mathrm{Wb/m^2}] \tag{8.1}$$

위의 식에서 χ(카이)는 자화율(磁化率)이라 한다. 자화율은 자성체의 종류에 따라 결정되는 양이며, 자화율에 따라 상자성체, 강자성체, 반 자성체를 아래와 같이 구분할 수 있다.

상자성체 : $0 < \chi < 1$
강자성체 : $\chi \gg 1$
반자성체 : $\chi < 0$

한편 자성체 내의 자속밀도 B는 외부자속밀도 $\mu_0 H$와 내부 자화의 세기의 합으로 나타낼 수 있으므로 아래와 같다.

$$B = \mu H = \mu_0 H + J \ [\mathrm{Wb/m^2}] \tag{8.2}$$

위의 식을 J에 관해서 풀고 정리하면

$$J = \mu H - \mu_0 H = (\mu - \mu_0) H \ [\mathrm{Wb/m^2}] \tag{8.3}$$

식 (8.1)과 식 (8.3)으로부터 아래의 관계식을 얻을 수 있다.

$$\chi = \mu - \mu_0, \quad \mu = \mu_0 + \chi \tag{8.4}$$

식 (8.4)에서 μ(뮤)를 투자율(透磁率)이라 하며, 물질 속에서 자속이 얼마나 잘 통하느냐를 나타내는 정수를 뜻한다. 또한 μ_0는 진공 또는 공기의 투자율이다. 식 (8.3)의 우 항을 μ_0으로 묶으면

$$J = \mu_0 \left(\frac{\mu}{\mu_0} - 1 \right) H = \mu_0 (\mu_r - 1) H \tag{8.5}$$

식 (8.5)에서 μ_r을 비 투자율(比透磁率)이라 하며 아래와 같다.

$$\mu_r = \frac{\mu}{\mu_0} \tag{8.6}$$

또한 식 (8.1)과 식(8.5)로부터 아래의 관계식을 얻을 수 있다.

$$\chi = \mu_0 (\mu_r - 1) \ [\mathrm{H/m}] \tag{8.7}$$

식 (8.6)을 μ로 풀면 $$\mu = \mu_0 \mu_r \tag{8.8}$$

식 (8.8)을 식 (8.2)에 대입하면 $$B = \mu_0 \mu_r H \tag{8.9}$$

식 (8.6)에서 μ대신 식 (8.4)의 $\mu_0 + \chi$를 대입하면

$$\mu_r = \frac{\mu_0 + \chi}{\mu_0} = 1 + \frac{\chi}{\mu_0} \tag{8.10}$$

식 (8.10)에서 $\chi_m = \frac{\chi}{\mu_0}$를 비 자화율(比磁化率)이라 하며, 물질이 얼마나 잘 자화가 되느냐를 나타내는 정수를 뜻한다. 비 투자율에 의한 상자성체, 강자성체, 반자성체의 구분은 아래와 같다.

상자성체 : $\mu_r > 1$

강자성체 : $\mu_r \gg 1$

반자성체 : $\mu_r < 1$

물질의 비 자화율, 비 투자율은 아래의 표 8.1과 같다.

표 8.1 물질의 비 자화율과 비 투자율

구 분	물 질	비자화율(χ_m)	비투자율(μ_r)
상자성체	진공	0	1
	공기	3.67×10^{-7}	1.000000367
	알루미늄	2.2×10^{-5}	1.000022
	백금	2.6×10^{-5}	1.000026
강자성체	철(0.2% 불순물)	5×10^{3}	5×10^{3}
	코발트	250	250
	니켈	600	600
	규소강(40% Si)	7×10^{3}	7×10^{3}
	78 퍼멀로이	10^{5}	10^{5}
반자성체	은	-2.6×10^{-5}	0.999974
	구리(동)	-0.96×10^{-5}	0.9999904
	물	-0.88×10^{-5}	0.9999912

〈주〉 비 자화율의 값이 -인 물질은 반자성체를 의미함.

예제 8.1 비투자율이 $\mu_r=1000$, 반경이 0.1[cm]인 철심에 전류를 흘렸을 때 철심 내부에서 자계의 세기가 $H=100$[AT/m]라면 철심 내부의 자속밀도, 자화율, 자화의 세기는 얼마인가? 단, $\mu_0=4\pi\times10^{-7}$

풀이 $B=\mu_0\mu_r H=4\pi\times10^{-7}\times1000\times100=4\times3.14\times10^{-2}=12.56\times10^{-2}=0.1256[\text{Wb/m}^2]$

식 (8.7)로부터 $\chi=\mu_0(\mu_r-1)=4\pi\times10^{-7}(1000-1)$

$\fallingdotseq1.254\times10^{-3}[\text{H/m}]$

따라서 자화의 세기 J는 식 (8.1)로부터

$J=\chi H=1.254\times10^{-3}\times100=1.254\times10^{-1}[\text{Wb/m}^2]$

8.3 감자력과 감자율

8.3.1 감자력

그림 8.4와 같이 H_0인 자계 속에 자성체를 놓았을 때 자성체는 외부 자계와 반대방향의 자계 H_d가 생긴다.

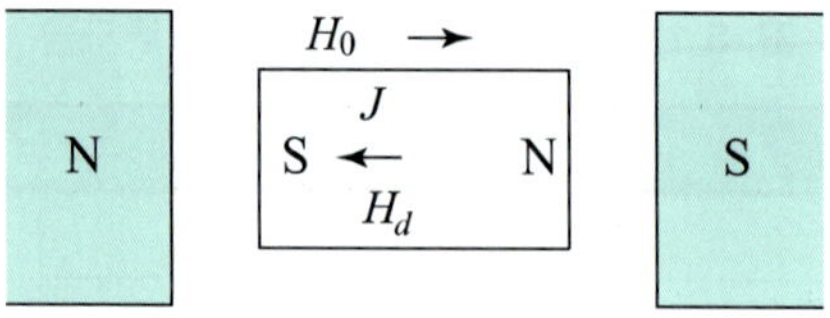

그림 8.4 감자력

따라서 실제로 자성체 내부에 작용하는 자계의 세기는 아래와 같이 H_0에서 H_d를 뺀 값이다.

$$H = H_0 - H_d \tag{8.11}$$

위의 식에서 H_d를 자계의 세기를 감소시킨 자력이라고 해서 감자력(減磁力)이라 한다. 따라서 식 (8.2)의 자속밀도 B는 아래와 같이 된다.

$$B = \mu_0(H_0 - H_d) + J \tag{8.12}$$

8.3.2 감자율

감자력 H_d는 자화의 세기에 비례하며 비례상수 N은 자성체의 형태에 따라 결정되는 값으로 $0 \leq N \leq 1$이며, H_d는 아래와 같은 식으로 나타낸다.

$$H_d = \frac{N}{\mu_0} J \tag{8.13}$$

식 (8.13)에 식 (8.1)을 대입하면

$$H_d = \frac{\chi N}{\mu_0} H \tag{8.14}$$

가 되고, 식 (8.11)로부터 $H_d = H_0 - H$이므로 식 (8.14)는 아래와 같다.

$$H_0 - H = \frac{\chi N}{\mu_0} H \tag{8.15}$$

식 (8.15)에 식 (8.7)을 대입하면

$$H_0 - H = \frac{\mu_0(\mu_r - 1)}{\mu_0} NH = (\mu_r - 1)\mathrm{NH}$$

위의 식을 N에 관해서 풀면 아래와 같다.

$$N = \frac{1}{\mu_r - 1}\left(\frac{H_0}{H} - 1\right) \quad (8.16)$$

식 (8.16)으로 표현되는 N을 감자율(減磁率)이라 하며, 환상 솔레노이드 철심 자성체의 경우 단면이 없으므로 감자율이 0이고, 가늘고 긴 막대자성체의 경우 자계와 평행으로 놓였을 때는 감자율이 거의 0에 가깝게 나타난다. 반대로 가늘고 긴 막대 자성체가 자계와 직각으로 놓인 때의 감자율은 1이 되고, 구형 자성체의 감자율은 1/3이 된다.

예제 8.2 자계 500[AT/m]에 강자성체를 놓았을 때 내부의 자계의 세기는 50[AT/m], 자화의 세기는 2.58×10^{-5}[Wb/m^2]이라면 자속밀도는 얼마로 나타나는가?
단, $\mu_0 = 4\pi\times10^{-7}$.

풀이 $B=\mu_0((H_0-H_d)\ +J = 4\pi\times10^{-7}\times(500-50)+2.58\times10^{-5}=12.56\times10^{-7}\times450+2.58\times10^{-5}$
$=(56.52+2.58)\times10^{-5}=\mathbf{5.91\times10^{-4}[Wb/m^2]}$

예제 8.3 예제 8.2에서 강자성체의 감자율은 얼마인가? 단, $\mu_r=1001$.

풀이 $H=H_0-H_d=500-50=450$이므로
식 (8.16)으로부터

$$N=\frac{1}{1001-1}\left(\frac{500}{450}-1\right)=\frac{1}{1000}\times\frac{50}{450}=\mathbf{\frac{1}{9000}}$$

토막지식

일반적으로 영구자석은 감자력에 의해 서서히 자력이 감소하지만 그림 8.5와 같이 영구자석의 N극과 S극을 철편으로 연결해 놓으면 환상형태가 되므로 감자력 현상이 일어나지 않게 된다.

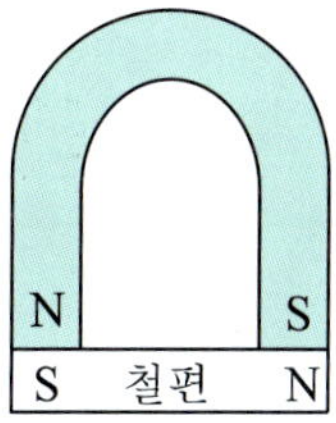

그림 8.5 영구자석의 연결

8.4 자기차폐(磁気遮蔽)

식 (8.16)을 H_0/H로 풀면 아래와 같은 식이 얻어진다.

$$\frac{H_0}{H}=N(\mu_r-1)+1 \tag{8.17}$$

위의 식에서 N이 너무 작지 않고, 비 투자율 μ_r이 아주 큰 강자성체라면 우측 항은 1보다 크게 되므로 H_0/H 또한 1보다 훨씬 커지게 된다. 즉 외부자계 H_0가 내부자계 H보다 훨씬 커지므로 상대적으로 외부자계의 변화에 대해 내부자계는 영향을 덜 받게 된다.

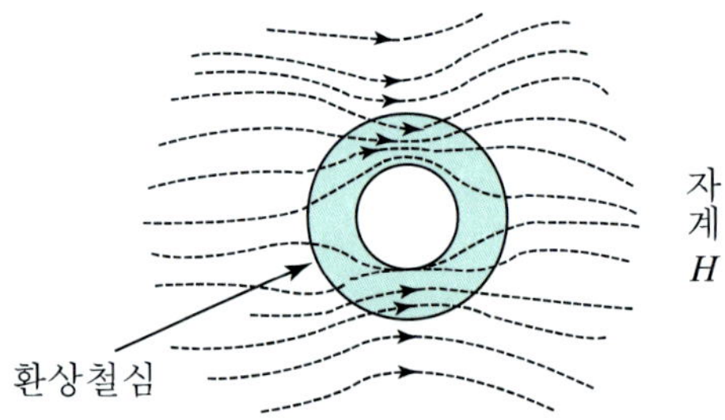

그림 8.6 자기 차폐

따라서 그림 8.6과 같이 비 투자율이 큰 강자성체로 물체를 둘러싸면 자계의 영향을 덜 받게되는데 이를 자기차폐(magnetic shielding)라 한다. 대부분의 자속은 비 투자율이 큰 환상철심의 내부를 통과하고 철심 안쪽에는 거의 자속이 통과하지 않게 되므로 자기적으로 차폐(遮蔽)가 된다. 정전계의 정전차폐는 도체를 사용하여 외부 전계의 영향을 완전히 막을 수 있지만 자계에서는 비 투자율이 무한대인 자성체가 존재하지 않으므로 완전한 자기차폐는 불가능하다.

8.5 자화곡선

그림 8.7(a)와 같이 코일의 내부가 공기인 경우에는 전류를 증가시켜 자계 H를 증가시켜 가면 이에 비례해서 자속밀도 B도 증가하게 된다. 그러나 그림 8.7(b)와 같이 자화되어 있지 않은 철과 같은 자성체에 코일을 감아서 자화시킬 때 자계의 세기 H를 증가시켜도 어느

이상에서는 자속밀도 B가 더 이상 증가하지 않고 포화되는 성질이 있다. 이 관계를 나타낸 것이 그림 8.7(c)이며, 이러한 곡선을 자화곡선 또는 B-H곡선이라 한다. 그림 8.7(a)의 공심 코일에서의 자속밀도를 B_0라하면 그림 8.7(b)의 자심 코일에서의 자속밀도 $B=\mu_r B_0$로 나타낼 수 있다. 자성체가 자계 내에 놓였을 때의 자속밀도 또는 자화의 세기는 아래와 같은 관계식으로 나타낸다.

$$B=\mu H,\ J=\chi H$$

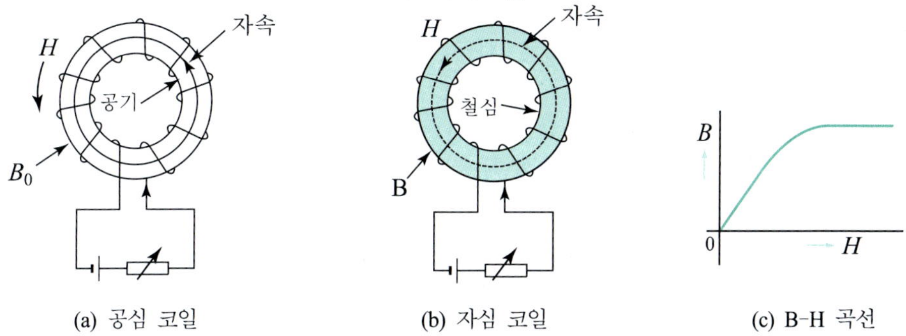

그림 8.7 자화특성과 B-H 곡선

그러나 강자성체의 경우에는 상자성체와 달리 μ또는 χ값이 H에 따라 변하므로 자속밀도와 자화의 세기는 자계의 세기에 비례하지 않는다. B는 H가 작은 초기곡선에서는 다소 비례하는 것처럼 보이지만 어느 크기 이상에서는 완만하게 증가한 뒤 포화되기 시작하게 되는데 이러한 현상을 자기포화(磁氣飽和)라 한다. 자기포화가 일어나는 이유는 강자성체의 경우 자기 쌍극자(자기 모멘트)의 배열이 초기에는 자계의 세기에 의해 강제적으로 진행되지만 일단 배열을 취한 후에는 자계의 세기를 증가시켜도 더 이상 자화의 세기에는 영향을 주지 않기 때문이라고 볼 수 있다. 따라서 자화의 세기에 대한 J–H곡선도 B–H곡선과 거

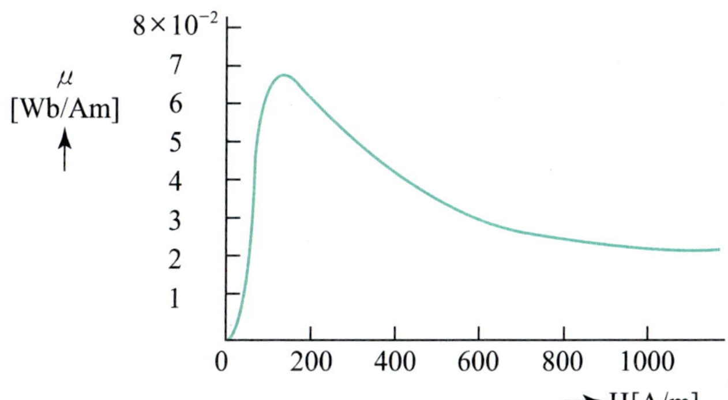

그림 8.8 철의 H–μ곡선

의 비슷하다. 그림 8.7(c)의 자화곡선은 철에 대한 예를 들었지만 일반적으로 강자성체에 대한 B-H곡선은 비슷한 양상을 갖는다. 참고로 철에 대한 자계의 세기 H에 대한 투자율 μ의 곡선은 그림 8.8과 같다.

8.6 자기 히스테리시스 현상

8.6.1 히스테리시스 곡선

그림 8.9에서와 같이 강자성체에 자계를 증가시켜 가면 그림 8.9의 o-a곡선처럼 자속밀도가 증가한 뒤 a점에서 자기포화에 도달한다. 그러나 자계를 감소시켜 $H=0$이 되어도 B는 0이 되지 않고 b점에 머물러 일정한 크기의 자속밀도가 남게되며, 이를 잔류자기(殘留磁氣) B_r이라 한다.

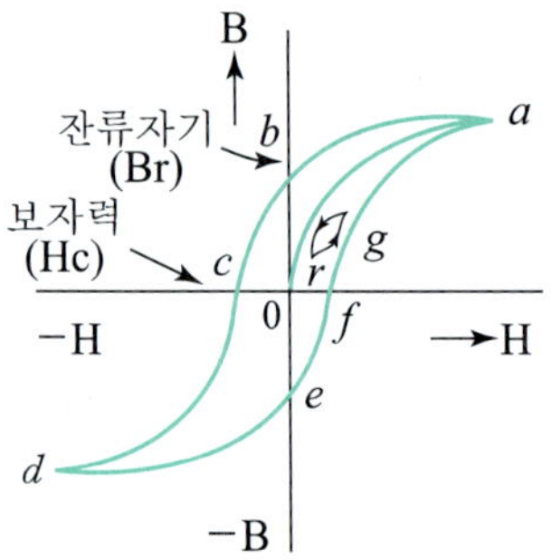

그림 8.9 히스테리시스 곡선

자속밀도 B를 0으로 만들자면 역방향 자계 $-H$를 c점까지 가해주어야 되며, 이때 o-c 크기의 역방향 자계의 세기를 보자력(保磁力) H_c라 한다. 역방향 자계의 세기를 더욱 증가시켜 d점에서 다시 자기포화상태에 도달하고, 다시 $-H$를 감소시켜 나가면(자계를 증가시켜 가면) $H=0$에서 −잔류자기의 e점에 도달한 뒤 + 보자력 f점을 거쳐서 자기포화점 a에 복귀하게 된다. 결국 자화곡선은 o→a→b→c→d→e→f→a의 폐로(loop)를 그리게 되며, 이 곡선을 히스테리시스 곡선(hysteresis curve)이라 한다.

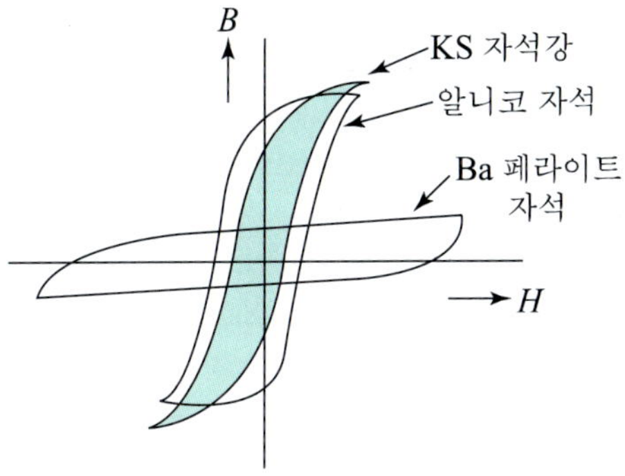

그림 8.10 각 자석재료의 히스테리시스 곡선

이상의 내용을 정리하면 강자성체에 가해지는 자계의 세기를 증가시켜 자화의 세기 또는 자속밀도가 포화상태에 도달한 뒤 자계를 제거해도 자속밀도는 0이 되지 않고, 자성체 과거의 자기상태(磁氣狀態) 즉 자기이력(magnetic hysteresis)에 따라 결정되며, 이러한 현상을 자기 히스테리시스 현상이라 한다. 그림 8.10은 KS자석강, 알니코 자석, Ba페라이트 자석에 대한 B-H곡선이다. 일시적인 자석을 만드는 전자석의 용도에는 잔류자기가 크고, 보자력이 작은 자성체가 적합하고, 잔류자기와 보자력이 큰 자성체가 영구자석의 용도에 적합하다. 영구자석의 재료는 그림 8.11의 (a)와 같이 히스테리시스 면적이 큰 경철(硬鐵)이 적합하고, 전자석이나 철심 등에 사용되는 자심재료로서는 그림 8.11의 (b)와 같이 히스테리시스 면적이 좁은 연철, 규소강판 등을 주로 사용한다.

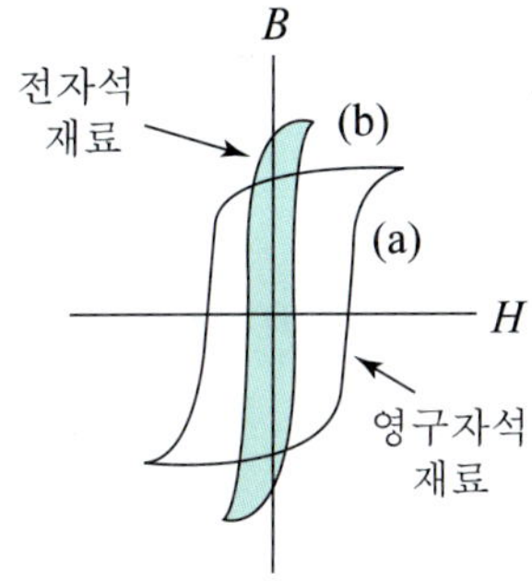

그림 8.11 강자성체의 히스테리시스 곡선

표 8.2는 여러 가지 자성체에 대한 잔류자기와 보자력을 나타낸다.

표 8.2 자성체의 잔류자기와 보자력

자성체	성분(%)	잔류자기(B_r) [Wb/m^2]	보자력(H_c) [AT/m]
탄소강	Fe : 98, C : 0.86, Mn : 0.9	0.95	3.6×10^3
코발트강	Fe : 52, Co : 36, Ni : 7 Cr : 3.5, Mn : 0.5, C : 0.7	0.95	1.8×10^4
알니코2	Fe : 55, Al : 10, Ni : 17 Co : 12, Cu : 6	0.76	4.2×10^4
알니코5	Fe : 51, Co : 14, Ni : 14 Al : 8, Cu : 3	1.25	4.4×10^4

8.6.2 히스테리시스 손(損)

앞 장에서 설명한 바와 같이 자계의 단위 체적 당 축적되는 에너지는

$$w' = \frac{1}{2\mu}B^2[\text{J/m}^3] \tag{8.18}$$

자속밀도가 B에서 미소량 증가해서 $B+dB(\triangle B)$가 되었을 때의 에너지 밀도를 $w'+dw'$라 하면

$$w'+dw' = \frac{1}{2\mu}(B+dB)^2 = \frac{1}{2\mu}(B^2+2BdB+dB^2) \tag{8.19}$$

위의 식에서 dB^2은 아주 작은 값이므로 무시하고 이 식에 (8.18)을 대입하면

$$\frac{1}{2\mu}B^2+dw' = \frac{1}{2\mu}B^2+\frac{1}{\mu}BdB$$

으로부터 아래의 관계식을 얻을 수 있다.

$$dw' = \frac{1}{\mu}BdB[\text{J/m}^3] \tag{8.20}$$

식 (8.20)에 적분을 취하면

$$w' = \int dw' = \frac{1}{\mu}\int_0^B BdB = \frac{1}{2}\cdot B\cdot\frac{B}{\mu}[\text{J/m}^3]$$

위의 식에서 $B/\mu=H$이므로 아래와 같이 정리할 수 있다.

$$w' = \frac{1}{2}BH[\text{J/m}^3] \tag{8.21}$$

식 (8.21)의 우변은 히스테리시스 곡선의 면적을 말한다. 따라서 강자성체가 1초 동안에 히스테리시스 곡선을 f회 반복한다면 아래와 같은 단위 체적 당 열(熱)이 발생한다.

$$P = f \cdot w' [\mathrm{W/m^3}] \tag{8.22}$$

전기기기에 많이 사용되는 강자성체에서는 위의 크기에 해당하는 열을 발생하며, 이를 히스테리시스 손이라 한다. 히스테리시스 손을 작게 하자면 히스테리시스 곡선의 면적이 작은 재질의 자성체를 사용하면 된다. 규소강판은 바로 이러한 요구를 만족시키도록 철(Fe)에 수 %의 규소(Si)를 함유시킨 재질로서 주로 변압기에 사용되고 있다.

8.7 자기회로

그림 8.12와 같이 환상(環狀) 철심 코일에 전류가 흐르면 자속 ϕ가 발생한다. 이 때 자속을 발생시키는 힘을 기자력(起磁力)이라 하고, F_m으로 나타내며, 그 단위는 [AT]이다. 자속은 코일의 권수 n과 코일에 흐르는 전류에 비례한다. 따라서 권수 n인 코일에서의 기자력 F_m은 nI라고 말할 수 있다. 또한 자속의 발생을 방해하는 크기를 자기저항(磁氣抵抗) R_m이라 하고, 그 단위는 [AT/Wb] 또는 $[\mathrm{H^{-1}}]$이다. 그림 8.12와 같이 자기회로(磁氣回路) 또는 자로(磁路)는 전류가 흘러 기자력이 발생하고, 거기에 자기저항이 연결될 때 자속이 발생한다. 권수 n인 코일에서의 기자력 F_m과 자기저항 R_m은 아래와 같다.

$$F_m = nI\,[\mathrm{AT}] \tag{8.23}$$

$$R_m = \frac{l}{\mu S}[\mathrm{H^{-1}}] \tag{8.24}$$

단, l : 자기회로의 길이[m], S : 철심의 단면적[$\mathrm{m^2}$], μ : 철심의 투자율[H/m]

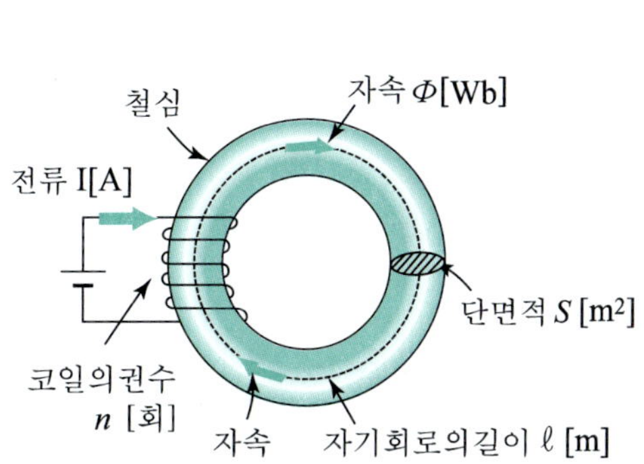

그림 8.12 자기회로

그림 8.13은 자성체에서의 자기저항 R_m과 도체에서의 전기저항 R을 비교해서 나타낸 것이다. 계산식에서 분모에 전기저항인 경우 σ, 자기저항인 경우 투자율 μ가 들어가 있는 점이 다르다.

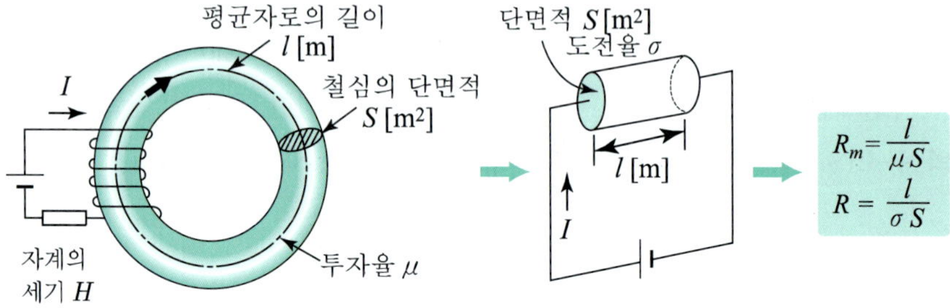

그림 8.13 자기저항과 전기저항의 비교

예제 8.4 그림 8.12에서 코일의 권수가 20회, 전류가 5[A]흐를 때 기자력은 얼마인가?

풀이 식 (8.23)으로부터

$$F_m = nI = 20 \times 5 = 100[\text{AT}]$$

8.7.1 자기회로의 옴의 법칙

다시 그림 8.12에서 자계의 세기가 H라면 암페어의 주회적분의 법칙을 적용하면

$$Hl = nI \tag{8.25}$$

식 (8.25)를 H에 관해서 풀면

$$H = \frac{nI}{l}[\text{A/m}] \tag{8.26}$$

가 된다. 한편 자속밀도 $B = \frac{\phi}{S}$이므로 자속은 아래의 관계식으로 나타낼 수 있다.

$$\phi = BS$$

$B = \mu H$이므로

$$\phi = \mu HS[\text{Wb}] \tag{8.27}$$

식 (8.27)에 식 (8.26)을 대입하면

$$\phi = \frac{\mu nIS}{l} = \frac{nI}{\frac{l}{\mu S}}[\text{Wb}] \tag{8.28}$$

식 (8.28)에 식 (8.23), 식 (8.24)를 대입하면 아래의 관계식이 얻어진다.

$$\phi = \frac{F_m}{R_m} \text{[Wb]} \tag{8.29}$$

식 (8.29)를 자기회로의 옴의 법칙이라 한다. 「자속 ϕ는 기자력 F_m에 비례하고, 자기저항 R_m에 역비례한다.」 식 (8.29)를 R_m에 관해서 풀면 아래와 같다.

$$R_m = \frac{F_m}{\Phi} [\text{H}^{-1}] \tag{8.30}$$

예제 8.5 그림 8.12의 자기회로에서 코일의 권수가 40회, 전류가 2[A] 흐를 때 자속이 5[Wb]라면 자기저항은 몇 [H^{-1}]인가?

풀이 $F_m = nI = 40 \times 2 = 80$[A]이므로 식 (8.30)으로부터

$$R_m = \frac{F_m}{\phi} = \frac{80}{5} = 16[\text{H}^{-1}]$$

8.7.2 자기회로의 키르히호프의 법칙

자기회로에서도 전기회로에서와 마찬가지로 아래와 같이 키르히호프의 법칙이 적용된다.

1. 자기회로의 결합점에서 유입하는 자속의 대수합은 0이다.

$$\sum_i \phi_i = 0 \tag{8.31}$$

2. 임의의 폐 자기회로에서 자기저항과 자속의 곱에 대한 대수합은 기자력의 대수합과 같다.

$$\sum_i R_i \phi_i = \sum_i n_i I_i \tag{8.32}$$

8.7.3 공극과 자기저항

그림 8.14(a)는 철심이 폐로(閉路)를 형성해 있는 경우이고, 그림 8.14(b)는 철심 끝단에 공기 공극(空隙 : air gap)이 형성되어 있는 경우이다. 그림 8.14(b)에서의 자기저항은 철심부 저항 R_i와 공기 공극부 저항 R_a의 합 R_i+R_a가 전체 저항이 된다. 두 경우의 단 면적과 길이(공극 포함)가 같다고 가정하고, 그림 8.14(a)의 자기저항이 R이라 할 때, 철심 전체 길이의 1/10이 공극으로 되어 있다면 $R_i = 0.9R$이고, 나머지 $R_a = 0.1R$이 공기 공극부의 자기저항이다.

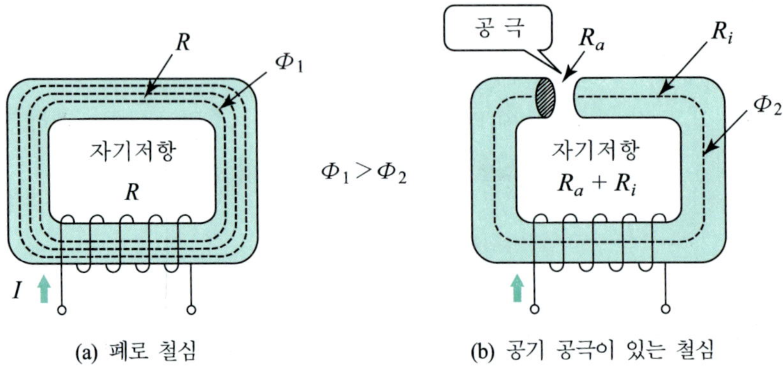

그림 8.14 공기 공극과 자기저항

철심의 비투자율이 500이라고 가정할 때 공기의 비투자율은 1이므로

$$R_m = \frac{l}{\mu_0 \mu_r S}$$

로부터 공기 공극부의 자기저항은 철심 쪽보다 500배가 커지므로 공기 공극부의 자기저항 $R_a = (0.1R) \times 500 = 50R$이 된다. 따라서 전체 저항은 $R_i + R_a = 0.9R + 50R = 50.9R$이 되어 그림 8.14(a)보다 거의 51배가 커지므로 통과되는 자속의 수는 훨씬 적게 됨을 알 수 있다.

따라서 공기 공극의 간격은 가능하면 짧게 할수록 자기저항이 작아짐을 알 수 있다. 그림 8.15는 공극이 있는 자기회로와 등가인 전기회로와, 자속, 전류의 관계식을 나타낸다.

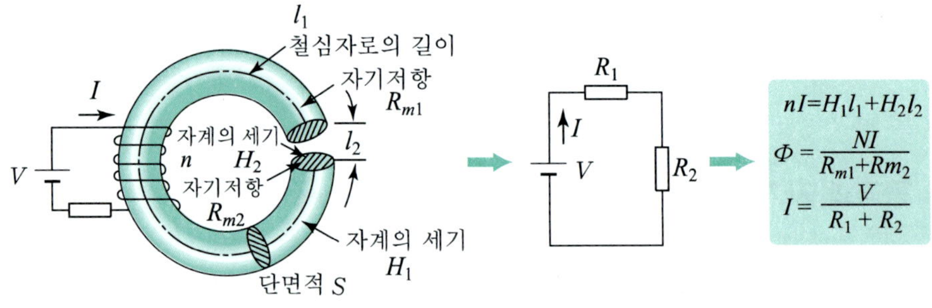

그림 8.15 공기 공극과 자기저항

그림 8.16과 같은 환상 솔레노이드의 코일에 전류가 흘러서 자속이 철심을 통과하는 경우에 일부의 자속은 철심 밖으로 나오는 자속이 있으며, 이를 누설자속(漏泄磁束)이라 한다.

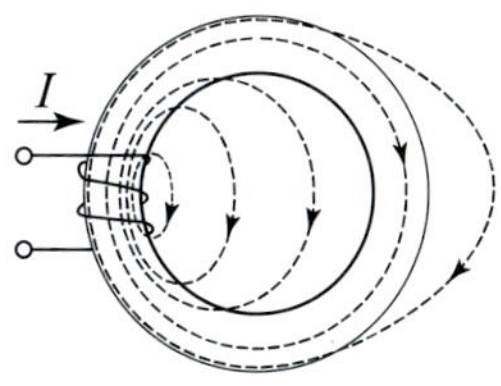

그림 8.16 누설자속

누설자속은 철심뿐만 아니라 적기는 하지만 공극 속에서도 존재하며, 공극이 커질수록 증가한다. 누설자속을 차단하기 위해서는 그 주위를 강자성체로 싸준다(자기차폐).

예제 8.6 그림 8.12에서 철심의 비 투자율이 2000[H/m], 단면적이 1[cm^2], 길이20[cm], 코일의 권수가 400회, 전류가 10[A] 흐를 때 자기저항과 자속은 얼마가 되는가?

풀이 식 (8.21)에서 μ 대신 $\mu_0\mu_r$을 대입하면

$$R_m = \frac{l}{\mu_0\mu_r S} = \frac{0.2}{4\pi\times10^{-7}\times2\times10^3\times10^{-4}} = \frac{100}{12.56}\times10^5$$

$$\fallingdotseq 7.96\times10^5[\mathrm{A/Wb}]$$

$$F_m = nI = 400\times10 = 4000 = 4\times10^3[\mathrm{A}]$$

$$\therefore \phi = \frac{F_m}{R_m} = \frac{4\times10^3}{7.96\times10^5} \fallingdotseq 5\times10^{-3}[\mathrm{Wb}]$$

예제 8.7 그림 8.14(b) 에서 공기 공극의 길이가 전체의 1/20이라면 그림 8.14(a)에 비해 자기저항은 얼마나 더 커지는가? 단, 철심의 비 투자율은 200이라고 함.

풀이 그림 8.14(a)의 전체 자기저항을 R이라 하고, 그림 8.14(b)의 자기저항을 R'라 하자.

$$R' = 0.95R + (0.05R)\times200 = (0.95+10)R \fallingdotseq 10.95R$$

따라서 **$10.95R - R = 9.95R$만큼 더 커진다.**

예제 8.8 그림 8.15의 좌측 자기회로 에서 공기 공극의 길이 $l_2 = 3$[mm], 단 면적 $S = 5$[cm^2]이라면 공극에서의 자기저항 R_2는 얼마인가? 단, $\mu_0 = 4\pi\times10^{-7}$

풀이

$$R_2 = \frac{l_2}{\mu_0 S} = \frac{3\times10^{-3}}{4\times3.14\times10^{-7}\times5\times10^{-4}} \fallingdotseq 4.78\times10^6[\mathrm{H}^{-1}]$$

8.7.4 전기회로와 자기회로의 비교

그림 8.17은 자기회로와 전기회로를 비교해서 나타낸 것이다. 자속은 전류, 기자력 nI는 전압(기전력), 자기저항 R_m은 전기저항 R과 대응관계임을 알 수 있다.

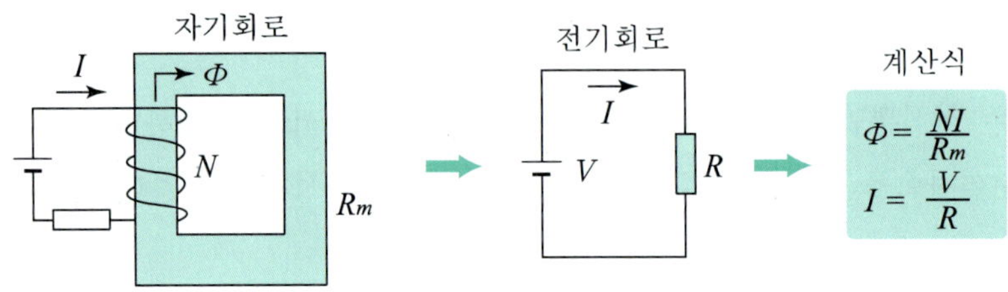

그림 8.17 자기회로와 전기회로의 비교

표 8.3은 전기회로와 자기회로의 대응관계를 나타낸 것이다.

표 8.3 전기회로와 자기회로의 비교

전기회로		자기회로	
기전력	V[V]	기자력	F_m[A]또는 F_m[AT]
전류	I[A]	자속	ϕ[Wb]
전류밀도	J[A/m^2]	자속밀도	B[T]
전기저항	R[Ω]	자기저항	R_m[H^{-1}] 또는 R_m[A/Wb]
전계	E[V/m]	자계	H[A/m]
도전율	σ [S/m]	투자율	μ[H/m]
옴의 법칙	$I=\dfrac{V}{R}$[A]	옴의 법칙	$\phi=\dfrac{F_m}{R_m}$[Wb]
	$V=IR$[V]		$F_m=\phi R_m$[A]

8.8 직렬 자기회로

자기회로에서는 철심 및 공극을 조합해서 전기회로와 마찬가지로 직렬, 병렬 및 직·병렬로 구성해서 전기회로의 취급과 같은 법칙을 사용하는 경우가 많다. 그림 8.18(a)는 직렬 자기회로의 대표적인 예로서 이의 등가적인 전기회로는 그림 8.18(b)와 같다. 그림 8.18(b)

에서 철심의 자기저항 R_1과 공기 공극 자기저항 R_2의 합성 자기저항 R은 아래와 같다.

$$R = R_1 + R_2 = \frac{l_1}{\mu_1 S} + \frac{l_2}{\mu_2 S} [\mathrm{H}^{-1}] \tag{8.33}$$

식 (8.33)에서 μ_2는 공기의 투자율로서 $4\pi \times 10^{-7}$을 대입하며, 철심의 투자율 μ_1에 비해 훨씬 작은 값이다.

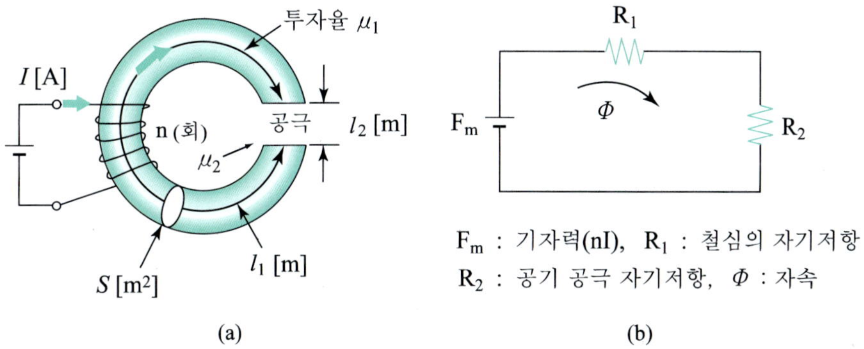

그림 8.18 직렬 자기회로

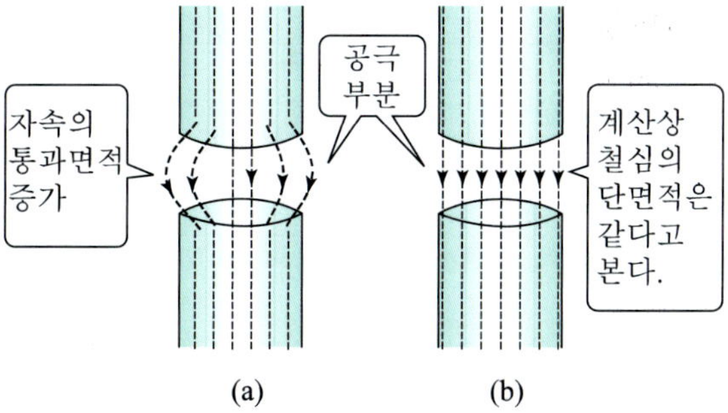

그림 8.19 공기 공극부의 자속

공기 공극부는 그림 8.19(a)와 같이 철심 밖의 공기 중에서는 등가적으로 자속의 통과면적이 늘어나는 것으로 간주하여 마치 그림 8.19(b)처럼 철심 속 같은 단 면적을 통과하지만 계산상으로는 자속 수가 감소(자기저항이 증가)한 것으로 다룬다.

그림 8.19(a)의 직렬 자기회로에서 코일의 권수가 n, 코일에 흐르는 전류가 I라면 직렬 자기회로의 전체 자속 ϕ는 아래와 같다.

$$\phi = \frac{nI}{\dfrac{l_1}{\mu_1 S} + \dfrac{l_2}{\mu_2 S}} \tag{8.34}$$

위의 식을 nI로 정리하면

$$nI=\phi\left(\frac{l_1}{\mu_1 S}+\frac{l_2}{\mu_2 S}\right)=\frac{\phi}{S}\left(\frac{l_1}{\mu_1}+\frac{l_2}{\mu_2}\right) \tag{8.35}$$

$\frac{\phi}{S}=B$, $B=\mu H$, $H=\frac{B}{\mu}$로부터 식 (8.35)를 아래와 같이 다시 고쳐 쓸 수 있다.

$$F_m=nI=B\left(\frac{l_1}{\mu_1}+\frac{l_2}{\mu_2}\right) \tag{8.36}$$

$$=H_1\ l_1+H_2\ l_2\,[\mathrm{AT}] \tag{8.37}$$

식 (8.37)에서 H_1은 철심 내, H_2는 공기 공극 내에서의 자계의 세기이다.

예제 8.9 그림 8.15(a)와 같은 공기 공극이 있는 환상 철심에서 철심의 단 면적 $S=2[\mathrm{cm}^2]$, $l_1=10[\mathrm{cm}]$, $l_2=2[\mathrm{mm}]$, 철심의 비투자율 $\mu_r=500$이라면 자기저항 R_m은 얼마인가? 단, $\mu_0=4\pi\times10^{-7}$

풀이 식 (8.24)로부터

$$R_1=\frac{l_1}{\mu_0\mu_r S}=\frac{10\times10^{-2}}{4\pi\times10^{-7}\times5\times10^2\times2\times10^{-4}}$$

$$=\frac{10^7}{4\times3.14}=\frac{100}{12.56}\times10^5\fallingdotseq7.96\times10^5[\mathrm{H}^{-1}]$$

$$R_2=\frac{l_2}{\mu_0\mu_r S}=\frac{2\times10^{-3}}{4\times3.14\times10^{-7}\times1\times2\times10^{-4}}=$$

$$=\frac{1000}{12.56}\times10^5\fallingdotseq79.6\times10^5[\mathrm{H}^{-1}]$$

$$\therefore\ R_m=R_1+R_2=(7.96+79.6)\times10^5=8.756\times10^6[\mathrm{H}^{-1}]$$

8.9 직 · 병렬 자기회로

그림 8.20(a)는 자기저항 R_1, R_2와 R_3를 갖는 철심 자기회로를 직렬 및 병렬로 연결한 직·병렬 자기회로를 나타낸다. 그림 8.20(b)는 그 등가 자기회로이다.

각 지로(枝路)의 저항 R_1, R_2, R_3은 아래와 같다.

$$R_1=\frac{l_1}{\mu S_1},\ R_2=\frac{l_2}{\mu S_2},\ R_3=\frac{l_3}{\mu S_3} \tag{8.38}$$

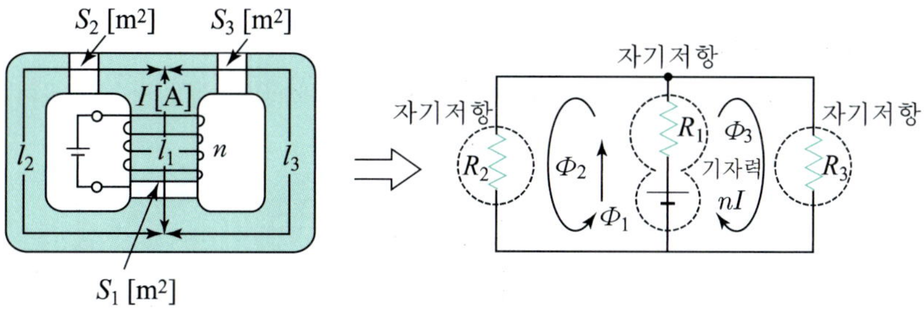

그림 8.20 직·병렬 자기회로

R_2, R_3은 병렬연결, R1은 이들과 직렬로 연결되어 있으므로 합성저항은 아래와 같다.

$$R = R_1 + \frac{R_2 R_3}{R_2 + R_3} = \frac{l_1}{\mu S_1} + \frac{1}{\mu}\left(\frac{l_2\, l_3}{l_2 S_3 + l_3 S_2}\right) \tag{8.39}$$

자기회로의 옴의 법칙에 의해

$$\phi_1 = \frac{nI}{R} = \frac{nI}{\dfrac{l_1}{\mu S_1} + \dfrac{1}{\mu}\left(\dfrac{l_2\, l_3}{l_2 S_3 + l_3 S_2}\right)} \tag{8.40}$$

분류하는 자속 ϕ_2, ϕ_3은 아래와 같다.

$$\phi_2 = \phi_1 \times \frac{R_3}{R_2 + R_3} \tag{8.41}$$

$$\phi_3 = \phi_1 \times \frac{R_2}{R_2 + R_3} \tag{8.42}$$

기자력 $F_m = nI$는 아래와 같이 나타낼 수 있다.

$$F_m = nI = \frac{\Phi_1}{\mu}\left[\frac{l_1}{S_1} + \left(\frac{l_2\, l_3}{l_2 S_3 + l_3 S_2}\right)\right] \tag{8.43}$$

예제 8.10 그림 8.21과 같은 형상의 철심에 코일을 300회 감고, 여기에 6[A]의 전류가 흐른다. 철심 1[m] 당 자기저항이 $2\times10^6[H^{-1}]$라면 이 솔레노이드내의 자속의 크기는 얼마가 되는가? 단, $l_1=50[cm], l_2=110[cm], l_3=90[cm]$

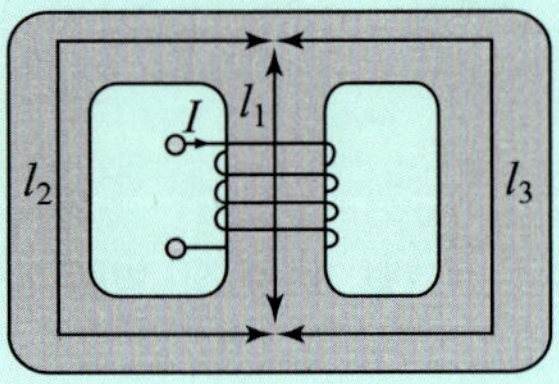

그림 8.21

풀이 그림 8.20의 직.병렬 등가회로는 그림 8.22와 같다. 철심 1[m] 당 자기저항은 $2\times10^6[H^{-1}]$이므로 지로 l_1, l_2, l_3 에서의 자기저항 R_1, R_2, R_3는 아래와 같이 된다.

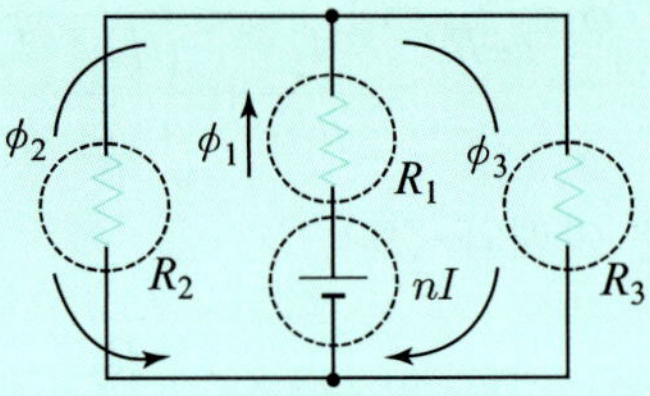

그림 8.22

$$R_1=2\times10^6\times50\times10^{-2}=1.0\times10^6[H^{-1}]$$
$$R_2=2\times10^6\times110\times10^{-2}=2.2\times10^6[H^{-1}]$$
$$R_3=2\times10^6\times90\times10^{-2}=1.8\times10^6[H^{-1}]$$

솔레노이드의 합성저항 R은

$$R=\left(1.0+\frac{2.2\times1.8}{2.2+1.8}\right)\times10^6=1.99\times10^6[H^{-1}]$$

따라서 자속 $\phi=nI/R$이므로

$$\phi_1=\frac{nI}{R}=\frac{300\times6}{1.99\times10^6}\fallingdotseq9.05\times10^{-4}[Wb]$$
$$\phi_2=\phi_1\times\frac{R_3}{R_2+R_3}=9.05\times10^{-4}\times\frac{1.8}{4.0}\fallingdotseq4.07\times10^{-4}[Wb]$$
$$\phi_3=\phi_1\times\frac{R_2}{R_2+R_3}=9.05\times10^{-4}\times\frac{2.2}{4.0}\fallingdotseq4.98\times10^{-4}[Wb]$$

간추림

- 자화(磁化) : 물질이 자계 내에 놓였을 때 자성을 띠게 되는 현상.
- 자성체 : 자화가 될 수 있는 물질.
- 상자성체 : N극에 가까운 쪽에 S, S극에 가까운 쪽에 N으로 자화되는 자성체.
- 반 자성체 : N극에 가까운 쪽에 N, S극에 가까운 쪽에 S로 자화되는 자성체.
- 강자성체 : 강하게 자화되는 물질(예 : 철, 코발트, 니켈 등).
- 자화율 : 자계의 세기에 따라 얼마나 잘 자화되는 가를 나타내는 정수로서 자성체의 물리적 상태에 따라 결정되는 값으로 자화의 세기를 J, 자계의 세기를 H라 하면 자화율 $\chi = \dfrac{J}{H}$ 이다.
- 투자율 : 물질 속에서 자속이 얼마나 잘 통과하느냐를 나타내는 정수로서 자속밀도를 B, 자계의 세기를 H라 하면 투자율 $\mu = \dfrac{B}{H}$ 이다.
- 비 투자율 : 물질의 공기에 대한 상대적인 투자율로서 공기의 투자율을 μ_0, 물질의 투자율을 μ라 하면 비 투자율 $\mu_r = \dfrac{\mu}{\mu_0}$ 이다.
- 비 자화율 : 물질이 얼마나 잘 자화되는가를 나타내는 정수로서 비자화율 $\chi_m = \dfrac{\chi}{\mu_0}$ 이다.
- 감자력 : 자성체를 자계 속에 놓았을 때 자성체 내부에 외부자계와 반대방향으로 생기는 자계의 세기
- 감자율 : 자성체 내부에 얼마의 감자력이 생기는 가를 나타내는 정수로서 감자율 N은 $0 \le N \le 1$이고, 솔레노이드 철심 자성체의 감자율은 0, 가늘고 긴 막대 자성체를 직각으로 놓을 때 감자율은 1이다.
- 자기차폐 : 투자율이 큰 강자성체로 물질을 둘러싸면 외부 자계의 영향이 감소되는 현상.
- 자화곡선 : 자계의 세기에 따른 자속밀도의 크기를 나타내는 곡선으로서 자계의 세기가 어느 값 이상으로 증가되면 자속밀도는 포화되어 더 이상 증가하지 않는다.
- 자기 히스테리시스 현상 : 자화곡선에서 자계의 세기를 증가시켜 자속밀도가 포화된 뒤 자계의 세기를 감소시켜 $H=0$이 되어도 자속밀도 B는 0이 되지 않고 일정 값을 가지며, 자속밀도는 H에 의해서만 결정되는 것이 아니라 자성체 과거의 자기이력(magnetic hystory)에 의해서 결정되는 현상.
- 자기회로 : 전기회로가 전압(기전력), 저항, 전류로 구성되는 것과 마찬가지로 자기회로는 기자력(F_m), 자기 저항(R_m), 자속(ϕ)으로 구성된다. 자기회로에서도 옴의 법칙이 성립되며 $\phi = \dfrac{F_m}{R_m}$ 이다.
- 자기 직렬회로 : 자기회로에서 철심에 공극(gap)이 있는 경우에는 철심부 자기저항 R_1, 공극부 자기저항 R_2를 직렬로 연결한 경우가 자기 직렬회로이다.
- 자기 직.병렬회로 : R_2, R_3은 병렬연결, 여기에 R_1이 직렬로 연결된 자기회로에서의 합성 자기저항은 아래와 같다.

$$R = R_1 + \frac{R_2 R_3}{R_2 + R_3}$$

연습문제

1. 아래에서 자성체가 아닌 것은?

(가) Al (나) Cu (다) Ni (라) Fe

2. 투자율의 크기와 강자성체의 관계를 올바로 나타낸 것은?

(가) $\mu=0$ (나) $\mu=1$ (다) $\mu \gg 1$ (라) $\mu < 1$

3. 자화의 세기는 자계의 세기에 비례한다. 이때의 비례정수에 해당하는 것은?

(가) ρ (나) μ (다) σ (라) χ

4. 전자석의 용도에 적합한 자성체의 요구사항 가운데 맞는 것은?

(가) 잔류자기 및 보자력이 작은 것

(나) 잔류자기가 크고 보자력이 작은 것

(다) 잔류자기는 작고 보자력이 큰 것

(라) 잔류자기 및 보자력이 큰 것

5. 히스테리시스 곡선에서 자계 축과 만나는 것은?

(가) 자력선 (나) 자속 (다) 보자력 (라) 잔류자기

6. 자기회로의 구성요소가 아닌 것은?

(가) 기전력 (나) 자속 (다) 자기저항 (라) 기자력

7. 자기저항의 단위로 맞는 것은?

(가) [A/m] (나) [A/m] (다) $[H^{-1}]$ (라) [Wb/m]

8. 자기회로에서 전기회로의 기전력 e에 해당하는 것은?

(가) ϕ (나) F_m (다) H (라) B

9. 자기저항은 ( )에 역 비례한다.

(가) 투자율 (나) 길이 (다) 기자력 (라) 기전력

10. 자기회로에서 길이는 2배, 단면적, 투자율이 모두 1/2로 줄어들면 저항은 ( )배가 된다.

(가) 1/2 (나) 2 (다) 41 (라) 8

11. 환상 철심 상에 감은 코일에 전류 2.5[A]를 흘려 150[AT]의 기자력이 생기자면 코일의 권수는 얼마로 해야 되는가?

12. 단 면적이 4[cm^2], 길이 50[cm]의 환상 철심에 코일을 200회 감아서 5[Wb]의 자속을 통과시키자면 코일에 몇 [A]의 전류를 흘려야 하는가? 단, 철심의 비 투자율 $\mu_r=1000$.

13. 그림 8.23과 같이 공기 공극이 있는 철심에 코일을 400회 감고, 전류를 4[A] 흘렸을 때 이 회로의 자속은 얼마가 되는가? 단, 철심의 비 투자율은 1000, 단 면적 $S=10$[cm^2], 자로의 길이 $l_1=20$[cm], $l_2=2$[mm]이다.

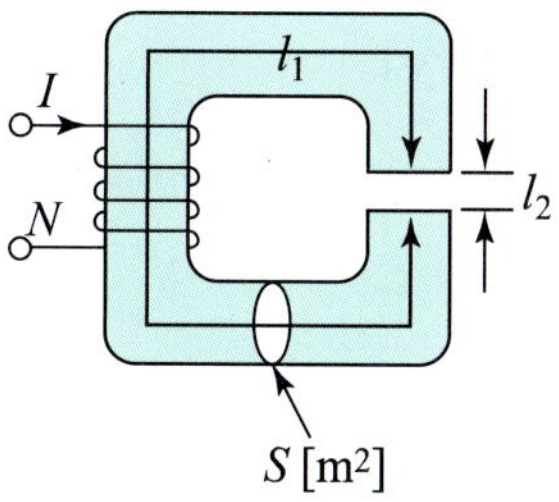

그림 8.23

14. 그림 8.24와 같이 비 투자율이 같은 2개의 철심 A와 B에 코일을 감고, 2[A]의 전류를 흘렸을 때 철심 A와 철심 B에서의 자속밀도 B_1, B_2를 구하라. 단, $\mu_r=1000$, $S_1=15$[cm^2], $S_2=10$[cm^2], 코일의 권수 $n=150$, $l_1=30$[cm], $l_2=10$[cm].

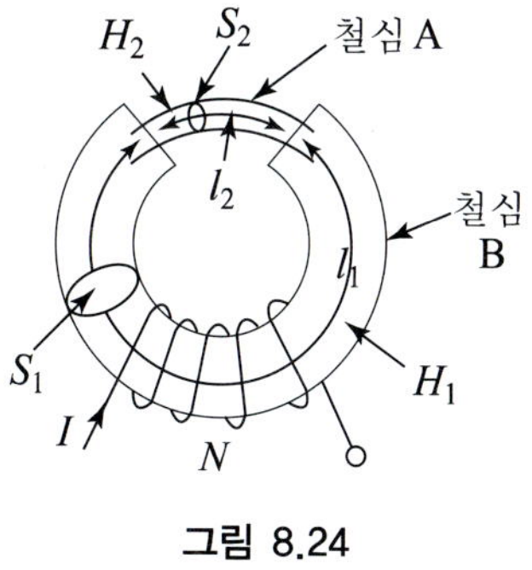

그림 8.24

15. 그림 8.25와 같은 자기회로에서 자속 ϕ를 구하라.

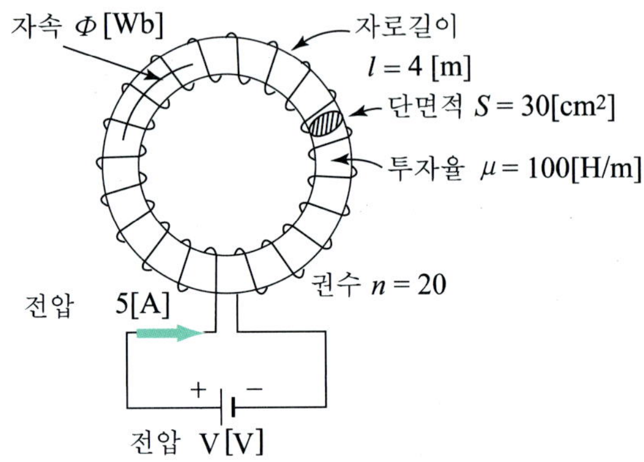

그림 8.25

전자계(電磁界)

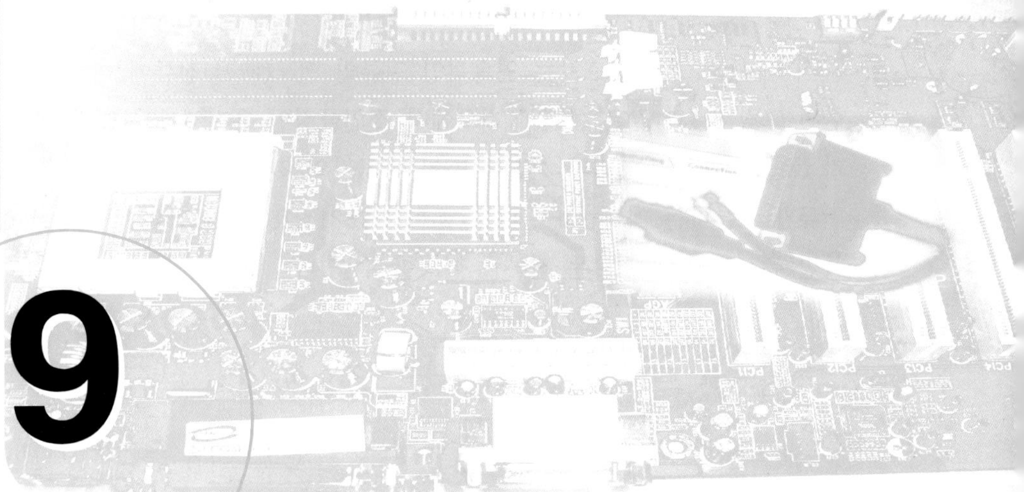

9
chapter

9.1 변위전류

암페어의 주회 적분의 법칙에 의하면 임의의 폐 곡선면 도체에 대한 선 적분(線積分)은 폐 곡선면 도체에 흐르는 전류와 같다.

$$\oint_C H dl = I \tag{9.1}$$

식 (9.1)은 도체에 흐르는 연속적인 전류인 전도(傳導)전류에 대해서만 적용할 수 있다. 한편 그림 9.1과 같은 콘덴서 회로에서 절연물질인 유전체가 삽입된 전극간에는 전도전류가 흐를 수 없다. 그러나 시간에 따라 전극간의 전계가 변하면 구속전자의 변위에 의해서 전류가 흐른다는 맥스웰(J.C. Maxwell : 1831~1879)의 변위전류(變位電流) 개념을 도입하면 유전체 내에 흐르는 전류를 설명할 수 있다.

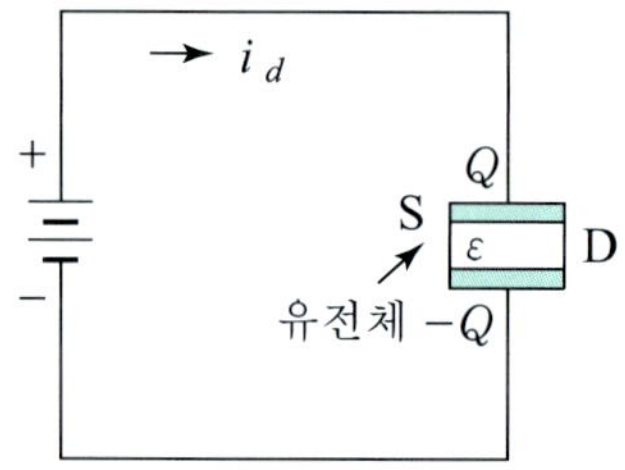

그림 9.1 콘덴서의 변위전류

전류 i_d는 전하량의 시간적인 변화이므로 아래와 같은 식이 성립한다.

$$i_d = \frac{dQ}{dt} \text{[A]} \tag{9.2}$$

그림 9.1에서 극판 면적을 S[m^2], 유전체 내에서의 전속밀도를 D[C/m^2]라 하면, $D = \frac{Q}{S}$로 부터 $Q = D \cdot S$이므로 이를 식 (9.2)에 대입하면

$$i_d = \frac{dD \cdot S}{dt} = S\frac{dD}{dt} = \frac{d\Phi}{dt} \text{[A]} \tag{9.3}$$

이 되며, 이를 전도전류와 구분해서 변위전류라 하고, i_d로 나타낸다. 식 (9.3)에서와 같이 변위전류는 자속의 시간적인 변화이므로 변위전류도 전도전류와 같이 자기작용이 있음을 나타낸다. 따라서 콘덴서를 포함하는 회로에 대한 암페어의 주회로 적분의 법칙을 일반화

하면 전류는 식 (9.1)과 식 (9.3)을 합한 값이므로 아래와 같이 나타낼 수 있다.

$$\oint_C Hdl = I + i_d = J \cdot S + \frac{dD}{dt} \cdot S \tag{9.4}$$

위의 식에서 J는 전도전류밀도이다. 식 (9.4)의 우변에 적분을 취하면

$$\oint_C Hdl = \int JdS + \int \frac{dD}{dt} dS \tag{9.5}$$

가 된다.

9.2 전자파

9.2.1 전자파의 발생

식 (9.3)에 $D=\epsilon E$를 대입하면 아래와 같은 식이 성립한다.

$$i_d = S\frac{dD}{dt} = S \cdot \epsilon \frac{dE}{dt} = \frac{d\phi}{dt} \tag{9.6}$$

즉 전계의 시간적 변화(dE/dt)에 의해 주위에 자계의 변화($d\phi/dt$)가 발생한다는 변위전류의 개념은 전자파의 존재를 나타내는 맥스웰의 전자기 이론의 근간이 되고 있다. 전계의 시간적 변화에 의한 자계의 발생은 그림 9.2(a)와 같고, 자계의 시간적 변화에 의한 전계의 발생은 그림 9.2(b)와 같다.

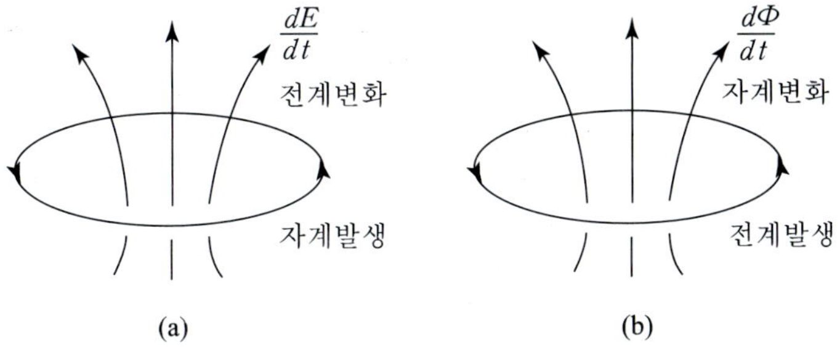

그림 9.2 자계와 전계의 발생

식 (9.6)에서 자계의 시간적 변화($d\phi/dt$)는 파라데이의 전자유도 법칙에 의해 유도전압이 발생하므로 자계에 의한 전계의 발생(자계→전계)을 의미하며, 전계의 시간적 변화

(dE/dt)는 변위전류에 의한 자계의 발생(전계→자계)을 의미한다. 따라서 패러데이의 법칙과 변위전류의 개념에 의해 자계와 전계는 상호 연결고리처럼 끊임없이 자계→전계→자계→전계 …를 형성해 간다는 것이 전자파(電磁波)의 개념이다(그림 9.3).

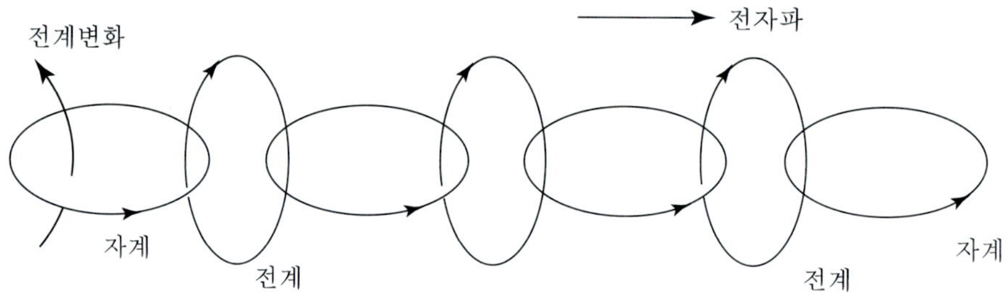

그림 9.3 전자파의 발생

전자파란 전계와 자계가 서로 직각을 이루면서 반복 발생해서 진행해 나가는 하나의 파동(波動)이다. 빛(光), X선, 전파 등은 모두 전자파의 일종이다. 전자파의 존재는 1864년 맥스웰에 의해 예측되었고, 1888년 헬츠(H.R. Herz : 1859~1894)에 의해 실증되었다.

9.2.2 전파와 빛

전파는 주파수가 3000GHz이하의 전자파를 말하며 그 분류는 표 9.1과 같다.

표 9.1 전파의 분류

주파수대의 구분	주파수 범위	파장 범위	용 도
장파 : VLF(Very Low Frequency)	3~30[kHz]	100~10[km]	해상통신
장파 : LF(Low Frequency)	30~300[kHz]	10~1[km]	선박, 항공기 유도
중파 : MF(Medium Frequency)	300~3000[kHz]	1000~100[m]	AM 방송
단파 : (High Frequency)	3~30MHz]	100~10[m]	선박무선, 항공무선, 아마추어 무선,
초단파 : VHF(Very High Frequency)	30~300MHz]	10~1[m]	FM방송, VHF방송, 군사무선
극초단파 : UHF(Ultra High Frequency)	300~3000[MHz]	100~10[cm]	UHF방송, 자동차전화, 위성
센티미터파 : SHF(Super High Frequency)	3~30[GHz]	10~1[cm]	마이크로파 통신, 레이더, 국제전화
밀리미터파 : EHF (Extremly High Frequency)	30~300[GHz]	10~1[mm]	우주통신
준 밀리파(데시 밀리파)	300~3000[GHz]	1~0.1[mm]	단거리 군 통신

빛(光)은 같은 전자파이지만 그 파장이 전파에 비해 짧다. 파장으로 볼 때 0.1[mm]이상이 전파에 속하고, 0.1[mm]이하가 빛에 속한다. 표 9.2는 빛과 X선의 파장을 나타낸다.

전파는 광속(光速)과 같은 3×10^8[m/s]의 속도로 공간에 전파(傳播)되며 전파의 파장과 속도의 관계는 아래와 같다.

$$\text{파장}(\lambda) = \frac{\text{광속}(3\times10^8)}{\text{주파수}(f)}[\text{m}] \qquad (9.7)$$

표 9.2 빛의 주파수와 파장

구 분	주파수 범위	파장 범위	용 도
적외선	430[THz]~300[GHz]	700[nm]~21[nm]	적외선 사진
가시광선	430[THz]~790[THz]	380[nm]~720[nm]	태양광, 광학기계
자외선	30[PHz]~790[THz]	10[nm]~380[nm]	살균, 소독
X선	30[EHz]~30[PHz]	0.01[nm]~10[nm]	X선

그림 9.4(a)는 서로 직교(直交)하며 전파(傳播)하는 전계와 자계의 전파방향과 파장을 나타내며, 그림 9.4(b)는 예컨대 콘덴서의 전극에서 발생되는 변위전류에 의한 전자파가 마치 연못에 작은 돌을 던지면 파문을 만들며 멀리 전파해 가는 것과 같음을 나타낸다.

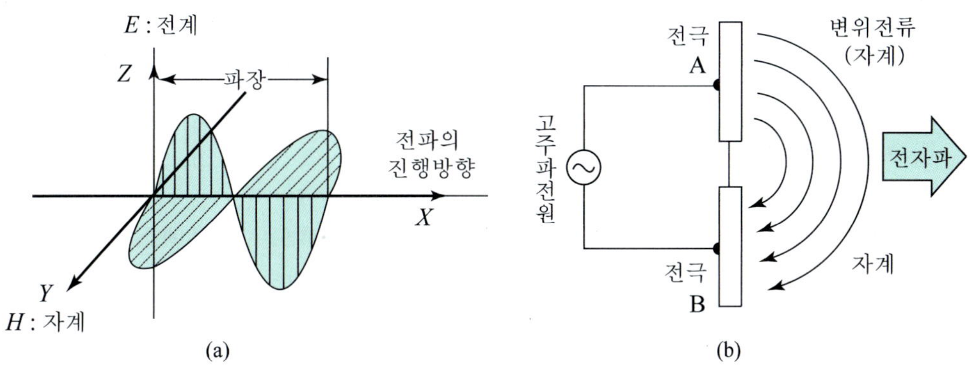

그림 9.4 전파의 전파(傳播)

전파는 그 파장이 짧을수록 즉, 주파수가 높을수록 빛의 성질에 가깝게 된다. 따라서 전파의 직진성(直進性)은 VHF나 UHF보다 SHF(3~30GHz)쪽이 강하다. 안테나의 크기와 전파의 파장과는 깊은 관계가 있다. 안테나의 효율을 높이기 위해서는 그림 9.5와 같이 안테나 금속의 길이를 전파 파장의 1/2길이로 해야 한다. 예컨대 UHF대 방송의 경우 파장이 0.6~0.4[m]이므로 안테나의 길이를 그 1/2인 30[cm] 정도가 적당하다.

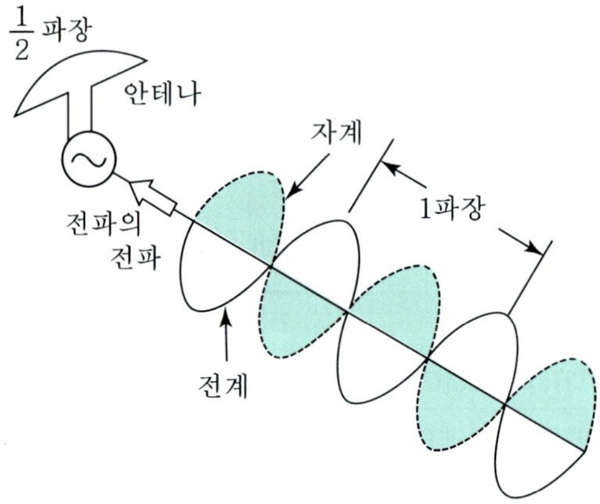

그림 9.5 1/2파장의 안테나

예제 9.1 주파수가 600[MHz]인 반 파장 안테나의 길이는 얼마인가?

풀이 식 (9.7)로부터 파장은

$$\lambda=\frac{3\times10^8}{600\times10^6}=0.5[\mathrm{m}],\quad \therefore \frac{\lambda}{2}=\frac{0.5}{2}=0.25[\mathrm{m}]$$

9.3 맥스웰의 전자 방정식

맥스웰의 전자 방정식은 가우스의 법칙, 패러데이의 전자유도 법칙, 맥스웰의 변위전류를 포함한 암페어의 주회적분 법칙을 수학적으로 정리한 네 가지의 전자계 기초 방정식을 말한다.

1. 7장에서 설명한 패러데이의 전자유도 법칙을 다시 쓰면 아래와 같다.

$$e=-\frac{d\Phi}{dt}[\mathrm{V}] \tag{9.8a}$$

코일에 유도된 전계를 E라 하면 전위(전압)의 정의에 의해

$$e=\oint_C E\cdot dl \tag{9.8b}$$

이 되고, $\phi=B\cdot S$이므로 이를 식 (9.8b)에 대입하면

$$\oint_C E\cdot dl=-\frac{d}{dt}\int_S B\cdot dS=-\int_S \frac{\partial B}{\partial t}dS \tag{9.9}$$

식 (9.9)의 좌변에 스토크스의 정리를 적용하면

$$\oint_C E\cdot dl=\int_S(\nabla\times E)dS=-\int_S\frac{\partial B}{\partial t}dS$$

이식의 양변을 미분하면 $$\nabla\times E=-\frac{\partial B}{\partial t} \tag{9.10}$$

가 된다.

〈주1〉 스토크스의 정리는 10장의 10.6을 참조.

〈주2〉 '$\nabla\times$'는 10장의 '벡터의 회전'(10.5.3)을 참조. '$\nabla\times$'는 rot라고도 나타냄.

2. 확장 암페어의 주회적분 법칙에 관한 식 (9.4)의 우변을 적분 형태로 바꿔 쓰면

$$\oint_C Hdl=\int_S\left(J+\frac{\partial D}{\partial t}\right)dS$$

위의 식에 스토크스의 정리를 적용하면 아래와 같다.

$$\int_S(\nabla\times H)dS=\int_S\left(J+\frac{\partial D}{\partial t}\right)dS$$

이 식의 양변을 미분하면 아래와 같은 식이 얻어진다.

$$\nabla\times H=J+\frac{\epsilon\partial D}{\partial t} \tag{9.11a}$$

또는 $D=\epsilon E$이므로 $$\nabla\times H=J+\frac{\epsilon\partial E}{\partial t} \tag{9.11b}$$

3. 전계에 대한 가우스의 정리에 의하면 공기중 임의의 폐 곡면에서 나오는 전기력 선의 수는 폐 곡면 내에 있는 전 전하량의 $1/\epsilon_0$ 배와 같으므로 아래와 같은 식으로 나타낸다.

$$\text{공기중}\ \int_S EdS=\frac{Q}{\epsilon_0} \tag{9.12a}$$

위의 식에 발산정리를 적용하면

$$\int_v\frac{\rho_v}{\epsilon_0}dv=\int_S EdS=\int_v(\text{div }E)\,dv,\ \int_v\frac{\rho_v}{\epsilon_0}dv=\int_S EdS=\int_v(\nabla\cdot E)dv$$

이므로
$$\text{div } E = \frac{\rho_v}{\epsilon_0} \tag{9.12b}$$

또는
$$\nabla \cdot D = \rho_v \tag{9.12c}$$

로 바꿔 쓸 수 있다. 식 (9.12a)~식 (9.12c)는 모두 같은 표현이다.

〈주〉 div(발산)은 10장의 10.5.2 참조

4. 또한 자계에 대한 가우스의 정리에 의하면 임의의 폐 곡면에서 나오는 자속의 수는 0이다.

$$\int BdS = 0 \tag{9.13a}$$

마찬가지로 발산정리에 의해 아래와 같이 고쳐 나타낼 수 있다.

$$\text{div } B = 0 \tag{9.13b}$$

또는
$$\nabla \cdot B = 0 \tag{9.13c}$$

〈주〉 '∇·'는 10장의 10.5.2 참조.

지금까지 얻어진 식 (9.10), 식 (9.11), 식 (9.12), 식 (9.13)이 맥스웰의 전자방정식이다. 다시 4개의 맥스웰 방정식을 아래에 정리한다.

맥스웰 방정식

(1) $\nabla \times E = -\dfrac{\partial B}{\partial t} = -\mu\dfrac{\partial H}{\partial t}$

(2) $\nabla \times H = J + \dfrac{\partial D}{\partial t} = J + \epsilon\dfrac{\partial E}{\partial t}$

(3) $\nabla \cdot D = \rho_v$

(4) $\nabla \cdot B = 0$

위의 맥스웰 방정식 (1)과 (2)는 앞 절에서도 설명한 바와 같이 (1)에서 전계가 변하면 자계를, 식 (2)에서 자계가 변하면 전계를 발생시켜, 다시 말하면 자계와 전계가 순차적으로 그 주위에 만들어감으로써 도체상의 전류가 공간으로 전파해 가는 전자파의 관계식을 나타낸다. 식 (3)은 도체의 폐 곡면 상에서 전계에 의해 발산하는 전기력 선의 수는 Q/ϵ와 같다는 것을 뜻하고, 식 (4)에서 폐 곡면 상에서의 자속은 0이라는 의미는 폐 곡면 내에서 새로이 만들어지는 자속은 없다는 것을 뜻하며, 폐 곡면을 뚫고 들어 온 자속은 모두 밖으로 나간다는 의미와 같다.

9.4 전자파의 파동 방정식

앞 절에서 맥스웰 방정식은 공간에 자유롭게 전파해 가는 전자파라고 설명하였다. 이를 증명하기 위해 자유공간에서 맥스웰의 방정식으로부터 파동 방정식을 구해보기로 한다. 자유공간인 경우에는 μ 및 ϵ가 어느 곳에서나 균일하고, 비 도전성, 전하분포가 없으므로 도전율과 전하는 $\sigma=0$, $\rho_v=0$이다. 맥스웰 방정식 (2)에서 도전율 $\sigma=0$이므로 전도전류 성분은 없고, 변위전류 성분만 존재하므로 아래와 같이 고쳐 쓸 수 있다.

$$\nabla\times H=\frac{\partial D}{\partial t}=\epsilon_0\frac{\partial E}{\partial t} \tag{9.14}$$

$\rho_v=0$이므로 맥스웰 방정식 (3)은 아래와 같이 고쳐 쓸 수 있다.

$$\nabla\cdot E=0 \tag{9.15}$$

다음에 맥스웰 방정식 (1)에서 μ대신 μ_0을 대입하고 양변에 컬($\nabla\times$)을 취하면

$$\nabla\times(\nabla\times E)=-\mu_0\nabla\times\left(\frac{\partial H}{\partial t}\right) \tag{9.16}$$

$\nabla\times(\nabla\times E)=\nabla(\nabla\cdot E)-\nabla^2E$ 이고, $\nabla\cdot E=0$이므로 $\nabla\times(\nabla\times E)=-\nabla^2E$ 따라서 이 관계식을 식 (9.16)에 대입하여 변형하면

$$-\nabla^2E=-\mu_0\nabla\times\frac{\partial H}{\partial t}=-\mu_0\frac{\partial}{\partial t}(\nabla\times H) \tag{9.17}$$

위의 식에 식 (9.14)를 대입하면

$$-\nabla^2E=-\mu_0\frac{\partial}{\partial t}\left(\epsilon_0\frac{\partial E}{\partial t}\right)$$

따라서 위의 식을 정리하면 아래와 같다.

$$\nabla^2E=\mu_0\epsilon_0\frac{\partial^2E}{\partial t^2} \tag{9.18}$$

이 식이 전계의 파동 방정식이다.

〈주〉 $\nabla\times$(컬)은 10장의 10.5.3 참조.

마찬가지의 방법으로 자계 H의 파동 방정식을 구하면 아래와 같다.

$$\nabla^2 H = \mu_0 \epsilon_0 \frac{\partial^2 H}{\partial t^2} \tag{9.19}$$

식 (9.18)과 식 (9.19)을 파동 방정식 또는 달랑베르(D' alembert) 방정식이라 한다. 이 파동 방정식은 전자파, 음파 등의 물리적 현상을 나타내는 중요한 방정식이다.

9.5 평면파

평면파(plane wave)란 그림 9.6과 같이 전계의 진동면과 자계의 진동면이 서로 직각을 이루며 파의 진행방향이 각각의 진동면과 수직이 되는 파(波)를 말한다. 그림 9.6에서는 전계(E)는 x 성분만, 자계(H)는 y성분만 갖고 z축으로 진행하는 평면파이다. 여기서는 편의상 전계와 자계의 위상과 진폭이 동일 평면 내에서 균일한 균일 평면파를 다루기로 한다.

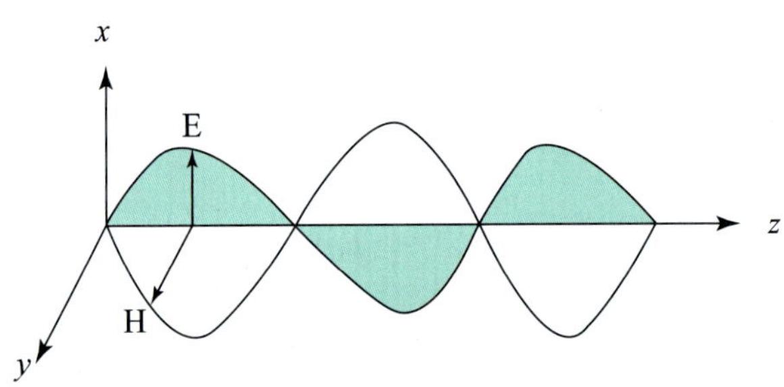

그림 9.6 평면파

균일 평면파에 대해 전계, 자계와 라플라시안(∇^2)을 직각좌표로 나타내면

$$E = xE_x + yE_y + zE_z \rightarrow E = xE_x \ : \ x\text{평면} \tag{9.20a}$$

$$\rightarrow E = yE_y \ : \ y\text{평면} \tag{9.20b}$$

$$H = xH_x + yH_y + zH_z \rightarrow H = yH_y \ : \ y\text{평면} \tag{9.21a}$$

$$\rightarrow H = xH_x \ : \ x\text{평면} \tag{9.21b}$$

$$\nabla^2 = \frac{\partial^2}{\partial x^2} + \frac{\partial^2}{\partial y^2} + \frac{\partial^2}{\partial z^2} \rightarrow \nabla^2 = \frac{\partial^2}{\partial z^2} \tag{9.22}$$

따라서 파동 방정식 식 (9.18)에 식 (9.20), 식 (9.22)를 적용하면

$$\frac{\partial^2 E_x}{\partial z^2} = \mu_0 \epsilon_0 \frac{\partial^2 E_x}{\partial t^2} \tag{9.23a}$$

$$\frac{\partial^2 E_y}{\partial z^2} = \mu_0\epsilon_0 \frac{\partial^2 E_y}{\partial t^2} \tag{9.23b}$$

식 (9.23)과 식 (9.24)에 대한 전계에 대한 해(解)는 아래와 같다.

$$E_x = f_1(z-vt) + f_2(z+vt)\,[\mathrm{V}] \tag{9.24a}$$

$$E_y = f_3(z-vt) + f_4(z+vt)\,[\mathrm{V}] \tag{9.24b}$$

$$v = \frac{1}{\sqrt{\mu_0\epsilon_0}}\,[\mathrm{m/s}] \tag{9.24c}$$

식 (9.24a), 식 (9.24b)를 맥스웰 방정식 (1), (2)에 적용하여 자계에 대한 해를 구하면

$$H_x = \sqrt{\frac{\epsilon_0}{\mu_0}}\, f_3(z-vt) + f_4(z+vt) \tag{9.25a}$$

$$H_y = -\sqrt{\frac{\epsilon_0}{\mu_0}}\, f_1(z-vt) + f_2(z+vt) \tag{9.25b}$$

참고지식

파동 방정식과 그 해(解)

파동 방정식의 일반적인 식과 그 해는 아래와 같다.

● 방정식 : $\frac{\partial^2 f}{\partial x^2} + \frac{\partial^2 f}{\partial y^2} + \frac{\partial^2 f}{\partial z^2} = \frac{1}{c^2}\frac{\partial^2 f}{\partial t^2}$

▶ 해 : $f = g_1(x-ct) + g_2(x+ct)$: 속도 c, x방향으로 진행

식 (9.24), 식 (9.25)에서 $f_1(z-vt)$는 속도 v로 z축의 정(正) 방향으로 진행하는 파이고, $f_2(z+vt)$는 속도 v로 z축의 부(負) 방향, 즉, 반대방향으로 진행하는 파를 나타낸다. 전자를 진행파, 후자를 후진파 또는 반사파라 부른다. 식 (9.24c)에서 $\epsilon_0 = 8.854\times10^{-12}$, $\mu_0 = 4\pi\times10^{-7}$을 대입하면 속도 v는 아래와 같다.

$$\text{공기 중 : } v = \frac{1}{\sqrt{\mu_0\epsilon_0}} = 3\times10^8\,[\mathrm{m/s}] \tag{9.26}$$

따라서 전자파는 진공 중에서 빛의 속도 c와 같게 진행해 나간다. 일반 매질인 경우의 속도 v는 아래와 같다.

$$\text{일반 매질 : } v = \frac{1}{\sqrt{\mu\epsilon}} = \frac{3\times10^8}{\sqrt{\mu_r\epsilon_r}}\,[\mathrm{m/s}] \tag{9.27}$$

평면파에서 전계성분과 자계성분의 비(E/H)를 파동 임피던스 또는 고유 임피던스라 하며, 고유 임피던스 η_0는 아래와 같다.

$$\text{공기 중 : } \eta_0 = \frac{E}{H} = \frac{\sqrt{E_x^2 + E_y^2}}{\sqrt{H_x^2 + H_y^2}} = \sqrt{\frac{\mu_0}{\epsilon_0}} \fallingdotseq 377[\Omega] \tag{9.28}$$

일반 매질인 경우의 파동 임피던스는 아래와 같다.

$$\text{일반 매질 : } \eta = \frac{E}{H} = \sqrt{\frac{\mu_r}{\epsilon_r}} \times 377[\Omega] \tag{9.29}$$

이상의 내용을 정리하면 평면파는 그림 9.6과 같이 전계와 자계가 상반되어 진행하여 나가므로 이렇게 얻어진 파동을 전자파(electromagnetic wave) 또는 간단히 전파(電波)라 하고, 파동방향에 대해서 전계와 자계가 직각방향으로 진행하므로 횡파(橫波 : transverse wave) 또는 TEM파(Transverse ElectroMagnetic wave)라 한다.

예제 9.2 비 투자율 25, 비 유전율 100인 매질에서 전자파의 속도는 얼마인가?

풀이 식 (9.27)로부터

$$v = \frac{3\times10^8}{\sqrt{25\times100}} = \frac{3\times10^8}{50} = 6\times10^6[\text{m/s}]$$

예제 9.3 비투자율 $\mu_r = 80$, 비 유전율$\epsilon_r = 5$인 매질에서 전자파의 고유 임피던스는 얼마인가?

풀이 식 (9.29)로부터

$$\eta_0 = \sqrt{\frac{80}{5}} \times 377 = 4\times377 = 1508[\Omega] \fallingdotseq 1.50[\text{k}\Omega]$$

간추림

- 변위전류 : 유전체 매질 속에서 자속이 시간적으로 변화할 때 흐르는 전류로서 전계의 변화로 자계를 발생시키는 전류를 말하며 아래의 식과 같다.

$$i_d = \frac{d\phi}{dt} = \frac{S \cdot dD}{dt} = \mathrm{S} \cdot \mu \frac{dH}{dt}$$

- 전자파 : 패러데이의 법칙에 의한 전자유도 현상으로 자계의 변화에 따른 전계의 발생, 맥스웰의 변위전류에 의한 자계의 발생이 연쇄적으로 일어나면서 전파 되어가는 파를 전자파라 한다.
- 전파(電波) : 서로 직교하며 전파해 나가는 전계와 자계의 파(波)인 전자파 가운데 그 파장이 0.1[mm]이상인 파를 말한다.
- 맥스웰 방정식 : 패러데이의 근접 작용론을 수학적으로 정리한 전자기의 바탕이 되는 네 가지 전자기 방정식을 말하며 아래와 같다.

(1) $\nabla \times E = -\frac{\partial B}{\partial t} = -\mu \frac{\partial H}{\partial t}$

(2) $\nabla \times H = J + \frac{\partial D}{\partial t} = J + \epsilon \frac{\partial E}{\partial t}$

(3) $\nabla \cdot D = \rho_v$

(4) $\nabla \cdot B = 0$

- 파동 방정식 : 전계 및 자계에 대한 파동 방정식은 아래와 같다.

$$\nabla^2 E = \mu\epsilon \frac{\partial^2 E}{\partial t^2}$$

$$\nabla^2 H = \mu\epsilon \frac{\partial^2 H}{\partial t^2}$$

- 일반 매질에서 전자파의 속도는 아래와 같다.

$$V = \frac{1}{\sqrt{\mu\epsilon}} [\mathrm{m/s}]$$

- 평면파 : ❶ 위상과 진폭이 동일한 전계와 자계의 진동면이 서로 직각을 이루고 진행 방향이 각각의 진동면과 수직이 되는 파를 말한다. 평면파에서 진행방향 z축인 경우 전계와 자계의 x축, y축 성분과 속도 v는 아래와 같다.

$$E_x = f_1(z-vt) + f_2(z+vt)$$

$$E_y = f_3(z-vt) + f_4(z+vt)$$

$$H_x = -\sqrt{\epsilon/\mu}\, f_3(z-vt) + f_4(z+vt)$$

$$H_y = -\sqrt{\epsilon/\mu}\, f_1(z-vt) + f_2(z+vt)$$

❷ 평면파에서 전계 성분과 자계 성분의 비(E/H)를 고유 임피던스(η)라 하며, η는 아래와 같다.

$$\eta = \sqrt{\frac{\mu_r}{\epsilon_r}} \times 377[\Omega]$$

연 습 문 제

1. 변위전류와 관계가 깊은 것은?

(가) 반도체　(나) 유전체　(다) 자성체　(라) 도체

2. 자유공간에서 변위전류가 만드는 것은?

(가) 전계　(나) 전속　(다) 자계　(라) 전압

3. 자유공간에서 전계에 관한 설명식은?

(가) $rot\ E=-\frac{\partial H}{\partial t}$　(나) $rot\ E=\frac{\partial H}{\partial t}$

(다) $rot\ E=-\mu_0\frac{\partial H}{\partial t}$　(라) $rot\ E=\mu_0\frac{\partial H}{\partial t}$

4. 맥스웰의 방정식 중 패러데이의 법칙에서 유도된 식은?

(가) $D=\rho_v$　(나) $div\ B=0$

(다) $\nabla\times H=J+\frac{\partial D}{\partial t}$　(라) $\nabla\times E=-\frac{\partial B}{\partial t}$

5. 다음 중 전자계의 기초 방정식이 아닌 것은?

(가) $rot\ H=J+\frac{\partial D}{\partial t}$　(나) $rot\ E=-\frac{\partial B}{\partial t}$

(다) $div\ D=\rho_v$　(라) $div\ B=-\frac{\partial D}{\partial t}$

6. 맥스웰의 방정식 중 맞는 것은?

(가) $\nabla\times E=-\frac{\partial H}{\partial t}$　(나) $\nabla\times H=\frac{\partial D}{\partial t}$

(다) $\nabla\cdot\ D=0\rho$　(라) $\nabla\cdot\ B=0$

7. 자속의 연속성을 나타낸 식은?

(가) $div\ B=\rho$　(나) $div\ B=0$

(다) $B=\mu H$　(라) $div\ B=-\mu H$

8. 전자파의 진행 방향은?

(가) 전계 E의 방향과 같다.　(나) 자계 H의 방향과 같다.

(다) $E\times H$의 방향과 같다.　(라) $H\times E$의 방향과 같다.

9. TEM(횡전자파)은?

(가) 진행 방향의 E, H 성분이 모두 존재한다.

(나) 진행 방향의 E, H 성분이 모두 존재하지 않는다.

(다) 진행 방향의 E 성분만 존재하고, H 성분은 존재하지 않는다.

(라) 진행 방향의 H 성분만 존재하고, E성분은 존재하지 않는다.

10. 평면파에서 x의 방향에 대한 전계 및 자계의 진행파가 아닌 것은?

(가) $E_x = F_x(y-ct)$　　(나) $E_y = Fy(x-ct)$

(다) $E_z = F_z(x-ct)$　　(라) $H_z = \sqrt{\dfrac{\epsilon}{\mu}} F_y(x-ct)$

11. 유전율 ϵ, 투자율 μ인 매질 내에서 전자파의 전파 속도는?

(가) $\sqrt{\dfrac{\epsilon}{\mu}}$　　(나) $\sqrt{\dfrac{\mu}{\epsilon}}$　　(다) $\dfrac{1}{\sqrt{\mu\epsilon}}$　　(라) $\sqrt{\mu\epsilon}$

12. $\dfrac{1}{\sqrt{\mu\epsilon}}$의 단위는?

(가) [m/s]　　(나) [C/H]　　(다) [Ω]　　(라) [℧]

13. 비 유전율 4, 비 투자율 1인 공간에서 전자파의 전파속도는 몇 [m/s]인가?

(가) 0.5×10^8　　(나) 10×10^8　　(다) 1.5×10^8　　(라) 2.0×10^8

14. 자유공간의 고유 임피던스[Ω]는? 단, ϵ_0는 유전율, μ_0는 투자율.

(가) $\sqrt{\dfrac{\epsilon_0}{\mu_0}}$　　(나) $\sqrt{\dfrac{\mu_0}{\epsilon_0}}$　　(다) $\sqrt{\epsilon_0\mu_0}$　　(라) $\sqrt{\dfrac{1}{\epsilon_0\mu_0}}$

15. 자유공간에서의 고유 임피던스[Ω] 값은?

(가) 377　　(나) 96　　(다) 300　　(라) 156

16. 다음 중 전계와의 관계 중 맞는 것은?

(가) $\sqrt{\mu}H = \sqrt{\epsilon}E$　　(나) $\sqrt{\mu\epsilon} = EH$

(다) $\sqrt{\epsilon}H = \sqrt{\mu}E$　　(라) $\mu^{\epsilon} = EH$

17. 주파수가 1[MHz]인 전자파의 공기 내에서의 파장은 몇 [m]인가?

18. 어떤 매질을 통하는 전자파의 위상속도가 $\dfrac{1}{2}\times10^8$[m/s]이고, 이 매질의 투자율을 $\mu=\mu_0$라고 할 때 비

유전율 ϵ_r 을 구하라.

19. 유전율 $\epsilon_0 = 8.854 \times 10^{-12}$[F/m]인 공기 중을 전자파가 전파할 때, 공기의 투자율 μ_0은 얼마인가?

20. 비 투자율 $\mu_r = 1$, 비 유전율 $\epsilon_r = 64$인 매질 내의 고유 임피던스는 몇 [Ω]인가?

벡터(Vector)

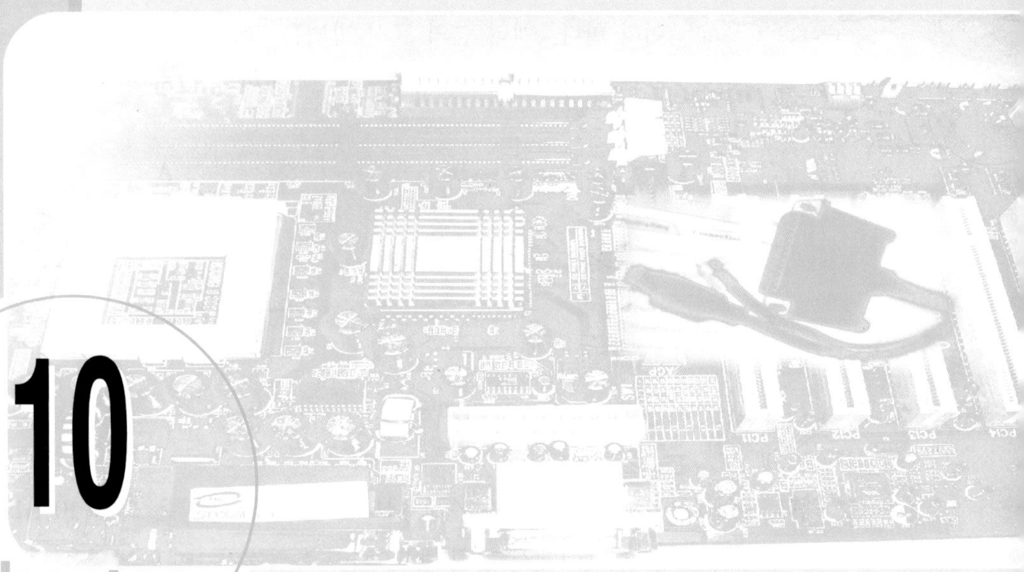

10
chapter

10.1 벡터의 표시

길이, 질량, 온도, 전하 등과 같이 크기만을 갖는 양(量)을 스칼라 량 (scalar quantity)이라 하고, 속도, 가속도, 힘, 전계, 자계 등과 같이 크기와 방향을 갖는 양(量)을 벡터 량 (vector quantity)이라 한다. 벡터 량의 표시 방법은 그림 10.1(a)와 같이 화살표로 하며, 화살표의 길이로 그 크기를, 화살표의 방향으로 그 방향을 나타낸다.

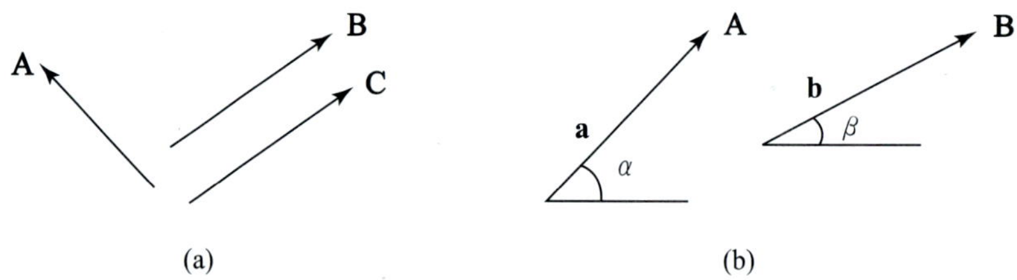

그림 10.1 벡터의 표시

벡터 A의 크기는 $|A|$ 또는 A로 나타내며, A의 방향은 그림 10.1(b)의 단위 벡터 a로 나타낸다. 그림 10.1(b)에서 단위 벡터 a는 그 크기가 1이고 방향을 나타내는 각도가 α, 단위 벡터 b는 그 크기가 1이고 방향을 나타내는 각도가 β를 의미한다. 따라서 벡터 A, 벡터 B는 아래와 같이 표기한다.

$$A = Aa, \quad B = Bb \tag{10.1}$$

그림 10.(a)에서 벡터 B와 벡터 C는 크기도 같고, 방향도 같으므로 $B = C$이다.

10.2 벡터의 가산과 감산

그림 10.2(a)는 벡터의 가산을 나타낸다. 벡터 A를 그대로 놓고, 벡터 B의 방향을 그대로 유지한 상태에서 벡터 B의 시작점을 벡터 A의 시작점 위치로 평행 이동시킨 뒤 이들로 만들어지는 평행 사변형의 대각선을 취하면 이것이 벡터 A와 벡터 B의 가산 벡터가 된다.

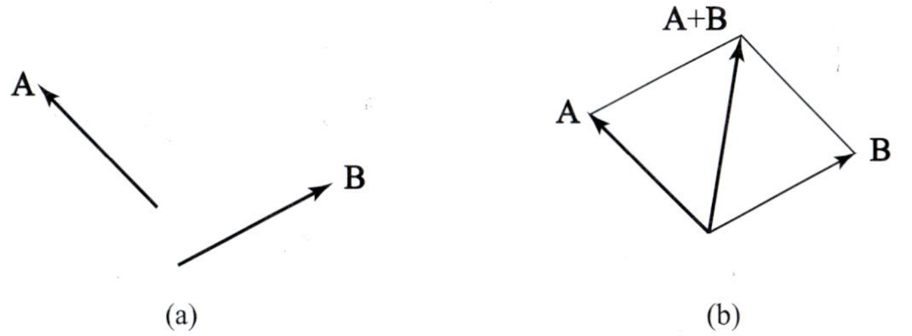

그림 10.2 벡터의 가산

그림 10.3(a)에서 벡터 A와 벡터 B의 감산은 $A+(-B)$에 의해 벡터 B의 −벡터(반대방향)를 취하여 이를 벡터 A와 가산하면 되므로 그림 10.3(b)와 같이 벡터 A와 벡터 $-B$로 이루어지는 평행 사변형의 대각선을 취하면 된다. 또는 간단히 그림 10.3(c)와 같이 벡터 B의 화살표 끝에서 벡터 A의 화살표 끝 쪽으로 향하는 화살표를 그리면 $A-B$가 된다.

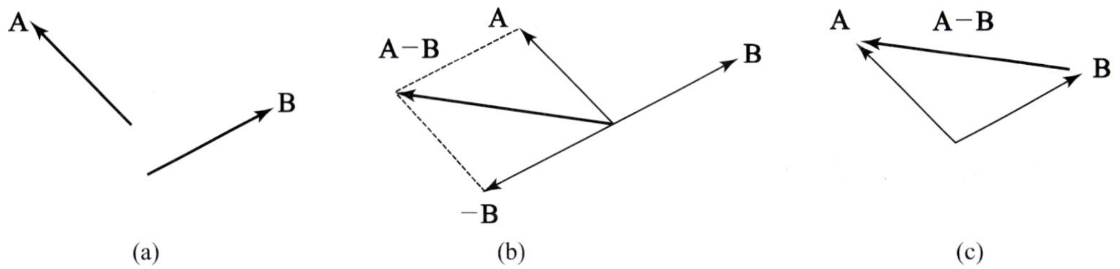

그림 10.3 벡터의 감산

10.3 벡터의 성분

10.3.1 직교 좌표계

벡터 A에 대한 2차원 평면상에서의 표시방법을 설명하기로 한다. 그림 10.4(a)와 같은 x, y 직교 좌표 상에서 크기가 1인 (1, 0), (0, 1)의 성분을 기본 벡터(fundamental vector)라 하고, i, j로 나타낸다. 따라서 x, y 좌표 상에서 벡터 A의 x축 상의 성분을 A_x, y축 상의 성분을 A_y라 할 때 벡터 A의 좌표는 (A_x, A_y)라 할 때 $A_x = A_x i$, $A_y = A_y j$이므로 벡터 A는 아래와 같은 식으로 나타낸다.

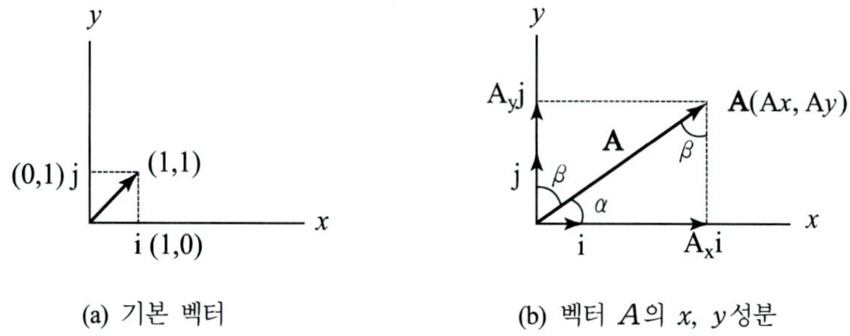

그림 10.4 벡터의 직교좌표 표시

$$A = A_x i + A_y j \tag{10.2}$$

벡터 A의 크기 A 또는 $|\boldsymbol{A}|$는 아래와 같다.

$$A = |\boldsymbol{A}| = \sqrt{A_x^2 + A_y^2} \tag{10.3}$$

벡터 A가 x축, y축과 이루는 각도를 α, β라 하면

$$\cos\alpha = \frac{A_x}{\boldsymbol{A}},\ \cos\beta = \frac{A_y}{\boldsymbol{A}} \tag{10.4}$$

따라서 벡터 A의 단위벡터 $\boldsymbol{a}$는 아래와 같이 나타낸다.

$$\boldsymbol{a} = \frac{\boldsymbol{A}}{|\boldsymbol{A}|} = \frac{A_x}{|\boldsymbol{A}|}i + \frac{A_y}{|\boldsymbol{A}|}j = \cos\alpha i + \cos\beta j \tag{10.5}$$

직교좌표에서 벡터 A와 벡터 B의 합과 차의 계산은 아래와 같다.

$$A \pm B = (A_x i + A_y j) \pm (B_x i + B_y j) = (A_x \pm B_x)i + (A_y \pm B_y)j \tag{10.6}$$

예제 10.1 하나의 점 전하가 점 A위치(2, 6)에서 점 B위치(5, 2)로 이동하였다고 하였을 때 변위벡터와 그 단위벡터를 구하라.

풀이 $B - A = C = (5i + 2j) - (2i + 6j) = 3i - 4j$

$$\therefore\ C = \sqrt{3^2 + (-4)^2} = 5$$

$$\frac{C_x}{C} = \frac{3}{5} = 0.6,\ \frac{C_y}{C} = \frac{-4}{5} = -0.8$$

$$\therefore\ c = 0.6i - 0.8j$$

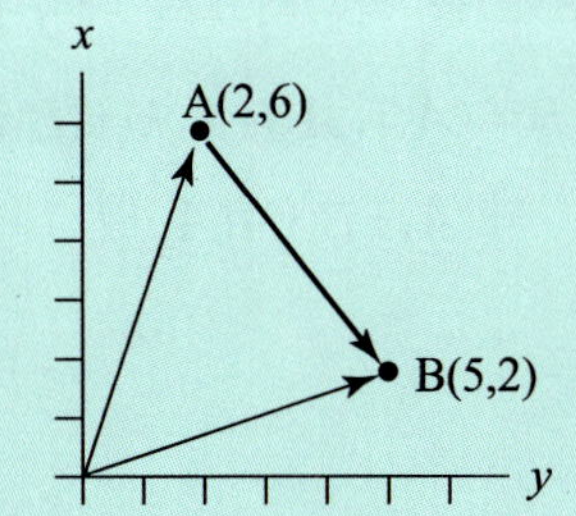

그림 10.5

10.3.2 직각 좌표계

3차원의 직각좌표에서는 x, y, z축이 있고, 기본벡터 i, j, k가 있다. 그림 10.6에서 벡터 A는 아래와 같이 나타낸다.

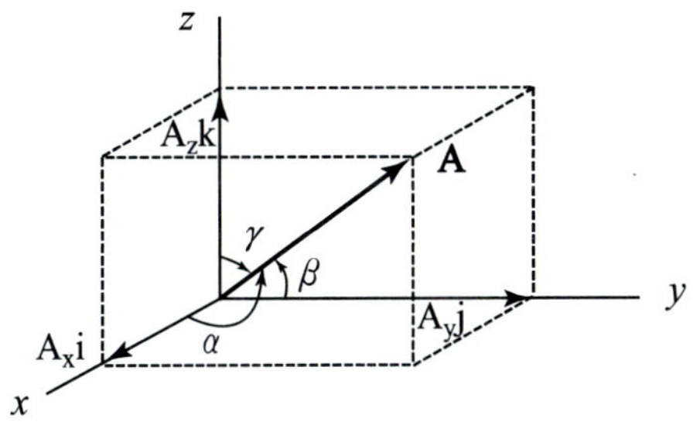

그림 10.6 벡터의 직각좌표 표시

$$A = A_x i + A_y j + A_z k \tag{10.7}$$

벡터 A의 크기 A는

$$A = \sqrt{A_x^2 + A_y^2 + A_z^2} \tag{10.8}$$

이고, 벡터 A가 x, y, z축과 이루는 각도를 α, β, γ라 하면

$$\cos\alpha = \frac{A_x}{A}, \quad \cos\beta = \frac{A_y}{A}, \quad \cos\gamma = \frac{A_z}{A} \tag{10.9}$$

가 되므로 벡터 A의 단위벡터 $\boldsymbol{a}$는 아래와 같이 나타낸다.

$$\boldsymbol{a} = \cos\alpha_i + \cos\beta_j + \cos\gamma_k = \frac{A_x}{A} i + \frac{A_y}{A} j + \frac{A_z}{A} \boldsymbol{k} \tag{10.10}$$

벡터 A, B의 합(合)과 차(差)를 직각좌표로 나타내면

$$\begin{aligned} A \pm B &= (A_x i + A_y j + A_z k) \pm (B_x i + B_y j + B_z k) \\ &= (A_x \pm B_x) i + (A_y \pm B_y) j + (A_z \pm B_z) k \end{aligned} \tag{10.11}$$

10.3.3 원통 좌표계

대칭성을 갖는 공간 벡터를 표현하는 좌표계로 원통 좌표계가 있다. 그림 10.7과 같이 좌표변수 r, ϕ, z로 공간상의 한 점을 $P(r, \phi, z)$로 표현할 수 있다.

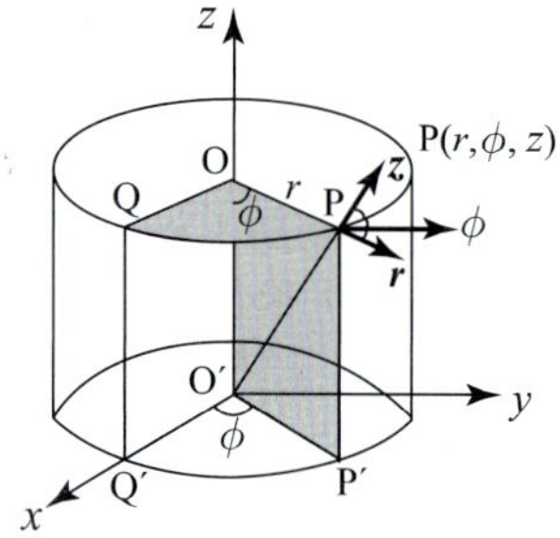

그림 10.7 벡터의 원통좌표 표시

변수 r은 z축으로부터 떨어진 거리로 정의되므로 그림 10.7에서 점선으로 표시된 1/4원통에서 면 Q-Q'-P'-P는 r이 일정한 곡면을 나타낸다. 변수 ϕ는 x축으로부터의 각도로 정의되며 면 O-O'-P'-P는 ϕ가 일정한 직사각형면을 나타낸다. 변수 z는 수직(z)축 거리를 말하며 z값과 동일하다. 따라서 그림 10.7의 1/4 원통에서 면 O-Q-P는 z가 일정한 1/4원면을 나타낸다. 직각 좌표계에서 식 (10.12)에서와 같이 원통 좌표계에서 A의 공간벡터를 아래와 같이 표시할 수 있다.

$$\boldsymbol{A} = A_r r + A_\phi \phi + A_z z \tag{10.12}$$

10.3.4 구(球) 좌표계

원통 좌표계 외에 다른 공간좌표계를 구 좌표계가 있다. 그림 10.8과 같이 좌표변수 r, θ, ϕ를 사용하여 공간 산의 한 점을 표시할 수 있으며 이를 구 좌표계라 한다.

변수 r은 원점(O)으로부터의 거리이므로 r이 정해지면 원점에서 r인 거리의 구면상의

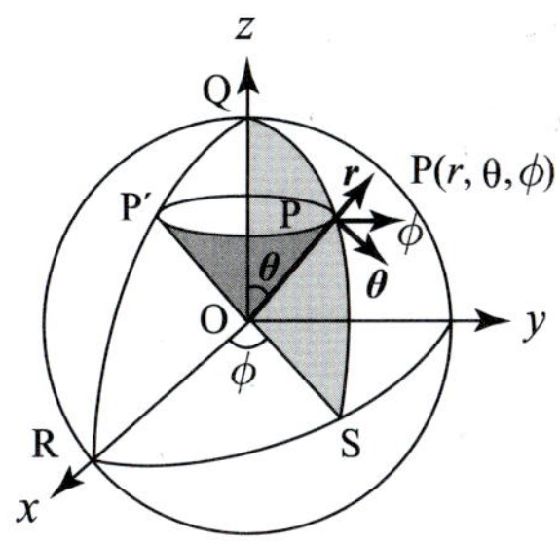

그림 10.8 벡터의 구 좌표 표시

모든 점들이 선택된다. 그림 10.8의 1/4구 O-Q-R-S에서 점선의 원형 모양의 P'-P는 일부 해당부분이 된다. 변수는 수직축(z)으로부터의 벌어지는 각도로 정의되며 그림 10.8에서 θ가 일정하다면 O-P'-P의 원뿔의 옆면이 이에 해당한다. 또한 변수 ϕ는 수평 기준축으로부터의 각도로 정의되며 ϕ가 정해지면 수직 단면상의 모든 점들이 선택되므로 그림 10.8에서 O-Q-S면이 이에 해당한다. 공간상의 벡터 A는 아래와 같이 표현된다.

$$\boldsymbol{A} = A_r r + A_B \theta + A_\phi \phi \tag{10.13}$$

10.4 벡터 적(積)

10.4.1 스칼라 적(積)

벡터 A, B의 스칼라 적(積)은 **벡터의 내적(內積 : inner product)**이라고도 하며 $A \cdot B$로 표기한다. $A \cdot B$에서 '·'는 '도트'라 읽는다. 그림 10.9(a)에서 $A \cdot B = A\cos\theta \cdot B = AB\cos\theta$를 말한다. 즉, 벡터 B를 기준으로 한 벡터 A의 방향성분에 벡터 B의 크기 B를 곱한 값을 말한다.

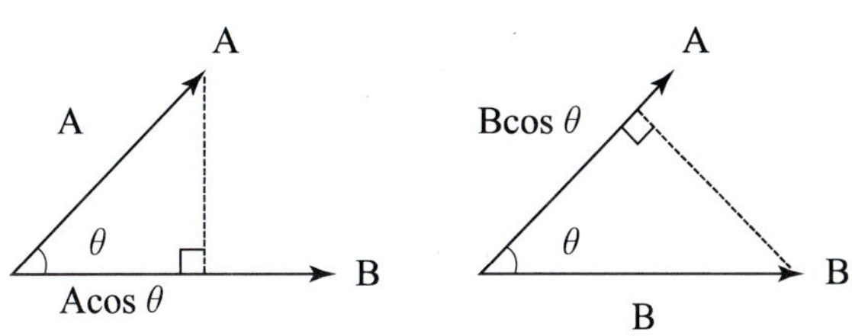

(a) **A·B** (b) **B·A**

그림 10.9 벡터의 내적

벡터의 내적이 $B \cdot A$인 경우에는 그림 10.9(b)와 같이 벡터 A를 기준으로 한 벡터 B의 방향성분 $B\cos\theta$에 B의 크기 B를 곱한 값을 말하므로 $B \cdot A = B\cos\theta \cdot A = AB\cos\theta$가 된다.

$A \cdot B$나 $B \cdot A$ 모두 $AB\cos\theta$가 되므로 아래와 같은 교환법칙이 성립한다.

$$A \cdot B = B \cdot A = AB\cos\theta \tag{10.14}$$

벡터 A와 벡터 B가 평행인 경우에는 $\cos 0° = 1$이므로 아래와 같고,

$$A \cdot B = AB\cos 0° = AB \tag{10.15}$$

벡터 A와 벡터 B가 수직인 경우에는 $\cos 90° = 0$이므로 아래와 같다.

$$A \cdot B = AB\cos 90° = 0 \tag{10.16}$$

이와 같은 결과를 그 크기가 1인 기본벡터 i, j, k에 대해 적용하면 i와 i, j와 j, k와 k끼리의 내적은 $1 \cdot 1 = 1$이 되지만 i와 j, j와 k, k와 i의 내적은 서로 수직($\theta = 0$)이므로 식 (10.16)에 의해 0이 된다.

$$i \cdot i = j \cdot j = k \cdot k = 1 \tag{10.17}$$

$$i \cdot j = j \cdot k = k \cdot i = 0 \tag{10.18}$$

A와 B가 3차원 벡터일 때

$$A = A_x i + A_y j + A_z k, \quad B = B_x i + B_y j + B_z k$$

이므로 벡터 A와 벡터 B의 내적 $A \cdot B$는 아래와 같이 계산된다.

$$A \cdot B = (A_x i + A_y j + A_z k) \cdot (B_x i + B_y j + B_z k) = A_x B_x + A_y B_y + A_z B_z \tag{10.19}$$

우리 주위의 물리적인 현상 가운데 대표적인 힘과 일에 대해 벡터의 내적을 적용한 예를 들어 본다.

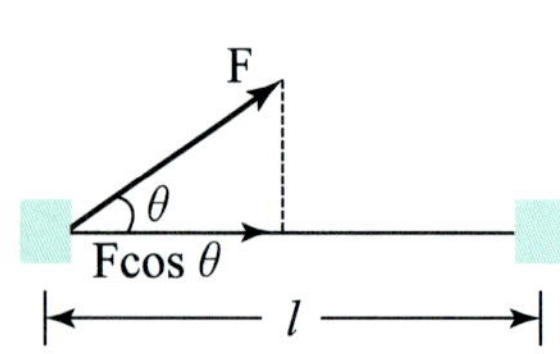

그림 10.10 일의 벡터 표시

그림 10.10에서 어떤 물체에 F라는 힘을 물체와 θ의 각도로 가해질 때 거리 l까지 이동시키는 일 W는 힘×거리($F \times l$)이다. 힘의 유효성분이 $F\cos\theta$이므로 일 W는 아래와 같은

식으로 나타낼 수 있다.

$$W = \ = F \cdot l = F cos\theta \cdot l = F \cdot l \cos\theta \tag{10.20}$$

예제 10.2 어떤 물체가 점 $A(1,\ 5,\ -3)$[m]에서 점 $B(6,\ 2,\ 10)$[m]까지 힘 $F=(2i+15j-k)$[N]에 의해 이동하였다고 하였을 때의 일에 대한 W를 구하라.

풀이 $A=i+5j-3k$, $B=6i+2j+10k$이므로 변위벡터를 l이라하면

$l=B-A=(6i+2j+10k)-(i+5j-3k)=5i-3j+13k$

따라서 일 W는 아래와 같이 구할 수 있다.

$W=F\cdot l=(2i+15j-k)\cdot(5i-3j+13k)=(2\cdot 5)-(15\cdot 3)-(1\cdot 13)=$ **−48[J]**

10.4.2 벡터 적(積)

벡터 A와 벡터 B의 벡터적 또는 벡터의 외적(外積 : out product)은 $A\times B$로 나타내며, '×'는 '크로스'라 읽는다. 벡터 외적의 크기는 그림 10.11에서와 같이 A와 B를 변으로 하는 평행 사변형의 면적 $AB\sin\theta$이고, 방향은 A, B로 만들어지는 평행 사변형의 면에 수직이고, A에서 B로 회전하는 오른 나사의 진행방향과 같다. 만일 $B\times A$인 경우는 그림 10.11에서와 같이 방향이 반대가 된다. 따라서 $A\times B=-B\times A$가 되므로 교환법칙은 성립하지 않는다. 방향 단위벡터를 a라 하면 벡터의 외적은 아래와 같이 나타낼 수 있다.

$$A\times B=AB\sin\theta\, a \tag{10.21}$$

θ는 벡터 A와 벡터 B의 각도로서 0°~180°사이의 값이다. 따라서 방향 벡터 a는 크기가 1이고, 180°이내에서 벡터 A를 벡터 B방향으로 회전시킬 때 오른나사의 진행방향을 나타내는 벡터이다. 따라서 그림 10.11에서 $B\times A$는 $A\times B$와 진행방향이 반대이다.

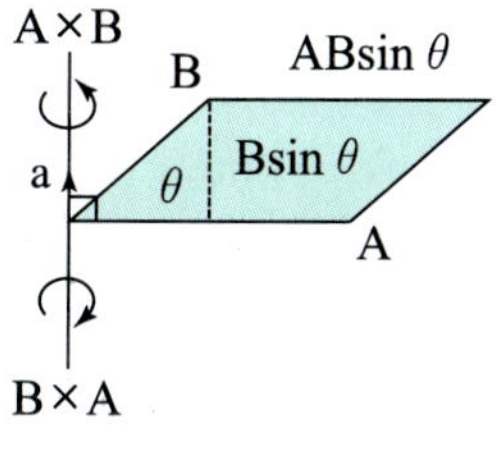

그림 10.11 벡터 적

벡터 A와 벡터 B가 평행인 경우에는 $\sin\theta=\sin 0°=0$이므로

$$A \times B = A \times B \times 0 = 0 \tag{10.22}$$

이 되고, 직각 좌표 상의 기본벡터 i, j, k에 벡터의 외적을 적용하면

$$i \times i = j \times j = k \times k = 1 \times 1 \times \sin 0° = 0 \tag{10.23}$$

벡터 A와 벡터 B가 서로 수직인 경우에는 $\sin\theta = \sin 90° = 1$이므로

$$A \times B = A \times B \times 1 = AB \tag{10.24}$$

가 된다. 따라서 기본벡터 i와 j의 외적은 각도가 $\theta = 90°$이므로

$$i \times j = 1 \times 1 \times \sin 90° \times a = (1 \times 1 \times 1) \times a = a$$

위의 식에서 방향 단위벡터 a는 i에서 j방향으로 회전시킬 때 오른나사의 방향이 바로 k 방향이 되므로

$$i \times j = k \tag{10.25}$$

가 된다. $j \times i$인 경우는 방향이 바뀌므로

$$j \times i = -k \tag{10.26}$$

가 되고, 같은 원리로

$$j \times k = i, \tag{10.27}$$

$$k \times j = -i, \tag{10.28}$$

$$k \times i = j \tag{10.29}$$

$$i \times k = -j \tag{10.30}$$

가 된다.

직각좌표 상에서 벡터 A와 벡터 B는

$$A = A_x i + A_y j + A_z k,$$
$$B = B_x i + B_y j + B_z k$$

이므로 이 경우의 벡터 적 $A \times B$는

$$\begin{aligned} A \times B &= (A_x i + A_y j + A_z k) \times (B_x i + B_y j + B_z k) \\ &= (A_y B_z - A_z B_y) i + (A_z B_x - A_x B_z) j + (A_x B_y - A_y B_x) k \end{aligned} \tag{10.31}$$

가 된다. 이를 행렬식으로 정리하면 아래와 같다.

$$\boldsymbol{A} \times \boldsymbol{B} = \begin{vmatrix} i & j & k \\ A_x & A_y & A_z \\ B_x & B_y & B_z \end{vmatrix} \tag{10.32}$$

그림 10.12는 벡터적의 한 예를 나타낸다. 회전 중심점 O에서 r[m] 떨어진 점에서 r과 θ의 각도를 갖는 힘 F가 가해질 때 회전 토오크 T는

$$T = r \times F = r \cdot F\sin\theta$$

이 되고, 벡터 적의 정의에 의해 r에서 F로 회전할 때 오른 나사의 진행방향이 회전방향이 된다.

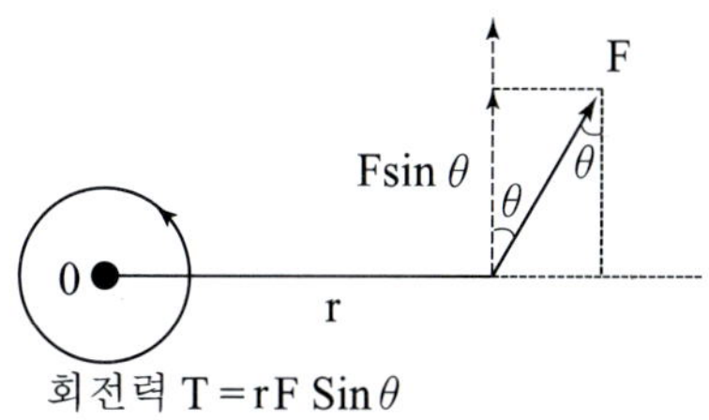

그림 10.12 벡터 적

예제 10.3 z축과 일치한 긴 도체에 z방향으로 $I=10$[A]의 전류를 흘릴 때 자속밀도 $B=2i+3j$가 가해졌을 때 이 도체에 작용하는 단위 길이 당 힘 F는 얼마인가?

풀이 $F = I \times B = (10k) \times (2i+3j) = (0-30)i + (20-0)j + (0-0)k = -30i + 20j$

예제 10.4 벡터 $A = i-2j+2k$, $B = 2i-j-2k$일 때 벡터 적과, 두 벡터 사이의 각도 θ를 구하라.

풀이

$$A \times B = \{(-2)\times(-2)\}i + \{(2)\times(2)-(-1)\times(-2)\}j + \{(1)\times(-1)-(-2)\times(2)\}$$
$$= (4+2)i + (4+2)j + (-1+4)k = 6i+6j+3k$$
$$A = \sqrt{1^2+(-2)^2+2^2} = \sqrt{9} = 3,\ B = \sqrt{2^2+(-1)^2+(-2)^2} = \sqrt{9} = 3$$
$$|A \times B| = \sqrt{6^2+6^2+3^2} = \sqrt{81} = 9$$
$$\frac{|A \times B|}{A \times B} = \frac{9}{3\times3} = 1,\ \therefore\ \sin^{-1}(1) = 90°$$

10.5 벡터의 미분연산

벡터 A가 스칼라 변수 x, y, z의 함수일 때 $A(x, y, z)$로 표시하며, y와 z가 일정하고 x에 대해서 미분하는 것을 x에 대한 편 미분(偏微分)이라 하고 아래와 같이 나타낸다.

$$\frac{\partial A}{\partial x}=\frac{\partial A(x,y,z)}{\partial x} \tag{10.33}$$

또한 x, z가 일정하고, y에 대한 편 미분과, x, y가 일정하고 z에 대한 편 미분은

$$\frac{\partial A}{\partial y}=\frac{\partial A(x,y,z)}{\partial y} \tag{10.34}$$

$$\frac{\partial A}{\partial z}=\frac{\partial A(x,y,z)}{\partial z} \tag{10.35}$$

으로 나타낸다. 벡터 A(x, y, z)를 단위벡터와 x, y, z성분으로 나타내면 아래와 같다.

$$A(x,\ y,\ z)=A_x i+A_y j+A_z k \tag{10.36}$$

따라서 식 (10.31)~식 (10.33)의 편 미분은 아래와 같이 나타낸다.

$$\frac{\partial A}{\partial x}=\frac{\partial A_x}{\partial x}i+\frac{\partial A_y}{\partial x}j+\frac{\partial A_z}{\partial x}k \tag{10.37}$$

$$\frac{\partial A}{\partial y}=\frac{\partial A_x}{\partial y}i+\frac{\partial A_y}{\partial y}j+\frac{\partial A_z}{\partial y}k \tag{10.38}$$

$$\frac{\partial A}{\partial z}=\frac{\partial A_x}{\partial z}i+\frac{\partial A_y}{\partial z}j+\frac{\partial A_z}{\partial z}k \tag{10.39}$$

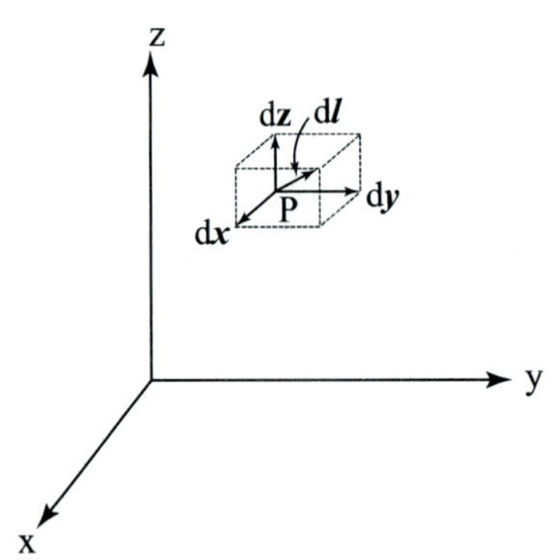

그림 10.13 직각좌표계의 미소체적

그림 10.13에서 $A(x,\ y,\ z)$ 공간 내의 한 점 P에서 변수 x, y, z의 미소변화 즉, dx, dy, dz가 동시에 일어날 때 A의 미소 변화 dA는

$$dA=\frac{\partial A}{\partial x}dx+\frac{\partial A}{\partial y}dy+\frac{\partial A}{\partial z}dz \tag{10.40}$$

위의 식 우변은 스칼라 적 $\left\{\frac{\partial A}{\partial x}i+\frac{\partial A}{\partial y}j+\frac{\partial A}{\partial z}k\right)\cdot(dx\,i\ +dyj+dzk)$과 같으므로

$$dA=\left\{\frac{\partial A}{\partial x}i+\frac{\partial A}{\partial y}j+\frac{\partial A}{\partial z}k\right)\cdot(dx\,i\ +dyj+dzk) \qquad (10.41)$$

그림 10.13에서 $dx\cdot i+dy\cdot j+dz\cdot k=\boldsymbol{dl}$이므로 이를 식 (10.41)에 대입하고, A를 공통으로 내놓으면

$$dA=\left(\frac{\partial}{\partial x}i+\frac{\partial}{\partial y}j+\frac{\partial}{\partial z}k\right)A\ \cdot\boldsymbol{dl} \qquad (10.42)$$

이 되고, 양변을dl로 나누면

$$\frac{dA}{dl}=\left(\frac{\partial}{\partial x}i+\frac{\partial}{\partial y}j+\frac{\partial}{\partial z}k\right)A \qquad (10.43)$$

$$\nabla=\frac{\partial}{\partial x}i+\frac{\partial}{\partial y}j+\frac{\partial}{\partial z}k \qquad (10.44)$$

위의 식에서 ∇('나블라' 또는 '델')을 해밀턴 연산자(Hamilton' s operator) 또는 미분 연산자라 한다. 따라서 식 (10.40)을 미분 연산자 $\nabla=\frac{d}{dl}$로 나타내면 아래와 같다.

$$\therefore\ \frac{d\boldsymbol{A}}{dl}=\nabla\boldsymbol{A} \qquad (10.45)$$

미분 연산자 ∇는 단독으로는 방정식을 이루지 못하지만 이를 이용하면 복잡한 식도 간단하게 나타낼 수 있는 이점이 있다. 이 미분 연산자는 앞으로 설명하는 스카라의 기울기(gradient), 벡터의 발산(divergence), 벡터의 회전(rotation) 등에 사용된다.

10.5.1 스칼라의 기울기

앞서 설명한 그림 10.13에서 $dA(x,\ y,\ z)$가 스칼라 함수라 하고 각 방향의 거리에 대한 변화율을 나타낸 것이 식 (10.40)이며, 이를 함수 A의 거리에 대한 기울기(gradient)라 하며 아래와 같이∇ 또는 grad를 사용하여 나타낸다.

$$\nabla A=\mathrm{grad}\ A \qquad (10.46)$$

$A(x,\ y,\ z)$는 스칼라 량이지만 ∇는 벡터 량이다. 다시 한번 스칼라의 기울기를 정리하면 아래와 같다.

$$\nabla A = \text{grad } A = \frac{\partial A}{\partial x}i + \frac{\partial A}{\partial y}j + \frac{\partial A}{\partial z}k$$
$$= \left(\frac{\partial}{\partial x}i + \frac{\partial}{\partial y}j + \frac{\partial}{\partial z}k\right)A \qquad (10.47)$$

위의 식에서 $\frac{\partial A}{\partial x}$, $\frac{\partial A}{\partial y}$, $\frac{\partial A}{\partial z}$는 각 방향성분의 기울기를 나타낸다.

10.5.2 벡터의 발산

미분 연산자∇와 벡터 $E(x, y, z)$의 스칼라 적 표시는 아래와 같다.

$$\nabla \cdot \boldsymbol{E} = \left(\frac{\partial}{\partial x}i + \frac{\partial}{\partial y}j + \frac{\partial}{\partial z}k\right) \cdot (E_x i + E_y j + E_z k)$$
$$= \frac{\partial E_x}{\partial x} + \frac{\partial E_y}{\partial y} + \frac{\partial E_z}{\partial z} \qquad (10.48)$$

이를 벡터의 발산(divergence)이라 하며, '$\nabla \cdot$' 대신 '*div*'를 사용하기도 한다. 식 (10.48)의 물리적인 의미는 벡터 E의 한 점에서 단위체적 당 발산(發散)하는 전속, 자속 등의 양(量)을 말한다. E는 벡터 량이지만 $\nabla \cdot E$는 스칼라 량이다. 예컨대 전속밀도 D에 대한 발산을 설명하면 폐 곡면에서 나가는 전속의 총 수는 $\int_S \boldsymbol{D} \cdot d\boldsymbol{S}$일 때 폐 곡면에서의 미소체적을 Δv라 하면

$$div\ D = \nabla \cdot \boldsymbol{D} = \lim_{\Delta v \to 0} \frac{1}{\Delta v} \int_S \boldsymbol{D} \cdot d\boldsymbol{S} \qquad (10.49)$$

이 되고, 단위 체적 당 발산해 나오는 전속의 수가 스칼라 량이 된다.

10.5.3 벡터의 회전

미분 연산자 ∇와 벡터 A의 벡터 적은 아래와 같고, 이를 벡터의 회전이라 한다.

$$\nabla \times \boldsymbol{A} = \left(\frac{\partial}{\partial x}i + \frac{\partial}{\partial y}j + \frac{\partial}{\partial z}k\right) \times (A_x i + A_y j + A_z k)$$
$$= \left(\frac{\partial A_z}{\partial y} - \frac{\partial A_y}{\partial z}\right) i + \left(\frac{\partial A_x}{\partial z} - \frac{\partial A_z}{\partial x}\right) j + \left(\frac{\partial A_y}{\partial x} - \frac{\partial A_x}{\partial y}\right) k$$

$$= \begin{vmatrix} i & j & k \\ \dfrac{\partial}{\partial x} & \dfrac{\partial}{\partial y} & \dfrac{\partial}{\partial z} \\ A_x & A_y & A_z \end{vmatrix} \tag{10.50}$$

벡터의 회전(rotation, curl)을 '$\nabla \times$' 대신 'rot' 또는 'curl'(컬)로 표기하기도 한다.

벡터의 회전의 물리적인 의미는 그 크기(면적)가 아주 작은 미소면적(ΔS)에 대한 순환적분을 말하며, 자력선과 전기력선이 서로 주위를 회전하고 있는 전계나 자계, 힘에 의한 회전력(토오크) 등이 이에 해당한다.

$$\nabla \times H = \text{rot } H = \text{curl } H = \lim_{\Delta S \to 0} \int \frac{\boldsymbol{H} \cdot \boldsymbol{dl}}{\Delta S} \tag{10.51}$$

위의 식에서 $\int \boldsymbol{H} \cdot \boldsymbol{dl}$은 ΔS에 대한 H의 선 적분이고, 오른 나사의 진행방향으로 회전하여 가는 벡터량의 변화량을 나타낸다.

10.5.4 라플라시안(Laplacian)

스칼라 함수 $A(x, y, z)$에 미분을 두 번 취한 것이 라플라시안(Laplacian)이다.

$$\begin{aligned} \nabla \cdot \nabla \mathrm{A} = \nabla^2 A &= \left(\frac{\partial}{\partial x} i + \frac{\partial}{\partial y} j + \frac{\partial}{\partial z} k\right) \cdot \left(\frac{\partial}{\partial x} i + \frac{\partial}{\partial y} j + \frac{\partial}{\partial z} k\right) A \\ &= \frac{\partial^2 A}{\partial x^2} + \frac{\partial^2 A}{\partial y^2} + \frac{\partial^2 A}{\partial z} \end{aligned} \tag{10.52}$$

'$\nabla \cdot \nabla$' 또는 '∇^2'대신 'div grad'을 사용하기도 한다. 이상을 정리하면 라플라시안은 아래와 같이 정의되며, 공간전하 분포에 의한 전위 계산에 이용된다.

$$\nabla \cdot \nabla = \nabla^2 = \text{div grad} = \frac{\partial^2}{\partial x^2} + \frac{\partial^2}{\partial y^2} + \frac{\partial^2}{\partial z^2} \tag{10.53}$$

10.6 스토크스의 정리

그림 10.14(a)와 같이 임의의 면적 S를 여러 개로 나누고 각각의 주변에 대해 선 적분을 취하여 이들을 합하면 외각 둘레에 대한 선 적분과 같다. 이것은 그림 10.14(a)에서 dS_1과 dS_2에서의 분할 경계선에 대한 선 적분이 서로 반대가 되어 상쇄되기 때문이다. dS_3과 dS_4

에 대해서도 마찬가지이다. 따라서 내부 모든 면적에 대한 미소 분할 면적에 대한 선 적분의 합은 0이 되고, 주변에 대한 선 적분만 남으므로 결국 그림 10.14(b)와 같이 폐 곡선 c에 대한 선 적분과 같게 된다.

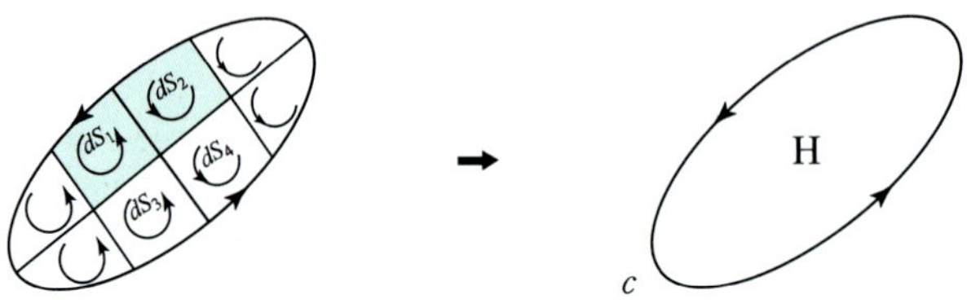

그림 10.14 스토크스의 정리

분할된 미소면적을 $ds(\Delta s)$라 할 때, 미소 면적 ds에의 주변 Δc에 따른 선 적분은 rot H의 정의에 의해 아래와 같은 관계식이 성립한다.

$$\oint_{\Delta c} \boldsymbol{H} \cdot dl = rot\boldsymbol{H} \cdot dS \tag{10.54}$$

따라서 그림 10.14(a)에서 dS의 주변 폐 곡선 c에 대한 선 적분은 아래와 같이 정리된다.

$$\oint_{c} \boldsymbol{H} \cdot dl = \int_{S} (\nabla \times \boldsymbol{H}) \cdot dS \tag{10.55}$$

위의 관계식이 스토크스의 정리(Stoke' s theorem)이다. 식 (10.55)은 벡터 H를 임의의 폐 곡선에 대하여 선 적분한 것은 rot H를 그 폐 곡면 내의 면적에 대한 적분과 같다는 뜻이다. 이 정리는 선 적분과 면 적분간의 변환에 중요한 공식으로 사용된다.

간추림

- 스칼라 량 : 크기만을 갖는 양으로 길이, 질량, 온도 등이 있다.
- 백터 량 : 크기와 방향을 갖는 양으로 속도, 힘 전계, 자계 등이 있다.
- 단위 벡터 : 크기가 1인 벡터.
- 벡터의 가.감산 : 직교 좌표상에서 벡터 A와 벡터 B의 가.감산은 아래와 같다.

$$A \pm B = (A_x \pm B_x)i + (A_y \pm B_y)j + (A_z \pm B_z)k$$

- 벡터의 내적(스칼라 적) : $\boldsymbol{A} \cdot B = AB\cos\theta = A_xB_x + A_yB_y + A_zB_z$
- 단위벡터의 내적 : $i \cdot i = j \cdot j = k \cdot k = 1$

$$i \cdot j = j \cdot k = k \cdot i = 0$$
$$j \cdot i = k \cdot j = i \cdot k = 0$$

- 벡터의 외적(벡터 적) : $\boldsymbol{A} \times \boldsymbol{B} = (A_yB_z - A_zB_y)i + (A_zB_x - A_xB_z)j + (A_xB_y - A_yB_x)k$

$$= \begin{vmatrix} i & j & k \\ A_x & A_y & A_z \\ B_x & B_y & B_z \end{vmatrix}$$

- 단위벡터의 외적 : $i \times i = j \times j = k \times k = 0$

$$i \times j = k, \quad j \times i = -k$$
$$j \times k = i, \quad k \times j = -i$$
$$k \times i = j, \quad i \times k = -j$$

- 미분 연산자 : $\nabla = \frac{\partial}{\partial x}i + \frac{\partial}{\partial y}j + \frac{\partial}{\partial z}k$
- 스칼라의 기울기 : $\nabla A = \text{grad}\,A = \left(\frac{\partial}{\partial x}i + \frac{\partial}{\partial y}j + \frac{\partial}{\partial z}k\right)\text{A}$

$$= \frac{\partial A}{\partial x}i + \frac{\partial A}{\partial y}j + \frac{\partial A}{\partial z}k$$

- 벡터의 발산 : $\nabla \cdot \boldsymbol{E} = \text{div}\ E = \left(\frac{\partial}{\partial x}i + \frac{\partial}{\partial y}j + \frac{\partial}{\partial z}k\right) \cdot (E_x i + E_y j + E_z k)$

$$= \frac{\partial E_x}{\partial x} + \frac{\partial E_y}{\partial y} + \frac{\partial E_z}{\partial z}$$

- 벡터의 회전 : $\nabla \times \boldsymbol{A} = \text{rot}\ A = \left(\frac{\partial}{\partial x}i + \frac{\partial}{\partial y}j + \frac{\partial}{\partial z}k\right) \times (A_x i + A_y j + A_z k)$

$$= \left(\frac{\partial A_z}{\partial y} - \frac{\partial A_y}{\partial z}\right) i + \left(\frac{\partial A_x}{\partial z} - \frac{\partial A_z}{\partial x}\right) j + \left(\frac{\partial A_y}{\partial x} - \frac{\partial A_x}{\partial y}\right) \boldsymbol{k}$$

$$=\begin{vmatrix} i & j & k \\ \frac{\partial}{\partial x} & \frac{\partial}{\partial y} & \frac{\partial}{\partial z} \\ A_x & A_y & A_z \end{vmatrix}$$

- 라플라시안 : $\nabla \cdot \nabla = \nabla^2 = \text{div grad} = \frac{\partial^2}{\partial x^2} + \frac{\partial^2}{\partial y^2} + \frac{\partial^2}{\partial z^2}$
- 스토크스의 정리 : 임의의 폐 곡면 S에 대한 벡터 H의 회전의 면 적분은 폐 곡면을 주변에 대한 벡터 H의 선 적분과 같다.

연 습 문 제

1. 벡터 $A=-2i+j+5k$, 벡터 $B=6i+3j-k$일 때 A와 B의 가산결과는?

(가) $4i+4j+4k$ (나) $8i+4j-6k$ (다) $-12i+3j-5k$ (라) $12i+4j-5k$

2. 어떤 물체에 $F_1=-3i+4j-5k$와 $F_2=6i+3j-2k$의 힘이 작용하고 있다. 이 물체에 F_3을 가했을때, 세 힘이 평형이 되기 위한 F는?

(가) $-3i-7j+7k$ (나) $3i+7j-7k$ (다) $3i-j-7k$ (라) $3i-j+3k$

3. 다음 중 옳지 않은 것은?

(가) $i\cdot i=j\cdot j=k\cdot k=0$ (나) $i\cdot j=j\cdot k=k\cdot i=0$

(다) $A\cdot B=AB\cos\theta$ (라) $i\times i=j\times j=k\times k$

4. 두 벡터 $A=iA_x+j2$, $B=i3-j3-k$가 서로 직교하려면 A_x의 값은?

(가) 0 (나) 2 (다) $\frac{1}{2}$ (라) -2

5. $A=-i7-j$, $B=-i3-j5$의 두 벡터가 이루는 각도는 몇 도인가?

(가) 30 (나) 45 (다) 60 (라) 90

6. 두 단위 벡터 간의 각을 θ라 할 때 벡터 곱과 관계없는 것은?

(가) $i\times j=-j\times i=k$ (나) $k\times i=-i\times k=j$

(다) $i\times i=j\times j=k\times k$ (라) $i\times j=0$

7. $A=2i-5j+3k$일 때 $k\times A$를 구한 것 중 옳은 것은?

(가) $-5i+2j$ (나) $5i-2j$ (다) $-5i-2j$ (라) $5i+2j$

8. V를 임의의 스칼라라 할 때 grad V의 직각좌표에 있어서의 표현은?

(가) $\frac{\partial V}{\partial x}+\frac{\partial V}{\partial y}+\frac{\partial V}{\partial z}$ (나) $i\frac{\partial V}{\partial x}+j\frac{\partial V}{\partial y}+k\frac{\partial V}{\partial z}$

(다) $\frac{\partial^2 V}{\partial x^2}+\frac{\partial^2 V}{\partial y^2}+\frac{\partial^2 V}{\partial z^2}$ (라) $i\frac{\partial^2 V}{\partial x^2}+j\frac{\partial^2 V}{\partial y^2}+k\frac{\partial^2 V}{\partial z^2}$

9. 벡터의 미분 연산자 ∇와의 벡터곱과 관계없는 것은?

(가) curl A (나) $\nabla\times A$ (다) div A (라) rot A

10. 임의의 전계가 $E = iE_x + jE_y + kE_z$로 되었을 때 $\dfrac{\partial E_x}{\partial x} + \dfrac{\partial E_y}{\partial y} + \dfrac{\partial E_z}{\partial z}$와 같은 의미를 갖는 것은?

(가) $\nabla \times \boldsymbol{E}$　　(나) rot E　　(다) grad E　　(라) $\nabla \cdot \boldsymbol{E}$

11. 점 (1, 0, 3)에서 $f = xyz^2$의 기울기는?

(가) $3i$　　(나) $i \times 3k$　　(다) $9j$　　(라) $6k$

12. 전계 $E = 3x^2 i + 2xy^2 j + x^2 yzk$의 div E는 얼마인가?

13. 벡터 $A = 3x^2 i + 2y^2 j - 6z^2 k$일 때 점 (2, 1, 4)에서의 발산을 구하라.

14. 벡터 $A = xyi + yzj + zxk$일 때 점(2, −3, 1)에서의 회전(rot A)을 구하라.

15. 스칼라 함수 $f = 2x^3 y^2 z^4$일 때 ∇^2을 구하라.

부 록

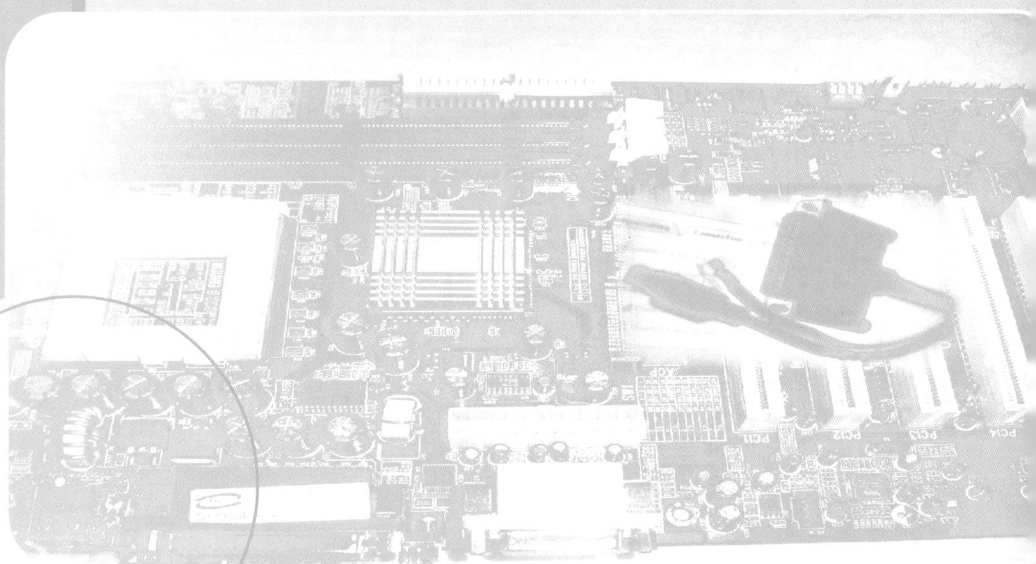

부록 1 연습문제 해답

제1장 해답

1. (다) 2. (나) 3. (가) 4. (라)
5. (라) 6. (다) 7. (가) 8. (다)
9. (가) 10. (나)
11. · 빗으로 머리를 빗을 때
· 유리에 면을 문지를 때
12. 면 +, 플라스틱 −
13. 15−(2+8)=5로부터 5개
14. $R=\dfrac{\rho \cdot l}{S}=\dfrac{\rho \cdot l}{\pi \cdot r^2}=\dfrac{1.7\times10^{-8}\times400}{3.14\times(1\times10^{-3})^2}=\dfrac{6.8}{3.14}=2.166[\Omega]$
15. $R_1=\dfrac{\rho \cdot 1/2l}{S}$, $R_2=\dfrac{\rho \cdot l}{8S}$
$\dfrac{R_1}{R_2}=\dfrac{1/2}{1/8}=4$배

제2장 해답

1. (나) 2. (다) 3. (나) 4. (나)
5. (나) 6. (가) 7. (라) 8. (가)
9. (가) 10. (가) 11. (라) 12. (다)
13. (다) 14. (라) 15. (다) 16. (라)
17. $Q=(E\times r^2)/(9\times10^9)=(1.8\times10^{10}\times1^2)/(9\times10^9)=18/9=2[C]$
18. $E=9\times10^9\times\dfrac{Q}{r^2}=9\times10^9\times\dfrac{2\times10^{-8}}{1^2}=180[V/m]$
19. $W=QV=1.6\times10^{-19}\times10=1.6\times10^{-18}[J]$
20. $V_{BA}=9\times10^9\times\dfrac{2\times10^{-6}}{2\times10^{-1}}=9\times10^4$, $V_{CA}=9\times10^9\times\dfrac{4\times10^{-6}}{1\times10^{-1}}=36\times10^4$
$\therefore\ V_{CB}=V_{CA}-V_{BA}=(36-9)\times10^4=27\times10^4=2.7\times10^5[V]$
21. $R_T=R_{20}\{1+a_{20}(T-20)\}=25\times\{1+0.004\times(50-20)\}=25\times1.12=28[\Omega]$

22. $Q^2 = \dfrac{F \times r^2}{9 \times 10^9} = \dfrac{3.6 \times 10^{-2} \times 1^2}{9 \times 10^9} = 4 \times 10^{-12}$, $\therefore\ Q = 2 \times 10^{-6}$[C]

23. $F = \dfrac{W}{r} = \dfrac{17.71}{0.1} = 177.1$[N], $E = \dfrac{F}{Q} = \dfrac{177.1}{2} = 88.55$[V/m]

$V = E \times r = 88.55 \times 0.1 = 8.855$[V]

24. 합성저항 $R = \dfrac{2 \times 3}{2+3} + 2.8 = 1.2 + 2.8 = 4[\Omega]$

$\therefore\ I = \dfrac{6}{4} = 1.5$[A]

25. 들어가는 전류 $= 5+2+I+6$, 나가는 전류 $= 10+8$

들어가는 전류와 나가는 전류는 같으므로

$5+2+I+6 = 10+8$, $13+I = 18$, $\therefore\ I = 18-13 = 5$[A]

26. $R = V/I = 200/1 = 200[\Omega]$, $H = 0.24I^2Rt$로부터 $t = \dfrac{H}{0.24I^2R} = \dfrac{240}{0.24 \times 1^2 \times 200} = 5$[초]

제3장 해답

1. (다) 2. (가) 3. (가) 4. (가)
5. (나) 6. (나) 7. (가) 8. (라)
9. (라) 10. (나)
11. $C = Q/V = 4/2 = 2$[F]
12. $C = 8.854 \times 10^{-12} \times \dfrac{S}{d} = 8.854 \times 10^{-12} \times \dfrac{20 \times 10^{-4}}{5 \times 10^{-2}} \fallingdotseq 3.54 \times 10^{-13}$[C]
13. $Q = \epsilon_0 \epsilon_r E \cdot S = 8.854 \times 10^{-12} \times 4 \times 5 \times 40 \times 10^{-4} \fallingdotseq 7.08 \times 10^{-13}$[C]
14. $C_S = \dfrac{4 \times 6}{4+6} = 2.4[\mu F]$ $C_P = 1.6 + 2 = 3.6[\mu F]$

$C = \dfrac{C_S C_P}{C_S + C_P} = \dfrac{2.4 \times 3.6}{2.4 + 3.6} = 1.44[\mu F]$

15. $W = \dfrac{1}{2} C \cdot V^2 = \dfrac{1}{2} \times 50 \times 10^{-6} \times (2 \times 10^2)^2 = 1$[J]
16. $W = \dfrac{1}{2} \epsilon_0 \epsilon_r E$에서 $\epsilon r_2 / \epsilon r_1 = 6/2 = 3$배

제4장 해답

1. (라) 2. (가) 3. (나) 4. (다)
5. (가) 6. (가) 7. (다) 8. (다)

9. (가) 10.(가)

11. $Q=\epsilon_0 \epsilon_r \ E \cdot S = 8.854 \times 10^{-12} \times 4 \times 5 \times 40 \times 10^{-4} = 7.084 \times 10^{-13}$[C]

12. 공기 중에서의 $C=\frac{\epsilon_0 S}{d}$ 라면 유리판을 넣은 뒤 간격 1/2의 정전용량은 $C' = \frac{\epsilon_0 S}{d/2} = 2 \cdot \frac{\epsilon_0 S}{d}$ 이므로 2배가 되고, ϵ_r =6이므로 2×3[μF]=36[μF]가 된다.

한편 빗금부(1/2)의 유리판 정전용량은 $C'' = \frac{\epsilon_0 \epsilon_r S}{d/2} = 2 \cdot \frac{\epsilon_0 \times 6 \times S}{d}$ 이므로 C의 12배가 되어 12×3[μF]=36[μF]가 된다. 합성 전전용량은 C'와 C''의 직렬연결이므로

합성 정전 용량$= \frac{6 \times 36}{6+36} = \frac{36}{7}$ [μF]

13. $W=\frac{1}{2} \epsilon_0 \epsilon_r \ E$에서 $\epsilon_{r2}/\epsilon_{r1} = 6/2 = 3$배

14. $P=\left(1-\frac{1}{\epsilon_r}\right)D = \left(1-\frac{1}{4}\right) \times 2 \times 10^{-6} = 1.5 \times 10^{-6}$[C/m²]

15. $W=\frac{D^2}{2\epsilon}$ 로부터 $\epsilon = \frac{D^2}{2W} = \frac{(2.4 \times 10^{-5})^2}{2 \times 5.3 \times 10^{-3}} = \frac{57.6}{10.6} \times 10^{-8} \fallingdotseq 5.43 \times 10^{-8}$[F/m]

제5장 해답

1. (나) 2. (라) 3. (가) 4. (다)
5. (라) 6. (나) 7. (가) 8. (가).
9. (다) 10. (나)

11. $H=6.33 \times 10^4 \times \frac{m}{r^2} = 6.33 \times 10^4 \times \frac{5 \times 10^{-3}}{(4 \times 10^{-1})^2} = \frac{31.65}{16} \times 10^3 \fallingdotseq 1.98 \times 10^3$[A/m]

12. $F= 1/(4\pi\mu_0) \times \frac{m \times m}{r^2}$ 로부터 $25.32 = 6.33 \times 10^4 \times \frac{m^2}{1^2}$,

$m^2 = \frac{25.32}{6.33 \times 10^4} = 4 \times 10^{-4} \ \therefore \ m = \sqrt{4 \times 10^{-4}} = 2 \times 10^{-2}$[Wb]

13. $B=\mu_0 H = 4 \times 3.14 \times 10^{-7} \times 500 = 6.28 \times 10^{-4}$[T]

14. $F=mH$로부터 $m=\frac{F}{H} = \frac{3 \times 10^2}{1000} = 0.3$[Wb]

15. $\phi = B \cdot S$로부터 $\phi = 5 \times 10^7 \times 4 \times 10^{-4} = 2 \times 10^4$[Wb]

16. $B=\frac{\phi}{S} = \frac{4\pi \times 10^{-5}}{25 \times 10^{-4}} = 16\pi \times 10^{-3}$

$B=\mu_0 \mu_r H$로부터 $\mu_r = \frac{B}{\mu_0 H} = \frac{16\pi \times 10^{-3}}{4\pi \times 10^{-7} \times 200} = 200$

17. $U=\frac{m}{4\pi\mu_0 r}$ 으로부터

$$U_P - U_Q = \frac{m}{4\pi\mu_0}\left(\frac{1}{0.5} - \frac{1}{0.75}\right) = \frac{m}{4\pi\mu_0} \cdot \frac{2}{3}$$

$$= \frac{20 \times 10^{-6}}{4 \times 3.14 \times 4 \times 3.14 \times 10^{-7}} \cdot \frac{2}{3} = \frac{400}{157.7536} \fallingdotseq 2.54[A]$$

제6장 해답

1. (다) 2. (라) 3. (다) 4. (나)
5. (나)
6. 식 (6.1)에서 $F = nI$이므로 $F = 160 \times 2 = 320[A]$
7. 식 (6.6)으로부터 $H = \frac{6}{2 \times 3.14 \times 0.2} = \frac{6}{1.256} \fallingdotseq 4.8[A]$
8. 식 (6.2)로부터 $r = \frac{I}{2\pi H} = \frac{1}{2 \times 3.14 \times 2} = \frac{1}{12.56} \fallingdotseq 0.08[m]$
9. $H = (nI)/2\pi r$로부터 $125 = \frac{314 \times I}{2 \times 3.14 \times 0.4}$, $\therefore\ I = \frac{125 \times 2 \times 3.14 \times 0.4}{314} \fallingdotseq 1.05[A]$
10. $H = I/(2\pi r)$에 의해

$$H = \frac{15.7}{2 \times 3.14 \times 0.5} = \frac{15.7}{3.14} = 5[A/m]$$

11. $H = nI/(2\pi r)$이므로

$$H = \frac{240 \times 6.28}{2 \times 3.14 \times 0.3} = \frac{480}{0.6} = 800[A/m]$$

12. $H = nI/(2\pi r)$로부터

$$200 = \frac{n \times 3.14}{2 \times 3.14 \times 0.05}, \quad \therefore\ n = \frac{200 \times 2 \times 3.14 \times 0.05}{3.14} = 20[회]$$

13. $H = \frac{Ir^2}{2(r^2 + l^2)^{3/2}}$로부터

$$I = \frac{2(r^2 + l^2)^{\frac{3}{2}} \times H}{r^2} = \frac{2(0.3^2 + 0.4^2)^{\frac{3}{2}} \times 5}{(30 \times 10^{-2})^2} = \frac{125}{9} \fallingdotseq 13.9[A]$$

제7장 해답

1. (다) 2. (가) 3. (가) 4. (다)
5. (나) 6. (라) 7. (나) 8. (다)
9. (나) 10. (라) 11. (가) 12. (나)
13. (다) 14. (라) 15. (라)

16. $F=BIl$에서 $I=\frac{F}{Bl}=\frac{10}{2.5\times 0.2}=20$[A]

17. $e=-n\frac{dphi}{dt}=-200\times 2=-400$[V]

18. $e=-L\frac{dI}{dt}=-20\times 10^{-3}\times\frac{10}{2}=-0.1$[V]

19. $e=Blv$에서 $B=0.2\times 10^{-4}$[Wb/m^2], $l=1.6$[m], $v=\frac{90\times 10^3}{3600}=25$[m/s]을 대입하면

$e=0.2\times 10^{-4}\times 1.6\times 25=8\times 10^{-4}$[V]

20. $\frac{e_2}{e_1}=\frac{n_2}{n_1}$ 로부터 $n_2=\frac{e_2}{e_1}\times n_1=\frac{16}{200}\times 250=20$[회]

21. $L=\frac{nphi}{I}=\frac{nBS}{I}=\frac{n\mu_0 HS}{I}=\frac{250\times 4\pi\times 10^{-7}\times 0.8\times 200\times 10^{-4}}{2}=2.512\times 10^{-6}$[H]

22. $L=4\pi n_0^2 S\times 10^{-7}=4\times 3.14\times 10^{-7}\times 1500^2\times 3.14\times(2\times 10^{-2})^2\fallingdotseq 3.55\times 10^{-3}=$ **3.55[mH]**

23. $M=k\sqrt{L_1L_2}=0.5\sqrt{40\times 90}=0.5\times 60=30$[mH]

24. $W=\frac{B^2}{2\mu_0\mu_r}=\frac{20^2}{2\times 4\pi\times 10^{-7}\times 1500}=\frac{50}{1.5\times 3.14}\times 10^4\fallingdotseq 1.06\times 10^5$[J/m^3]

25. 상호 인덕턴스 $M=k\sqrt{L_1L_2}=0.5\times\sqrt{20\times 50}=0.5\times 10=5$[mH]

합성 인덕턴스 $L=L_1+L_2+2M=20+50+(2\times 5)=80$[mH]

$W=\frac{1}{2}LI^2$에 대입하면 $W=\frac{1}{2}\times 82\times 10^{-3}\times(20)^2=16.4$[J]

26. $L=\frac{\mu_0\pi a^2n^2}{l}=\frac{4\pi\times 10^{-7}\times\pi\times(10\times 10^{-2})^2\times(2\times 10^2)^2}{60\times 10^{-2}}$

$=\frac{4\pi^2\times 10^{-7}\times 10^2\times 10^{-4}\times 4\times 10^4}{6\times 10^{-1}}=\frac{16\pi^2}{6}\times 10^{-4}=\frac{8\times 3.14^2}{3}\times 10^{-4}$

$\fallingdotseq 2.63\times 10^{-3}=2.63$[mH]

27. $L=\frac{\mu_0\mu_r Sn^2}{l}=\frac{4\pi\times 10^{-7}\times 100\times 5\times 10^{-4}\times 200^2}{20\times 10^{-2}}=1.256\times 10^{-2}$[H]

$\therefore\ W=\frac{1}{2}LI^2=\frac{1}{2}\times 1.256\times 10^{-2}\times 10^2=0.628$[J]

28. $H_A=\frac{I_B}{2\pi r_1}$, $H_B=\frac{I_A}{2\pi r_2}$ 에서 $H_A=H_B$이어야 하므로

$\frac{6}{2\pi\times 0.1}=\frac{2}{2\pi r_2}$ 로부터 $6r_2=0.2$, $\therefore\ r_2=\frac{0.2}{6}=\frac{1}{30}$[m]

29. $L=\frac{\mu_0\mu_r}{8\pi}l=\frac{4\pi\times 10^{-7}}{8\pi}\times 50=2.5\times 10^{-6}$[H]

30. $H=\frac{nI}{2\pi r}=\frac{3\times 0.5}{2\times 3.14\times 0.2}\fallingdotseq 1.19$[A/m]

제8장 해답

1. (나) 2. (다) 3. (라) 4. (나)
5. (다) 6. (가) 7. (다) 8. (나)
9. (가) 10. (라)

11. $F=nI$로부터 $n=\dfrac{F}{I}=\dfrac{150}{2.5}=60$[회]

12. $\phi=BS=\mu HS, Hl=nI$로부터

$$I=\frac{\phi l}{\mu_0\mu_r nS}=\frac{5\times50\times10^{-2}}{4\pi\times10^{-7}\times1000\times200\times4\times10^{-4}}=\frac{250}{100.48}\times10^4 \fallingdotseq 2.5\times10^4[\mathrm{A}]$$

13. 철심의 자기저항 R_1은

$$R_1=\frac{l_1}{\mu S}=\frac{l_1}{\mu_0\mu_r S}=\frac{20\times10^{-2}}{4\pi\times10^{-7}\times10^3\times10\times10^{-4}}=\frac{20}{12.56}\times10^5 \fallingdotseq 1.59\times10^5[\mathrm{H}^{-1}]$$

공극부의 자기저항 R_2는

$$R_2=\frac{l_2}{\mu_0 S}=\frac{2\times10^{-3}}{4\pi\times10^{-7}\times10\times10^{-4}}=\frac{200}{12.56}\times10^5 \fallingdotseq 15.9\times10^5[\mathrm{H}^{-1}]$$

$$\therefore\ \phi=\frac{nI}{R_1+R_2}=\frac{400\times4}{(1.59+15.9)\times10^5}=\frac{160}{17.49}\times10^{-4} \fallingdotseq 9.15\times10^{-4}[\mathrm{Wb}]$$

14. 자기저항 $R_1=\dfrac{l_1}{\mu_0\mu_r S_1}=\dfrac{30\times10^{-2}}{4\times3.14\times10^{-7}\times10^3\times15\times10^{-4}}$

$$=\frac{30}{18.84}\times10^5 \fallingdotseq 1.59\times10^5[\mathrm{H}^{-1}]$$

자기저항 $R_2=\dfrac{l_2}{\mu_0\mu_r S_2}=\dfrac{10\times10^{-2}}{4\times3.14\times10^{-7}\times10^3\times10\times10^{-4}}$

$$=\frac{10}{12.56}\times10^5 \fallingdotseq 0.80\times10^5[\mathrm{H}^{-1}]$$

$\therefore\ R_m=R_1+R_2=(1.59+0.80)\times10^5$

철심 A 및 B를 통과하는 자속 ϕ는

$$\phi=\frac{nI}{R_m}=\frac{150\times2}{2.39\times10^5} \fallingdotseq 1.26\times10^{-3}[\mathrm{Wb}]$$

$$B_1=\frac{\phi}{S_1}=\frac{1.26\times10^{-3}}{15\times10^{-2}}=8.4\times10^{-3}[\mathrm{A/m^2}]$$

$$B_2=\frac{\phi}{S_2}=\frac{1.26\times10^{-3}}{10\times10^{-2}}=1.26\times10^{-2}[\mathrm{A/m^2}]$$

15. 기자력 : $F_m=nI=20\times5=100[\mathrm{A}]$

자기저항 : $R_m=\dfrac{l}{\mu S}=\dfrac{4}{100\times30\times10^{-4}}=\dfrac{40}{3}[\mathrm{H}^{-1}]$

$\therefore$ 자속 $\phi = \dfrac{F_m}{R_m} = \dfrac{100}{40/3} = 7.5$[Wb]

제9장 해답

1. (나)	2. (다)	3. (다)	4. (라)
5. (라)	6. (라)	7. (나)	8. (다)
9. (나)	10.(가)	11.(다)	12.(가)
13.(다)	14.(나)	15.(가)	16.(가)

17. $\lambda = \dfrac{v}{f}$ 에서 $v = 3\times10^8$[m], $f = 1\times10^6$[Hz]를 대입하면

$$\lambda = \frac{3\times10^8}{1\times10^6} = 300[\mathrm{m}]$$

18. $\mu = \mu_0\mu_r$, $\mu_r = \mu/\mu_0$에서 $\mu = \mu_0$이므로 $\mu_r = 1$

$v = \dfrac{1}{\sqrt{\mu\epsilon}} = \dfrac{1}{\sqrt{\mu_0\epsilon_0}} \cdot \dfrac{1}{\sqrt{\mu_r\epsilon_r}}$ 로부터 $\dfrac{1}{\sqrt{\mu_0\epsilon_0}} = 3\times10^8$이므로

$v = \dfrac{3\times10^8}{\sqrt{\mu_r\epsilon_r}}$, $v^2 = \dfrac{(3\times10^8)^2}{\mu_r\epsilon_r}$에 $v = \dfrac{1}{2}\times10^8$, $\mu_r = 1$을 대입하면

$$\left(\frac{1}{2}\times10^8\right)^2 = \frac{(3\times10^8)^2}{\epsilon_r}, \quad \therefore \ \epsilon_r = \frac{(3\times10^8)^2}{\left(\frac{1}{2}\times10^8\right)^2} = \frac{9\times4\times10^{16}}{10^{16}} = 36$$

19. $c = v = \dfrac{1}{\sqrt{\mu_0\epsilon_0}} = 3\times10^8$[m/s]에서 양변에 제곱을 취하면

$\dfrac{1^2}{\mu_0\epsilon_0} = (3\times10^8)^2$, $\epsilon_0 = 8.854\times10^{-12}$을 대입하여 μ_0에 대하여 풀면

$$\mu_0 = \frac{1}{9\times10^{16}\times8.854\times10^{-12}} \fallingdotseq 12.55\times10^{-6}[\mathrm{H/m}]$$

20. $\eta = \sqrt{\dfrac{\mu_r}{\epsilon_r}}\times377 = \sqrt{\dfrac{1}{64}}\times377 = \dfrac{1}{8}\times377 \fallingdotseq 47[\Omega]$

제10장 해답

1. (가)	2. (가)	3. (가)	4. (나)
5. (나)	6. (라)	7. (라)	8. (나)
9. (다)	10.(라)	11.(다)	

12. $\nabla\cdot \boldsymbol{E} = \left(\dfrac{\partial}{\partial x}i + \dfrac{\partial}{\partial y}j + \dfrac{\partial}{\partial z}k\right)\cdot(E_x i + E_y j + E_z k)$

$$= \frac{\partial E_x}{\partial x} + \frac{\partial E_y}{\partial y} + \frac{\partial E_z}{\partial z}$$

$$= \frac{\partial}{\partial x}(3x^2) + \frac{\partial}{\partial y}(2xy^2) + \frac{\partial}{\partial z}(x^2yz)$$

$$= 6x + 4xy + x^2y$$

13 $\nabla \cdot \boldsymbol{A} = \left(\frac{\partial}{\partial x}i + \frac{\partial}{\partial y}j + \frac{\partial}{\partial z}k\right) \cdot (3x^2i + 2yj - 6jk)$

$$= \frac{\partial}{\partial x}(3x^2) + \frac{\partial}{\partial y}(2y^2) - \frac{\partial}{\partial z}(6z^2)$$

$$= 6x + 4y - 12z$$

$x=2, y=1, z=4$를 대입하면

$\nabla \cdot \boldsymbol{A} = (6\times2)+(4\times1)-(12\times4) = 12+4-48 = -32$

14. $\nabla \times \boldsymbol{A} = \left(\frac{\partial}{\partial x}i + \frac{\partial}{\partial y}j + \frac{\partial}{\partial z}k\right) \times (A_xi + A_yj + A_zk)$

$$= \left(\frac{\partial A_z}{\partial y} - \frac{\partial A_y}{\partial z}\right)i + \left(\frac{\partial A_x}{\partial z} - \frac{\partial A_z}{\partial x}\right)j + \left(\frac{\partial A_y}{\partial x} - \frac{\partial A_x}{\partial y}\right)k$$

$$= \left\{\frac{\partial}{\partial y}(zx) - \frac{\partial}{\partial z}(yz)\right\}i + \left(\frac{\partial}{\partial z}(xy) - \frac{\partial}{\partial x}(zx)\right)j + \left(\frac{\partial}{\partial x}(yz) - \frac{\partial}{y}(xy)\right)k$$

$$= (0-y)i + (0-z)j + (0-x)k = -yi - zj - xk$$

$x=2, y=-3, z=1$을 대입하면

$\nabla \times A = -(-3)i - (1)j - (2)k = 3i - j - 2k$

15. $\nabla f = \frac{\partial}{\partial x}(2x^3y^2z^4)\,i + \frac{\partial}{\partial y}(2x^3y^2z^4)j + \frac{\partial}{\partial z}(2x^3y^2z^4)\,k$

$$= 6x^2y^2z^4i + 4x^3yz^4j + 8x3y2z3k$$

$\nabla^2 = \nabla \cdot \nabla = \frac{\partial}{\partial x}(6x^2y^2z^4)\,i + \frac{\partial}{\partial y}(4x^3yz^4)\,j + \frac{\partial}{\partial z}(8x^3y^2z^{3)}\,k$

$$= 12xy^2z^4 + 4x^3z^4 + 24x^3y^2z^2$$

부록 2 물리량 및 전기.자기량의 국제단위(SI)와 CGS단위

량(量)	심벌	국제단위(SI)	CGS 전자단위(e.m.u.)	CGS 정전단위(e.s.u.)
길이	l	m(미터)	cm(센티미터)	–
질량	m	kg(킬로그램)	10^3g(그램)	–
시간	s	s(초)	s	–
속도	v	m/s	10^2cm	–
주파수	f	Hz(헬츠)	Hz	–
힘	F	N(뉴턴)	10^5 dyne(다인)	–
일	W	J(줄)	10^7erg(에르그)	–
전력	P	W(와트)	10^7/erg	–
토오크	T	N·m	10dyne·cm	–
전하	Q	C(쿨롬)	10^{-1} e.mu.	3×10^9 e.s.u.
전속	Ψ	C	$4\pi/10$ e.m.u.	$12\pi\times10^9$ e.s.u.
전속밀도	D	C/m^2	$4\pi\times10^{-5}$ e.m.u.	$12\pi\times10^{-5}$ e.s.u.
전류	I	A(암페어)	10^{-1} biot, Bi	3×10^9 e.s.u.
전류밀도	J	A/m^2	10^{-5} e.m.u.	3×10^5 e.s.u.
전압, 기전력, 전위	V	V	10^8 e.m.u.	$1/(3\times10^2)$ e.s.u.
전계	E	V/m	10^6 e.m.u.	$1/(3\times10^4)$ e.s.u.
저항	R	Ω(옴)	10^9 e.m.u.	$1/(9\times10^{11})$ e.s.u.
저항률	ρ	Ω·m	10^{11} e.m.u.	$1/(9\times10^9)$ e.s.u.
컨덕턴스	G	S(지멘스)	10^{-9} e.m.u.	9×10^{11} e.s.u.
도전율	σ	S/m	10^{-11} e.m.u.	9×10^9 e.s.u.
인덕턴스	L, M	H(헨리)	10^9 e.m.u.	$1/(9\times10^{11})$ e.s.u.
정전용량	C	F(패럿)	10^{-9} e.m.u.	9×10^{11} e.s.u.
투자율	μ	H/m	$10^7/4\pi$ e.m.u.	$1/(4\pi\times9\times10^{11})$ e.s.u.
유전율	ϵ	F/m	10^{11} e.m.u.	$4\pi\times9\times10^9$ e.s.u.
분극의 세기	P	C/m^2	10^{-5} e.m.u.	3×10^5 e.s.u.
자계의 세기	H	A/m	$4\pi\times10^{-3}$ oersted, Oe	$12\pi\times10^7$ e.s.u.
자극의 세기	m	Wb(웨버)	$10/4\pi$ e.m.u.	$1/(12\pi\times10^2)$ e.s.u.
자속	ϕ	Wb	10^8 Maxwell(맥스웰)	$1/(3\times10^2)$ e.s.u.
자속밀도	B	T(테슬라)	10^4 Gauss, G	$1/(3\times10^6)$ e.s.u.
자화의 세기,	J	T	$10^4/4\pi$ e.m.u.	$1/(12\pi\times10^6)$ e.s.u.
기자력, 자위	U	A 또는 AT	$4\pi/10$ Gilbert(길버트)	$12\pi\times10^9$ e.s.u.
자기저항	R_m	A/Wb	$4\pi\times10^{-9}$ e.m.u.	$36\pi\times10^{11}$ e.s.u.

* CGS 전자 단위계(e.m.u) : 자하에 대한 쿨롬의 법칙을 기준으로 한 단위 $F=\dfrac{m_1m_2}{r^2}$

1[cm] 떨어져서 1[dyne]의 힘을 받는 동량의 자하(m)를 1CGS e.m.u.라 한다.

** CGS 정전 단위계(e. s. u) : 전하에 대한 쿨롬의 법칙을 기준으로 한 단위 $F=\dfrac{Q_1Q_2}{r^2}$

1[cm] 떨어져서 1[dyne]의 힘을 받는 동량의 전하(Q)를 1CGS e.m.u.라 한다.

부록 3 주요 상수

전자의 전하 $e=-1.602\times10^{-19}$[C]
전자의 정지 질량 $m_e=9.10938\times10^{-31}$[kg]
양자의 질량 $m_p=1.67262\times10^{-27}$[kg]
빛(光)의 속도 $c=2.99792\times10^{8}$[m/s]
진공 유전율 $\epsilon_0=8.85419\times10^{-12}$[F/m]
진공 투자율 $\mu_0=4\pi\times10^{-7}$[H/m]

부록 4 단위의 승수

기 호	명 칭	승 수	기 호	명 칭	승수
c	centi(센티)	10^{-2}	k	killo(킬로)	10^{3}
m	milli(밀리)	10^{-3}	M	mega(메가)	10^{6}
μ	micro(마이크로)	10^{-6}	G	giga(기가)	10^{9}
n	nano(나노)	10^{-9}	T	tera(테라)	10^{12}
p	pico(피코)	10^{-12}	P	peta(페타)	10^{15}
f	femto(펨토)	10^{-15}	E	exa(엑사)	10^{18}
a	atto(아토)	10^{-18}			

부록 5 그리스 문자

그리스 문자		명 칭	그리스 문자		명 칭
A	α	알파	N	ν	뉴
B	β	베타	Ξ	ξ	크사이
Γ	γ	감마	O	o	오미크론
Δ	δ	델타	Π	π	파이
E	ϵ	입실론	P	ρ	로(로우)
Z	ζ	제타	Σ	σ	시그마
H	η	에타	T	τ	타우
Θ	θ	세타	Υ	υ	읍시론
I	ι	이오타	ϕ	φ	프아이(키)
K	κ	카파	X	χ	카이(키)
Λ	λ	람다	Ψ	ψ	프사이(프시)
M	μ	뮤	Ω	ω	오메가

부록 6 기초 수학 공식

(1) 10의 승수

10^{-9} = 0.000000001 : 억만 분의 1 (나노 : nano)
10^{-8} = 0.00000001
10^{-7} = 0.0000001
10^{-6} = 0.000001 : 백만 분의 1 (마이크로 : micro)
10^{-5} = 0.00001
10^{-4} = 0.0001
10^{-3} = 0.001 : 천 분의 1 (밀리 : milli)
10^{-2} = 0.01
10^{-1} = 0.1
10^{0} = 1 : 1(unit)
10^{1} = 10
10^{2} = 100

$10^3 = 1,000$: 천 (킬로 : killo)
$10^4 = 10,000$
$10^5 = 100,000$
$10^6 = 1,000,000$: 백만 (메가 : mega)
$10^7 = 10,000,000$
$10^8 = 100,000,000$
$10^9 = 1,000,000,000$: 억 (기가 : giga)

(2) 대수이항(移項)

1). $A + B = C$이면

$A = C - B,\quad B = C - A,\quad A + B - C = 0$

2) $\frac{A}{B} = \frac{C}{D}$이면

$A \cdot D = B \cdot C,\quad A = \frac{B \cdot C}{D},\quad B = \frac{A \cdot D}{C}$

3) $A = \frac{B}{C}$이면

$B = A\ C,\quad C = \frac{B}{A}$

(3) 근사값

1) $(1 \pm x^2) \fallingdotseq 1 \pm 2x$ 2) $(1 \pm x)2 \fallingdotseq 1 \pm nx$ 3) $\sqrt{1+x} \fallingdotseq 1 + \frac{1}{2}x$ 4) $\frac{1}{\sqrt{1+x}} \fallingdotseq 1 - \frac{1}{2}x$

5) $\sqrt{x \cdot y} \fallingdotseq \frac{1}{2}(x+y)$ 6) $\frac{1}{1 \pm x} \fallingdotseq 1 \mp x$ 7) $e^x = 1 + x$ 8) $\log(1 \pm x) \fallingdotseq \pm x$

(4) 지수법칙

1) $\left(\frac{b}{a}\right)^x = \frac{b^x}{a^x}$ 2) $a^x \cdot a^y = a^{x+y}$ 3) $\frac{a^x}{a^y} = a^{x-y}$

4) $(a^x)^y = a^{xy}$ 5) $a^{-x} = \frac{1}{a^x}$ 6) $(a \cdot b)^x = a^x \cdot b^x$

7) $\sqrt[x]{a} \cdot \sqrt[x]{b} = \sqrt[x]{a \cdot b}$ 8) $\sqrt[y]{a^x} = (\sqrt[y]{a})^x$ 9) $a^0 = 1$

(5) 대수법칙

1) $\log xy = \log x + \log y$ 2) $\log\frac{x}{y} = \log x - \log y$

3) $\log x^n = n \cdot \log x$ 4) $\log\frac{1}{x^n} = \log x^{-n} = -n \cdot \log x$

5) $\log(10^n) = n$ 6) $\log 10^{-n} = -n$

7)log10=1　　8)log1=0　　9)log2=0.301

10)log3= 0.4771　　11)$\log_e x = \ln x ≒ 2.3\log x$ 단, $e=2.7182818\cdots$

12) $\ln_e e=1$　　13)$\ln 100 = 2.3\log 10^2 = 2.3\times 2 = 4.6$

(6) 삼각함수

1) 삼각함수의 정의

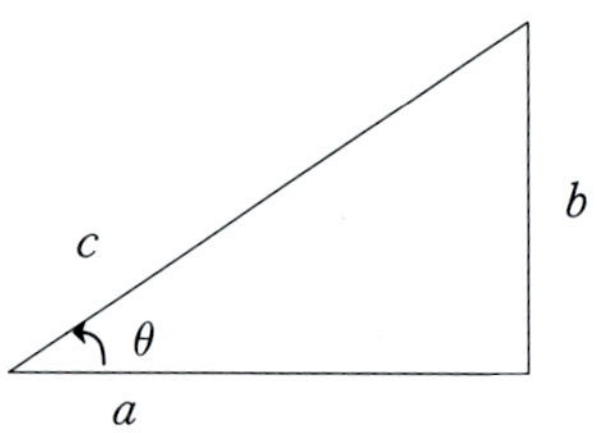

$\sin\theta = \frac{b}{c},\ \cos\theta = \frac{a}{c}, \tan\theta = \frac{b}{a}$

$\mathrm{cosec}\,\theta = \frac{c}{b}, \sec\theta = \frac{c}{a},\ \cot\theta = \frac{a}{b}$

$\sin 0° = 0$, $\sin 30° = 1/2$, $\sin 45° = 1/\sqrt{2}$, $\sin 60° = \sqrt{3/2}$,
$\sin 90° = 1$

$\cos 0° = 1$, $\cos 30° = \sqrt{3}/2$, $\cos 45° = 1/\sqrt{2}$, $\cos 60° = 1/2$, $\cos 90° = 0$

$\tan 0° = 0$, $\tan 30° = 1/\sqrt{3}$, $\tan 45° = 1$, $\tan 60° = \sqrt{3}$, $\tan 90° = \infty$

2) 삼각함수의 상호 관계

$\sin\theta = \frac{1}{\mathrm{cosec}\,\theta}$, $\cos\theta = \frac{1}{\sec\theta}$, $\tan\theta = \frac{1}{\cot\theta} = \frac{\sin\theta}{\cos\theta}$

sin2θ+cos2θ=1, 1+tan2θ=sec2θ, 1+cot2θ=cosec2θ

sin(A±B)=sinAcosB±coaAsinB

cos(A±B)=cosAcosB∓sinAsinB

$\tan(A\pm B) = \frac{\tan A \mp \tan B}{1 \mp \tan A \cdot \tan B}$

sin2α=2sinαcosα, cos2α=2cos2α−1=1−2sin2α=cos2α−sin2α

$\sin\frac{\alpha}{2} = \sqrt{\frac{1-\cos\alpha}{2}}$, $\cos\frac{\alpha}{2} = \sqrt{\frac{1+\cos\alpha}{2}}$, $\tan\frac{\alpha}{2} = \sqrt{\frac{1-\cos\alpha}{1+\cos\alpha}}$

$\sin\alpha = \frac{e^{j\alpha} - e^{-j\alpha}}{2j}$, $\cos\alpha = \frac{e^{j\alpha} + e^{-j\alpha}}{2}$

(7) 미분 공식

1) $y = c$(상수)　$y' = \frac{dy}{dx} = 0$　　2) $y = x^n$　$y' = nx^{n-1}$

3) $y = \frac{1}{x}$　$y' = -\frac{1}{x^2}$　　4) $y = e^x$　$y' = e^x$

5) $y = e^{mx}$　$y' = me^{mx}$　　6) $y = \sin x$　$y' = \cos x$

7) $y = \sin mx \quad y' = m \cdot \cos mx$

8) $y = \cos x \quad y' = -\sin x$

9) $y = \cos mx \quad y' = -m \cdot \sin mx$

10) $y = \tan x \quad y' = \sec^2 x$

11) $y = \cot x \quad y' = -\mathrm{cosec}^2 x$

(8) 부정 적분 공식

1) x^n (x≠1) : $\int x^n dx = \frac{1}{n+1} x^{n+1} + C$

2) x=1 : $\int 1 dx = x + C$

3) $\frac{1}{x^2}$: $\int \frac{1}{x^2 dx} = -\frac{1}{x} + C$

4) e^{ax} : $\int e^{ax} dx = \frac{1}{a} e^{ax} + C$

5) a^x : $\int a^x dx = \frac{a^x}{\log a} + C$

6) logx : $\int \log x dx = x(\log x - 1) + C$

7) $\sin x$: $\int \sin x dx = -\cos x + C$

8) sinax : $\int \sin ax dx = -\frac{1}{a} \cos ax + C$

9) $\cos x$: $\int \cos x dx = \sin x + C$

10) $\cos ax$: $\int \cos ax dx = \frac{1}{a} \sin ax + C$

11) $\tan x$: $\int \tan x dx = -\log|\cos x| + C$

부록 7 최근 과년도 출제 문제(기사, 산업기사)

전기 기사 기출문제

2010년 3월 7일

본 과년도 문제는 수험생의 기억에 의한 내용을 종합정리하여 수록하였으므로 출제된 문제와 다소 차이가 있을 수 있으며, 또한, 무단복제를 절대 금함.

1. 수직 편파는?

㉮ 대지에 대해서 전계가 수직면에 있는 전자파

㉯ 대지에 대해서 전계가 수평면에 있는 전자파

㉰ 대지에 대해서 자계가 수직면에 있는 전자파

㉱ 대지에 대해서 자계가 수평면에 있는 전자파

2. 길이가 100[cm]인 자기 회로를 구성할 때 비투자율이 50인 철심을 이용한다면, 자기 저항을 2.5×10^7[AT/Wb]이하로 하기 위해서는 단면적을 약 몇 [m^2] 이상으로 하여야 하는가?

㉮ 3.6×10^{-4}　㉯ 6.4×10^{-4}　㉰ 7.9×10^{-4}　㉱ 9.2×10^{-4}

3. 유전율이 각각 다른 두 유전체가 서로 경계를 이루며 접해 있다. 다음 중 옳지 않은 것은? (단, 이 경계면에는 진전하 분포가 없다고 한다.)

㉮ 경계면에서 전계의 접선 성분은 연속이다.

㉯ 경계면에서 전속 밀도의 법선 성분은 연속이다.

㉰ 경계면에서 전계와 전속 밀도는 굴절한다.

㉱ 경계면에서 전계와 전속 밀도는 불변이다.

4. 도전도 $k=6\times10^{17}$[℧/m], 투자율 $\mu=\dfrac{6}{\pi}\times10^{-7}$[H/m]인 평면 도체 표면에 10[kHz]의 전류가 흐를 때, 침투되는 깊이 δ[m]는?

㉮ $\dfrac{1}{6}\times10^{-7}$　㉯ $\dfrac{1}{8.5}\times10^{-7}$　㉰ $\dfrac{36}{\pi}\times10^{-10}$　㉱ $\dfrac{36}{\pi}\times10^{-6}$

정답 : 1. ㉮ 2. ㉯ 3. ㉱ 4. ㉮

5. 내부 장치 또는 공간을 물질로 포위시켜 외부 자계의 영향을 차폐시키는 방식을 자기 차폐라 한다. 다음 중 자기 차폐에 가장 좋은 것은?

㉮ 강자성체 중에서 비투자율이 큰 물질

㉯ 강자성체 중에서 비투자율이 작은 물질

㉰ 비투자율이 1보다 작은 역자성체

㉱ 비투자율에 관계없이 물질의 두께에만 관계 되므로 되도록 두꺼운 물질

6. 자기 인덕턴스의 성질을 옳게 표현한 것은?

㉮ 항상 정(正) 이다.

㉯ 항상 부(負) 이다.

㉰ 항상 0 이다.

㉱ 유도되는 기전력에 따라 정(正)도 되고 부(負)도 된다.

7. 어떤 자기 회로에 3,000[AT]의 기자력을 줄 때, 2×10^{-3}[Wb]의 자속이 통하였다. 이 자기 회로의 자화에 필요한 에너지는 몇 [J]인가?

㉮ 3×10^{-3} ㉯ 3.0 ㉰ 1.5×10^{-3} ㉱ 1.5

8. 자기 인덕턴스 0.05[H]의 회로에 흐르는 전류가 매초 530[A]의 비율로 증가할 때, 자기 유도 기전력 [V]은?

㉮ −13.3 ㉯ −26.5 ㉰ −39.8 ㉱ −53.0

9. 앙페르의 주회 적분 법칙(Ampere's circuital law)을 설명한 것으로 올바른 것은?

㉮ 폐회로 주위를 따라 전계를 선적분한 값은 폐회로 내의 총저항과 같다.

㉯ 폐회로 주위를 따라 전계를 선적분한 값은 폐회로 내의 총전압과 같다.

㉰ 폐회로 주위를 따라 자계를 선적분한 값은 폐회로 내의 총전류와 같다.

㉱ 폐회로 주위를 따라 전계와 자계를 선적분한 값은 폐회로 내의 총저항, 총전압, 총전류의 합고 같다.

10. 자유 공간 중에서 점 P(2, −4, 5)가 도체면상에 있으며, 이 점에서 전계 $E=3a_x-6a_y+2a_z$[V/m]이다. 도체면에 법선 성분 E_n 및 접선 성분 E_t의 크기는 몇 [V/m]인가?

㉮ $E_n=3,\quad E_t=-6$ ㉯ $E_n=7,\quad E_t=0$

㉰ $E_n=2,\quad E_t=3$ ㉱ $E_n=-6,\quad E_t=0$

정답 : 5. ㉮ 6. ㉮ 7. ㉯ 8. ㉯ 9. ㉰ 10. ㉯

11. 무손실 전송 회로의 특성 임피던스 [Ω]는?

㉮ $Z_0 = \sqrt{\dfrac{L}{C}}$ ㉯ $Z_0 = \sqrt{LC}$

㉰ $Z_0 = \sqrt{\dfrac{C}{L}}$ ㉱ $Z_0 = \dfrac{1}{\sqrt{LC}}$

12. 평행판 콘덴서에 어떤 유전체를 넣었을 때, 전속 밀도가 4.8×10^{-7} [C/m^2]이고 단위 체적당 에너지가 5.3×10^{-3} [J/m^3]이었다. 이 유전체의 유전율은 몇 [F/m]인가?

㉮ 1.15×10^{-11} ㉯ 2.17×10^{-11}

㉰ 3.19×10^{-11} ㉱ 4.21×10^{-11}

13. 자유 공간에서 전파 $E(z, t) = 10^3 \sin(\omega t - \beta z)\ a_y$[V/m]일 때, 자파 $H(z, t)$[A/m]는?

㉮ $\dfrac{10^3}{120\pi} \sin(\omega t - \beta z) \boldsymbol{a}_z$ ㉯ $\dfrac{10^3}{120\pi} \sin(\omega t - \beta z) \boldsymbol{a}_x$

㉰ $-\dfrac{10^3}{120\pi} \sin(\omega t - \beta z) \boldsymbol{a}_z$ ㉱ $-\dfrac{10^3}{120\pi} \sin(\omega t - \beta z) \boldsymbol{a}_x$

14. 렌츠의 법칙을 올바르게 설명한 것은?

㉮ 전자 유도에 의하여 생기는 전류의 방향은 항상 일정하다.

㉯ 전자 유도에 의하여 생기는 전류의 방향은 자속 변화를 방해하는 방향이다.

㉰ 전자 유도에 의하여 생기는 전류의 방향은 자속 변화를 도와주는 방향이다.

㉱ 전자 유도에 의하여 생기는 전류의 방향은 자속 변화와는 관계가 없다.

15. $V = x^2$ [V]로 주어지는 전위 분포일 때, $x = 20$[cm]인 점의 전계[V/m]는?

㉮ $+x$방향으로 40 ㉯ $-x$방향으로 40

㉰ $+x$방향으로 0.4 ㉱ $-x$방향으로 0.4

16. 영구 자석에 관한 설명으로 옳지 않은 것은?

㉮ 한 번 자화된 다음에는 자기를 영구적으로 보존하는 자석이다.

㉯ 보자력이 클수록 자계가 강한 영구 자석이 된다.

㉰ 잔류 자속 밀도가 클수록 자계가 강한 영구 자석이 된다.

㉱ 자석 재료로 폐회로를 만들면 강한 영구 자석이 된다.

17. 유전율이 10인 유전체를 5[V/m]인 전계내에 놓으면 유전체의 표면 전하 밀도는 몇 [C/m^2]인가?(단, 유전체의 표면과 전계는 직각이다.)

정답 : 11. ㉮ 12. ㉯ 13. ㉱ 14. ㉯ 15. ㉱ 16. ㉱ 17. ㉰

㉮ 0.5 ㉯ 1.0 ㉰ 50 ㉱ 250

18. 전공 중에 놓인 Q[C]의 전하에서 발산 되는 전기력선의 수는?

㉮ Q ㉯ ϵ_0 ㉰ $\dfrac{Q}{\epsilon_0}$ ㉱ $\dfrac{\epsilon_0}{Q}$

19. 대지의 고유 저항이 ρ[$\Omega\cdot$m]일 때, 반지름 a[m]인 그림과 같은 반구 접지극의 접지 저항[Ω]은?

㉮ $\dfrac{\rho}{4\pi a}$ ㉯ $\dfrac{\rho}{2\pi a}$ ㉰ $\dfrac{2\pi\rho}{a}$ ㉱ $2\pi\rho a$

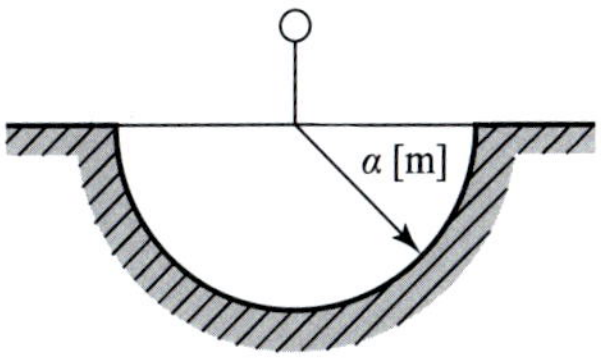

20. 비유전율이 ϵ_r인 유전체 표면에서 d_1만큼 떨어져 있는 점전하 Q에 작용하는 힘의 크기와 유전체 표면에서 d_2만큼 떨어져 있는 점전하 $2Q$에 작용하는 힘의 크기가 같을 때 d_2는?

㉮ $d_2 = 0.5d_1$ ㉯ $d_2 = d_1$ ㉰ $d_2 = 1.5d_1$ ㉱ $d_2 = 2d_1$

정답 : 18. ㉰ 19. ㉯ 20. ㉱

전기 산업기사 기출문제

2010년 3월 7일

1. $\epsilon_1 > \epsilon_2$인 두 유전체의 경계면에 전계가 수직일 때, 경계면에 작용하는 힘의 방향은?

㉮ 전계의 방향
㉯ 전속 밀도의 방향
㉰ ϵ_1의 유전체에서 ϵ_2의 유전체 방향
㉱ ϵ_2의 유전체에서 ϵ_1의 유전체 방향

2. 권수 500회이고 자기 인덕턴스가 0.05[H]인 코일이 있을 때, 여기에 전류 5[A]를 흘리면 자속 쇄교수는 몇 [Wb]인가?

㉮ 0.15　㉯ 0.25　㉰ 15　㉱ 25

3. 내반경 a[m], 외반경 b[m], 길이 l[m]인 동축 케이블의 내원통 도체와 외원통 도체 간에 유전율 ϵ[F/m], 도전율 σ[S/m]인 손실 유전체를 채웠을 때 양 원통 간의 저항 [Ω]을 나타내는 식은?

㉮ $R = \dfrac{0.16\sigma}{\epsilon l} \ln \dfrac{b}{a}$
㉯ $R = \dfrac{0.08}{\sigma l} \ln \dfrac{b}{a}$
㉰ $R = \dfrac{0.32}{\sigma l} \ln \dfrac{b}{a}$
㉱ $R = \dfrac{0.16}{\sigma l} \ln \dfrac{b}{a}$

4. 진공 중에 미소 선전류소 $I \cdot dl$[A/m]에 기인된 r[m] 떨어진 점 P에 생기는 자계 $d\boldsymbol{H}$[A/m]를 나타내는 식은?

㉮ $d\boldsymbol{H} = \dfrac{I \times \boldsymbol{a}_r}{4\pi r^2} dl$
㉯ $d\boldsymbol{H} = \dfrac{\boldsymbol{a}_r \times I}{4\pi \mu_0 r^2} dl$
㉰ $d\boldsymbol{H} = \dfrac{I \times \boldsymbol{a}_r}{4\pi \mu_0 r^2} dl$
㉱ $d\boldsymbol{H} = \dfrac{\boldsymbol{a}_r \times I}{8\pi r^2} dl$

5. 비투자율 $\mu_r = 4$인 자성체 내에서 주파수 1[GHz]인 전자기파의 파장[m]은?

㉮ 0.1　㉯ 0.15　㉰ 0.25　㉱ 0.4

6. 전자계에서 전파 속도와 관계없는 것은?

㉮ 도전율　㉯ 유전율　㉰ 비투자율　㉱ 주파수

7. 전기력선의 성질에 대한 설명 중 옳지 않은 것은?

㉮ 전기력선의 방향은 그 점의 전계 방향과 일치하며, 밀도는 그 점에서의 전계 크기와 같다.
㉯ 전기력선은 부전하에서 시작하여 정전하에서 그친다.

정답 : 1. ㉰ 2. ㉯ 3. ㉱ 4. ㉮ 5. ㉯ 6. ㉮ 7. ㉯

㉰ 단위 전하에서는 $\frac{1}{\epsilon_0}$개의 전기력선이 출입한다.
㉱ 전기력선은 전위가 높은 점에서 낮은 점으로 향한다.

8. 그림에서 2[μF]의 콘덴서에 축적되는 에너지 [J]는?

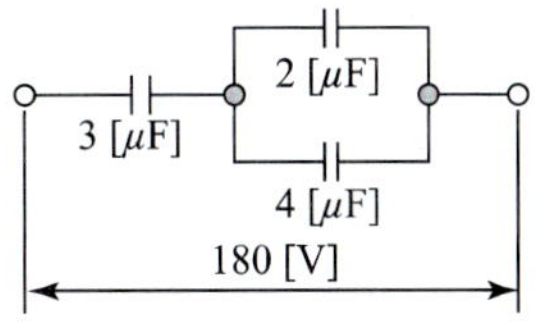

㉮ 3.6×10^{-3} ㉯ 4.2×10^{-3} ㉰ 3.6×10^{-2} ㉱ 4.2×10^{-4}

9. 자체 인덕턴스가 100[mH]인 코일에 전류가 흘러 20[J]의 에너지가 축적되었다. 이때 흐르는 전류[A]는?

㉮ 2 ㉯ 10 ㉰ 20 ㉱ 50

10. 전류 $2\pi[A]$가 흐르고 있는 무한 직선 도체로부터 2[m]만큼 떨어진 자유 공간 내 P점의 자속 밀도 세기[Wb/m^2]는?

㉮ $\frac{\mu_0}{8}$ ㉯ $\frac{\mu_0}{4}$ ㉰ $\frac{\mu_0}{2}$ ㉱ μ_0

11. 비전유율 9인 유전체 중에 1[cm]의 거리를 두고 1[μC]과 2[μC]의 두 점전하가 있을 때, 서로 작용하는 힘[N]은?

㉮ 18 ㉯ 20 ㉰ 180 ㉱ 200

12. 그림과 같이 균일한 자계의 세기 H[AT/m]내에 자극의 세기가 $\pm m$[Wb], 길이 l[m]인 막대 자석을 그 중심 주위에 회전할 수 있도록 놓는다. 이때 자석과 자계의 방향이 이룬 각을 θ라고 하면 자석이 받는 회전력[N·m]은?

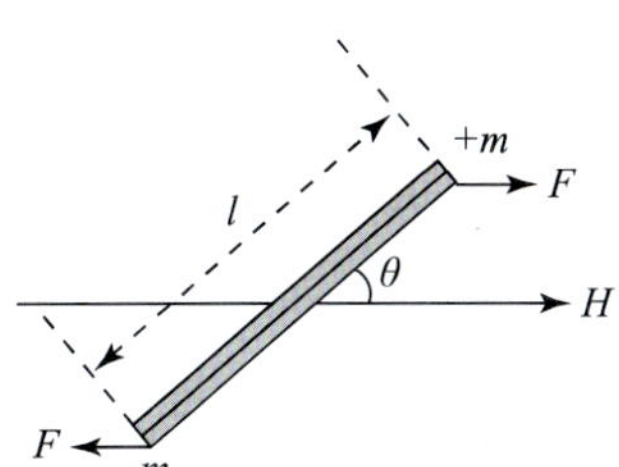

㉮ $mHl\cos\theta$ ㉯ $mHl\sin\theta$ ㉰ $2mHl\sin\theta$ ㉱ $2mHl\tan\theta$

정답 : 8. ㉮ 9. ㉰ 10. ㉰ 11. ㉯ 12. ㉯

13. Q [C]의 전하를 가진 반지름 a[m]의 도체구를 비유전율 ϵ_s인 기름 탱크에서 공기중으로 꺼내는 데 필요한 에너지[J]는?

㉮ $\dfrac{Q^2}{8\pi\epsilon_0 a}\left(1-\dfrac{1}{\epsilon_s}\right)$ ㉯ $\dfrac{Q^2}{4\pi\epsilon_0 a}\left(1-\dfrac{1}{\epsilon_s}\right)$ ㉰ $\dfrac{Q^2}{\pi\epsilon_0 a}\left(1-\dfrac{1}{\epsilon_s}\right)$ ㉱ $\dfrac{Q^2}{8\pi\epsilon_s a}\left(1-\dfrac{1}{\epsilon_0}\right)$

14. 투자율이 서로 다른 두 자성체의 경계면에서의 굴절각에 대한 설명으로 옳은 것은?

㉮ 투자율에 비례한다. ㉯ 투자율에 반비례한다.
㉰ 투자율에 관계없이 일정하다. ㉱ 비투자율과 자속에 비례한다.

15. 평형 상태에서 도체의 전하 분포와 전계에 관한 성질로 옳지 않은 것은?

㉮ 도체 내부에는 전계가 0이 아니다.
㉯ 대전된 도체의 전하는 도체 표면에만 존재한다.
㉰ 대전된 도체 표면은 동일 전위에 있다.
㉱ 대전된 도체 표면의 각 점의 전기력선은 표면에 수직이다.

16. v [m/s]의 속도로 전자가 $\boldsymbol{B}$ [Wb/m^2]의 평등 자계에 직각으로 들어가면 원운동을 한다. 이때의 각속도 ω[rad/s]와 주기 T [sec]에 해당되는 것은? (단, 전자의 질량은 m, 전자의 전하는 e이다.)

㉮ $\omega=\dfrac{m}{e\boldsymbol{B}}$, $T=\dfrac{e\boldsymbol{B}}{2\pi m}$ ㉯ $\omega=\dfrac{e\boldsymbol{B}}{m}$, $T=\dfrac{2\pi m}{e\boldsymbol{B}}$
㉰ $\omega=\dfrac{mv}{e\boldsymbol{B}}$, $T=\dfrac{2\pi m}{mv}$ ㉱ $\omega=\dfrac{em}{\boldsymbol{B}}$, $T=\dfrac{2\pi m}{\boldsymbol{B}v}$

17. 무한장 직선 전하로부터 수직 거리 ρ[m]되는 점에서 전계의 세기는?

㉮ ρ에 반비례 ㉯ ρ에 비례
㉰ ρ^2에 비례 ㉱ ρ^2에 반비례

18. 등전위면(equipotential surface)에 대한 설명으로 옳은 것은?

㉮ 전기력선은 등전위면과 평행하게 지나간다.
㉯ 전하를 갖고 등전위면에 따라 이동하면 일이 생긴다.
㉰ 다른 전위의 등전위면은 서로 교차한다.
㉱ 점전하가 만드는 전계의 등전위면은 동심구면이다.

19. 무한 길이의 직선 도체에 전하가 균일하게 분포되어 있다. 이 직선 도체로부터 l인 거리에 있는 점의 전계 세기는?

㉮ l에 비례한다. ㉯ l에 반비례한다.

정답 : 13. ㉮ 14. ㉮ 15. ㉮ 16. ㉯ 17. ㉮ 18. ㉱ 19. ㉯

㉰ l^2에 비례한다.　　㉱ l^2에 반비례한다.

20. 진공 중에서 8π[Wb]의 자하(磁荷)로부터 발산되는 총자력선의 수는?

㉮ 10^7개　　㉯ 2×10^7개　　㉰ $8\pi\times10^7$개　　㉱ $\frac{10^7}{8\pi}$개

정답 : 20. ㉯

전기 기사 기출문제

2010년 5월 9일

1. 반자성체에 속하는 물질은?

㉮ Ni ㉯ Co ㉰ Ag ㉱ Pt

2. 패러데이관(Faraday tube)의 성질에 대한 설명으로 틀린 것은?

㉮ 패러데이관 중에 있는 전속수는 그 관 속에 진전하가 없으면 일정하며 연속적이다.

㉯ 패러데이관의 양단에는 양 또는 음의 단위 진전하가 존재하고 있다.

㉰ 패러데이관의 밀도는 전속 밀도와 같지 않다.

㉱ 단위 전위차당 패러데이관의 보유 에너지는 1/2[J]이다.

3. 단면적 $4[\text{cm}^2]$의 철심에 6×10^{-4}[Wb]의 자속을 통하게 하려면 2,800[AT/m]의 자계가 필요하다. 이 철심의 비투자율은?

㉮ 약 357 ㉯ 약 375 ㉰ 약 407 ㉱ 약 426

4. 두 평행판 축전기에 채워진 폴리에틸렌의 비유전율이 ϵ_r, 평행판 간 거리 $d=1.5$[mm]일 때, 만일 평행판 내의 전계 세기가 10[kV/m]라면 평행판 간 폴리에틸렌 표면에 나타난 분극 전하 밀도 $[\text{C/m}^2]$는?

㉮ $\dfrac{\epsilon_r-1}{18\pi}\times10^{-5}$ ㉯ $\dfrac{\epsilon_r-1}{36\pi}\times10^{-6}$ ㉰ $\dfrac{\epsilon_r}{18\pi}\times10^{-5}$ ㉱ $\dfrac{\epsilon_r-1}{36\pi}\times10^{-5}$

5. 무한 평면 도체 표면으로부터 r[m] 거리의 진공 중에 전자 e[C]이 있을 때, 이 전자의 위치 에너지 [J]는?

㉮ $\dfrac{e^2}{4\pi\epsilon_0 r}$ ㉯ $\dfrac{-e^2}{4\pi\epsilon_0 r}$ ㉰ $\dfrac{e^2}{16\pi\epsilon_0 r}$ ㉱ $\dfrac{-e^2}{16\pi\epsilon_0 r}$

6. 두 개의 길고 직선인 도체가 평행으로 그림과 같이 위치하고 있다. 각 도체에는 10[A]의 전류가 같은 방향으로 흐르고 있으며, 이격 거리는 0.2[m]일 때 오른쪽 도체의 단위 길이당 힘[N/m]은? (단, a_x, a_z는 단위 벡터이다.)

정답 : 1. ㉰ 2. ㉰ 3. ㉱ 4. ㉱ 5. ㉱ 6. ㉯

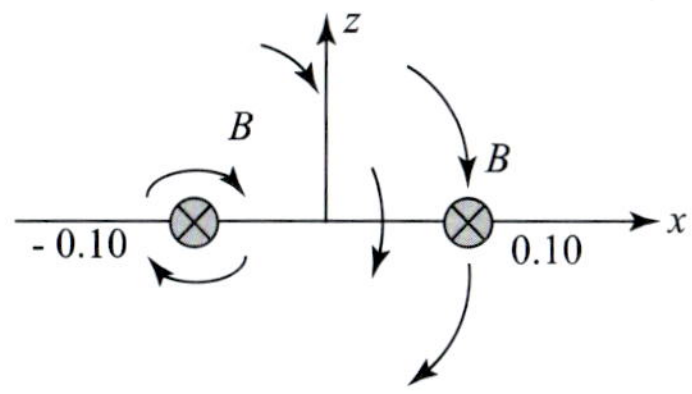

㉮ $10^{-2}(-\boldsymbol{a}_x)$ ㉯ $10^{-4}(-\boldsymbol{a}_x)$ ㉰ $10^{-2}(-\boldsymbol{a}_z)$ ㉱ $10^{-4}(-\boldsymbol{a}_z)$

7. 그림과 같이 $q_1 = 6\times10^{-8}$ [C], $q_2 = -12\times10^{-8}$ [C]의 두 전하가 서로 100[cm] 떨어져 있을 때, 전계 세기가 0이 되는 점은?

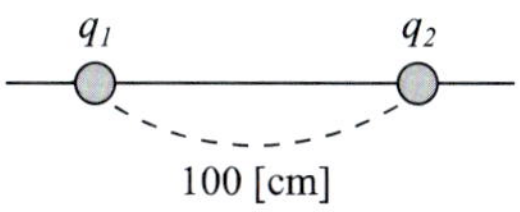

㉮ q_1과 q_2의 연장선상 q_1으로부터 왼쪽으로 약 24.1[m] 지점이다.
㉯ q_1과 q_2의 연장선상 q_1으로부터 오른쪽으로 약 14.1[m] 지점이다.
㉰ q_1과 q_2의 연장선상 q_1으로부터 왼쪽으로 약 2.41[m] 지점이다.
㉱ q_1과 q_2의 연장선상 q_1으로부터 오른쪽으로 약 1.41[m] 지점이다.

8. 평행판 공기 콘덴서의 양 극판에 $+\rho$[C/m^2], $-\rho$[C/m^2]의 전하가 충전되어 있을 때, 이 두 전극 사이에 유전율 ϵ [F/m]인 유전체를 삽입한 경우의 전계 세기[V/m]는? (단, 유전체의 분극 전하 밀도를 $+\rho_p$[C/m^2], $-\rho_p$[C/m^2]라 한다.)

㉮ $\dfrac{\rho_p}{\epsilon_0}$ ㉯ $\dfrac{\rho+\rho_p}{\epsilon_0}$ ㉰ $\dfrac{\rho}{\epsilon_0}-\dfrac{\rho_p}{\epsilon}$ ㉱ $\dfrac{\rho-\rho_p}{\epsilon_0}$

9. $z=0$인 평면상에 중심이 원점에 있고 반경이 a[m]인 원형 도체에 그림과 같이 전류 I[A]가 흐를 때, $z=b$인 점에서 자계의 세기 [AT/m]는? (단, $\boldsymbol{a}_z$는 단위 벡터이다.)

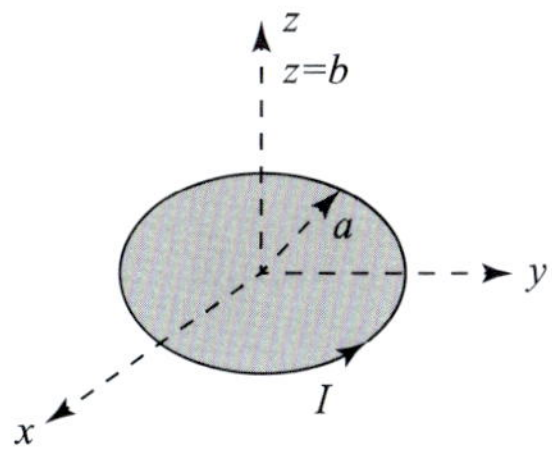

㉮ $\dfrac{a^2 I}{2(a^2+b^2)^3}\boldsymbol{a}_z$ ㉯ $\dfrac{aI}{2(a^2+b^2)^{\frac{3}{2}}}\boldsymbol{a}_z$ ㉰ $\dfrac{a^2 I}{2(a^2+b^2)^{\frac{3}{2}}}\boldsymbol{a}_z$ ㉱ $\dfrac{a^2 I}{2(a^2+b^2)^2}\boldsymbol{a}_z$

정답 : 7. ㉰ 8. ㉱ 9. ㉰

10. 그림과 같이 n개의 동일한 콘덴서 C를 직렬 접속하여 최하단의 한 개와 병렬로 정전 용량 C_0의 정전 전압계를 접속하였다. 이 정전 전압계의 지시가 V일 때, 측정 전압 V_0[V]는?

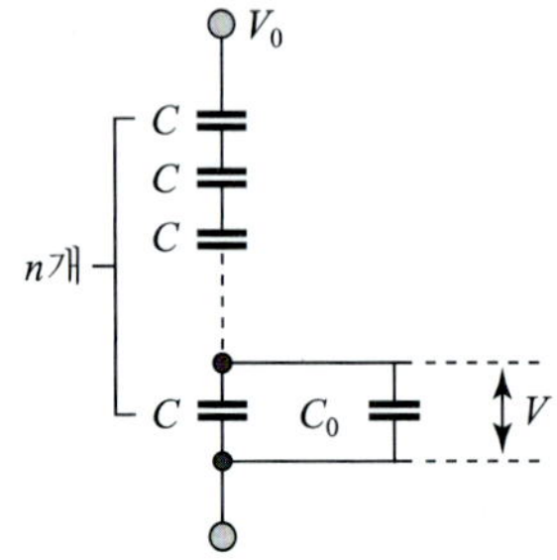

㉮ nV　　㉯ $\frac{C_0}{C}(n-1)V$　　㉰ $\left[n-\frac{C_0}{C}(n-1)\right]V$　　㉱ $\left[n+\frac{C_0}{C}(n-1)\right]V$

11. 저항 10[Ω], 저항의 온도 계수 $a_1 = 5\times10^{-3}$[1/℃]의 동선에 직렬로 저항 90[Ω], 온도 계수 $a_2 \fallingdotseq 0$ [1/℃]의 망간선을 접속하였을 때의 합성 저항 온도 계수[1/℃]는?

㉮ 2×10^{-4}　　㉯ 3×10^{-4}　　㉰ 4×10^{-4}　　㉱ 5×10^{-4}

12. 대전 도체 표면 전하 밀도는 도체 표면의 모양에 따라 어떻게 분포하는가?

㉮ 표면 전하 밀도는 표면의 모양과 무관하다.

㉯ 표면 전하 밀도는 평면일 때 가장 크다.

㉰ 표면 전하 밀도는 뾰족할수록 커진다.

㉱ 표면 전하 밀도는 곡률이 크면 작아진다.

13. 그림과 같이 무한 직선 전류 I_1과 직사각형 모양의 루프 선전류 I_2 간의 상호 유도 계수[H]는? (단, 진공 중에서이다.)

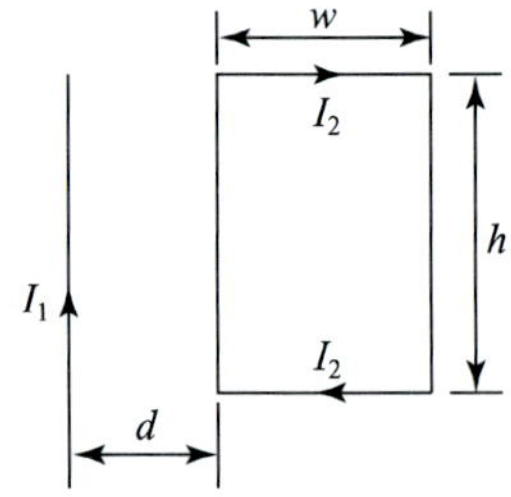

㉮ $\frac{\mu_0 h}{4\pi}\ln\frac{d+\omega}{d}$　　㉯ $\frac{\mu_0 h}{2\pi}\ln\frac{d+\omega}{d}$　　㉰ $\frac{\mu_0 h}{\pi}\ln\frac{d+\omega}{d}$　　㉱ $\frac{\mu_0 h}{\pi}\ln\frac{d}{d+\omega}$

정답 : 10. ㉱ 11. ㉱ 12. ㉰ 13. ㉯

14. 폐회로에 유도되는 유도 기전력에 관한 설명으로 옳은 것은?

㉮ 렌츠의 법칙은 유도 기전력의 크기를 결정하는 법칙이다.

㉯ 전계가 일정한 공간 내에서 폐회로가 운동하여도 유도 기전력이 유도된다.

㉰ 유도 기전력은 권선수의 제곱에 비례한다.

㉱ 자계가 일정한 공간 내에서 폐회로가 운동하여도 유도 기전력이 유도된다.

15. 자계가 비보존적인 경우를 나타내는 것은? (단, j 는 공간상에 0이 아닌 전류 밀도를 의미한다.)

㉮ $\nabla \cdot \boldsymbol{B}=0$ ㉯ $\nabla \cdot \boldsymbol{B}=j$ ㉰ $\nabla \times \boldsymbol{H}=0$ ㉱ $\nabla \times \boldsymbol{H}=j$

16. 콘크리트($\epsilon_r=4$, $\mu_r=1$)중에서 전자파의 고유 임피던스는 약 몇 $[\Omega]$인가?

㉮ 35.4 ㉯ 70.8 ㉰ 124.3 ㉱ 188.5

17. 40[V/m]인 전계 내의 50[V] 되는 점에서 1[C]의 전하가 전계 방향으로 80[cm]이동하였을 때, 그 점의 전위[V]는?

㉮ 18 ㉯ 22 ㉰ 35 ㉱ 65

18. 자화율(magnetic susceptibility) x는 상자성체에서 일반적으로 어떤 값을 갖는가?

㉮ $x=0$ ㉯ $x>0$ ㉰ $x<0$ ㉱ $x=1$

19. 무한히 넓은 평행판을 2[cm]의 간격으로 놓은 후 평행판 간에 일정한 전계를 인가하였더니 도체 표면에 2[μC/m^2]의 전하밀도가 생겼다. 이때 평행판 표면의 단위 면적당 받는 정전 응력[N/m^2]은?

㉮ 1.13×10^{-1} ㉯ 2.26×10^{-1} ㉰ 1.13 ㉱ 2.26

20. 평등 자계 내의 내부로 ㉠ 자계와 평행한 방향, ㉡ 자계와 수직인 방향으로 일정 속도의 전자를 입사시킬 때, 전자의 운동 궤적을 바르게 나타낸 것은?

㉮ ㉠ 원, ㉡ 타원 ㉯ ㉠ 직선, ㉡ 타원

㉰ ㉠ 직선, ㉡ 원 ㉱ ㉠ 원, ㉡ 원

정답 : 14. ㉱ 15. ㉱ 16. ㉱ 17. ㉮ 18. ㉯ 19. ㉯ 20. ㉰

전기 산업기사 기출문제

2010년 5월 9일

1. Q와 $-Q$로 대전된 두 도체 n과 r 사이의 전위차를 전위 계수로 표시하면?

㉮ $(p_{nm}-2p_{nr}+p_{rr})Q$ ㉯ $(p_{nm}+2p_{nr}+p_{rr})Q$

㉰ $(p_{nm}+p_{nr}+p_{rr})Q$ ㉱ $(p_{nm}-p_{nr}+p_{rr})Q$

2. $2[\mathrm{Wb/m^2}]$인 평등 자계 속에 자계와 직각 방향으로 놓인 길이 $30[\mathrm{cm}]$인 도선을 자계와 30° $[\mathrm{m/sec}]$의 속도로 이동할 때, 도체 양단에 유기되는 기전력[V]은?

㉮ 3 ㉯ 9 ㉰ 30 ㉱ 90

3. 감자력은?

㉮ 자속에 비례한다. ㉯ 자화의 세기에 비례한다.

㉰ 자극의 세기에 반비례한다. ㉱ 자계의 세기에 반비례한다.

4. 평면 도체의 표면에서 a[m]인 거리에 점전하 Q [C]이 있다. 이 전하를 무한 원점까지 운반하는 데 요하는 일 [J]은?

㉮ $\dfrac{Q}{8\pi\epsilon_0 a}$ ㉯ $\dfrac{Q^2}{8\pi\epsilon_0 a^2}$ ㉰ $\dfrac{Q^2}{16\pi\epsilon_0 a}$ ㉱ $\dfrac{Q}{16\pi\epsilon_0 a^2}$

5. 진공 중에 무한장 직선 전하가 단위 길이당 λ [C/m]가 분포되어 있을 때, 전하의 중심축에서 r [m] 떨어진 점의 전계 크기는?

㉮ 거리의 제곱에 비례한다. ㉯ 거리의 제곱에 반비례한다.

㉰ 거리에 비례한다. ㉱ 거리에 반비례한다.

6. 액체 유전체를 넣은 콘덴서의 용량이 $30[\mu\mathrm{F}]$이다. 여기에 $500[\mathrm{V}]$의 전압을 가했을 때, 누설 전류 [mA]는 약 얼마인가? (단, 고유 저항 ρ는 $10^{11}[\Omega\cdot\mathrm{m}]$, 비유전율 ϵ_s는 2.2이다.)

㉮ 5.1 ㉯ 7.7 ㉰ 10.2 ㉱ 15.4

7. 진공 중에서 폐곡면(閉曲面)을 통하여 나가는 전력선의 총 수는 그 내부에 있는 점 전하의 대수적 합의 몇 배가 되는가?

정답 : 1. ㉮ 2. ㉯ 3. ㉯ 4. ㉰ 5. ㉱ 6. ㉯ 7. ㉯

㉮ ϵ_0　　㉯ $\dfrac{1}{\epsilon_0}$　　㉰ ϵ_0^2　　㉱ 1

8. 평행판 콘덴서에서 전극판 사이의 거리를 $\frac{1}{2}$로 줄이면 콘덴서의 용량은 처음 값에 대하여 어떻게 되는가?

㉮ $\frac{1}{2}$로 감소한다.　　㉯ $\frac{1}{4}$로 감소한다.　　㉰ 2배로 증가한다.　　㉱ 4배로 증가한다.

9. 넓이 4[m^2], 간격 1[m]의 진공 평행판 콘덴서에 1[C]의 전하를 충전하는 경우, 평행판 사이의 힘 [N]은?

㉮ $\dfrac{1}{4\epsilon_0}$　　㉯ $\dfrac{1}{8\epsilon_0}$　　㉰ $\dfrac{1}{16\epsilon_0}$　　㉱ $\dfrac{1}{32\epsilon_0}$

10. 자계의 세기가 800[AT/m]이고, 자속 밀도가 0.2[Wb/m^2]인 재질의 투자율 [H/m]은?

㉮ 2.5×10^{-3}　　㉯ 4×10^{-3}　　㉰ 2.5×10^{-4}　　㉱ 4×10^{-4}

11. 공심(空心) 솔레노이드의 내부 자계 세기가 800[AT/m] 일 때, 자속 밀도 [Wb/m^2]는 약 얼마인가?

㉮ 1×10^{-3}　　㉯ 1×10^{-4}　　㉰ 1×10^{-5}　　㉱ 1×10^{-6}

12. 전계 $\boldsymbol{E}$ [V/m] 및 자계 $\boldsymbol{H}$ [V/m]의 에너지가 자유 공간 사이를 C [m/s]의 속도로 전파될 때, 단위 시간에 단위 면적을 지나는 에너지 [Wb/m^2]는?

㉮ $\frac{1}{2}\boldsymbol{EH}$　　㉯ $\boldsymbol{EH}$　　㉰ $\boldsymbol{EH}^2$　　㉱ $\boldsymbol{E}^2\boldsymbol{H}$

13. 자유 공간에서 특성 임피던스 $\sqrt{\dfrac{\mu_0}{\epsilon_0}}$ [Ω]의 값은?

㉮ 100π　　㉯ 120π　　㉰ $\dfrac{1}{100\pi}$　　㉱ $\dfrac{1}{120\pi}$

14. 유전체 콘덴서에 전압을 인가할 때, 발생하는 현상으로 옳지 않은 것은?

㉮ 속박 전하의 변위가 분극 전하로 나타난다.
㉯ 유전체면에 나타나는 분극 전하 면밀도와 분극의 세기는 같다.
㉰ 유전체 콘덴서는 공기 콘덴서에 비하여 전계의 세기는 작아지고 정전 용량은 커진다.
㉱ 단위 면적당의 전기 쌍극자 모멘트가 분극의 세기이다.

15. 서로 멀리 떨어져 있는 두 도체를 각각 V_1, $V_2(V_1 > V_2)$의 전위로 충전한 후 가느다란 도선으로 연결하였을 때, 그 도선을 흐르는 전하 Q [C]는? (단, C_1, C_2는 두 도체의 정전 용량이라 한다.)

정답 : 8. ㉱ 9. ㉯ 10. ㉰ 11. ㉮ 12. ㉯ 13. ㉯ 14. ㉱ 15. ㉰

㉮ $\dfrac{C_1^2}{C_1+C_2}(V_1-V_2)$ ㉯ $\dfrac{(C_1+C_2)^2}{C_1 C_2}(V_1-V_2)$

㉰ $\dfrac{C_1 C_2}{C_1+C_2}(V_1-V_2)$ ㉱ $\dfrac{1}{2}\left(\dfrac{C_1 C_2}{C_1+C_2}\right)(V_1-V_2)$

16. $\Omega \cdot$sec와 같은 단위는?

㉮ F ㉯ F/m ㉰ H ㉱ H/m

17. 유전율 ϵ_1[F/m], ϵ_2[F/m]의 두 종류의 유전체가 무한 평면을 경계로 접해 있다. 유전체에서 경계면으로부터 r[m]만큼 떨어진 점 P에 점전하 Q[C]가 있을 경우, 점전하와 유전체 ϵ_2[F/m] 사이에 작용하는 힘[N]은 ?

㉮ $\dfrac{Q^2}{4\pi\epsilon_1 r^2}\dfrac{\epsilon_1-\epsilon_2}{\epsilon_1+\epsilon_2}$ ㉯ $\dfrac{Q}{4\pi\epsilon_1 r}\dfrac{\epsilon_1-\epsilon_2}{\epsilon_1+\epsilon_2}$

㉰ $\dfrac{Q^2}{16\pi\epsilon_1 r^2}\dfrac{\epsilon_1-\epsilon_2}{\epsilon_1+\epsilon_2}$ ㉱ $\dfrac{Q}{16\pi\epsilon_1 r}\dfrac{\epsilon_1-\epsilon_2}{\epsilon_1+\epsilon_2}$

18. 자유 공간 내 전자파의 진행에서 전계와 자계의 시간적인 위상 관계는?

㉮ 위상이 서로 같다. ㉯ 전계가 자계보다 90도 빠르다.

㉰ 전계가 자계보다 90도 늦다. ㉱ 전계가 자계보다 45도 빠르다.

19. 20[℃]에서 저항 온도 계수가 0.004인 동선의 저항이 100[Ω]이었다. 이 동선의 온도가 80[℃]일 때 저항[Ω]은?

㉮ 24 ㉯ 48

㉰ 72 ㉱ 124

20. 표피 효과에 관한 설명으로 옳지 않은 것은?

㉮ 도체에 교류가 흐르면 표면으로부터 중심으로 들어갈수록 전류 밀도가 작아진다.

㉯ 고주파일수록, 도체의 전도도 및 투자율이 클수록 심하다.

㉰ 도체 내부는 전류의 전도에 거의 관여하지 않으므로 전기 저항이 증가하는 요인이 된다.

㉱ 도체 내의 전류 또는 자속의 분포는 표면에서의 깊이에 대하여 지수 함수적으로 증가된다.

정답 : 16. ㉰ 17. ㉰ 18.㉮ 19. ㉱ 20. ㉱

전기 기사 기출문제

2010년 7월 25일

본 과년도 문제는 수험생의 기억에 의한 내용을 종합정리하여 수록하였으므로 출제된 문제와 다소 차이가 있을 수 있으며, 또한, 무단복제를 절대 금함.

1. 길이 1[m], 단면적 15[cm^2]인 무단 솔레노이드에 0.01[Wb]의 자속을 통하는 데 필요한 기자력[AT]은? (단, 철심의 비투자율을 1,000이라 한다.)

㉮ $\dfrac{10^8}{6\pi}$ ㉯ $\dfrac{10^7}{6\pi}$ ㉰ $\dfrac{10^6}{6\pi}$ ㉱ $\dfrac{10^5}{6\pi}$

2. 정현파 자속의 주파수를 2배로 높이면 유기 기전력은?

㉮ 변하지 않는다. ㉯ 2배로 증가한다. ㉰ 4배로 증가한다. ㉱ $\dfrac{1}{2}$이 된다.

3. 내도체의 반지름의 $\dfrac{1}{4\pi\epsilon}$[cm], 외도체의 반지름이 $\dfrac{1}{\pi\epsilon}$[cm]인 동심구 사이를 유전율이 ϵ[F/m]인 매질로 채웠을 때, 도체 사이의 정전 용량 [F]은?

㉮ $\dfrac{1}{2}$ ㉯ 10^{-2} ㉰ $\dfrac{3}{4}$ ㉱ $\dfrac{4}{3}\times10^{-2}$

4. 반지름 a[m]인 2개의 원형 선조 루프가 $\pm Z$ 축상에 그림과 같이 놓여진 경우 1[A]의 전류가 흐를 때, 원형 전류 중심축상의 자계 $\boldsymbol{H}_z$ [A/m]는? (단, $\boldsymbol{a}_z$, $\boldsymbol{a}_\phi$는 단위 벡터이다.)

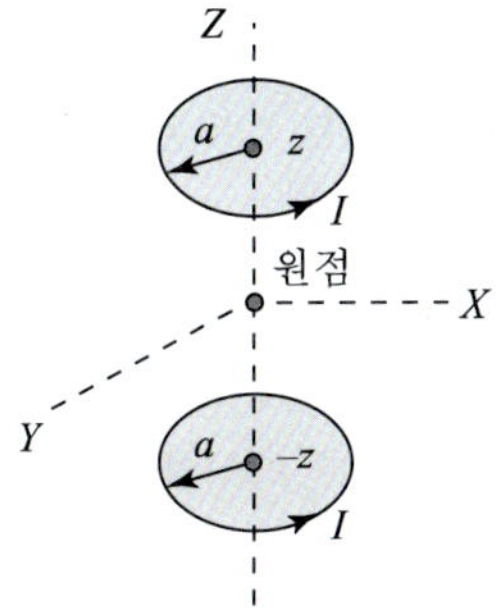

㉮ $\boldsymbol{H}_z = \dfrac{a^2 I \boldsymbol{a}_z}{(a^2+z^2)^{\frac{3}{2}}}$ ㉯ $\boldsymbol{H}_z = \dfrac{a^2 I \boldsymbol{a}_\phi}{(a^2+z^2)^{\frac{3}{2}}}$

㉰ $\boldsymbol{H}_z = \dfrac{a^2 I \boldsymbol{a}_z}{2(a^2+z^2)^{\frac{3}{2}}}$ ㉱ $\boldsymbol{H}_z = \dfrac{a^2 I \boldsymbol{a}_\phi}{2(a^2+z^2)^{\frac{3}{2}}}$

정답 : 1. ㉱ 2. ㉯ 3. ㉱ 4. ㉮

5. 지구 중심 방향으로 향하는 300[V/m]의 전계가 지표면에 있다면 그 표면의 전하밀도 [C/m^2]는? (단, 지구는 도체로 본다.)

㉮ $+2.66 \times 10^{-9}$ ㉯ -2.66×10^{-9} ㉰ $+1.33 \times 10^{-9}$ ㉱ -1.33×10^{-9}

6. 서로 같은 2개의 구도체에 동일 양의 전하를 대전시킨 후 20[cm] 떨어뜨린 결과 구도체에 서로 6×10^{-4}[N]의 반발력이 작용한다. 구도체에 주어진 전하[C]는?

㉮ 약 5.2×10^{-8} ㉯ 약 6.2×10^{-8} ㉰ 약 7.2×10^{-8} ㉱ 약 8.2×10^{-8}

7. 자유 공간을 진행하는 전자기파의 전계와 자계의 위상차는?

㉮ 전계가 $\frac{\pi}{2}$빠르다. ㉯ 자계가 $\frac{\pi}{2}$빠르다. ㉰ 위상이 같다. ㉱ 전계가 π빠르다.

8. 자성체 내에서 임의의 방향으로 배열되었던 자구가 외부 자장의 힘이 일정치 이상이 되면 순간적으로 회전하여 자장의 방향으로 배열되기 때문에 자속 밀도가 증가하는 현상은?

㉮ 자기 여효(magnetic aftereffect) ㉯ 바크하우젠(Barkhausen) 효과
㉰ 자기왜 현상(magneto-striction effect) ㉱ 핀치 효과(Pinch effect)

9. 순수한 물($\epsilon_s = 80$, $\mu_s = 1$) 중에 있어서의 고유 임피던스 [Ω]는?

㉮ 약 38.2 ㉯ 약 42.2 ㉰ 약 46.2 ㉱ 약 50.2

10. 평균 길이 1[m], 권수 1,000회의 솔레노이드 코일에 비투자율 1,000의 철심을 넣고 자속 밀도 1[Wb/m^2]를 얻기 위해 코일에 흘려야 할 전류 [A]는?

㉮ 0.4 ㉯ 0.6 ㉰ 0.8 ㉱ 1.0

11. z 방향으로 진행하는 평면파에 대한 설명으로 잘못된 것은?

㉮ z 성분이 0이다. ㉯ x 의 미분 계수(도함수)가 0이다.
㉰ y 의 미분 계수가 0이다. ㉱ z 의 미분 계수가 0이다.

12. 길이 8[m]의 도선으로 정사각형을 만들고 직류 π[A]를 흘렸을 때, 그 중심점에서의 자계 세기 [A/m]는?

㉮ $\frac{\sqrt{2}}{2}$ ㉯ $\sqrt{2}$ ㉰ $2\sqrt{2}$ ㉱ $4\sqrt{2}$

13. 진공 중에 선간 거리 1[m]의 평행 왕복도선이 있다. 두 선 간에 작용하는 힘이 4×10^{-7}[N/m]이었다면 전선에 흐르는 전류[A]는?

㉮ 1 ㉯ $\sqrt{2}$ ㉰ $\sqrt{3}$ ㉱ 2

정답 : 5. ㉯ 6. ㉮ 7. ㉰ 8. ㉯ 9. ㉯ 10. ㉰ 11. ㉱ 12. ㉯ 13. ㉯

14. 자기 회로에 대한 설명으로 틀린 것은?

㉮ 전기 회로의 정전 용량에 해당되는 것은 없다.

㉯ 자기 저항에는 전기 저항의 줄 손실에 해당되는 손실이 있다.

㉰ 기자력과 자속의 변화가 비직선성을 갖고 있다.

㉱ 누설 자속은 전기 회로의 누설 전류에 비하여 대체로 많다.

15. 최대 정전 용량 C_0[F]인 그림과 같은 콘덴서의 정전 용량이 각도에 비례하여 변화한다고 한다. 이 콘덴서를 전압 V[V]로 충전했을 때, 회전자에 작용하는 토크 [N·m]는?

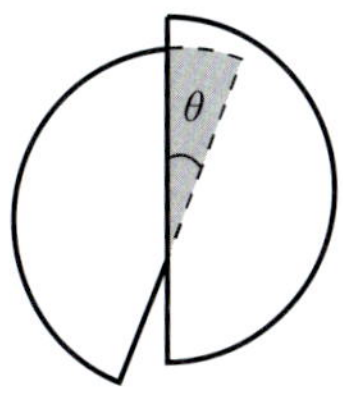

㉮ $\dfrac{C_0 V^2}{2}$ ㉯ $\dfrac{C_0^2 V}{2\pi}$ ㉰ $\dfrac{C_0 V^2}{2\pi}$ ㉱ $\dfrac{C_0 V^2}{\pi}$

16. 두 유전체의 경계면에서 정전계가 만족하는 것은?

㉮ 전속은 유전율이 작은 유전체로 모인다.

㉯ 두 경계면에서의 전위는 서로 같다.

㉰ 전속 밀도는 접선 성분과 같다.

㉱ 전계는 법선 성분이 같다.

17. 다음 설명 중 잘못된 것은?

㉮ 저항률의 역수는 전도율이다.

㉯ 도체의 저항률은 온도가 올라가면 그 값이 증가한다.

㉰ 저항의 역수는 컨덕턴스이고, 그 단위는 지멘스[S]를 사용한다.

㉱ 도체의 저항은 단면적에 비례한다.

18. 비투자율이 가장 큰 것은?

㉮ 금 ㉯ 은 ㉰ 구리 ㉱ 니켈

19. 극판의 면적이 4[cm^2], 정전 용량이 10[pF]인 종이 콘덴서를 만들려고 한다. 비유전율 2.5, 두께 0.01[mm]의 종이를 사용하면 종이는 약 몇 장을 겹쳐야 되겠는가?

정답 : 14. ㉯ 15. ㉰ 16. ㉯ 17. ㉱ 18. ㉱ 19. ㉮

㉮ 89장 ㉯ 100장 ㉰ 885장 ㉱ 8,850장

20. 저항 20[Ω]인 동선과 저항 90[Ω]인 망간선을 직렬로 접속한 경우 회로의 합성 온도 계수[1/℃]는? (단, 동선의 온도 계수 $\alpha_1 = 0.00427$이고, 망간선의 온도 계수 $\alpha_2 \fallingdotseq 0$이다.)

㉮ 약 5×10^{-4} ㉯ 약 6×10^{-4} ㉰ 약 8×10^{-4} ㉱ 약 9×10^{-4}

정답 : 20. ㉰

전기 산업기사 기출문제

2010년 7월 25일

1. 전자파의 진행 방향은?

㉮ 전계 E 의 방향과 같다.

㉯ 자계 H 의 방향과 같다.

㉰ $E \times H$ 의 방향과 같다.

㉱ $\nabla \times E$ 의 방향과 같다.

2. 평면 도체 표면에서 d [m]의 거리에 점전하 Q [C]이 있을 때 이 전하를 무한원까지 운반하는 데 요하는 일 [J]은?

㉮ $\dfrac{Q^2}{4\pi\epsilon_0 d}$ ㉯ $\dfrac{Q^2}{8\pi\epsilon_0 d}$ ㉰ $\dfrac{Q^2}{16\pi\epsilon_0 d}$ ㉱ $\dfrac{Q^2}{32\pi\epsilon_0 d}$

3. 그림과 같이 길이 l_1 [m], 폭 l_2[m]인 직사각형 코일이 자속 밀도 B [Wb/m^2]인 평등 자계 내에 코일 면의 법선이 자계의 방향과 θ각으로 놓여 있다. 코일에 흐르는 전류가 I [A]이면 코일에 작용하는 회전력은 몇 [N·m]인가?(단, 코일의 권수는 n이다.)

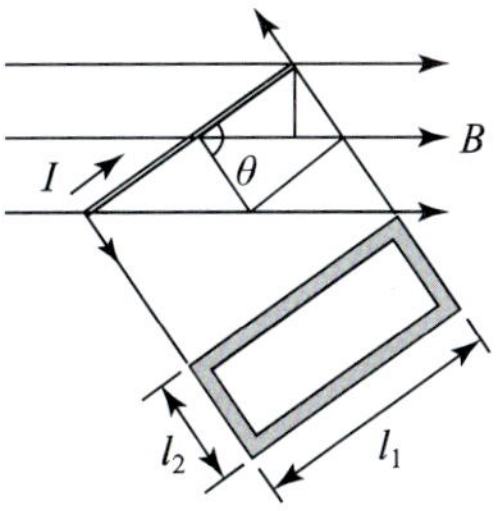

㉮ $nBIl_1l_2\sin\theta$ ㉯ $nBIl_1l_2\cos\theta$ ㉰ $nBI^2l_1l_2\sin\theta$ ㉱ $nBI^2l_1l_2\cos\theta$

4. 투자율이 다른 두 자성체의 경계면에서 굴절각과 입사각의 관계로 옳은 것은? (단, μ: 투자율, θ_1: 입사각, θ_2:굴절각)

㉮ $\dfrac{\sin\theta_1}{\sin\theta_2} = \dfrac{\mu_1}{\mu_2}$ ㉯ $\dfrac{\tan\theta_2}{\tan\theta_1} = \dfrac{\mu_1}{\mu_2}$ ㉰ $\dfrac{\cos\theta_1}{\cos\theta_2} = \dfrac{\mu_1}{\mu_2}$ ㉱ $\dfrac{\tan\theta_1}{\tan\theta_2} = \dfrac{\mu_1}{\mu_2}$

정답 : 1. ㉰ 2. ㉰ 3. ㉮ 4. ㉱

5. 한 금속에서 전류의 흐름으로 인한 온도 구배 부분의 줄열 이외의 발열 또는 흡열에 관한 현상은?

㉮ 펠티에 효과(Peltier effect) ㉯ 볼타 법칙(Volta law)

㉰ 제백 효과(Seebeck effect) ㉱ 톰슨 효과(Thomson effect)

6. 지름 10[cm]인 원형 코일 중심에서 자계가 1,000[A/m] 이다. 원형 코일이 100회 감겨 있을 때, 전류는 몇 [A]인가?

㉮ 1 ㉯ 2 ㉰ 3 ㉱ 5

7. 그림 (a)의 인덕턴스에 전류가 그림 (b)와 같이 흐를 때, 2초에서 6초 사이의 인덕턴스 전압 V_L[V]은?

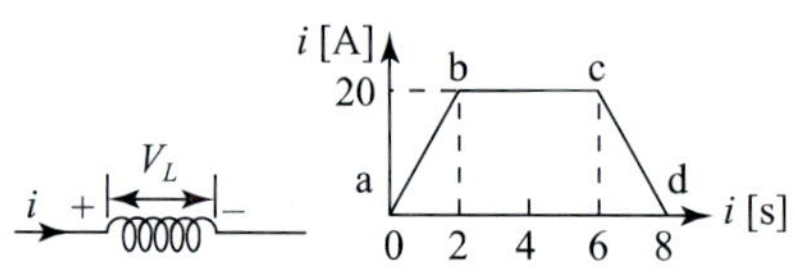

㉮ 0 ㉯ 5 ㉰ 10 ㉱ 20

8. 정전 용량이 C인 콘덴서에서 극판 사이의 비유전율이 2인 유전체를 제거하고 공기로 채운 경우, 그때의 용량을 C_0라고 하면 C와 C_0의 관계는?

㉮ $C=2C_0$ ㉯ $C=4C_0$ ㉰ $C=\frac{C_0}{4}$ ㉱ $C=\frac{C_0}{2}$

9. 앙페르의 주회 적분 법칙은 직접적으로 다음의 어느 관계를 표시하는가?

㉮ 전하와 전계 ㉯ 전류와 인덕턴스

㉰ 전류와 자계 ㉱ 전하와 전위

10. 거리 r에 반비례하는 전계의 크기를 주는 대전체는?

㉮ 점전하 ㉯ 선전하

㉰ 구전하 ㉱ 무한 평면 전하

11. 구의 입체각은 몇 스테라디안[sr : steradian]인가?

㉮ π ㉯ 2π ㉰ 4π ㉱ 8π

12. 기전력 V[V], 내부 저항 r[Ω]인 전지에 전열기를 연결했을 때, 전열기의 발열을 최대로 낼 수 있는 최대 전력[W]은?

정답 : 5. ㉱ 6. ㉮ 7. ㉮ 8. ㉮ 9. ㉰ 10. ㉯ 11. ㉰ 12. ㉯

㉮ $\frac{V^2}{2r}$ ㉯ $\frac{V^2}{4r}$ ㉰ $\frac{2V^2}{r}$ ㉱ $\frac{4V^2}{r}$

13. 유전체 중 전계의 세기를 $\boldsymbol{E}$, 유전율을 ϵ이라 하면 전기 변위는?

㉮ $\frac{1}{2}\epsilon \boldsymbol{E}^2$ ㉯ $\frac{E}{\epsilon}$ ㉰ $\epsilon \boldsymbol{E}^2$ ㉱ $\epsilon \boldsymbol{E}$

14. 쌍극자 자기 모멘트를 이용하면 자화율과 절대 온도의 관계는 어떠한가?

㉮ 항상 같다. ㉯ 비례한다.
㉰ 반비례한다. ㉱ 관계가 없다.

15. 무한히 넓은 평행판 콘덴서에서 두 평행판 사이의 간격이 d [m]일 때 단위 면적당 두 평행판 사이의 정전 용량 [F/m^2]은? (단, 매질은 공기이다.)

㉮ $\frac{1}{4\pi\epsilon_0 d}$ ㉯ $\frac{4\pi\epsilon_0}{d}$ ㉰ $\frac{\epsilon_0}{d}$ ㉱ $\frac{\epsilon_0}{d^2}$

16. 두 개의 자력선이 동일한 방향으로 흐르면 자계의 강도는 한 개의 자력선에 비하여 어떻게 되는가?

㉮ 더 약해진다. ㉯ 주기적으로 약해졌다 또는 강해졌다 한다.
㉰ 더 강해진다. ㉱ 강해졌다가 약해진다.

17. 주파수가 100[MHz]인 전자파가 비투자율 $\mu_s = 1$, 비전유율 $\epsilon_s = 36$인 물질 속에서 전파할 경우, 파장[m]은? (단, 감쇠 정수 a는 0이다.)

㉮ 0.5 ㉯ 1 ㉰ 1.5 ㉱ 2

18. 공기 중에 10[cm] 떨어져 평행으로 놓여진 두 개의 무한히 긴 도선에 왕복 전류가 흐를 때 단위 길이당 0.04[N]의 힘이 작용한다면 이 때 흐르는 전류는 약 몇 [A]인가?

㉮ 58 ㉯ 62 ㉰ 83 ㉱ 141

19. 10[μF]의 콘덴서를 100[V]로 충전한 것을 단락시켜 0.1[ms]에 방전시켰다고 하면 평균 전력은 몇 [W]인가?

㉮ 450 ㉯ 500 ㉰ 550 ㉱ 600

20. 6.28[A]가 흐르는 무한장 직선 도선상에서 1[m] 떨어진 점의 자계 세기 [A/m] 는?

㉮ 0.5 ㉯ 1 ㉰ 2 ㉱ 3

정답 : 13. ㉱ 14. ㉰ 15. ㉰ 16. ㉰ 17. ㉮ 18. ㉱ 19. ㉯ 20. ㉯

전기 기사 기출문제

2011년 3월 20일

본 과년도 문제는 수험생의 기억에 의한 내용을 종합정리하여 수록하였으므로 출제된 문제와 다소 차이가 있을 수 있으며, 또한, 무단복제를 절대 금함.

1. 다음중 전기 쌍극자(electric dipole)의 중점으로부터 거리 r[m] 떨어진 P점에서 전계의 세기는?

㉮ r에 비례한다. ㉯ r^2에 비례한다. ㉰ r^2에 반비례한다. ㉱ r^3에 반비례한다.

2. 공기 중에서 5[V], 10[V]로 대전된 반지름 2[cm] , 4[cm]의 2개의 구를 가는 철사로 접속했을 때 공통 전위는 몇 [V]인가?

㉮ 6.25 ㉯ 7.5 ㉰ 8.33 ㉱ 10

3. 공기 중에 그림과 같이 가느다란 전선으로 반경 a인 원형 코일을 만들고, 이것에 전하 Q가 균일하게 분포하고 있을 때 원형 코일의 중심축상에서 중심으로부터 거리 x 만큼 떨어진 P점의 전계 세기는 몇 [V/m]인가?

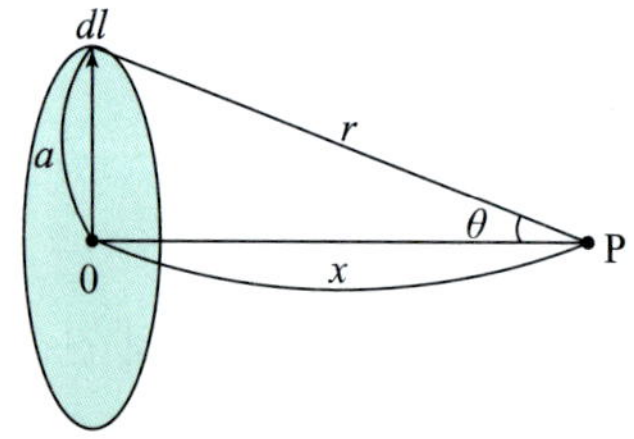

㉮ $\dfrac{Q}{2\pi\epsilon_0\sqrt{a+x}}$ ㉯ $\dfrac{Q}{4\pi\epsilon_0\sqrt{a+x}}$

㉰ $\dfrac{Qx}{2\pi\epsilon_0(a^2+x^2)^{\frac{3}{2}}}$ ㉱ $\dfrac{Qx}{4\pi\epsilon_0(a^2+x^2)^{\frac{3}{2}}}$

정답 : 1. ㉱ 2. ㉰ 3. ㉱

4. 유전율이 각각 ϵ_1, ϵ_2 인 두 유전체가 접한 경계면에서 전하가 존재하지 않는다고 할 때 유전율이 ϵ_1 인 유전체에서 유전율이 ϵ_2 인 유전체로 전계 E_1 이 입사각 $\theta_1 = 0°$ 로 입사할 경우, 성립되는 식은?

㉮ $\boldsymbol{E}_1 = \boldsymbol{E}_2$ ㉯ $\boldsymbol{E}_1 = \epsilon_1\epsilon_2\boldsymbol{E}_2$ ㉰ $\dfrac{\boldsymbol{E}_1}{\boldsymbol{E}_2} = \dfrac{\epsilon_1}{\epsilon_2}$ ㉱ $\dfrac{\boldsymbol{E}_2}{\boldsymbol{E}_1} = \dfrac{\epsilon_1}{\epsilon_2}$

5. 철심을 넣은 환상 솔레노이드의 평균 반지름은 20[cm]이다. 코일에 10[A]의 전류를 흘려 내부 자계의 세기를 2,000[AT/m]로 하기 위한 코일의 권수는 약 몇 회인가?

㉮ 200 ㉯ 250 ㉰ 300 ㉱ 350

6. 간격 d[m]인 2개의 평행판 전극 사이에 유전율 ϵ 의 유전체가 있다. 전극 사이에 전압 $V_m \cos wt[V]$ 를 가했을 때 변위 전류 밀도는 몇 [A/m^2]인가?

㉮ $\dfrac{\epsilon}{d} V_m \cos wt$ ㉯ $-\dfrac{\epsilon}{d} w V_m \sin wt$

㉰ $-\dfrac{\epsilon}{d} w V_m \cos wt$ ㉱ $\dfrac{\epsilon}{d} V_m \sin wt$

7. 고유 저항이 1.7×0^{-8}[Ω·m]인 구리의 100[kHz]주파수에 대한 표피의 두께는 약 몇 [mm]인가?

㉮ 0.21 ㉯ 0.42 ㉰ 2.1 ㉱ 4.2

8. 평등 자계를 얻는 방법으로 가장 알맞은 것은?

㉮ 길이에 비하여 단면적이 충분히 큰 솔레노이드에 전류를 흘린다.
㉯ 길이에 비하여 단면적이 충분히 큰 원통형 도선에 전류를 흘린다.
㉰ 단면적에 비하여 길이가 충분히 긴 솔레노이드에 전류를 흘린다.
㉱ 단면적에 비하여 길이가 충분히 긴 원통형 도선에 전류를 흘린다.

9. $\boldsymbol{E} = \boldsymbol{i} + 2\boldsymbol{j} + 3\boldsymbol{k}$[V/cm]로 표시되는 전계가 있다. 0.01[μC]의 전하를 원점으로부터 $3\boldsymbol{i}$[m]로 움직이는데 필요한 일은 몇 [J]인가?

㉮ 3×10^{-8} ㉯ 3×10^{-7} ㉰ 3×10^{-6} ㉱ 3×10^{-5}

10. 무한 평면 도체 표면에서 수직 거리 d[m] 떨어진 곳에 점전하 $+Q$[C]이 있을 때, 영상 전하(image charge)와 평면 도체 간에 작용하는 힘 F[N]은?

㉮ $\dfrac{Q}{4\pi\epsilon_0 d^2}$, 반발력 ㉯ $\dfrac{Q^2}{4\pi\epsilon_0 d^2}$, 흡인력

㉰ $\dfrac{Q^2}{8\pi\epsilon_0 d^2}$, 반발력 ㉱ $\dfrac{Q^2}{16\pi\epsilon_0 d^2}$, 흡인력

정답 : 4. ㉱ 5. ㉯ 6. ㉯ 7. ㉮ 8. ㉰ 9. ㉰ 10. ㉱

11. 자성체에 외부의 자계 H_0를 가하였을 때 자화의 세기 J와의 관계식은? (단, N은 감자율, μ는 투자율이다.)

㉮ $J=\dfrac{H_0}{1+N(\mu_s-1)}$ ㉯ $J=\dfrac{H_0(\mu_s-1)}{1+N}$

㉰ $J=\dfrac{H_0\mu_0(\mu_s-1)}{1+N(\mu_s-1)}$ ㉱ $J=\dfrac{H_0(\mu_s-1)}{1+N\mu_0(\mu_0-1)}$

12. 그림과 같은 유한 길이의 솔레노이드에서 비투자율이 μ_s인 철심의 단면적이 S [m^2]이고 길이가 l [m]인 것에 코일을 N회 감고 I [A]를 흘릴 때, 자기 저항 R_m[AT/Wb]은 어떻게 표현되는가?

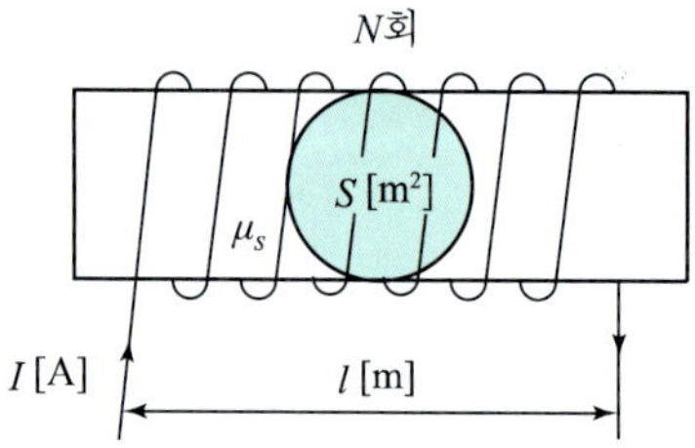

㉮ $R_m=\dfrac{l}{\mu_0\mu_s}$ ㉯ $R_m=l\,u_0\mu_s$

㉰ $R_m=\dfrac{l}{\mu_0\mu_s S}$ ㉱ $R_m=lS\,u_0\mu_s$

13. 자기 인덕턴스와 상호 인덕턴스와의 관계에서 결합 계수 k의 값은?

㉮ $0\le k\le \dfrac{1}{2}$ ㉯ $0\le k\le 1$

㉰ $1\le k\le 2$ ㉱ $1\le k\le 10$

14. 자기 인덕턴스 L[H]인 코일에 전류 I[A]를 흘렸을 때, 자계의 세기가 H [AT/m]였다. 이 코일을 진공 중에서 자화시키는 데 필요한 에너지 밀도[J/m^3]는?

㉮ $\dfrac{1}{2}LI^2$ ㉯ LI^2 ㉰ $\dfrac{1}{2}\mu_0 H^2$ ㉱ $\mu_0 H^2$

15. 다음과 같은 맥스웰(Maxwell)의 미분형 방정식에서 의미하는 법칙은?

$$\nabla\times \boldsymbol{E}=-\frac{\partial \boldsymbol{B}}{\partial t}$$

㉮ 패러데이의 법칙 ㉯ 앙페르의 주회적분법칙

정답 : 11. ㉰ 12. ㉰ 13. ㉯ 14. ㉰ 15. ㉮

㉰ 가우스의 법칙　　㉱ 비오사바르의 법칙

16. 전류 2π [A]가 흐르고 있는 무한 직선 도체로부터 1[m] 떨어진 P점의 자계 세기[A/m]는?

㉮ 1　　㉯ 2　　㉰ 3　　㉱ 4

17. 정전 용량이 1[μF]인 공기 콘덴서가 있다. 이 콘덴서 판간의 $\frac{1}{2}$인 두께를 갖고 비유전율 $\epsilon_r = 2$인 유전체를 그 콘덴서의 한 전극면에 접촉하여 넣었을 때, 전체의 정전 용량은 몇[μF]이 되는가?

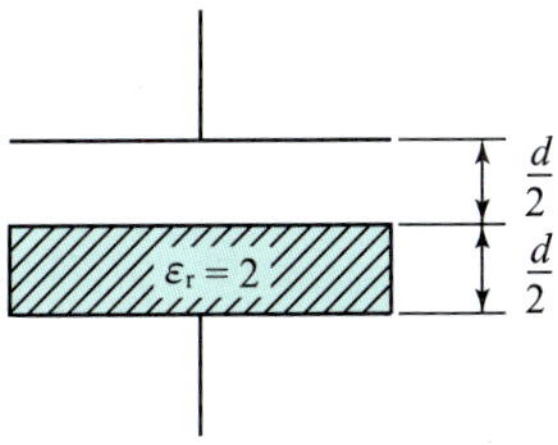

㉮ 2　　㉯ $\frac{1}{2}$　　㉰ $\frac{4}{3}$　　㉱ $\frac{5}{3}$

18. 진공 중에서 내구의 반지름 a = 3[cm], 외구의 내반지름 b = 9[cm]인 두 동심구 사이의 정전 용량은 몇 [pF]인가?

㉮ 0.5　　㉯ 5　　㉰ 50　　㉱ 500

19. 비투자율이 350인 환상 철심 중의 평균 자계 세기가 280[AT/m]일 때, 자화의 세기는 약 몇 [Wb/m^2]인가?

㉮ 0.12　　㉯ 0.15　　㉰ 0.18　　㉱ 0.21

20. 무한 직선 도선이 λ[C/m]의 선밀도 전하를 가질 때 r[m]인 점 P의 전계 $\boldsymbol{E}$는 몇 [V/m]인가?

㉮ $\frac{\lambda}{4\pi\epsilon_0 r^2}$　　㉯ $\frac{\lambda}{4\pi\epsilon_0 r}$

㉰ $\frac{\lambda}{2\pi\epsilon_0 r^2}$　　㉱ $\frac{\lambda}{2\pi\epsilon_0 r}$

정답 : 16. ㉮ 17. ㉰ 18. ㉯ 19. ㉮ 20. ㉱

전기 산업기사 기출문제

2011년 3월 20일

1. 평행판 콘덴서의 극판 사이가 진공일 때 용량은 C_0, 비유전율 ϵ_s의 유전체를 채웠을 때의 용량을 C라 할 때, 이들의 관계식은?

㉮ $\dfrac{C}{C_0} = \dfrac{1}{\epsilon_0 \epsilon_s}$　　㉯ $\dfrac{C}{C_0} = \dfrac{1}{\epsilon_s}$

㉰ $\dfrac{C}{C_0} = \epsilon_0 \epsilon_s$　　㉱ $\dfrac{C}{C_0} = \epsilon_s$

2. 전계와 자계와의 관계식으로 옳은 것은?

㉮ $\sqrt{\epsilon}\boldsymbol{H} = \sqrt{\mu}\boldsymbol{E}$　　㉯ $\sqrt{\epsilon\mu} = \boldsymbol{EH}$

㉰ $\sqrt{\mu}\boldsymbol{H} = \sqrt{\epsilon}\boldsymbol{H}$　　㉱ $\epsilon\mu = \boldsymbol{EH}$

3. 다음 물질 중 비유전율이 가장 큰 것은?

㉮ 운모　　㉯ 유리　　㉰ 증류수　　㉱ 고무

4. 극판의 면적이 $50[\mathrm{cm}^2]$, 극판 사이의 간격이 1[mm], 극판 사이의 매질이 비유전율 5인 평행판 콘덴서의 정전 용량은 약 몇 [pF]인가?

㉮ 220　　㉯ 22　　㉰ 250　　㉱ 25

5. 패러데이관의 설명 중 틀린 것은?

㉮ +1[C]의 진전하에 −1[C]의 진전하로 끝나는 1개의 관으로 가정한다.

㉯ 관의 양끝에는 정·부의 단위 진전하가 있다.

㉰ 관의 밀도는 전속 밀도와 동일하다.

㉱ 관속에 있는 전속수는 진전하가 있으면 일정하고 연속이다.

6. 무한장 직선 도체에 선전하 밀도 λ[C/m]의 전하가 분포되어 있는 경우, 직선 도체를 축으로 하는 반지름 r인 원통면상의 전계는 몇 [V/m]인가?

㉮ $E = \dfrac{1}{4\pi\epsilon_0} \times \dfrac{\lambda}{\gamma}$　　㉯ $E = \dfrac{1}{2\pi\epsilon_0} \times \dfrac{\lambda}{\gamma^2}$

정답 : 1. ㉱ 2. ㉰ 3. ㉰ 4. ㉮ 5. ㉱ 6. ㉱

㉰ $E= \frac{1}{4\pi\epsilon_0} \times \frac{\lambda}{\gamma^2}$ ㉱ $E= \frac{1}{2\pi\epsilon_0} \times \frac{\lambda}{\gamma}$

7. 대전 도체의 내부 전위는?

㉮ 항상 0이다. ㉯ 표면 전위와 같다.

㉰ 대지 전압과 전하의 곱으로 표현된다. ㉱ 공기의 유전율과 같다.

8. 전하 Q_1, Q_2 간의 작용력이 F1일 때 이 근처에 전하 Q_3을 놓을 경우, Q_1과 Q_2 사이의 전기력을 F_2라 하면?

㉮ $F_1 = F_2$ ㉯ $F_1 < F_2$

㉰ $F_1 > F_2$ ㉱ Q_3의 크기에 따라 다르다.

9. 자장 중에서 도선에 발생되는 유기 기전력의 방향은 어떤 법칙에 의하여 설명되는가?

㉮ 패러데이(Faraday)의 법칙 ㉯ 앙페르(Ampere)의 오른나사 법칙

㉰ 렌츠(Lenz)의 법칙 ㉱ 가우스(Gauss)의 법칙

10. 평등 자계 H_0 내에서 얇은 철판을 자계와 수직으로 놓았을 때, 철판 내부 자계의 세기 Hi는? (단 , 철의 비투자율은 μ_s, 자화율은 χ_m이다.)

㉮ $H_i = H_0$ ㉯ $H_i = \chi H_0$ ㉰ $H_i = \mu_s H_0$ ㉱ $H_i = \frac{H_0}{\mu_s}$

11. 평등 전계 내에서 5[C]의 전하를 30[cm]이동시키는 데 120[J]의 일이 소요되었다. 전계의 세기는 몇 [V/m]인가?

㉮ 24 ㉯ 36 ㉰ 80 ㉱ 160

12. 히스테리시스손은 주파수 및 최대 자속 밀도와 어떤 관계에 있는가?

㉮ 주파수와 최대 자속 밀도에 비례한다.

㉯ 주파수에 비례하고 최대 자속 밀도의 1.6승에 비례한다.

㉰ 주파수와 최대 자속 밀도에 반비례한다.

㉱ 주파수에 반비례하고 최대 자속 밀도의 1.6승에 비례한다.

13. 다음 식 중 포인팅 벡터를 나타낸 식과 단위를 바르게 표현한 것?

㉮ $\vec{E} \times \vec{B}$[W/m²] ㉯ $\vec{E} \times \vec{H}$[W/m²] ㉰ $\vec{E} \times \vec{B}$[W/m³] ㉱ $\vec{E} \times \vec{H}$[W/m³]

14. 무한장 솔레노이드에 전류가 흐를 때, 발생되는 자장에 관한 설명 중 옳은 것은?

정답 : 7. ㉯ 8. ㉮ 9. ㉰ 10.㉱ 11. ㉰ 12. ㉯ 13. ㉯ 14. ㉮

㉮ 내부 자장은 평등 자장이다.　　㉯ 외부와 내부 자장의 세기는 같다.
㉰ 외부 자장은 평등 자장이다.　　㉱ 내부 자장의 세기는 0이다.

15. 정전 차폐와 자기 차폐를 비교하였을 때, 옳은 것은?

㉮ 정전 차폐가 자기 차폐에 비교하여 완전하다.
㉯ 정전 차폐가 자기 차폐에 비교하여 불완전하다.
㉰ 두 차폐 방법은 모두 완전하다.
㉱ 두 차폐 방법은 모두 불완전하다.

16. 투자율이 μ이고, 감자율이 N인 자성체를 평등 자계 H_0 중에 놓았을 때, 이 자성체의 자화의 세기 J를 구하면?

㉮ $\dfrac{\mu_0(\mu_s+1)}{1+\mu(\mu_s+1)}H_0$　　㉯ $\dfrac{\mu_0\mu_s}{1+N(\mu_s+1)}H_0$
㉰ $\dfrac{\mu_0\mu_s}{1+N(\mu_s-1)}H_0$　　㉱ $\dfrac{\mu_0\mu_s-1}{1+N(\mu_s-1)}H_0$

17. 점전하 $+Q$의 무한 평면 도체에 대한 영상 전하는?

㉮ $+Q$　　㉯ $-Q$　　㉰ $+2Q$　　㉱ $-2Q$

18. 평면 도체 표면에서 d의 거리에 점전하 Q가 있을 때, 이 전하를 무한 원점까지 운반하는데 요하는 일을 구하면 몇 [J]인가?

㉮ $\dfrac{Q^2}{4\pi\epsilon_0 d}$　　㉯ $\dfrac{Q^2}{8\pi\epsilon_0 d}$　　㉰ $\dfrac{Q^2}{16\pi\epsilon_0 d}$　　㉱ $\dfrac{Q^2}{32\pi\epsilon_0 d}$

19. 자계의 세기 1,500[AT/m] 되는 점의 자속 밀도가 2.8[Wb/m^2]이다. 이 공간의 비투자율은 약 얼마인가?

㉮ 1.86×10^{-3}　　㉯ 1.86×10^{-2}　　㉰ 1.48×10^{3}　　㉱ 1.48×10^{2}

20. 어떤 코일에 흐르는 전류가 0.01초 동안에 일정하게 50[A]로부터 10[A]로 바뀔 때 20[V]의 기전력이 발생한다면 자기 인덕턴스는 몇 [mH]인가?

㉮ 5　　㉯ 7　　㉰ 9　　㉱ 12

정답 : 15. ㉮ 16. ㉱ 17. ㉯ 18. ㉱ 19. ㉰ 20. ㉮

전기 기사 기출문제

2011년 6월 12일

본 과년도 문제는 수험생의 기억에 의한 내용을 종합정리하여 수록하였으므로 출제된 문제와 다소 차이가 있을 수 있으며, 또한, 무단복제를 절대 금함.

1. 간격에 비해서 충분히 넓은 평형판 콘덴서의 판 사이에 비유전율 ϵ_s 인 유전체를 채우고 외부에서 판에 수직 방향으로 전계 E_0를 가할 때, 분극 전하에 의한 전계의 세기는 몇 [V/m]인가?

㉮ $\dfrac{\epsilon_s+1}{\epsilon_s}\times E_0$　　㉯ $\dfrac{\epsilon_s-1}{\epsilon_s}\times E_0$

㉰ $\dfrac{\epsilon_s}{\epsilon_s+1}\times E_0$　　㉱ $\dfrac{\epsilon_s}{\epsilon_s-1}\times E_0$

2. 진공 중에 반지름이 4[cm]인 도체구 A와 내외 반지름이 5[cm]인 10[cm]인 도체구 B를 동심(同心)으로 놓고, 도체구 A에 $Q_A=4\times10^{-10}$[C]의 전하를 대전시키고 도체구 B의 전하를 0으로 했을 때 도체구 A의 전위는 약 몇 [V]인가?

㉮ 15　㉯ 30　㉰ 46　㉱ 54

3. 유전율 ϵ, 전계의 세기 E인 유전체의 단위 체적에 축적되는 에너지 밀도[J/m^3]는 얼마인가?

㉮ $\dfrac{E}{2\epsilon}$　　㉯ $\dfrac{\epsilon E}{2}$

㉰ $\dfrac{\epsilon E^2}{2}$　　㉱ $\dfrac{\epsilon^2 E^2}{2}$

4. 간격이 1.5[m]이고 평행한 무한히 긴 단상 송전 선로가 가설되었다. 여기에 6,600[V], 3[A]를 송전하면 단위 길이당 작용하는 힘 [N/m]은?

㉮ 1.2×10^{-3}, 흡인력　　㉯ 5.89×10^{-5}, 흡인력

㉰ 1.2×10^{-6}, 흡인력　　㉱ 6.28×10^{-7}, 반발력

5. 자성체에서 자기 감자력은?

㉮ 자화의 세기(J)에 비례한다.　　㉯ 감자율 (N)에 반비례한다.

㉰ 자계(H)에 반비례한다.　　㉱ 투자율(μ)에 비례한다.

6. 전계 E[V/m], 자계 H[A/m]의 전자파가 평면파를 이루고 자유 공간으로 전파될 때, 단위 시간당 전

정답 : 1. ㉯ 2. ㉱ 3. ㉰ 4. ㉰ 5. ㉮ 6. ㉱

력 밀도는 몇 [W/m^2]인가?

㉮ $\frac{1}{2}\boldsymbol{EH}$　　㉯ $\frac{1}{2}\boldsymbol{E}^2\boldsymbol{H}$

㉰ $\boldsymbol{E}^2\boldsymbol{H}$　　㉱ $\boldsymbol{EH}$

7. 공기 콘덴서의 극판 사이에 비유전율 5인 유전체를 넣었을 때, 동일 전위차에 대한 극판의 전하량은 어떻게 되는가?

㉮ $5\epsilon_0$ 배로 증가한다.　　㉯ 불변이다.

㉰ 5배로 증가한다.　　㉱ $\frac{1}{5}$로 감소한다.

8. 한 변이 L[m] 되는 정방형의 도선 회로에 전류 I[A]가 흐르고 있을 때, 회로중심에서의 자속 밀도는 몇 [Wb/m^2]인가?

㉮ $\frac{2\sqrt{2}}{\pi}\frac{I}{L}$　　㉯ $\frac{2\sqrt{2}}{\pi}\mu_0\frac{I}{L}$　　㉰ $\frac{2\sqrt{2}}{\pi}\frac{L}{I}$　　㉱ $\frac{2\sqrt{2}}{\pi}\mu_0\frac{L}{I}$

9. N회 감긴 원통 코일의 단면적이 S[m^2]이고 길이가 l[m]이다. 이 코일의 권수를 반으로 줄이고 인덕턴스는 일정하게 유지하려면 어떻게 하면 되는가?

㉮ 길이를 $\frac{1}{4}$배로 한다.　　㉯ 단면적을 2배로 한다.

㉰ 전류의 세기를 2배로 한다.　　㉱ 전류의 세기를 4배로 한다.

10. 그림과 같이 반지름 a[m]인 한 번 감긴 원형 코일이 균일한 자속 밀도 B[Wb/m^2]인 자계에 놓여 있다. 지금 코일면을 자계와 나란하게 전류 I [A]를 흘리면 원형 코일이 자계로부터 받는 회전 모멘트는 몇 [N·m/rad]인가?

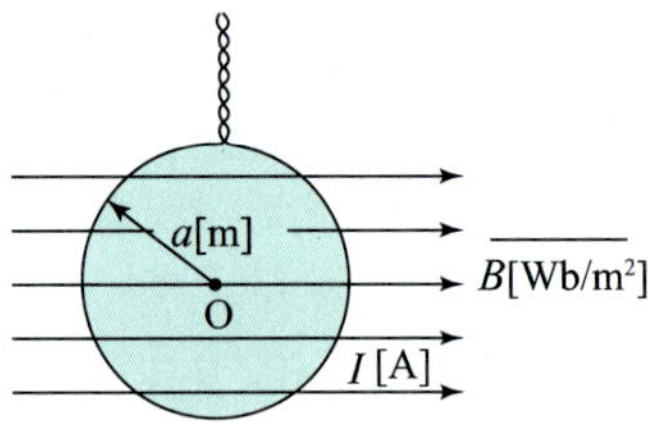

㉮ $2\pi aBI$　　㉯ πaBI

㉰ $2\pi a^2BI$　　㉱ πa^2BI

11. 진공 중에서 빛의 속도와 일치하는 전자파의 전파 속도를 얻기 위한 조건은?

㉮ $\epsilon_s = \mu_s = 0$　　㉯ $\epsilon_s = 0,\ \mu_s = 1$

㉰ $\epsilon_s = \mu_s = 1$　　㉱ ϵ_s와 μ_s는 관계가 없다.

정답 : 7. ㉰ 8. ㉯ 9. ㉮ 10. ㉱ 11. ㉰

12. 점전하 $Q[C]$에 의한 무한 평면 도체의 영상 전하는?

㉮ $-Q[C]$보다 작다. ㉯ $Q[C]$보다 크다.

㉰ $-Q[C]$과 같다. ㉱ $Q[C]$과 같다.

13. 자기 인덕턴스가 20[mH]인 코일에 0.2[s]동안 전류가 100[A]로 변할 때, 코일에 유기되는 기전력[V]은 얼마인가?

㉮ 10 ㉯ 20 ㉰ 30 ㉱ 40

14. 다음 중 도체 표면에서 전계 $\mathrm{E} = E_x\boldsymbol{a_x} + E_y\boldsymbol{a_y} + E_z\boldsymbol{a_z}$ [V/m]이고, 도체면과 법선 방향인 미소 길이 $dl = dx\boldsymbol{a}_x + dy\boldsymbol{a}_y + dy\boldsymbol{a}_y + dz\boldsymbol{a}_z$[m]일 때 성립되는 식은?

㉮ $E_x dx = E_y dy$ ㉯ $E_y dz = E_z dy$

㉰ $E_x dy = E_y dz$ ㉱ $E_y dy = E_z dz$

15. 환상 솔레노이드 내의 철심 내부 자계 세기는 몇 [AT/m]인가? (단, N은 코일권선수, R은 환상 철심의 평균 반지름, I는 코일에 흐르는 전류이다.)

㉮ NI ㉯ $\frac{NI}{2\pi R}$

㉰ $\frac{NI}{2\pi R}$ ㉱ $\frac{NI}{4\pi R}$

16. 기자력(Magnetomotive Force)에 대한 설명으로 옳지 않은 것은?

㉮ 전기 회로의 기전력에 대응한다.

㉯ 코일에 전류를 흘렸을 때 전류 밀도와 코일 권수의 곱의 크기와 같다.

㉰ 자기 회로의 자기 저항과 자속의 곱과 동일하다.

㉱ SI 단위는 암페어 [A]이다.

17. 철심이 있는 평균 반지름 15[cm]인 환상솔레노이드 코일에 5[A]가 흐를 때, 내부자계의 세기가 1,600[AT/m]가 되려면 코일의 권수는 약 몇 회 정도인가?

㉮ 150 ㉯ 180 ㉰ 320 ㉱ 360

18. 그림과 같은 자기 회로에서 A부분에만 코일을 감아서 전류를 인가할 때의 자기저항과 B 부분에만 코일을 감아서 전류를 인가할 때의 자기 저항[AT/m]을 각각 구하면 어떻게 되는가? (단, 자기 저항 $R_1 = 1$, $R_2 = 0.5$, $R_3 = 0.5$[AT/m]이다.)

정답 : 12. ㉰ 13. ㉮ 14. ㉯ 15. ㉯ 16. ㉯ 17. ㉰ 18. ㉮

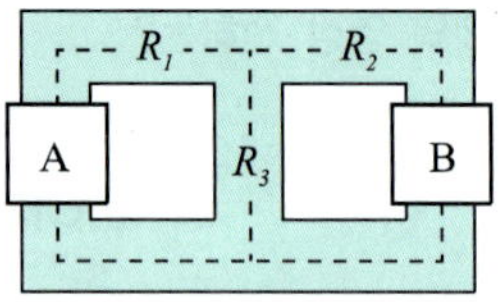

㉮ R_A = 1.25, R_B = 0.83　　㉯ R_A = 1.25, R_B = 1.25

㉰ R_A = 0.83, R_B = 0.83　　㉱ R_A = 0.83, R_B = 1.25

19. 자석의 세기 0.2[Wb], 길이 10[cm]인 막대 자석의 중심에서 60도의 각을 가지며 40[cm]만큼 떨어진 점 A의 자위는 몇 [A]인가?

㉮ 1.97×10^3　　㉯ 3.96×10^3　　㉰ 7.92×10^3　　㉱ 9.58×10^3

20. 내반경 a[m], 외반경 b[m]인 동축 케이블에서 극간 매질의 도전율이 σ[S/m]일 때, 단위 길이당 이 동축 케이블의 컨덕턴스[S/m]는?

㉮ $\dfrac{4\pi\sigma}{\ell n \frac{b}{a}}$　　㉯ $\dfrac{2\pi\sigma}{\ell n}$　　㉰ $\dfrac{\pi\sigma}{\ell n \frac{b}{a}}$　　㉱ $\dfrac{6\pi\sigma}{\ell n \frac{b}{a}}$

정답 : 19. ㉯ 20. ㉯

전기 산업기사 기출문제

2011년 6월 12일

1. 액체 유전체를 넣은 콘덴서의 용량이 20[μF]이다. 여기에 500[kV]의 전압을 가하면 누설 전류는 몇 [A]인가? (단, 비유전율 $\epsilon_s = 2.2$, 고유 저항 $\rho = 10^{11}[\Omega \cdot \text{m}]$ 이다.)

㉮ 4.2 ㉯ 5.13 ㉰ 54.5 ㉱ 61

2. 공기 콘덴서를 어느 전압으로 충전한 다음 전극 간에 유전체를 넣어 정전 용량을 2배로 하였다면 축적되는 에너지는 어떻게 되는가?

㉮ $\frac{1}{4}$로 된다. ㉯ $\frac{1}{2}$로 된다. ㉰ $\sqrt{2}$ 배로 된다. ㉱ 2배로 된다.

3. 한 변의 길이가 a [m]인 정육각형의 각 정점에 각각 Q [C]의 전하를 놓았을 때, 정육각형의 중심 O에 전계의 세기는 몇 [V/m]인가?

㉮ 0 ㉯ $\frac{Q}{2\pi\epsilon_0 a}$ ㉰ $\frac{Q}{4\pi\epsilon_0 a^2}$ ㉱ $\frac{Q}{8\pi\epsilon_0 a}$

4. 공심 환상 철심에서 코일의 권횟수 500회, 단면적 6[m^2], 평균 반지름 15[cm], 코일에 흐르는 전류를 4[A]라 하면 철심 중심에서의 자계 세기는 약 몇 [AT/m]인가?

㉮ 1,061 ㉯ 1,325 ㉰ 1,821 ㉱ 2,122

5. 정전계에 대한 설명으로 가장 적합한 것은?

㉮ 전계 에너지가 최대로 되는 전하 분포의 전계이다.
㉯ 전계 에너지와 무관한 전하 분포의 전계이다.
㉰ 전계 에너지가 최소로 되는 전하 분포의 전계이다.
㉱ 전계 에너지가 일정하게 유지되는 전하 분포의 전계이다.

6. 권수 600, 단면적 100[cm^2]의 공심 코일에 전류 1[A]를 흘릴 때 자계가 1.28[AT/m]이었다. 자기 인덕턴스는 몇 [H]인가?

㉮ 9.65×10^{-6} ㉯ 8.05×10^{-6} ㉰ 6.28×10^{-8} ㉱ 0.64×10^{-8}

7. 시간적으로 변화하지 않는 보전적인 전계가 비회전성(非回轉性)이라는 의미를 나타낸 식은?

㉮ $\nabla \cdot \boldsymbol{E} = 0$ ㉯ $\nabla \cdot \boldsymbol{E} = \infty$ ㉰ $\nabla \times \boldsymbol{E} = 0$ ㉱ $\nabla^2 \boldsymbol{E} = 0$

정답 : 1. ㉯ 2. ㉯ 3. ㉮ 4. ㉱ 5. ㉰ 6. ㉮ 7. ㉰

8. 전자석의 흡인력은 공극(air gap)의 자속 밀도를 B라 할 때, 다음 어느 것에 비례하는가?

㉮ B　㉯ $B^{0.5}$　㉰ $B^{1.6}$　㉱ $B^{2.0}$

9. 자속 밀도 B[Wb/m2]인 자계 내를 속도 v[m/s]로 운동하는 길이 dl[m]의 도선에 유기되는 기전력[V]은?

㉮ $v \times B$　㉯ $(v \times B) \cdot \mathrm{dl}$　㉰ $(v \cdot B)$　㉱ $(v \cdot B) \times \mathrm{dl}$

10. 전자계에서 맥스웰의 기본 이론이 아닌 것은?

㉮ 고립된 자극이 존재한다.
㉯ 전하에서 전속선이 발산한다.
㉰ 전도 전류와 변위 전류는 자계를 발생한다.
㉱ 자계의 시간적 변화에 따라 자계의 회전이 생긴다.

11. 진공 중에서 자기 쌍극자의 축과 θ의 각을 이루고, 자기 쌍극자 중심에서 r[m] 떨어진 점의 자계 세기를 설명한 것 중 맞는 것은?

㉮ 자극의 세기 m에 반비례한다.　㉯ r^3에 반비례한다.
㉰ $\sin\theta$ 에 비례한다.　㉱ 두 점 자극을 잇는 거리에 반비례한다.

12. 전계 및 자계가 z 방향의 성분을 갖지 않고 동일한 전계와 자계를 합한 면이 z 축에 수직이 되는 파를 무엇이라 하는가?

㉮ 직선파　㉯ 전자파　㉰ 굴절파　㉱ 평면파

13. 역자성체 내에서 비투자율 μ_s는?

㉮ $\mu_s \gg 1$　㉯ $\mu_s > 1$　㉰ $\mu_s < 1$　㉱ $\mu_s = 1$

14. $\dfrac{1}{\sqrt{\epsilon_0 \mu_0}}$ [m/s]의 값은?

㉮ 1×10^8　㉯ 2×10^8　㉰ 3×10^8　㉱ 4×10^8

15. 전기력선의 성질이 아닌 것은?

㉮ 전기력선은 도체 내부에 존재한다.
㉯ 전기력선은 등전위면에 도체 표면과 수직으로 출입한다.
㉰ 전기력선은 그 자신만으로 폐곡선이 되는 일이 없다.

정답 : 8. ㉱ 9. ㉯ 10. ㉮ 11. ㉯ 12. ㉱ 13. ㉰ 14. ㉰ 15. ㉮

㉣ 1[C]의 단위 전하에는 $\dfrac{1}{\epsilon_0}$ 개의 전기력선이 출입한다.

16. 일정 전압이 가해져 있는 콘덴서에 비유전율이 ϵ_s 인 유전체를 채웠을 때 일어나는 현상은?

㉮ 극판 간의 전계가 ϵ_s 배 된다.

㉯ 극판 간의 전계가 $\epsilon_s{}^2$배 된다.

㉰ 극판의 전하량이 ϵ_s 배가 된다.

㉣ 극판의 전하량이 $\dfrac{1}{\epsilon_s}$ 배로 된다.

17. 영구 자석의 재료로 사용되는 철에 요구되는 사항으로 다음 중 가장 적절한 것은?

㉮ 잔류 자속 밀도는 작고 보자력이 커야 한다.

㉯ 잔류 자속 밀도는 크고 보자력이 작아야 한다.

㉰ 잔류 자속 밀도와 보자력이 모두 커야 한다.

㉣ 잔류 자속 밀도는 커야 하나 보자력은 0이어야 한다.

18. 반지름 a [m]인 도체구에 전하 Q [C]을 주었을 때, 구 중심에서 r [m] 떨어진 구 밖($r>a$)의 한 점의 전속 밀도 D[C/m^2]는?

㉮ $\dfrac{Q}{4\pi a^2}$ ㉯ $\dfrac{Q}{4\pi r^2}$ ㉰ $\dfrac{Q}{4\pi\epsilon a^2}$ ㉣ $\dfrac{Q}{4\pi\epsilon r^2}$

19. 그림과 같이 유전율이 ϵ_1, ϵ_2인 두 유전체의 경계면에 중심을 둔 반지름 a [m]인 도체구의 정전 용량 [F]은?

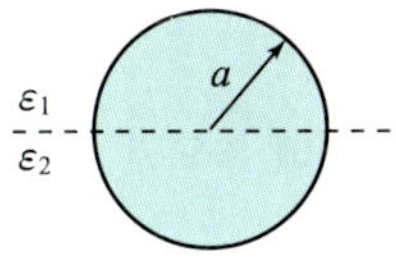

㉮ $4\pi a(\epsilon_1+\epsilon_2)$ ㉯ $2\pi a(\epsilon_1+\epsilon_2)$

㉰ $\dfrac{\epsilon_1+\epsilon_2}{2\pi a}$ ㉣ $\dfrac{\epsilon_1+\epsilon_2}{4\pi a}$

20. 내부 원통의 반지름 a [m], 외부 원통의 안지름이 b[m], 길이 l [m]인 동축 원통도체 간에 도전율 k [℧/m]인 물질을 채워놓고 내외 원통 도체 간에 전압 V [V]를 걸었을 때에 전류를 몇 [A]인가?

㉮ $\dfrac{\pi l Vk}{\ell n\left(\dfrac{b}{a}\right)}$ ㉯ $\dfrac{2\pi l Vk}{\ell n\left(\dfrac{b}{a}\right)}$ ㉰ $\dfrac{4\pi l Vk}{\ell n\left(\dfrac{b}{a}\right)}$ ㉣ $\dfrac{\pi l Vk}{2\ell n\left(\dfrac{b}{a}\right)}$

정답 : 16. ㉰ 17. ㉰ 18. ㉯ 19. ㉯ 20. ㉯

전기 기사 기출문제

2011년 8월 21일

1. 접지된 구도체와 점전하 간에 작용하는 힘은?

㉮ 항상 흡인력이다. ㉯ 항상 반발력이다.

㉰ 조건적 흡인력이다. ㉱ 조건적 반발력이다.

2. 다음 식 중 옳지 않은 것은?

㉮ $V_p = \int_p^\infty \boldsymbol{E} \cdot dr$ ㉯ $\boldsymbol{E} = -\ \text{grad}\ V$

㉰ $\text{grad}\ V = i\dfrac{\partial V}{\partial x} + j\dfrac{\partial V}{\partial y} + k\dfrac{\partial V}{\partial z}$ ㉱ $\oint_s \boldsymbol{E} \cdot ds = Q$

3. $B-H$곡선을 자세히 관찰하면 매끈한 곡선이 아니라 B가 계단적으로 증가 또는 감소함을 알 수 있다. 이러한 현상을 무엇이라 하는가?

㉮ 퀴리점(Curie point) ㉯ 자기 여자 효과(magnetic after effect)

㉰ 자왜 현상(magneto-striction effect) ㉱ 바크하우젠 효과(Barkhausen effect)

4. 유전율이 10인 유전체를 5[V/m]인 전계내에 놓으면 유전체의 표면 전하 밀도는 몇 [C/m^2]인가?(단, 유전체의 표면과 전계는 직각이다.)

㉮ 0.5 ㉯ 1.0 ㉰ 50 ㉱ 250

5. 진공 중에서 빛의 속도와 일치하는 전자파의 전파 속도를 얻기 위한 조건으로 맞는 것은?

㉮ $\epsilon_s = 0,\ \mu_s = 0$ ㉯ $\epsilon_s = 0,\ \mu_s = 1$

㉰ $\epsilon_s = 1,\ \mu_s = 0$ ㉱ $\epsilon_s = 1,\ \mu_s = 1$

6. 전기력선의 설명 중 틀린 것은?

㉮ 전기력선의 방향은 그 점의 전계의 방향과 일치하며 밀도는 그 점에서의 전계의 크기와 같다.

㉯ 전기력선은 부전하에서 시작하여 정전하에서 그친다.

정답 : 1. ㉮ 2. ㉱ 3. ㉱ 4. ㉰ 5. ㉱ 6. ㉯

㉰ 단위 전하에서는 $1/\epsilon_0$ 개의 전기력선이 출입한다.

㉱ 전기력선은 전위가 높은 점에서 낮은 점으로 향한다.

7. 3개의 코서 $C_1 = 1[\mu F]$, $C_2 = 2[\mu F]$, $C_3 = 3[\mu F]$을 직렬 연결하여 600[V]의 전압을 가할 때, C_1 양단 사이에 걸리는 전압은 약 몇 [V]인가?

㉮ 55　㉯ 164　㉰ 327　㉱ 382

8. 어떤 막대꼴 철심이 있다. 단면적이 0.5[m^2], 길이가 0.8[m], 비투자율이 20이다. 이 철심의 자기 저항[AT/Wb]은?

㉮ 6.37×10^4　㉯ 4.45×10^4　㉰ 3.67×10^4　㉱ 1.76×10^4

9. 비투자율은? (단, μ_0는 진공의 투자율, χ_m은 자화율이다.)

㉮ $1 + \dfrac{\chi_m}{\mu_0}$　㉯ $\mu_0(1+\chi_m)$　㉰ $\dfrac{1}{1+\chi_m}$　㉱ $\dfrac{1}{1-\chi_m}$

10. 대전 도체 내부의 전위는?

㉮ 진공 중의 유전율과 같다.　㉯ 항상 0이다.

㉰ 도체 표면 전위와 동일하다.　㉱ 대지 전압과 전하의 곱으로 표시한다.

11. 쌍극자의 중심의 좌표 원점으로 하여 쌍극자 모멘트 방향을 x축, 이와 직각 방향을 y축으로 할 때 원점에서 같은 거리 r만큼 떨어진 점의 y방향 전계 세기가 가장 작은 점은 x축과 몇 도의 각을 이룰 때인가?

㉮ 0°　㉯ 30°　㉰ 60°　㉱ 90°

12. 지름 10[cm]의 원형 코일에 1[A]의 전류를 흘릴 때 코일 중심의 자계를 1,000[A/m]로 하려면 코일을 몇 회 감으면 되는가?

㉮ 50　㉯ 100　㉰ 150　㉱ 200

13. 간격 d[m]의 평행판 도체에 V[kV]의 전위차를 주었을 때 음극 도체판을 초속도 0으로 출발한 전자 e[C]이 양극 도체판에 도달할 때의 속도는 몇 [m/s]인가? (단, m[kg]은 전자의 질량이다.)

㉮ $\sqrt{\dfrac{eV}{m}}$　㉯ $\sqrt{\dfrac{2eV}{m}}$　㉰ $\sqrt{\dfrac{eV}{2m}}$　㉱ $\dfrac{2eV}{m}$

14. 다음 중 변위 전류와 관계가 가장 깊은 것은?

㉮ 반도체　㉯ 유전체　㉰ 자성체　㉱ 도체

정답 : 7. ㉰　8. ㉮　9. ㉮　10. ㉰　11. ㉱　12. ㉯　13. ㉯　14. ㉯

15. 15[A]의 무한장 직선 전류로부터 50[cm]떨어진 P점의 자계 세기는 약 몇 [AT/m]인가?

㉮ 1.56 ㉯ 2.39 ㉰ 4.78 ㉱ 9.55

16. 200[V], 30[W]인 백열 전구와 200[V], 60[W]인 백열 전구를 직렬로 접속하고, 200[V]의 전압을 인가하였을 때 어느 전구가 더 어두운가? (단, 전구의 밝기는 소비 전력에 비례한다.)

㉮ 둘 다 같다. ㉯ 30[W] 전구가 60[W] 전구보다 더 어둡다.

㉰ 60[W] 전구가 30[W] 전구보다 더 어둡다. ㉱ 비교할 수 없다.

17. 내부 장치 또는 공간을 물질로 포위시켜 외부 자계의 영향을 차폐시키는 방식을 자기 차폐라 한다. 다음 중 자기 차폐에 가장 좋은 것은?

㉮ 강자성체 중에서 비투자율이 큰 물질

㉯ 강자성체 중에서 비투자율이 작은 물질

㉰ 비투자율이 1보다 작은 역자성체

㉱ 비투자율에 관계없이 물질의 두께에만 관계되므로 되도록 두꺼운 물질

18. 변의 길이가 각각 a[m], b[m]인 그림과 같은 직사각형 도체가 X축 방향으로 v[m/s]의 속도로 움직이고 있다. 이때 자속 밀도는 $X-Y$ 평면에 수직이고 어느 곳에서든지 크기가 일정한 B[Wb/m^2]이다. 이 도체의 저항을 R[Ω]이라고 할 때, 흐르는 전류는 몇 [A]인가?

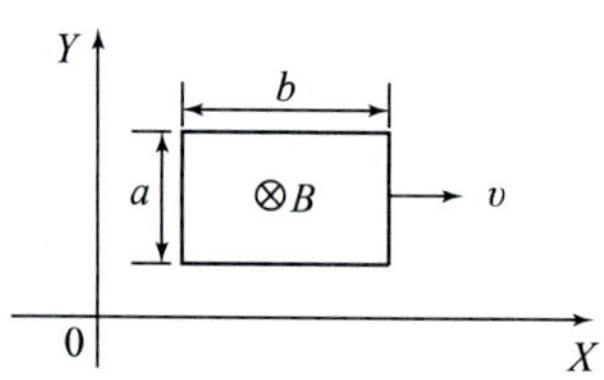

㉮ 0 ㉯ $\frac{Babv}{R}$ ㉰ $\frac{Bv}{R}$ ㉱ $\frac{2Bav}{R}$

19. 반지름 a, b $(a<b)$인 동심 원통 전극 사이에 고유 저항 ρ 인물질이 충만되어 있을 때, 단위 길이당의 저항[Ω/m]은?

㉮ $2\pi\rho\ln\frac{b}{a}$ ㉯ $2a\rho$

㉰ $\frac{\rho}{2\pi\ln\frac{b}{a}}$ ㉱ $\frac{\rho}{2\pi}\ln\frac{b}{a}$

정답 : 15. ㉰ **16.** ㉰ **17.** ㉮ **18.** ㉮ **19.** ㉱

20. 패러데이 법칙에서 유도 기전력 e[V]를 옳게 표현한 것은?

㉮ $e = -N\dfrac{d\phi}{dt}$

㉯ $e = N\phi$

㉰ $e = 2\pi N\phi$

㉱ $e = -\dfrac{1}{N}\dfrac{d\phi}{dt}$

정답 : 20. ㉮

전기 산업기사 기출문제

2011년 8월 21일

1. 그림과 같이 전류 I[A]가 흐르는 반지름 a[m]의 원형 코일의 중심으로부터 x [m]인 자계의 세기는 몇 [AT/m]인가? (단, θ는 각 APO라 한다.)

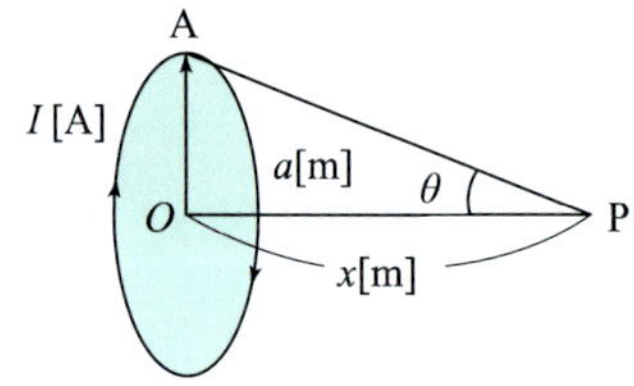

㉮ $\frac{I}{2a}\sin^3\theta$　　㉯ $\frac{I}{2a}\cos^3\theta$　　㉰ $\frac{I}{2a}\sin^2\theta$　　㉱ $\frac{I}{2a}\cos^2\theta$

2. 비투자율이 $\mu_s = 4$인 자성체 내에서 주파수가 1[GHz]인 전자기파의 파장[m]은?

㉮ 0.1　　㉯ 0.15　　㉰ 0.25　　㉱ 0.4

3. 그림과 같은 회로 C에 전류 I[A]가 흐를 때 C의 미소 부분 dl에 의해 거리 r만큼 떨어진 P점에서의 자계 세기 dH [AT/m]는? (단, θ는 dl과 거리 r이 이루는 각이다.)

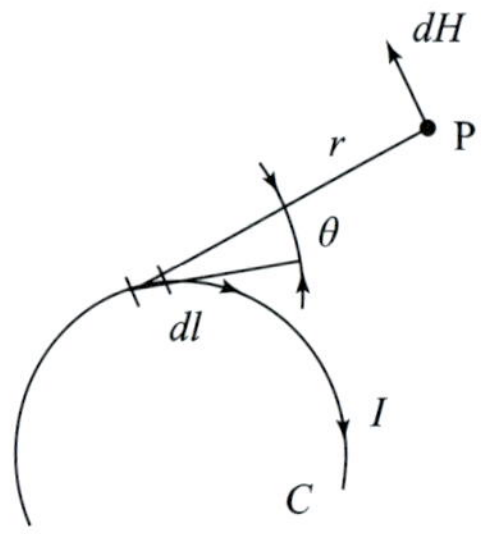

㉮ $\frac{Idl\sin\theta}{4\pi r}$　　㉯ $\frac{Idl\sin\theta}{r^2}$　　㉰ $\frac{Idl\sin\theta}{4\pi r^2}$　　㉱ $\frac{4\pi Idl\sin\theta}{r^2}$

4. 유전율 ϵ, 투자율 μ인 매질 중을 주파수 f[Hz]의 전자파가 전파되어 나갈 때의 파장은 몇 [m]인가?

㉮ $f\sqrt{\epsilon\mu}$　　㉯ $\frac{1}{f\sqrt{\epsilon\mu}}$　　㉰ $\frac{f}{\sqrt{\epsilon\mu}}$　　㉱ $\frac{\sqrt{\epsilon\mu}}{f}$

정답 : 1. ㉮ 2. ㉯ 3. ㉰ 4. ㉯

5. 회로가 닫혀 있는 코일 1과 개방된 코일2가 그림과 같이 평등 자계와 직각 방향으로 서로 나란히 코일 면을 유지하고 있을 때, 평등 자계의 자속으로 일정한 비율로 감소하는 경우 다음 설명 중 옳은 것은?

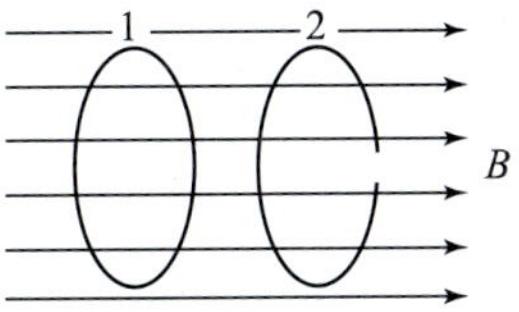

㉮ 유기 기전력은 두 코일에 모두 유기된다.
㉯ 유기 기전력은 개방된 코일 2에만 유기된다.
㉰ 두 코일에 같은 줄열이 발생한다.
㉱ 줄열은 어느 쪽도 발생하지 않는다.

6. 반지름 10[cm]인 도체구 A에 9[C]의 전하가 분포되어 있다. 이 도체구에 반지름 5[cm]인 도체구 B를 접촉시켰을 때, 도체구 B로 이동한 전하는 몇 [C]인가?

㉮ 3 ㉯ 9 ㉰ 18 ㉱ 24

7. 전계 $\boldsymbol{E}= i3x^2 + j2xy^2 + \boldsymbol{k}x^2yz$의 div $\boldsymbol{E}$는?

㉮ $-i6x + jxy + \boldsymbol{k}x^2y$ ㉯ $i6x + j6xy + \boldsymbol{k}x^2y$
㉰ $-6x - 6xy - x^2y$ ㉱ $6x + 4xy + x^2y$

8. 고유 저항 ρ[Ω · m], 한 변의 길이가 r[m]인 정육면체의 저항 [Ω]은?

㉮ $\dfrac{\rho}{\pi r}$ ㉯ $\dfrac{\pi r^2}{\sqrt{\rho}}$ ㉰ $\dfrac{\rho}{r}$ ㉱ $\sqrt{\dfrac{2\pi r^2}{\rho}}$

9. 정전 용량이 1[μF], 2[μF]인 콘덴서에 각각 2×10^{-4}[C] 및 3×10^{-4}[C]의 전하를 주고 극성을 같게 하여 병렬로 접속 할 때, 콘덴서에 축적된 에너지는 약 몇 [J]인가?

㉮ 0.042 ㉯ 0.063 ㉰ 0.084 ㉱ 0.126

10. 유전체에서 변위 전류를 발생하는 것은?

㉮ 분극 전하 밀도의 시간적 변화 ㉯ 분극 전하 밀도의 공간적 변화
㉰ 자속 밀도의 시간적 변화 ㉱ 전속 밀도의 시간적 변화

11. 두 개의 똑같은 작은 도체구를 접촉하여 대전시킨 후 1[m] 거리에 떼어 놓았더니 작은 도체구는 서로 9×10^{-3}[N]의 힘으로 반발했다. 각 전하는 몇 [C]인가?

정답 : 5. ㉮ 6. ㉮ 7. ㉱ 8. ㉰ 9. ㉮ 10. ㉱ 11. ㉯

㉮ 10^{-8} ㉯ 10^{-6} ㉰ 10^{-4} ㉱ 10^{-2}

12. 다음 중 강자성체의 자화에 관한 설명으로 틀린 것은?

㉮ 강자성체의 자화 세기는 자계의 세기에 비례한다.

㉯ 강자성체에 자계를 변화시키면 히스테리시스 현상이 나타난다.

㉰ 강자성체의 히스테리시스손은 히스테리시스곡선의 면적과 같다.

㉱ 강자성체의 자속 밀도 B는 자계의 세기 H에 비례하지 않는다.

13. 축이 무한히 길고 반지름이 a [m]인 원주내에 전하가 축대칭이며, 축방향으로 균일하게 분포되어 있을 경우, 반지름 r (> a)[m]되는 동심 원통면상 외부의 일점 P의 전계세기는 몇 [V/m]인가? (단, 원주의 단위 길이당 전하는 ρ_L[C/m]라 한다.)

㉮ $\frac{\rho_L}{\epsilon_0}$ ㉯ $\frac{\rho_L}{2\pi\epsilon_0}$ ㉰ $\frac{\rho_L}{\pi a}$ ㉱ $\frac{\rho_L}{2\pi\epsilon_0 r}$

14. 전기 기계 기구의 자심 재료로 규소 강판을 사용하는 이유는?

㉮ 동손을 줄이기 위해 ㉯ 와전류손을 줄이기 위해

㉰ 히스테리시스손을 줄이기 위해 ㉱ 제작을 쉽게 하기 위하여

15. 자기 회로에서 단면적, 길이, 투자율을 모두 $\frac{1}{2}$로 하면 자기 저항은 어떻게 되는가?

㉮ $\frac{1}{2}$배로 된다. ㉯ 2배로 된다.

㉰ 4배로 된다. ㉱ 8배로 된다.

16. 비투자율 μ_s, 길이 l인 철심에 권수 N인 환상 솔레노이드 코일이 있다. 이 철심에 길이 l_1인 미소 공극을 만들었을 때, 공극 자계 세기 H_A와 철심 자계 세기 H_F의 비(H_F/H_A)는?

㉮ μ_s ㉯ $\frac{1}{\mu_s}$

㉰ $\frac{\mu_s(l-l_1)}{l_1}$ ㉱ $\frac{l_1}{\mu_s(l-l_1)}$

17. 평행판 콘덴서의 판 사이에 비유전율 ϵ_s의 유전체를 삽입하였을 때의 정전 용량은 진공일 때보다 어떻게 되는가?

㉮ ϵ_s배로 증가 ㉯ $\pi\epsilon_s$배로 증가

㉰ $\frac{1}{\epsilon_s}$로 감소 ㉱ (ϵ_s+1)배로 증가

정답 : 12. ㉮ 13. ㉱ 14. ㉰ 15. ㉯ 16. ㉯ 17. ㉮

18. 공기 중에 고립하고 있는 지름 3[cm] 구도체의 전위를 몇 [kV] 이상으로 하면 구표면의 공기가 절연 파괴되는가? (단, 공기의 절연 내력은 3[kV/mm]라 한다.)

㉮ 15 ㉯ 30 ㉰ 45 ㉱ 60

19. 전위 계수에 대한 설명 중 틀린 것은?

㉮ 도체 주위의 매질에 따라 정해지는 상수이다.

㉯ 도체의 크기와는 관계가 없다.

㉰ 전위 계수는 도체 상호 간의 배치 상태에 따라 정해지는 상수이다.

㉱ 전위 계수의 단위는 1/F이다.

20. 전기력선의 기본 성질을 설명한 것 중 옳지 않은 것은?

㉮ 전기력선의 방향은 그 점의 전계 방향과 일치한다.

㉯ 전기력선은 전위가 높은 곳에서 낮은 곳으로 향한다.

㉰ 전기력선은 그 자신만으로도 폐곡선이 된다.

㉱ 전기력선은 전계의 세기가 0인 곳을 제외하고는 등전위면과 직교한다.

정답 : 18. ㉰ 19. ㉯ 20. ㉰

전기 기사 기출문제

2012년 3월 4일

1. 표면 부근에 집중해서 전류가 흐르는 현상을 표피 효과라 하는데 표피 효과에 대한 설명으로 잘못된 것은?

㉮ 도체에 교류가 흐르면 표면에서부터 중심으로 들어갈수록 전류 밀도가 작아진다.

㉯ 표피 효과는 고주파일수록 심하다.

㉰ 표피 효과는 도체의 전도도가 클수록 심하다.

㉱ 표피 효과는 도체의 투자율이 작을수록 심하다.

2. 30[V/m]의 전계내의 80[V] 되는 점에서 1[C]의 전하를 전계 방향으로 80[cm]이동한 경우, 그 점의 전위[V]는?

㉮ 9 ㉯ 24 ㉰ 30 ㉱ 56

3. 그림과 같이 반지름 a[m]인 원형 단면을 가지고 중심 간격이 d[m]인 평행 왕복 도선의 단위 길이당 자기 인덕턴스[H/m]는?
(단, 도체는 공기 중에 있고 $d \gg a$로 한다.)

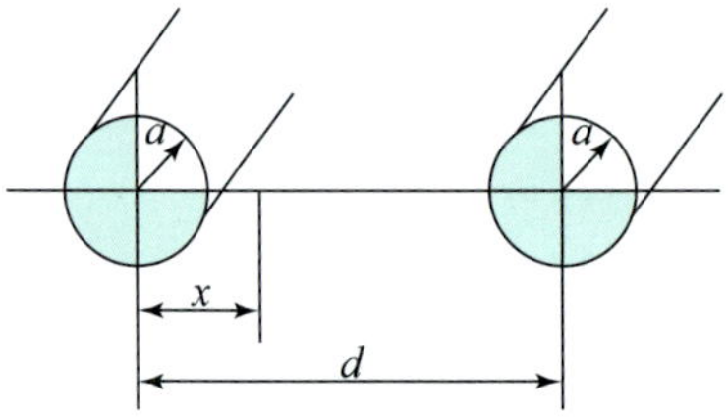

㉮ $L = \frac{\mu_0}{\pi} \ln \frac{a}{d} + \frac{\mu}{4\pi}$ ㉯ $L = \frac{\mu_0}{\pi} \ln \frac{a}{d} + \frac{\mu}{2\pi}$

㉰ $L = \frac{\mu_0}{\pi} \ln \frac{d}{a} + \frac{\mu}{4\pi}$ ㉱ $L = \frac{\mu_0}{\pi} \ln \frac{d}{a} + \frac{\mu}{2\pi}$

4. 최대 전계 $Em = 6$[V/m]인 평면 전자파가 수중을 전파할 때, 자계의 최대치는 약 몇[AT/m]인가?
(단, 물의 비유전율 $\epsilon_s = 80$, 비투자율 $\mu_s = 1$이다.)

정답 : 1. ㉱ 2. ㉱ 3. ㉰ 4. ㉯

㉮ 0.071 ㉯ 0.142 ㉰ 0.284 ㉱ 0.426

5. 변위 전류에 의하여 전자파가 발생되었을 때, 전자파의 위상은?

㉮ 변위 전류보다 90° 늦다. ㉯ 변위 전류보다 90° 빠르다.

㉰ 변위 전류보다 30° 빠르다. ㉱ 변위 전류보다 30° 늦다.

6. 비전율율 $\epsilon_r = 6$, 비투자율 $\mu_r = 1$, 도전율 $\sigma = 0$인 유전체 내에서의 전자파 전파속도는 약 몇 [m/s]인가?

㉮ 1.22×10^8 ㉯ 1.22×10^7 ㉰ 1.22×10^6 ㉱ 1.22×10^5

7. 강자성체의 세 가지 특성에 포함되지 않는 것은?

㉮ 와전류 특성 ㉯ 히스테리시스 특성 ㉰ 고투자율 특성 ㉱ 포화 특성

8. 평등 자계와 직각 방향으로 일정한 속도로 발사된 전자의 원운동에 관한 설명 중 옳은 것은?

㉮ 플레밍의 오른손 법칙에 이한 로렌츠의 힘과 원심력의 평형 원운동이다.

㉯ 원의 반지름은 전자의 발사 속도와 전계의 세기의 곱에 반비례한다.

㉰ 전자의 원운동 주기는 전자의 발사 속도와 관계되지 않는다.

㉱ 전자의 원운동 주파수는 전자의 질량에 비례한다.

9. 매질이 완전 유전체인 경우의 전자 파동 방정식을 표시하는 것은?

㉮ $\nabla^2 E = \epsilon\mu \frac{\partial E}{\partial t}$, $\nabla^2 H = k\mu \frac{\partial H}{\partial t}$ ㉯ $\nabla^2 E = \epsilon\mu \frac{\partial^2 E}{\partial t^2}$, $\nabla^2 H = \epsilon\mu \frac{\partial^2 H}{\partial t^2}$

㉰ $\nabla^2 E = \epsilon\mu \frac{\partial^2 E}{\partial t^2}$, $\nabla^2 H = k\mu \frac{\partial^2 H}{\partial t^2}$ ㉱ $\nabla^2 E = \epsilon\mu \frac{\partial E}{\partial t}$, $\nabla^2 H = \epsilon\mu \frac{\partial H}{\partial t}$

10. 내압 1,000[V] 정전 용량 1[μF], 내압 750[V] 정전 용량 2[μF], 내압 500[V] 정전 용량 5[μF]인 콘덴서 3개를 직렬로 접속하고 인가 전압을 서서히 높이면 최초로 파괴되는 콘덴서는?

㉮ 1[μF] ㉯ 2[μF] ㉰ 5[μF] ㉱ 동시에 파괴된다.

11. 동일한 금속 도선의 두 점 간에 온도차를 주고 고온쪽에서 저온쪽으로 전류를 흘리면, 줄열 이외에 도선 속에서 열이 발생하거나 흡수가 일어나는 현상을 지칭하는 것은?

㉮ 제벡 효과 ㉯ 톰슨 효과 ㉰ 펠티에 효과 ㉱ 볼타 효과

12. 동자위면의 설명으로 잘못된 것은?

㉮ 등자위면은 자력선과 직교한다.

정답 : 5. ㉮ 6. ㉮ 7. ㉮ 8. ㉰ 9. ㉯ 10. ㉮ 11. ㉯ 12. ㉰

㉯ 자계 중에서 같은 자위의 점으로 이루어진면이다.

㉰ 자계 중에 있는 물체의 표면은 항상 등자위면이다.

㉱ 서로 다른 등자위면은 교차하지 않는다.

13. 미분 방정식의 형태로 나타낸 맥스웰의 전자계 기초 방정식에 해당되는 것은?

㉮ $\text{rot}\boldsymbol{E} = -\dfrac{\partial \boldsymbol{B}}{\partial t}$, $rot\,\boldsymbol{H} = \dfrac{\partial \boldsymbol{D}}{\partial t}$, $\text{div}\boldsymbol{D} = 0$, $\text{div}\boldsymbol{B} = 0$

㉯ $\text{rot}\boldsymbol{E} = -\dfrac{\partial \boldsymbol{B}}{\partial t}$, $rot\,\boldsymbol{H} = \boldsymbol{i} + \dfrac{\partial \boldsymbol{D}}{\partial t}$, $\text{div}\ \boldsymbol{D} = \rho$, $\text{div}\boldsymbol{B} = 0$

㉰ $\text{rot}\boldsymbol{E} = -\dfrac{\partial \boldsymbol{B}}{\partial t}$, $rot\,\boldsymbol{H} = \boldsymbol{i} + \dfrac{\partial \boldsymbol{D}}{\partial t}$, $\text{div}\ \boldsymbol{D} = \rho$, $\text{div}\boldsymbol{B} = \boldsymbol{H}$

㉱ $\text{rot}\boldsymbol{E} = -\dfrac{\partial \boldsymbol{B}}{\partial t}$, $rot\,\boldsymbol{H} = \boldsymbol{i}$, $\text{div}\ \boldsymbol{D} = 0$, $\text{div}\ \boldsymbol{B} = 0$

14. 그림과 같은 회로에서 스위치를 최초 A에 연결하여 일정 전류 I_0[A]를 흘린 다음, 스위치를 급히 B로 전환할 때 저항 R[Ω]에는 1[s] 간에 얼마의 열량[cal]이 발생하는가?

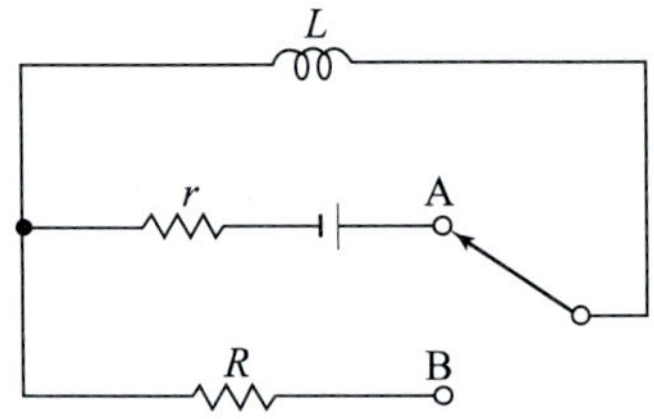

㉮ $\dfrac{1}{8.4}LI_0^{\,2}$　　㉯ $\dfrac{1}{4.2}LI_0^{\,2}$　　㉰ $\dfrac{1}{2}LI_0^{\,2}$　　㉱ $LI_0^{\,2}$

15. 비유전율 $\epsilon_s = 2.2$, 고유저항 $\rho = 10^{11}$[Ω · m]인 유전체를 넣은 콘덴서의 용량이 200[μF]이었다. 여기에 500[kV] 전압을 가하였을 때, 누설 전류는 약 몇 [A]인가?

㉮ 4.2　　㉯ 5.1　　㉰ 51.3　　㉱ 61.0

16. 자유 공간 중에서 $x = -2$, $y = 4$[m]를 통과하고 z축과 평행인 무한장 직선 도체에 $+z$축 방향으로 직류 전류 I[A]가 흐를 때, 점 (2, 4, 0)[m]에서의 자계 H[A/m]는?

㉮ $\dfrac{I}{4\pi}a_y$　　㉯ $-\dfrac{I}{4\pi}a_y$　　㉰ $-\dfrac{I}{8\pi}a_y$　　㉱ $\dfrac{I}{8\pi}a_y$

17. 환상 철심에 권수 100회의 A 코일과 권수 N회의 B코일이 감겨져 있다. A코일의 자기 인덕턴스가 100[mH]이고, 두 코일 사이의 상호 인덕턴스가 200[mH], 결합 계수가 1일 때, B코일의 권수 N은?

㉮ 100회　　㉯ 200회　　㉰ 300회　　㉱ 400회

정답 : 13. ㉯ 14. ㉮ 15. ㉰ 16. ㉱ 17. ㉯

18. 반지름 a[m]인 원판형 전기 2중층의 중심 축상 x[m]의 거리에 있는 점 P(+전하측)의 전위는? (단, 2중층의 세기는 M[C/m]이다.)

㉮ $\frac{M}{\epsilon_0}(1-\frac{x}{\sqrt{x^2+a^2}})$[V]　　㉯ $\frac{M}{2\epsilon_0}(1-\frac{x}{\sqrt{x^2+a^2}})$[V]

㉰ $\frac{M}{\epsilon_0}(1-\frac{a}{\sqrt{x^2+a^2}})$[V]　　㉱ $\frac{M}{2\epsilon_0}(1-\frac{a}{\sqrt{x^2+a^2}})$[V]

19. 공극(air gap)이 있는 환상 솔레노이드에 권수는 1,000회, 철심의 길이 l은 10[cm], 공극의 길이 l_g는 2[mm], 단면적은 3[cm^2], 철심의 비투자율은 800, 전류는 10[A]라 했을 때, 이 솔레노이드의 자속은 약 몇 [Wb]인가? (단, 누설 자속은 없다고 한다.)

㉮ 3×10^{-2}　　㉯ 1.89×10^{-3}　　㉰ 1.77×10^{-3}　　㉱ 2.89×10^{-3}

20. 자유 공간에서 점 P(5, −2, 4)가 도체면상에 있으며, 이 점에서의 전계 $\boldsymbol{E}=6a_x-2a_y+3a_z$[V/m]이다. 점 P에서의 면전하 밀도 ρ_s[C/m^2]은?

㉮ $-2\epsilon_0$　　㉯ $3\epsilon_0$　　㉰ $6\epsilon_0$　　㉱ $7\epsilon_0$

정답 : 18. ㉯ 19. ㉰ 20. ㉱

전기 산업기사 기출문제

2012년 3월 4일

1. 무한 평면 도체로부터 a [m]의 거리에 점전하 Q [C]이 있을 때, 이 점전하와 평면 도체 간의 작용력은 몇 [N]인가?

㉮ $\frac{Q^2}{2\pi\epsilon^2}$　　㉯ $-\frac{Q^2}{4\pi\epsilon a^2}$　　㉰ $\frac{Q^2}{8\pi\epsilon a^2}$　　㉱ $-\frac{Q^2}{16\pi\epsilon a^2}$

2. 그림과 같이 $+q$ [C/m]로 대전된 두 도선이 d [m]의 간격으로 평행하게 가설되었을 때, 이 두 도선 간에서 전계가 최소가 되는 점은?

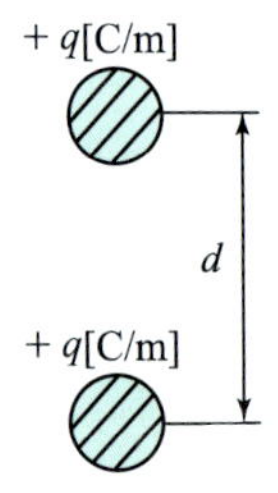

㉮ $\frac{d}{3}$지점　　㉯ $\frac{d}{2}$지점　　㉰ $\frac{2}{3}d$지점　　㉱ $\frac{3}{5}d$지점

3. 면적이 S[m^2], 극판 간격이 d [m], 유전율이 ϵ[F/m]인 평행판 콘덴서에 V [V]의 전압이 가해졌을 때, 축적되는 전하 Q [C]는?

㉮ $\frac{\epsilon_0 S}{d}V$　　㉯ $\frac{\epsilon_0}{dS}V$　　㉰ $\frac{\epsilon S}{d}V$　　㉱ $\frac{dS}{\epsilon}V$

4. 한 변의 길이가 10[m]되는 정방형 회로에 100[A]의 전류가 흐를 때, 회로 중심부의 자계 세기는 약 몇 [A/m]인가?

㉮ 5　　㉯ 9　　㉰ 16　　㉱ 21

5. 전원에 연결한 코일에 10[A]가 흐르고 있다. 지금 순간적으로 전원을 분리하고 코일에 저항을 연결하였을 때, 저항에서 24[cal]의 열량이 발생하였다. 코일의 자기 인덕턴스는 몇 [H]인가?

㉮ 0.1　　㉯ 0.5　　㉰ 2　　㉱ 24

6. 도체 2를 Q [C]으로 대전된 도체 1에 접속하면 도체 2가 얻는 전하는 몇 [C]이 되는 지를 전위 계수

정답 : 1. ㉱ 2. ㉯ 3. ㉰ 4. ㉯ 5. ㉰ 6. ㉮

로 표시하면? (단, p_{11}, p_{12}, p_{21}, p_{22}는 전위 계수이다.)

㉮ $\dfrac{p_{11}-p_{12}}{p_{11}-2p_{12}+p_{22}}Q$ ㉯ $-\dfrac{p_{11}-p_{12}}{p_{11}-2p_{12}+p_{22}}Q$

㉰ $\dfrac{p_{11}-p_{12}}{p_{11}+2p_{12}+p_{22}}Q$ ㉱ $-\dfrac{p_{11}-p_{12}}{p_{11}+2p_{12}+p_{22}}Q$

7. 다음 조건 중 틀린 것은? (단, χ_m: 비자화율, μ_r: 비투자율이다.)

㉮ 물질은 χ_m 또는 μ_r의 값에 따라 역자성체, 상자성체, 강자성체 등으로 구분한다.

㉯ $\chi_m > 0$, $\mu_r > 1$이면 상자성체이다.

㉰ $\chi_m < 0$, $\mu_r < 1$이면 역자성체이다.

㉱ $\mu_r \ll 1$이면 강자성체이다.

8. 전하 Q [C]으로 대전된 반지름 a [m]의 구도체가 반지름 r [m]로 비유전율 ϵ_s의 동심구 유전체로 둘러싸여 있을 때, 이 구도체의 정전 용량[F]은? (단, $a<r$이라 한다.)

㉮ $\dfrac{1}{4\pi\epsilon_0\left[\dfrac{1}{r}+\dfrac{1}{\epsilon_s}\left(\dfrac{1}{a}-\dfrac{1}{r}\right)\right]}$ ㉯ $\dfrac{1}{4\pi\epsilon_0\left[\dfrac{1}{r}+\dfrac{1}{\epsilon_s}\left(\dfrac{1}{a}+\dfrac{1}{r}\right)\right]}$

㉰ $\dfrac{4\pi\epsilon_0}{\dfrac{1}{r}+\dfrac{1}{\epsilon_s}\left(\dfrac{1}{a}-\dfrac{1}{r}\right)}$ ㉱ $\dfrac{\dfrac{1}{r}+\dfrac{1}{\epsilon_s}\left(\dfrac{1}{a}-\dfrac{1}{r}\right)}{4\pi\epsilon_0}$

9. 다음 중 맥스웰의 전자 방정식이 아닌 것은?

㉮ $\nabla\times\boldsymbol{H}=i+\dfrac{\partial\boldsymbol{D}}{\partial t}$ ㉯ $\nabla\times\boldsymbol{E}=-\dfrac{\partial\boldsymbol{H}}{\partial t}$

㉰ $\nabla\cdot\boldsymbol{D}=\rho$ ㉱ $\nabla\cdot\boldsymbol{i}=-\dfrac{\partial\rho}{\partial t}$

10. 다음 중 기자력의 단위는?

㉮ V ㉯ Wb ㉰ AT ㉱ N

11. 변위 전류 밀도를 나타낸 식은? (단, ϕ는 자속, D는 전속 밀도, B는 자속 밀도, $N\phi$는 자속 쇄교수이다.)

㉮ $i=\dfrac{d(N\phi)}{dt}$ ㉯ $i=\dfrac{d\phi}{dt}$

㉰ $i=\dfrac{d\boldsymbol{D}}{dt}$ ㉱ $i=\dfrac{d\boldsymbol{B}}{dt}$

정답 : 7. ㉱ 8. ㉰ 9. ㉯ 10. ㉰ 11. ㉰

12. 반지름 a [m]인 전선을 지상 h [m] 높이의 지면에 나란하게 가설했을 때의 단위 길이당 자기 유도 계수 L [H/m]은? (단, 도선의 투자율은 μ[H/m]이다.)

㉮ $\dfrac{\mu}{4\pi}+\dfrac{\mu_0}{2\pi}\ln\dfrac{2h}{a}$ ㉯ $\dfrac{\mu}{4\pi}+\dfrac{\mu_0}{\pi}\ln\dfrac{2h}{a}$

㉰ $\dfrac{\mu}{8\pi}+\dfrac{\mu_0}{2\pi}\ln\dfrac{2h}{a}$ ㉱ $\dfrac{\mu}{8\pi}+\dfrac{\mu_0}{\pi}\ln\dfrac{2h}{a}$

13. 어느 철심에 도선을 250회 감고 여기에 2[A]의 전류를 흘릴 때, 발생하는 자속이 0.02[Wb]이었다. 이 코일의 자기 인덕턴스는 몇 [H]인가?

㉮ 1.05 ㉯ 1.25 ㉰ 2.5 ㉱ $\sqrt{2\pi}$

14. 유전율이 각각 ϵ_1, ϵ_2인 두 유전체가 접해 있다. 각 유전체 중의 전계 및 전속 밀도가 각각 $\boldsymbol{E}_1$, $\boldsymbol{D}_1$ 및 $\boldsymbol{E}_2$, $\boldsymbol{D}_2$이고, 경계면에 대한 입사각 및 굴절각이 θ_1, θ_2 일 때 경계 조건으로 옳은 것은?

㉮ $\dfrac{\sin\theta_2}{\sin\theta_1}=\dfrac{\boldsymbol{E}_2}{\boldsymbol{E}_1}$ ㉯ $\dfrac{\cos\theta_2}{\cos\theta_1}=\dfrac{\boldsymbol{D}_2}{\boldsymbol{D}_1}$

㉰ $\dfrac{\tan\theta_2}{\tan\theta_1}=\dfrac{\epsilon_2}{\epsilon_1}$ ㉱ $\tan\theta_2-\tan\theta_1=\epsilon_1\epsilon_2$

15. 전류 I [A]가 반지름 a[m]의 원주를 균일하게 흐를 때, 원주 내부의 중심에서 r[m]떨어진 원주 내부 점의 자계 세기는 몇 [AT/m]인가?

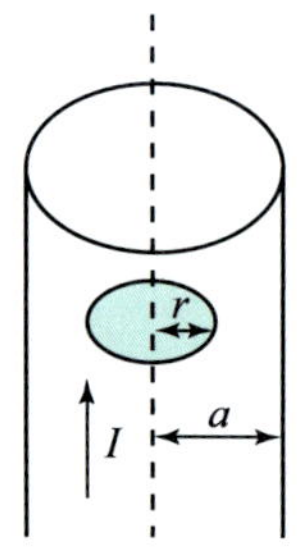

㉮ $\dfrac{Ir}{2\pi a^2}$ ㉯ $\dfrac{Ir}{2\pi a}$ ㉰ $\dfrac{Ir}{\pi a^2}$ ㉱ $\dfrac{Ir}{\pi a}$

16. 점 (−2, 1, 5)[m]와 점 (1, 3, −1)[m]에 각각 위치해 있는 점전하 1[μC]과 4[μC]에 의해 발생된 전위장 내에 저장된 정전 에너지는 약 몇 [mJ]인가?

㉮ 2.57 ㉯ 5.14 ㉰ 7.71 ㉱ 10.28

17. 도체의 길이 l [m], 단면적 S [m^2]이 저항 $R=\rho\dfrac{l}{S}$ [Ω]으로 표현되는데, 여기서 ρ 의 역수를 무엇이라

정답 : 12. ㉰ 13. ㉰ 14. ㉰ 15. ㉮ 16. ㉯ 17. ㉰

고 하는가?

㉮ 저항률 ㉯ 고유 저항 ㉰ 도전율 ㉱ 비례 상수

18. 전하 q[C]이 진공 중의 자계 H [AT/m]에 수직 방향으로 v[m/s]의 속도로 움직일 때, 받는 힘은 몇 [N]인가? (단, μ_0는 진공의 투자율이다.)

㉮ $\dfrac{qH}{\mu_0 v}$ ㉯ qvH ㉰ $\dfrac{qvH}{\mu_0}$ ㉱ $\mu_0 qvH$

19. 다음 설명 중 영전위로 볼 수 없는 것은?

㉮ 가상 음전하가 존재하는 무한 원점 ㉯ 전지의 음극

㉰ 지구의 대지 ㉱ 전계 내의 대전 도체

20. 정현파 자속의 주파수를 3배로 높일 때, 유기 기전력은 어떻게 변화하는가?

㉮ 3배로 감소 ㉯ 3배로 증가

㉰ 9배로 감소 ㉱ 9배로 증가

정답 : 18. ㉱ 19. ㉱ 20. ㉯

전기 기사 기출문제

2012년 5월 20일

본 과년도 문제는 수험생의 기억에 의한 내용을 종합정리하여 수록하였으므로 출제된 문제와 다소 차이가 있을 수 있으며, 또한, 무단복제를 절대 금함.

1. 평균 길이 1[m], 권수 1,000회의 솔레노이드 코일에 비투자율 1,000의 철심을 넣고 자속 밀도 1[Wb/m2]를 얻기 위해 코일에 흘려야 할 전류는 몇 [A]인가?

㉮ $\dfrac{10}{4\pi}$　　㉯ $\dfrac{100}{8\pi}$　　㉰ $\dfrac{6\pi}{100}$　　㉱ $\dfrac{4\pi}{10}$

2. 정전 에너지, 전속 밀도 및 유전 상수 ϵ_r의 관계에 대한 설명 중 옳지 않은 것은?

㉮ 동일 전속 밀도에서는 ϵ_r이 클수록 정전 에너지는 작아진다.

㉯ 동일 정전 에너지에서는 ϵ_r이 클수록 전속 밀도가 커진다.

㉰ 전속은 매질에 축적되는 에너지가 최대가 되도록 분포한다.

㉱ 굴절각이 큰 유전체는 ϵ_r이 크다.

3. 전기 쌍극자에 의한 등전위면을 극좌표로 나타내면? (단, k는 상수이다.)

㉮ $r^2 = k\sin\theta$　　㉯ $r^2 = \sqrt{k\sin\theta}$　　㉰ $r^2 = k\cos\theta$　　㉱ $r^2 = \sqrt{k\cos\theta}$

4. 유전체에서 변위 전류를 발생하는 것은?

㉮ 분극 전하 밀도의 공간적 변화　　㉯ 분극 전하 밀도의 시간적 변화

㉰ 전속 밀도의 공간적 변화　　㉱ 전속 밀도의 시간적 변화

5. 면전하 밀도가 ρ_s[C/m2]인 무한히 넓은 도체판에서 R[m]만큼 떨어져 있는 점의 전계 세기[V/m]는?

㉮ $\dfrac{\rho_s}{\epsilon_0}$　　㉯ $\dfrac{\rho_s}{2\epsilon_0}$　　㉰ $\dfrac{\rho_s}{4\pi R^2}$　　㉱ $\dfrac{\rho_s}{2R}$

6. 무한히 넓은 두 장의 도체판을 d[m]의 간격으로 평행하게 놓은 후, 두 판 사이의 V[V]의 전압을 가한 경우 도체판의 단위 면적당 작용하는 힘은 몇 [N/m^2]인가?

㉮ $f = \epsilon_0 \dfrac{V^2}{d}$　　㉯ $f = \dfrac{1}{2}\epsilon_0 \dfrac{V^2}{d}$　　㉰ $f = \dfrac{1}{2}\epsilon_0 \left(\dfrac{V}{d}\right)^2$　　㉱ $f = \dfrac{1}{2}\dfrac{1}{\epsilon_0}\left(\dfrac{V}{d}\right)^2$

정답 : 1. ㉮ 2. ㉰ 3. ㉰ 4. ㉱ 5. ㉯ 6. ㉰

7. 일반적으로 자구를 가지는 자성체는?

㉮ 상자성체 ㉯ 강자성체 ㉰ 역자성체 ㉱ 비자성체

8. 그림과 같이 평행판 콘덴서에 교류 전원을 접속할 때, 전류의 연속성에 대해서 성립하는 식은? 단, E: 전계, D: 전속 밀도, ρ:체적 전하 밀도, i:전도 전류 밀도, B:자속 밀도, t:시간이다.)

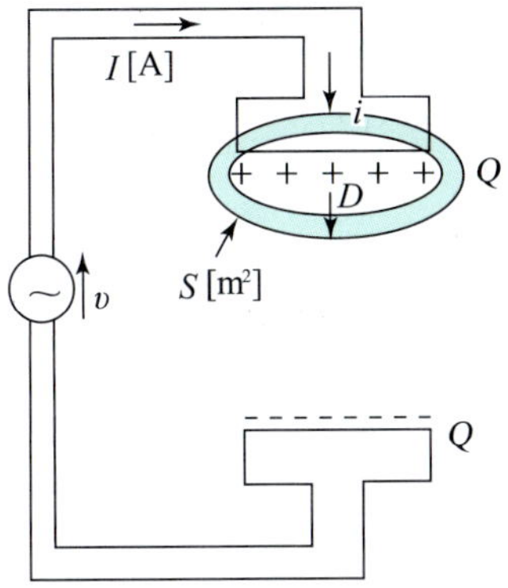

㉮ $\nabla \cdot D = \rho$ ㉯ $\nabla \times E = -\dfrac{\partial B}{\partial t}$ ㉰ $\nabla \cdot (i + \dfrac{\partial D}{\partial t}) = 0$ ㉱ $\nabla \cdot B = 0$

9. 그림에서 l=100[cm], S=10[cm^2], μ_s=100, N=1,000회인 회로에 전류 I=10[A]를 흘렸을 때, 저축되는 에너지는 몇 [J]인가?

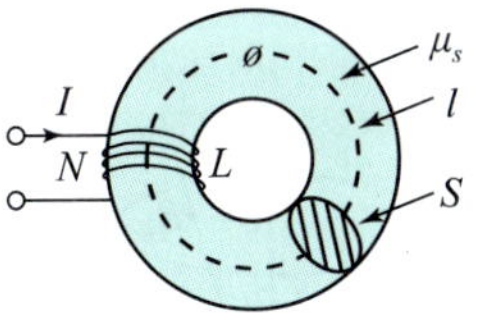

㉮ $2\pi \times 10^{-1}$ ㉯ $2\pi \times 10^{-2}$ ㉰ $2\pi \times 10^{-3}$ ㉱ 2π

10. 맥스웰의 전자 방정식에 대한 의미를 설명한 것으로 잘못된 것은?

㉮ 자계의 회전은 전류 밀도와 같다.

㉯ 전계의 회전은 자속 밀도의 시간적 감소율과 같다.

㉰ 단위 체적당 발산 전속수는 단위 체적당 공간 전하 밀도와 같다.

㉱ 자계는 발산하며 자극은 단독으로 존재한다.

11. 전자파의 전파 속도[m/s]에 대한 설명 중 옳은 것은?

㉮ 유전율에 비례한다.

㉯ 유전율에 반비례한다.

정답 : 7. ㉯ 8. ㉰ 9. ㉱ 10. ㉱ 11. ㉱

㉰ 유전율과 투자율의 곱의 제곱근에 비례한다.

㉱ 유전율과 투자율의 곱의 제곱근에 반비례한다.

12. 액체 유전체를 포함한 콘덴서 용량이 C [F]인 것에 V [V]의 전압을 가했을 경우에 흐르는 누설 전류는 몇 [A]인가? (단, 유전체의 비유전율은 ϵ 이며, 고유 저항은 ρ [Ω · m]라 한다.)

㉮ $\dfrac{CV}{\rho\epsilon}$ ㉯ $\dfrac{C}{\rho\epsilon V}$

㉰ $\dfrac{\rho\epsilon V}{C}$ ㉱ $\dfrac{\rho\epsilon}{CV}$

13. 환상 철심에 권수 3,000회의 A 코일과 권수 200회인 B 코일이 감겨져 있다. A 코일의 자기 인덕턴스가 360[mH]일 때 A, B두 코일의 상호 인덕턴스[mH]는? (단, 결합 계수는 1이다.)

㉮ 16 ㉯ 24 ㉰ 36 ㉱ 72

14. 강자성체의 자속 밀도 B의 크기와 자화 세기 J의 크기 사이에는 어떤 관계가 있는가?

㉮ $\boldsymbol{J}$는 $\boldsymbol{B}$와 같다. ㉯ $\boldsymbol{J}$는 $\boldsymbol{B}$보다 약간 작다.

㉰ $\boldsymbol{J}$는 $\boldsymbol{B}$보다 약간 크다. ㉱ $\boldsymbol{J}$는 $\boldsymbol{B}$보다 대단히 크다.

15. 그림과 같이 비투자율이 μ_{s1}, μ_{s2} 인 각각 다른 자성체를 접하여 놓고 θ_1을 입사각이라 하고, θ_2를 굴절각이라 한다. 경계면에 자하가 없는 경우, 미소 폐곡면을 취하여 이곳에 출입하는 자속수를 구하면?

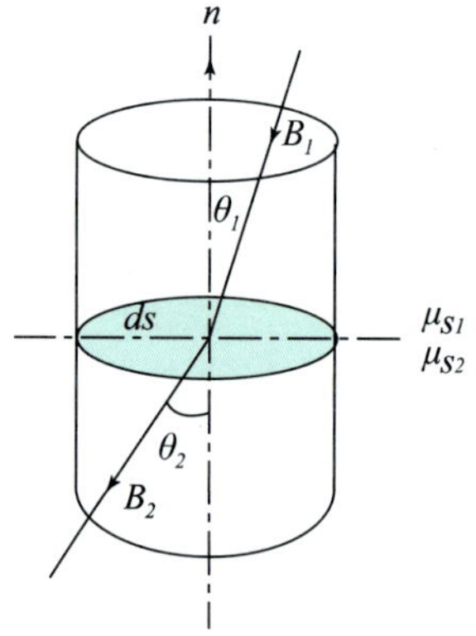

㉮ $\int_l \boldsymbol{B} \cdot ndl = 0$ ㉯ $\int_S \boldsymbol{B} \cdot ndS = 0$

㉰ $\int_S \boldsymbol{B} \cdot dS = 0$ ㉱ $\int_S \boldsymbol{B} \cdot n\sin\theta dS = 0$

정답 : 12. ㉮ 13. ㉯ 14. ㉯ 15. ㉯

16. 그림과 같이 한 변의 길이가 l[m]인 정6각형 회로에 전류 I[A]가 흐르고 있을 때, 중심 자계의 세기는 몇 [A/m]인가?

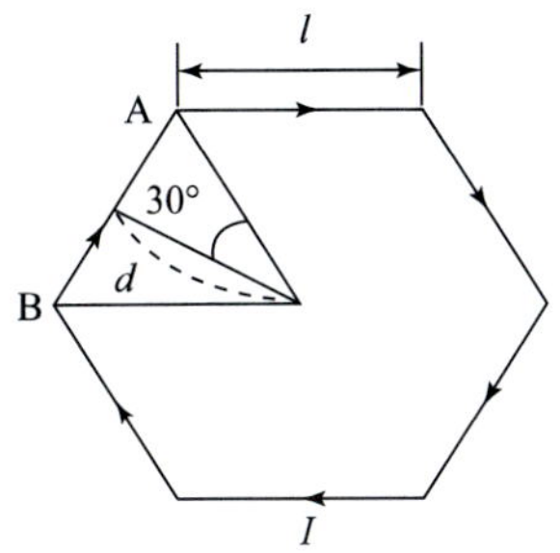

㉮ $\dfrac{1}{2\sqrt{3}\pi l} \times I$　　㉯ $\dfrac{2\sqrt{2}}{\pi l} \times I$

㉰ $\dfrac{\sqrt{3}}{\pi l} \times I$　　㉱ $\dfrac{\sqrt{3}}{2\pi l} \times I$

17. 그림과 같이 면적 S[m^2]인 평행판 콘덴서의 극판 간에 판과 평행으로 두께 d_1[m], d_2[m], 유전율 ϵ_1 [F/m], ϵ_2 [F/m]의 유전체를 삽입하면 정전 용량[F]은?

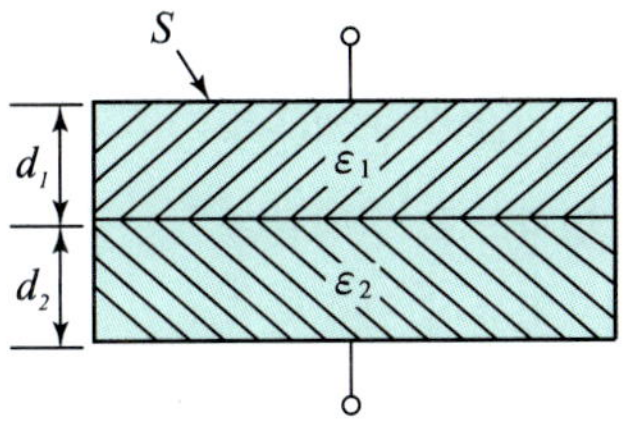

㉮ $\dfrac{S}{\dfrac{d_1}{\epsilon_1} + \dfrac{d_2}{\epsilon_2}}$　　㉯ $\dfrac{S}{\dfrac{\epsilon_1}{d_1} + \dfrac{\epsilon_2}{d_2}}$

㉰ $\dfrac{S}{d_1\epsilon_1 + d_2\epsilon_2}$　　㉱ $\dfrac{S}{d_1\epsilon_2 + d_2\epsilon_2}$

18. 두 개의 길고 직선인 두체가 평행으로 그림과 같이 위치하고 있다. 각 도체에는 10[A]의 전류가 같은 방향으로 흐르고 있으며, 이격 거리는 0.2[m]일 때 오른쪽 도체의 단위 길이당 힘[N/m]은? (단, a_x, a_z는 단위벡터이다.)

정답 : 16. ㉰ 17.㉮ 18. ㉯

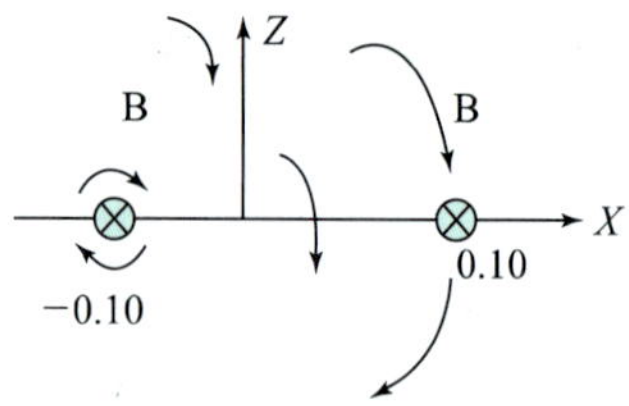

㉮ $10^{-2}(-a_x)$ ㉯ $10^{-4}(-a_x)$ ㉰ $10^{-2}(-a_x)$ ㉱ $10^{-4}(-a_z)$

19. 패러데이의 법칙에 대한 설명으로 가장 알맞은 것은?

㉮ 전자 유도에 의하여 회로에 발생되는 기전력은 자속 쇄교수의 시간에 대한 증가율에 반비례한다.

㉯ 전자 유도에 의하여 회로에 발생되는 기전력은 자속의 변화를 방해하는 방향으로 기전력이 유도된다.

㉰ 정전 유도에 이하여 회로에 발생하는 기자력은 자속의 변화 방향으로 유도된다.

㉱ 전자 유도에 의하여 회로에 발생하는 기전력은 자속 쇄교수의 시간 변화율에 비례한다.

20. 대전된 도체의 특징이 아닌 것은?

㉮ 도체에 인가된 전하는 도체 표면에만 분포한다.

㉯ 가우스 법칙에 의해 내부에는 전하가 존재한다.

㉰ 전계는 도체 표면에 수직인 방향으로 진행된다.

㉱ 도체 표면에서의 전하 밀도는 곡률이 클수록 높다.

정답 : 19. ㉱ 20. ㉯

전기 산업기사 기출문제

2012년 5월 20일

1. 도체의 단면적이 5[m^2]인 곳을 3초 동안에 30[C]의 전하가 통과하였다면 이때의 전류[A]는?

㉮ 5　　㉯ 10　　㉰ 30　　㉱ 90

2. 전계 $\boldsymbol{E}$[V/m] 및 자계 $\boldsymbol{H}$[V/m]의 에너지가 자유 공간 중을 v [m/s]의 속도로 전파될 때, 단위 시간에 단위 면적을 지나는 에너지 [W/m^2]는?

㉮ $P=\frac{1}{2}EH$　　㉯ $P=EH$　　㉰ $P=377EH$　　㉱ $P=\frac{EH}{377}$

3. 전류의 세기가 I[A], 반지름 r[m]인 원형 선전류 중심에 m[Wb]인 가상 점자극을 둘 때, 원형 선전류가 받는 힘 [N]은?

㉮ $\frac{mI}{2\pi r}$　　㉯ $\frac{mI}{2r}$　　㉰ $\frac{mI^2}{2\pi r}$　　㉱ $\frac{mI}{2\pi r^2}$

4. 같은 평등 자계 중의 자계와 수직 방향으로 전류 도선을 놓으면 N, S극이 만드는 자계와 전류에 의한 자계와의 상호 작용에 의하여 자계의 합성이 이루어지고 전류 도선은 힘을 받는다. 이러한 힘을 무엇이라 하는가?

㉮ 전자력　　㉯ 기전력　　㉰ 기자력　　㉱ 전계력

5. 자기 인덕턴스가 50[H]인 화로에 20[A]의 전류가 흐르고 있을 때, 축적된 전자 에너지는 몇 [J]인가?

㉮ 10　　㉯ 100　　㉰ 1,000　　㉱ 10,000

6. 진공 중에서 대전 도체의 표면 전하 밀도가 σ[C/m^2]이라면 표면 전계는?

㉮ $E=\frac{\sigma}{\epsilon_0}$　　㉯ $E=\frac{\sigma}{2\epsilon_0}$　　㉰ $E=\frac{\sigma}{2\pi\epsilon_0}$　　㉱ $E=\frac{\sigma}{4\pi r^2}$

7. 공기 중에서 E[V/m]의 전계를 i_d [Am^2]의 변위 전류로 흐르게 하고자 한다. 이때 주파수 f[Hz]는?

㉮ $f=\frac{i_d}{2\pi\epsilon E}$　　㉯ $f=\frac{i_d}{4\pi\epsilon E}$　　㉰ $f=\frac{\epsilon i_d}{2\pi^2 E}$　　㉱ $f=\frac{i_d E}{4\pi^2\epsilon}$

8. 그림과 같이 영역 $y \le 0$은 완전 도체로 위치해 있고, 영역 $y \ge 0$은 완전 유전체로 위치해 있을 때,

정답 : 1. ㉯ 2. ㉯ 3. ㉯ 4. ㉮ 5. ㉱ 6. ㉮ 7. ㉮ 8. ㉯

만일 경계 무한 평면의 도체면상에 면전하 밀도 ρ_s = 2[nC/m^2]가 분포되어 있다면 P점(−4, 1, −5)[m]의 전계 세기[V/m]는?

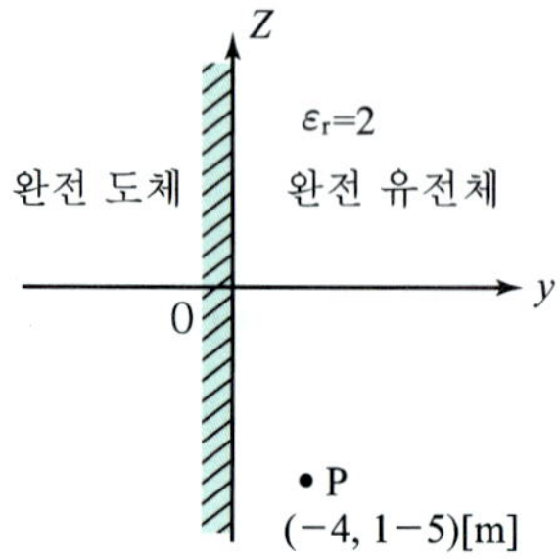

㉮ $18\pi \boldsymbol{a}_y$ ㉯ $36\pi \boldsymbol{a}_y$ ㉰ $-54\pi \boldsymbol{a}_y$ ㉱ $72\pi \boldsymbol{a}_y$

9. 내압이 1[kV]이고, 용량이 각각 0.01[μF], 0.02[μF], 0.05[μF]인 콘덴서를 직렬로 연결했을 때의 전체 내압[V]은?

㉮ 1,500 ㉯ 1,600 ㉰ 1,700 ㉱ 1,800

10. 비유전율 81이고, 비투자율 1인 물속에서 전자파의 파동 임피던스는 약 몇 [Ω]인가?

㉮ 9 ㉯ 27 ㉰ 33 ㉱ 42

11. 원점 주위의 전류 밀도가 $J = \frac{2}{r}\boldsymbol{a}_r$[A/m^2]의 분포를 가질 때, 반지름 5[cm]의 구면을 지나는 전전류[A]는?

㉮ 0.1π ㉯ 0.2π ㉰ 0.3π ㉱ 0.4π

12. 전기력선 밀도를 이용하여 주로 대칭 정전계의 세기를 구하기 위하여 이용되는 법칙은?

㉮ 패러데이의 법칙 ㉯ 가우스의 법칙 ㉰ 쿨롱의 법칙 ㉱ 톰슨의 법칙

13. 원점에 점전하 Q[C]이 있을 때, 원점을 제외한 모든 점에서 $\nabla \cdot \boldsymbol{D}$의 값은?

㉮ ∞ ㉯ 0 ㉰ 1 ㉱ ϵ_0

14. 직류 500[V] 절연 저항계로 절연 저항을 측정하니 2[MΩ]이 되었다면 누설 전류[μA]는?

㉮ 25 ㉯ 250 ㉰ 1,000 ㉱ 1,250

15. 환상 솔레노이드의 자기 인덕턴스에서 코일 권수를 5배로 하였다면 인덕턴스의 값은?

㉮ 변함이 없다. ㉯ 5배 증가한다. ㉰ 10배 증가한다. ㉱ 25배 증가한다.

정답 : 9. ㉰ 10. ㉱ 11. ㉱ 12. ㉯ 13. ㉯ 14. ㉯ 15. ㉱

16. 비유전율 ϵ_s = 5인 등방 유전체인 한점에서 전계의 세기 E = 10^4[V/m]일 때, 이점에서의 분극률 [F/m]은?

㉮ $\frac{10^{-5}}{9\pi}$ ㉯ $\frac{10^{-7}}{9\pi}$ ㉰ $\frac{10^{-9}}{9\pi}$ ㉱ $\frac{10^{-12}}{9\pi}$

17. 무한장 직선 도체에 선전하 밀도 λ[C/m]의 전하가 분포되어 있는 경우, 이 직선 도체를 축으로 하는 반지름 r[m]의 원통면상의 전계[V/m]는?

㉮ $\frac{\lambda}{2\pi\epsilon_0 r^2}$ ㉯ $\frac{\lambda}{2\pi\epsilon_0 r}$ ㉰ $\frac{\lambda}{4\pi\epsilon_0 r^2}$ ㉱ $\frac{\lambda}{4\pi\epsilon_0 r}$

18. 평행판 콘덴서의 두 극판 면적을 3배로 하고 간격을 반으로 줄이면 정전 용량은 처음의 몇 배가 되는가?

㉮ 1.5 ㉯ 4.5 ㉰ 6 ㉱ 9

19. 극판 면적 10[cm²], 간격 1[mm]의 평행판 콘덴서에 비유전율이 3인 유전체를 채웠을 때, 전압 100[V]를 가하면 축적되는 에너지는 약 몇 [J]인가?

㉮ 1.32×10^{-7} ㉯ 1.32×10^{-9} ㉰ 2.64×10^{-7} ㉱ 2.64×10^{-9}

20. 두 개의 자기 인덕턴스를 직렬로 접속하여 합성 인덕턴스를 측정하였더니 75[mH]가 되었고, 한쪽의 인덕턴스를 반대로 접속하여 측정하니 25[mH]가 되었다면 두 코일의 상호 인덕턴스[mH]는?

㉮ 12.5 ㉯ 45 ㉰ 50 ㉱ 90

정답 : 16. ㉰ 17. ㉯ 18. ㉰ 19. ㉮ 20. ㉮

전기 기사 기출문제

2012년 8월 26일

본 과년도 문제는 수험생의 기억에 의한 내용을 종합정리하여 수록하였으므로 출제된 문제와 다소 차이가 있을 수 있으며, 또한, 무단복제를 절대 금함.

1. 그림과 같이 직각 코일이 $B = 0.05\frac{a_x + a_y}{\sqrt{2}}$ [T]인 자계에 위치하고 있다. 코일에 5[A] 전류가 흐를 때 z 축에서의 토크 [N·m]는?

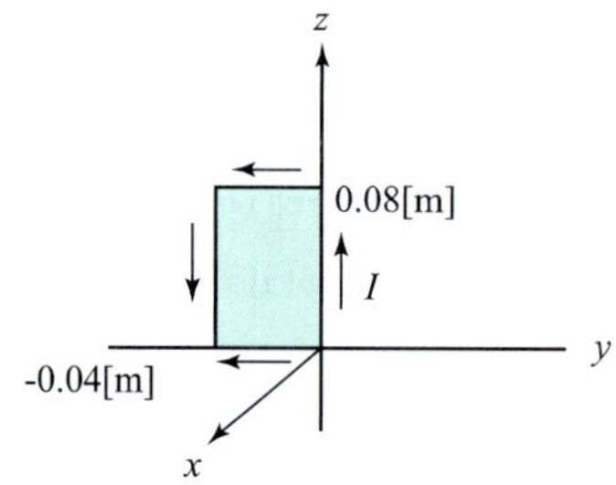

㉮ $2.66 \times 10^{-4}\ a_x$ ㉯ $5.66 \times 10^{-4}\ a_x$ ㉰ $2.66 \times 10^{-4}\ a_z$ ㉱ $5.66 \times 10^{-4}\ a_z$

2. 정전계에 주어진 전하 분포에 의하여 발생되는 전계의 세기를 구하려고 할 때 적당하지 않은 방법은?

㉮ 쿨롱의 법칙을 이용하여 구한다. ㉯ 전위를 이용하여 구한다.
㉰ 가우스 법칙을 이용하여 구한다. ㉱ 비오-사바르의 법칙에 의하여 구한다.

3. 인덕턴스의 단위와 같지 않은 것은?

㉮ $\left[\frac{J}{A} \cdot \frac{1}{S}\right]$ ㉯ $\left[\frac{V}{A} \cdot S\right]$ ㉰ $\left[\frac{Wb}{A}\right]$ ㉱ $\left[\frac{J}{A^2}\right]$

4. 다음 중 공극(air gap)이 δ[m]인 강자성체로 된 환상 영구 자석에서 성립하는 식은? (단, l[m]은 영구 자석의 길이이며 $l \gg \delta$이고, 자속 밀도와 자계의 세기를 각각 B [Wb/m^2], H [AT/m]라 한다.)

㉮ $\frac{B}{H} = -\frac{l\mu_o}{\delta}$ ㉯ $\frac{B}{H} = -\frac{\delta\mu_o}{l}$ ㉰ $\frac{B}{H} = \frac{\delta\mu_o}{l}$ ㉱ $\frac{B}{H} = \frac{l\mu_o}{\delta}$

5. 자장 $B = 3a_x - 5a_y - 6a_z$[Wb/m^2]내에서 점전하 0.2[C]이 속도 $v = 4a_x - 2a_y - 3a_z$[m/s]로 움직일 때 이 점전하에 작용하는 힘의 크기는 몇 [N]이 되는가?

㉮ 4.14 ㉯ 7.98 ㉰ 8.98 ㉱ 9.98

정답 : 1. ㉱ 2. ㉱ 3.㉮ 4. ㉮ 5. ㉮

6. 그림과 같은 정방형관 단면의 격자점 ⑥의 전위를 반복법으로 구하면 약 몇 [V]가 되는가?

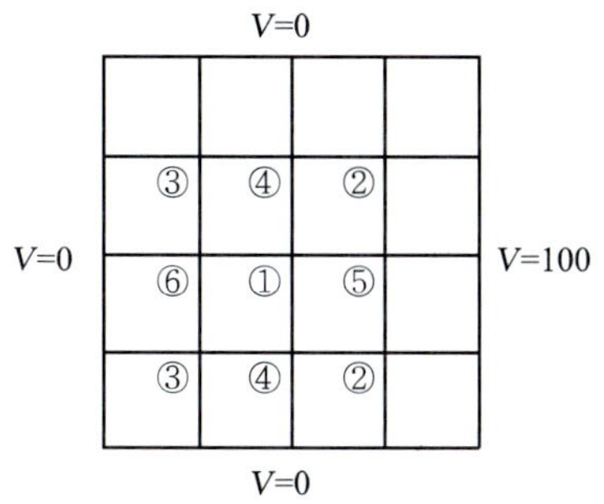

㉮ 6.3 ㉯ 9.4 ㉰ 18.8 ㉱ 53.2

7. 전계 $e = \sqrt{2}\, E_e \sin\omega(t - \frac{x}{c})$ [V/m]의 평면 전자파가 있다. 진공 중에서 자계의 실효값은 몇 [A/m]인가?

㉮ $0.707 \times 10^{-3} E_e$ ㉯ $1.44 \times 10^{-3} E_e$ ㉰ $2.65 \times 10^{-3} E_e$ ㉱ $5.37 \times 10^{-3} E_e$

8. Q = 0.15[C]으로 대전하고 있는 큰 도체구에 그 반경이 큰 구의 $\frac{1}{2}$인 작은 도체구를 접촉했다가 떼면, 작은 도체구가 얻는 전하[C]는 얼마로 되는가?

㉮ 0.01 ㉯ 0.05 ㉰ 0.1 ㉱ 0.2

9. 반지름 a, b인 두 구상 도체 전극이 도전율 k인 매질 속에 중심 거리 r만큼 떨어져 놓여 있다. 양 전극 간의 저항은? (단, $r \gg$ a, b이다.)

㉮ $4\pi k(\frac{1}{a} + \frac{1}{b})$ ㉯ $4\pi k(\frac{1}{a} - \frac{1}{b})$

㉰ $\frac{1}{4\pi k}(\frac{1}{a} + \frac{1}{b})$ ㉱ $\frac{1}{4\pi k}(\frac{1}{a} - \frac{1}{b})$

10. 정현파 자속의 주파수를 3배로 높이면 유기 기전력은?

㉮ 2배로 감소 ㉯ 2배로 증가 ㉰ 3배로 감소 ㉱ 3배로 증가

11. 매질 1은 나일론(비유전율 $\epsilon_s = 4$)이고, 매질 2는 진공일 때 전속 밀도 D가 경계면에서 각각 θ_1, θ_2의 각을 이룰 때 θ_2 = 30° 라면 θ_1의 값은?

정답 : 6. ㉯ 7. ㉰ 8. ㉯ 9. ㉰ 10. ㉱ 11. 정답없음

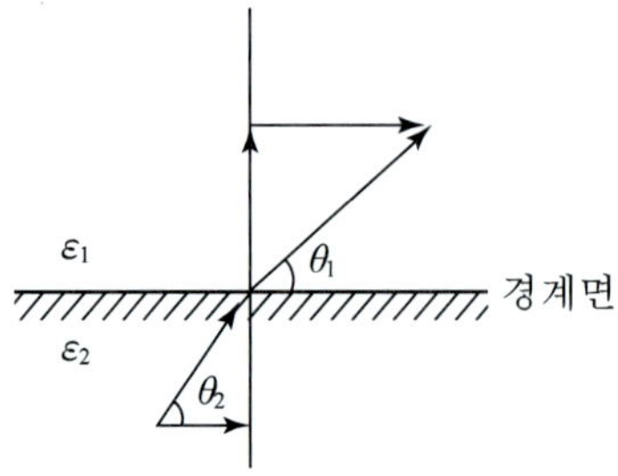

㉮ $\tan^{-1}\frac{4}{\sqrt{3}}$　　㉯ $\tan^{-1}\frac{\sqrt{3}}{4}$　　㉰ $\tan^{-1}\frac{\sqrt{3}}{2}$　　㉱ $\tan^{-1}\frac{2}{\sqrt{3}}$

12. 무한장 솔레노이드에 전류가 흐를 때 발생되는 자계에 관한 설명으로 옳은 것은?

㉮ 외부와 내부 자계의세기는 같다.　　㉯ 내부 자계의 세기는 0이다.

㉰ 외부 자계는 평등 자계이다.　　㉱ 내부 자계는 평등 자계이다.

13. 다음 중 물질의 자화 현상은?

㉮ 전자의 자전　　㉯ 전자의 공전　　㉰ 전자의 이동　　㉱ 분자의 운동

14. 두 개의 전기 회로 간의 상호 인덕턴스를 구하는 데 사용하는 방법은?

㉮ 가우스의 법칙　　㉯ 플레밍의 오른손 법칙

㉰ 노이만의 공식　　㉱ 스테판-볼츠만의 법칙

15. 공기 중의 두 점전하 사이에 작용하는 힘이 5[N]이었다. 두 전하 간에 유전체를 넣었더니 힘이 2[N]으로 되었다면 유전체의 비유전율[F/m]은 얼마인가?

㉮ 1　　㉯ 2.5　　㉰ 5　　㉱ 7.5

16. 공기 중에 놓인 지름 1[m]의 구도체에 줄 수 있는 최대 전하는 몇 [C]인가? (단 공기의 절연 내력은 3,000[kV/m]이다.)

㉮ 1.67×10^{-5}　　㉯ 2.65×10^{-5}　　㉰ 3.33×10^{-5}　　㉱ 8.33×10^{-5}

17. 유전체에서의 변위 전류에 대한 설명으로 옳은 것은?

㉮ 유전체의 굴절률이 2배가 되면 변위 전류의 크기도 2배가 된다.

㉯ 변위 전류의 크기는 투자율의 값에 비례한다.

㉰ 변위 전류는 자계를 발생시킨다.

㉱ 전속 밀도의 공간적 변화가 변위 전류를 발생시킨다.

정답 : 12. ㉱　13. ㉮　14. ㉰　15. ㉯　16. ㉱　17. ㉰

18. 진공 중에 있는 대전 도체구의 표면 전하 밀도가 σ[C/m^2], 전위가 V[V]일 경우 도체 표면의 법선 방향(바깥쪽)을 n이라 할 때 성립되는 관계식은?

㉮ $\dfrac{\partial V}{\partial n} = -\sigma$ ㉯ $\dfrac{\partial V}{\partial n} = -\dfrac{\sigma}{\epsilon_o}$

㉰ $\dfrac{\partial V}{\partial n} = -\dfrac{2\sigma}{\epsilon_o}$ ㉱ $\dfrac{\partial V}{\partial n} = -\dfrac{\sigma}{2\epsilon_o}$

19. 자기 모멘트 9.8×10^{-5} [Wb·m]의 막대 자석을 지구 자계의 수평 성분 12.5[AT/m]의 곳에서 지자기 자오면으로부터 90° 회전시키는 데 필요한 일은 약 몇 [J]인가?

㉮ 1.23×10^{-3} ㉯ 1.03×10^{-5} ㉰ 9.23×10^{-3} ㉱ 9.03×10^{-5}

20. 그림과 같은 원형 코일이 두 개가 있다. A의 권선수는 1회, 반지름 1[m], B의 권선수는 2회, 반지름은 2[m]이다. A와 B의 코일 중심을 겹쳐 두 면 중심에서의 자속이 A만 있을 때의 2배가 된다. A와 B의 전류비 I_B/I_A는?

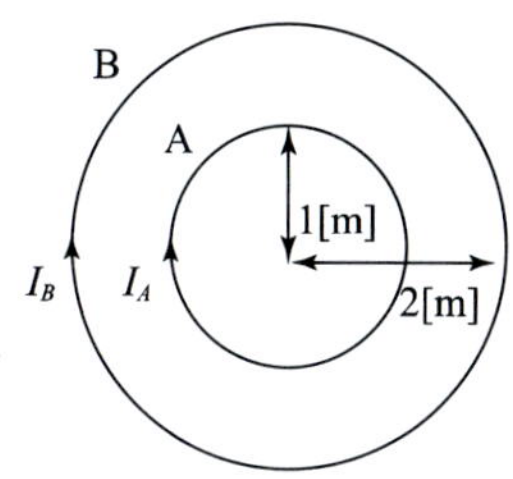

㉮ $\dfrac{1}{2}$ ㉯ 1 ㉰ 2 ㉱ 4

정답 : 18. ㉯ 19. ㉮ 20. ㉯

전기 산업기사 기출문제

2012년 8월 26일

1. 열전대는 무슨 효과를 이용한 것인가?

㉮ 압전 효과 ㉯ 제백 효과 ㉰ 홀효과 ㉱ 가우스 효과

2. 대전 도체 내부의 전위에 대한 설명으로 옳은 것은?

㉮ 내부에는 전기력선이 없으므로 전위는 무한대의 값을 갖는다.

㉯ 내부의 전위와 표면 전위는 같다. 즉 도체는 등전위이다.

㉰ 내부의 전위는 항상 대지 전위와 같다.

㉱ 내부에는 전계가 없으므로 0 전위이다.

3. 강자성체의 자속 밀도 B 의 크기와 자화의 세기 J 의 크기 사이에는 어떤 관계가 있는가?

㉮ J가 B 보다 약간 크다. ㉯ J는 B 보다 대단히 크다.

㉰ J는 B 보다 약간 작다. ㉱ J는 B 와 똑같다.

4. 유전율 ϵ_1[F/m], ϵ_1[F/m]인 두 종류의 유전체가 무한 평면을 경계로 접해 있다. 유전체에서 경계면으로부터 r[m]만큼 떨어진 점 P에 점전하 Q[C]가 있을 경우, 점전하와 유전체 ϵ_2[F/m]사이에 작용하는 힘[N]은?

㉮ $\dfrac{Q^2}{4\pi\epsilon_1 r^2}\dfrac{\epsilon_1-\epsilon_2}{\epsilon_1+\epsilon_2}$ ㉯ $\dfrac{Q}{4\pi\epsilon_1 r}\dfrac{\epsilon_1-\epsilon_2}{\epsilon_1+\epsilon_2}$

㉰ $\dfrac{Q}{16\pi\epsilon_1 r}\dfrac{\epsilon_1-\epsilon_2}{\epsilon_1+\epsilon_2}$ ㉱ $\dfrac{Q^2}{16\pi\epsilon_1 r^2}\dfrac{\epsilon_1-\epsilon_2}{\epsilon_1+\epsilon_2}$

5. 그림과 같이 진공 내의 A, B, C 각 점에 $Q_A = 4\times10^{-6}$[C], $Q_B = 2\times10^{-6}$[C], $Q_C = 5\times10^{-6}$[C]의 점전하가 일직선상에 놓여 있을 때 B점에 작용하는 힘은 몇 [N]인가?

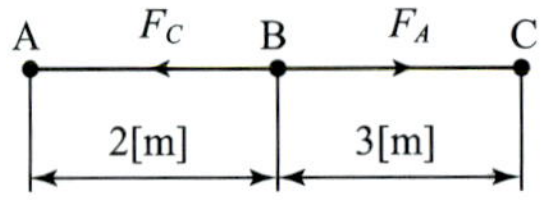

㉮ 0.8×10^{-2} ㉯ 1.2×10^{-2} ㉰ 1.8×10^{-2} ㉱ 2.4×10^{-2}

정답 : 1. ㉯ 2. ㉯ 3. ㉰ 4. ㉱ 5. ㉮

6. 자기 인덕턴스가 L_1, L_2이고 상호 인덕턴스가 M인 두 코일을 직렬로 연결하여 합성 인덕턴스 L을 얻었을 때, 다음 중 항상 양의 값을 갖는 것만 골라 묶은 것은?

㉮ $L_1,\ L_2,\ M$　　㉯ $L_1,\ L_2,\ L$

㉰ $M,\ L$　　㉱ 항상 양의 값을 갖는 것은 없다.

7. 무한 평면 도체에서 h[m]의 높이에 반지름 a[m]($a \ll h$)의 도선을 도체에 평행하게 가설하였을 때 도체에 대한 도선의 정전 용량은 몇 [F/m]인가?

㉮ $\dfrac{\pi\epsilon_0}{\ln\dfrac{h}{a}}$　　㉯ $\dfrac{2\pi\epsilon_0}{\ln\dfrac{2h}{a}}$

㉰ $\dfrac{\pi\epsilon_0}{\ln\dfrac{2h}{a}}$　　㉱ $\dfrac{2\pi\epsilon_0}{\ln\dfrac{h}{a}}$

8. 반지름 a[m]되는 도선의 1[m]당 내부 자기 인덕턴스는 몇 [H/m]인가?

㉮ $\dfrac{\mu}{8\pi}$　　㉯ $\dfrac{\mu}{4\pi}$

㉰ $\dfrac{\mu a}{8\pi}$　　㉱ $\dfrac{\mu a}{4\pi}$

9. 두 도체 A와 B에서 도체 A에서 $+Q$ [C], 도체 B에는 $-Q$ [C]의 전하를 줄 때 도체 A, B간의 전위차를 V_{AB}라 하면 성립되는 식은? (단, 두 도체 사이의 정전 용량은 C이다.)

㉮ $Q=\sqrt{C}\,V_{AB}^2$　　㉯ $Q=\sqrt{C}\,V_{AB}$

㉰ $Q=C^2V_{AB}$　　㉱ $Q=CV_{AB}$

10. 유전율이 각각 ϵ_1, ϵ_2인 두 유전체가 접해 있는 경우 전기력선의 방향을 그림과 같이 표시할 때 $\epsilon_1 > \epsilon_2$이면 θ_1과 θ_2의 관계는?

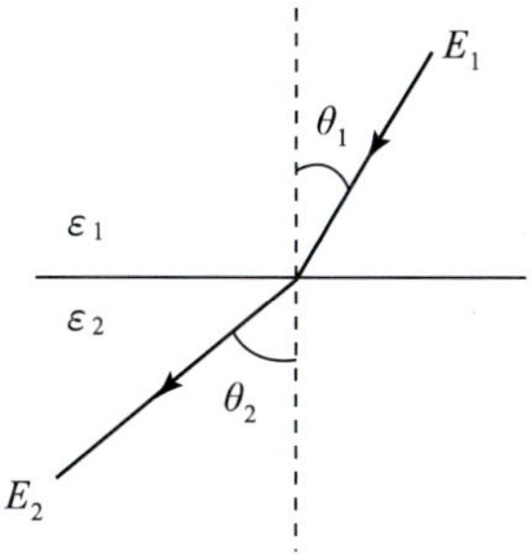

㉮ $\theta_1 = \theta_2$　　㉯ $\theta_1 < \theta_2$

㉰ $\theta_1 > \theta_2$　　㉱ 전력선의 방향에 따라 $\theta_1 > \theta_2$ 혹은 $\theta_1 < \theta_2$

정답 : 6. ㉯ 7. ㉯ 8. ㉮ 9. ㉱ 10. ㉰

11. 다음 설명 중 옳은 것은?

㉮ 완전 도체가 아닌 일정한 고유 저항을 가진 대지상에 대지와 나란히 높이 h인 곳에 가설된 전류 I가 흐르는 원통상 도선의 영상 전류는 방향이 반대인 −I이고, 땅속 h보다 얕은 곳에 대지면과 나란히 흐르는 영상 전류이다.

㉯ 접지 구도체의 외부에 있는 점전하에 기인된 접지 구도체상 유도 전하의 영상 전하는 2개 있다.

㉰ 두 유전체가 무한 평면으로 경계면을 이루고 접해 있을 때 한 유전체 내에 있는 점전하 Q의 영상 전하는, 경계면과 Q간 거리의 연장선상 반대편 등거리에 1개 있다.

㉱ 절연 도체구의 외부에 점전하가 있을 때 절연 도체구에 유도된 전하에 관한 영상 전하는 2개 있다.

12. 자기 인덕턴스 50[mH]의 회로에 흐르는 전류가 매초 100[A]의 비율로 감소할 때 자기 유도 기전력은?

㉮ 5×10^{-4}[mV] ㉯ 5[V] ㉰ 40[V] ㉱ 200[V]

13. 도전성을 가진 매질 내의 평면파에서 전송 계수 γ를 표현한 것으로 알맞은 것은?

㉮ $\gamma = \alpha + j\beta$ ㉯ $\gamma = \alpha - j\beta$ ㉰ $\gamma = j\alpha + \beta$ ㉱ $\gamma = j\alpha - \beta$

14. 전압 V로 충전된 용량 C의 콘덴서에 용량 2C의 콘덴서를 병렬 연결한 후의 단자 전압[V]은?

㉮ $3V$ ㉯ $2V$ ㉰ $\frac{V}{2}$ ㉱ $\frac{V}{3}$

15. 자기 회로 단면적 4[cm^2]의 철심에 6×10^{-4}[Wb]의 자속을 통하게 하려면 2,800[AT/m]의 자계가 필요하다. 철심의 비투자율[H/m]은?

㉮ 12 ㉯ 43 ㉰ 75 ㉱ 426

16. 평행판 공기 콘덴서의 극판 사이에 비유전율 ϵ_s의 유전체를 채운 경우 동일 전위차에 대한 극판간의 전하량 Q [C]는?

㉮ ϵ_s 배로 증가 ㉯ $\frac{1}{\epsilon_s}$ 로 감소 ㉰ $\pi\epsilon_s$ 배로 증가 ㉱ 불변

17. 다음 중 전자계에 대한 맥스웰(Maxwell)의 기본 이론으로 옳지 않은 것은?

㉮ 고립된 자극이 존재한다.

㉯ 전하에서 전속선이 발산된다.

㉰ 전도 전류와 변위 전류는 자계의 회전을 발생시킨다.

㉱ 자속 밀도의 시간적 변화에 따라 전계의 회전이 생긴다.

정답 : 11. ㉱ 12. ㉯ 13. ㉮ 14. ㉱ 15. ㉱ 16. ㉮ 17. ㉮

18. 두 개의 자하 m_1, m_2 사이에 작용되는 쿨롱의 법칙으로서 자하 간의 자기력에 대한 설명으로 옳지 않은 것은?

㉮ 두 자하가 동일 극성이면 반발력이 작용한다.

㉯ 두 자하가 서로 다른 극성이면 흡인력이 작용한다.

㉰ 두 자하의 거리에 반비례한다.

㉱ 두 자하의 곱에 비례한다.

19. 자화율 χ와 비투자율 μ_s의 관계에서 상자성체로 판단할 수 있는 것은?

㉮ $\chi > 0$, $\mu_s < 1$

㉯ $\chi < 0$, $\mu_s > 1$

㉰ $\chi > 0$, $\mu_s > 1$

㉱ $\chi < 0$, $\mu_s < 1$

20. 두 자성체 경계면에서 정자계가 만족하는 것은?

㉮ 자속 밀도의 접선 성분이 같다.

㉯ 자속은 투자율이 작은 자성체에 모인다.

㉰ 양측 경계면상의 두 점 간의 자위차가 같다.

㉱ 자계의 법선 성분이 같다.

정답 : 18. ㉰ 19. ㉰ 20. ㉰

전기 기사 기출문제

2013년 3월 10일

본 과년도 문제는 수험생의 기억에 의한 내용을 종합정리하여 수록하였으므로 출제된 문제와 다소 차이가 있을 수 있으며, 또한, 무단복제를 절대 금함.

1. 1[kV]로 충전된 어떤 콘덴서의 정전 에너지가 1[J]일 때, 이 콘덴서의 크기는 몇 [μF]인가?

㉮ 2[μF] ㉯ 4[μF] ㉰ 6[μF] ㉱ 8[μF]

2. 진공 중에 선전하 밀도 $+\lambda$[C/m]의 무한장 직선 전하 A와 $-\lambda$[C/m]의 무한장 직선 전하 B가 d[m]의 거리에 평행으로 놓여 있을 때, A에서 거리 $d/3$[m]되는 점의 전계의 크기는 몇 [V/m]인가?

㉮ $\dfrac{3\lambda}{4\pi\epsilon_0 d}$ ㉯ $\dfrac{9\lambda}{4\pi\epsilon_0 d}$ ㉰ $\dfrac{3\lambda}{8\pi\epsilon_0 d}$ ㉱ $\dfrac{9\lambda}{8\pi\epsilon_0 d}$

3. $\nabla \cdot i = 0$에 대한 설명이 아닌 것은?

㉮ 도체 내에 흐르는 전류는 연속이다.

㉯ 도체 내에 흐르는 전류는 일정하다.

㉰ 단위 시간당 전하의 변화가 없다.

㉱ 도체 내에 전류가 흐르지 않는다.

4. 환상 철심에 감은 코일에 5[A]의 전류를 흘려 2,000[AT]의 기자력을 생기게 하려면 코일의 권수(회)는 얼마로 하여야 하는가?

㉮ 10,000 ㉯ 500 ㉰ 400 ㉱ 250

5. 압전기 현상에서 분극이 응력에 수직한 방향으로 발생하는 현상은?

㉮ 종효과 ㉯ 횡효과 ㉰ 역효과 ㉱ 직접 효과

6. 다음 중 금속에서의 침투 깊이(skin depth)에 대한 설명으로 옳은 것은?

㉮ 같은 금속을 사용할 경우 전자파의 주파수를 증가시키면 침투 깊이가 증가한다.

㉯ 같은 주파수의 전자파를 사용할 경우 전도율이 높은 금속을 사용하면 침투 깊이가 감소한다.

㉰ 같은 주파수의 전자파를 사용할 경우 투자율 값이 작은 금속을 사용하면 침투 깊이가 감소한다.

㉱ 같은 금속을 사용할 경우 어떤 전자파를 사용하더라도 침투 깊이는 변하지 않는다.

정답 : 1. ㉮ 2. ㉯ 3. ㉱ 4. ㉰ 5. ㉯ 6. ㉯

7. 그림과 같이 단면적이 균일한 환상 철심에 권수 N_1인 A코일과 권수 N_2인 B코일이 있을 때 A코일의 자기 인덕턴스가 L_1[H]라면 두 코일의 상호 인덕턴스 M은 몇 [H]인가?
(단, 누설 자속은 0이라고 한다.)

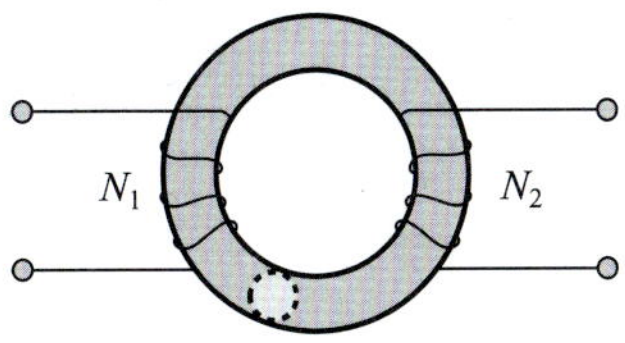

㉮ $\dfrac{L_1 N_1}{N_2}$ ㉯ $\dfrac{N_2}{L_1 N_1}$ ㉰ $\dfrac{N_1}{L_1 N_2}$ ㉱ $\dfrac{L_1 N_2}{N_1}$

8. 단면적 1,000[mm^2], 길이 600[m]인 강자성체의 철심에 자속 밀도 $B=1$[Wb/m^2]를 만들려고 한다. 이 철심에 코일을 감아 전류를 공급하였을 때 발생되는 기자력 [AT]은?

㉮ 6×10^{-4} ㉯ 6×10^{-3} ㉰ 6×10^{-2} ㉱ 6×10^{-1}

9. 그림과 같은 모양의 자화 곡선을 나타내는 자성체 막대를 충분히 강한 평등 자계 중에서 매분 3,000회 회전시킬 때 자성체는 단위 체적당 매초 약 몇 [kcal]의 열이 발생하는가? (단, $B_r=2$[Wb/m^2], $H_r=500$[AT/m], $B=\mu$H에서 μ는 일정하지 않다.)

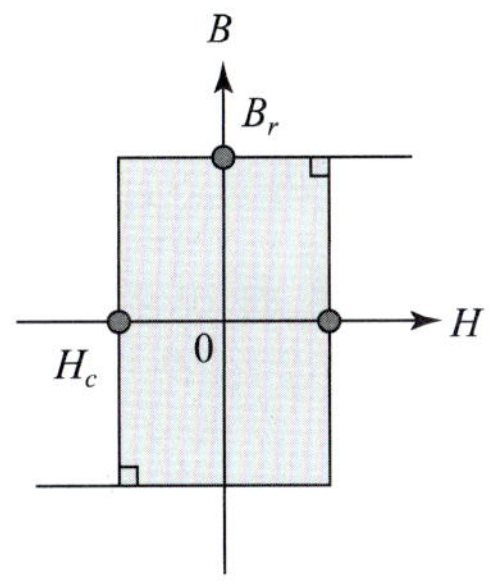

㉮ 11.7 ㉯ 47.6 ㉰ 70.2 ㉱ 200

10. 자기 유도 계수 L의 계산 방법이 아닌 것은?
(단, N: 권수, ϕ: 자속, I: 전류, A: 벡터퍼텐셜, i:전류 밀도, B:자속 밀도, H:자계의 세기이다.)

㉮ $L=\dfrac{N\phi}{I}$ ㉯ $L=\dfrac{\int_v Aidv}{I^2}$ ㉰ $L=\dfrac{\int_v BHdv}{I^2}$ ㉱ $L=\dfrac{\int_v Aidv}{I^2}$

11. 반지름 2[mm]의 두 개의 무한히 긴 원통 도체가 중심 간격 2[m]로 진공 중에 평행하게 놓여 있을 때 1[km]당의 정전 용량은 약 몇 [μF]인가?

정답 : 7. ㉱ 8. ㉮ 9. ㉯ 10. ㉱ 11. ㉰

㉮ $1\times10^{-3}[\mu F]$ ㉯ $2\times10^{-3}[\mu F]$ ㉰ $4\times10^{-3}[\mu F]$ ㉱ $6\times10^{-3}[\mu F]$

12. 전위가 V_A인 A점에서 Q[C]의 전하를 전계와 반대 방향으로 l[m] 이동시킨 점 P의 전위[V]는? (단, 전계 E는 일정하다고 가정한다.)

㉮ $V_P= V_A-El$ ㉯ $V_P= V_A+El$

㉰ $V_P= V_A-EQ$ ㉱ $V_P= V_A+EQ$

13. 정전 용량 C_0[F]인 평행판 공기 콘덴서에 전극 간격의 $\frac{1}{2}$두께인 유리판을 전극에 평행하게 넣으면 이때의 정전 용량은 몇 [F]인가? (단, 유리의 비유전율은 ϵ_s라 한다.)

㉮ $\dfrac{2\epsilon_s C_0}{1+\epsilon_s}$ ㉯ $\dfrac{C_0\epsilon_s}{1+\epsilon_s}$

㉰ $\dfrac{(1+\epsilon_s)C_0}{2\epsilon_s}$ ㉱ $\dfrac{3C_0}{1+\dfrac{1}{\epsilon_s}}$

14. 자성체 경계면에 전류가 없을 때의 경계 조건으로 틀린 것은?

㉮ 전속 밀도 D의 법선 성분 $D_{1N}=D_{2N}=\dfrac{\mu_2}{\mu_1}$

㉯ 자속 밀도 B의 법선 성분 $B_{1N}=B_{2N}$

㉰ 자계 H의 법선 성분 $H_{1r}=H_{2r}$

㉱ 경계면에서의 자력선의 굴절 $\dfrac{\tan\theta_1}{\tan\theta_2}=\dfrac{\mu_1}{\mu_2}$

15. Z축의 정방향(+방향)으로 $10\pi a_z$[A]가 흐를 때 이 전류로부터 5[m] 지점에 발생되는 자계의 세기 H[A/m]는?

㉮ $H=-a_x$ ㉯ $H=a_y$

㉰ $H=\frac{1}{2}a_y$ ㉱ $H=-a_y$

16. 다음 중 스토크스(stokes)의 정리는?

㉮ $\oint H\cdot dS=\iint_s(\nabla H)dS$

㉯ $\oint B\cdot dS=\int_s(\nabla\times H)dS$

㉰ $\oint_c H\cdot dS=\int(\nabla H)dL$

㉱ $\oint_c H\cdot dL=\int_s(\nabla\times H)dS$

정답 : 12. ㉯ 13. ㉮ 14. ㉮ 15. ㉯ 16. ㉱

17. 그림과 같은 전기 쌍극자에서 P점의 전계의 세기는 몇 [V/m]인가?

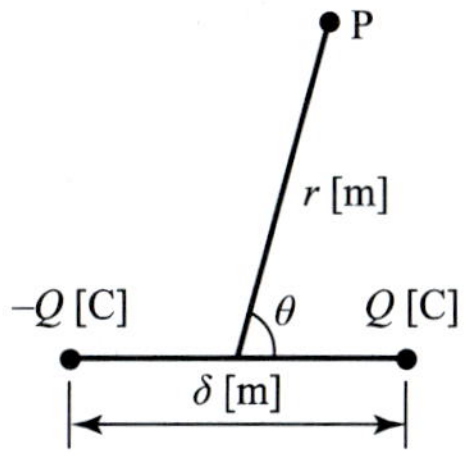

㉮ $a_r \dfrac{Q\delta}{2\pi\epsilon_0 r^3}\cos\theta + a_\theta \dfrac{Q\delta}{4\pi\epsilon_0 r^3}\sin\theta$

㉯ $a_r \dfrac{Q\delta}{4\pi\epsilon_0 r^3}\cos\theta + a_\theta \dfrac{Q\delta}{4\pi\epsilon_0 r^3}\sin\theta$

㉰ $a_r \dfrac{Q\delta}{2\pi\epsilon_0 r^3}\cos\theta + a_\theta \dfrac{Q\delta}{4\pi\epsilon_0 r^3}\sin\theta$

㉱ $a_r \dfrac{Q\delta}{4\pi\epsilon_0 r^3}\cos\theta + a_\theta \dfrac{Q\delta}{4\pi\epsilon_0 r^3}(1-\omega)$

18. 전기 쌍극자에 의한 전계의 세기는 쌍극자로부터의 거리 r에 대해서 어떠한가?

㉮ r에 반비례한다.　　㉯ r^2에 반비례한다.

㉰ r^3에 반비례한다.　　㉱ r^4에 반비례한다.

19. 그림과 같은 공심 토로이드 코일의 권선수를 N배 하면 인덕턴스는 몇 배가 되는가?

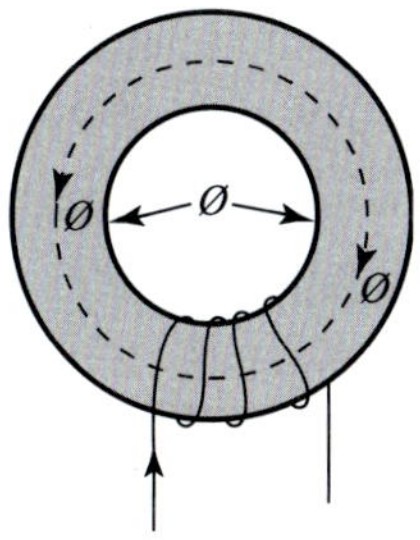

㉮ N^{-2}　　㉯ N^{-1}　　㉰ N　　㉱ N^2

20. 전위 함수가 $V = 2x + 5yz + 3$일 때, 점 (2, 1, 0)에서의 전계의 세기는?

㉮ $-2i - 5i - 3k$　　㉯ $i + 2i + 3k$

㉰ $-2i - 5k$　　㉱ $4i + 3k$

정답 : 17. ㉮　18. ㉰　19. ㉱　20. ㉰

전기 산업기사 기출문제

2013년 3월 10일

1. 비유전율이 2.4인 유전체 내의 전계의 세기가 $100[\mathrm{mV/m}]$이다. 유전체에 저축되는 단위 체적당 정전 에너지는 몇 $[\mathrm{J/m^3}]$인가?

㉮ 1.06×10^{-13} ㉯ 1.77×10^{-13}

㉰ 2.32×10^{-13} ㉱ 2.32×10^{-11}

2. 자계 내에서 도선에 전류를 흘려보낼 때, 도선을 자계에 대해 60도의 각으로 놓았을 때 작용하는 힘은 30도의 각으로 놓았을때 작용하는 힘의 몇 배인가?

㉮ 2 ㉯ $\sqrt{2}$

㉰ $\sqrt{3}$ ㉱ 4

3. 간격 $50[\mathrm{cm}]$인 평행 도체판 사이에 $10[\Omega/\mathrm{m}]$인 물질을 채웠을 때 단위 면적당의 저항은 몇 $[\Omega]$인가?

㉮ 1 ㉯ 5

㉰ 10 ㉱ 15

4. 도체가 관통하는 자속이 변하든가 또는 자속과 도체가 상대적으로 운동하여 도체내의 자속이 시간적 변화를 일으키면 이 변화를 막기 위하여 도체 내에 국부적으로 형성되는 임의의 폐회로를 따라 전류가 유기되는데 이 전류를 무엇이라 하는가?

㉮ 히스테리시스 전류 ㉯ 와전류

㉰ 변위 전류 ㉱ 과도 전류

5. 공기 중에서 $1[\mathrm{V/m}]$의 크기를 가진 정현파 전계에 대한 변위 전류 $1[\mathrm{A/m^2}]$를 흐르게 하기 위해서는 이 전계의 주파수가 몇 $[\mathrm{MHz}]$가 되어야 하는가?

㉮ $1,500$ ㉯ $1,300$

㉰ $15,000$ ㉱ $18,000$

6. 길이 $l[\mathrm{m}]$인 도선으로 원형 코일을 만들어 일정한 전류를 흘릴 때, M회 감았을 때의 중심 자계는 N회 감았을 때의 중심 자계의 몇 배인가?

정답 : 1. ㉮ 2. ㉰ 3. ㉯ 4. ㉯ 5. ㉱ 6. ㉮

㉮ $\left(\frac{M}{N}\right)^2$ ㉯ $\left(\frac{N}{M}\right)^2$

㉰ $\frac{N}{M}$ ㉱ $\frac{M}{N}$

7. 도체 표면의 전류 밀도가 커지고 도체 중심으로 갈수록 전류 밀도가 작아지는 효과는?

㉮ 표피 효과 ㉯ 홀효과

㉰ 펠티에 효과 ㉱ 제벡 효과

8. 비투자율 μ_s, 자속 밀도 B인 자계 중에 있는 m[Wb]의 정자극이 받는 힘 [N]은?

㉮ $\frac{mB}{\mu_0}$ ㉯ $\frac{mB}{\mu_0\mu_s}$

㉰ $\frac{mB}{\mu_s}$ ㉱ $\frac{\mu_0\mu_s}{mB}$

9. 환상 철심에 감은 코일에 5[A]의 전류를 흘리면 2,000[AT]의 기자력이 생긴다면 코일의 권수는 얼마로 하여야 하는가?

㉮ 10,000 ㉯ 5,000 ㉰ 400 ㉱ 250

10. 자속의 연속성을 나타내는 식은?

㉮ $B=\mu H$ ㉯ $\nabla \cdot B=0$ ㉰ $\nabla \cdot B=\rho$ ㉱ $\nabla \cdot B=-\mu H$

11. 1.2[kW]의 전열기를 45분간 사용할 때 발생한 열량[kcal]은?

㉮ 471 ㉯ 572 ㉰ 673 ㉱ 774

12. 그림과 같이 공기 중에서 1[m]의 거리를 사이에 둔 2점 A, B에 각각 3×10^{-4}[Wb]와 -3×10^{-4}[Wb]의 점자극을 두었다. 이때 점 P에 단위 정(+)자극을 두었을 때 이 극에 작용하는 힘의 합력은 약 몇 [N]인가? (단, $m(\overline{\mathrm{AP}})=m(\overline{\mathrm{BP}})$, $m(\angle APB)=90^\circ$ 이다.)

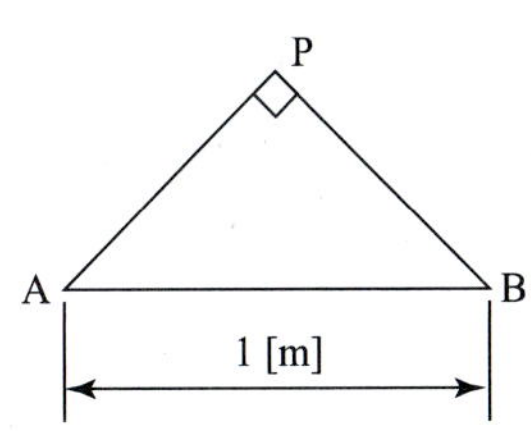

㉮ 0 ㉯ 18.9 ㉰ 37.9 ㉱ 53.7

정답 : 7. ㉮ 8. ㉯ 9. ㉰ 10. ㉯ 11. ㉱ 12. ㉱

13. 그림과 같은 정전 용량이 C_0[F]인 평행판 공기 콘덴서의 판면적의 $\frac{2}{3}$가 되는 공간에 비유전율 ϵ_s인 유전체를 채우면 공기 콘덴서의 정전 용량은 몇 [F]인가?

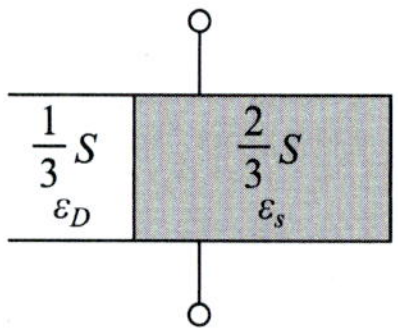

㉮ $\frac{2\epsilon_s}{3}C_0$　　㉯ $\frac{3}{1+2\epsilon_s}C_0$　　㉰ $\frac{1+\epsilon_s}{3}C_0$　　㉱ $\frac{1+2\epsilon_s}{3}C_0$

14. 중공 도체의 중공부에 전하를 놓지 않으면 외부에서 준 전하는 외부 표면에만 분포한다. 이때 도체 내의 전계는 몇 [V/m]가 되는가?

㉮ 0　　㉯ 4π　　㉰ ∞　　㉱ $\frac{1}{4\pi\epsilon_0}$

15. 일반적으로 자구(magnetic domain)를 가지는 자성체는?

㉮ 강자성체　　㉯ 유전체　　㉰ 역자성체　　㉱ 비자성체

16. 자유 공간을 통과하는 전자파의 전파 속도 v는? (단, ϵ_0 : 자유 공간의 유전율, μ_0 : 자유 공간의 투자율)

㉮ $\sqrt{\frac{\epsilon_0}{\mu_0}}$　　㉯ $\sqrt{\epsilon_0\mu_0}$　　㉰ $\sqrt{\frac{\mu_s}{\epsilon_0}}$　　㉱ $\frac{1}{\sqrt{\epsilon_0\mu_0}}$

17. 다음 중 맥스웰의 전자 방정식으로 옳지 않은 것은?

㉮ $rot\,H = i + \frac{\partial D}{\partial t}$　　㉯ $rot\,E = -\frac{\partial B}{\partial t}$　　㉰ $\text{div}B = \phi$　　㉱ $\text{div}\ D = \rho$

18. 그림과 같이 도체구 내부 공동의 중심에 점전하 Q[C]이 있을 때 이 도체구의 외부로 발산되어 나오는 전기력선의 수는 몇 개인가? (단, 도체 내외의 공간은 진공이라 한다.)

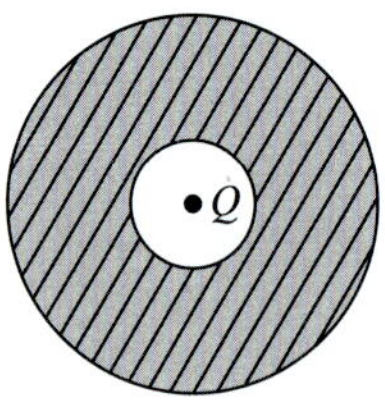

㉮ 4π　　㉯ $\frac{Q}{\epsilon_0}$　　㉰ Q　　㉱ $\epsilon_0 Q$

정답 : 13. ㉱　14. ㉮　15. ㉮　16. ㉱　17. ㉰　18. ㉯

19. 용량 계수와 유도 계수에 대한 성질 중에서 틀린 것은?

㉮ q_{11}, q_{22}, q_{23}, …… $q_{nn} > 0$, 일반적으로 $q_{nn} > 0$

㉯ q_{12}, q_{13}, 등 ≤ 0, 일반적으로 $q_{rs} \leq 0$

㉰ $q_{11} \geq (q_{21} + q_{31} + \cdots\cdots + q_{nt})$

㉱ $q_{rs} = q_{sr}$

20. 대전된 구도체를 반지름이 2배가 되는 대전이 되지 않은 구도체에 가는 도선으로 연결할 때 원래의 에너지에 대해 손실된 에너지의 비율은 얼마가 되는가? (단, 구도체는 충분히 떨어져 있다고 한다.)

㉮ $\frac{1}{2}$ ㉯ $\frac{1}{3}$ ㉰ $\frac{2}{3}$ ㉱ $\frac{2}{5}$

정답 : 19. ㉰ 20. ㉰

전기 기사 기출문제

2013년 6월 2일

본 과년도 문제는 수험생의 기억에 의한 내용을 종합정리하여 수록하였으므로 출제된 문제와 다소 차이가 있을 수 있으며, 또한, 무단복제를 절대 금함.

1. 무한히 넓은 도체 평면판에 면밀도 $\sigma\,[\mathrm{C/m^2}]$의 전하가 분포되어 있는 경우 전력선은 면(面)에 수직으로 나와 평행하게 발산한다. 이 평면의 전계의 세기는 몇 [V/m]인가?

㉮ $\dfrac{\sigma}{\epsilon_0}$ ㉯ $\dfrac{\sigma}{2\epsilon_0}$ ㉰ $\dfrac{\sigma}{2\pi\epsilon_0}$ ㉱ $\dfrac{\sigma}{4\pi\epsilon_0}$

2. 균일하게 원형 단면을 흐르는 전류 I[A]에 의한 반지름 a[m], 길이 l[m], 비투자율 μ_s인 원통 도체의 내부 인덕턴스는 몇 [H]인가?

㉮ $\dfrac{1}{2}\times 10^{-7}\mu_s l$ ㉯ $10^{-7}\mu_s l$ ㉰ $2\times 10^{-7}\mu_s l$ ㉱ $\dfrac{1}{2a}\times 10^{-7}\mu_s l$

3. 유전체에 대한 경계 조건의 설명으로 옳지 않은 것은?

㉮ 표면 전하 밀도란 구속 전하의 표면 밀도를 말하는 것이다.

㉯ 완전 유전체 내에서는 자유 전하는 존재하지 않는다.

㉰ 경계면에 외부 전하가 있으면, 유전체의 내부와 외부의 전하는 평형되지 않는다.

㉱ 특수한 경우를 제외하고 경계면에서 표면 전하 밀도는 영(zero)이다.

4. 그림과 같이 정전 용량이 C_0[F]가 되는 평행판 공기 콘덴서에 판면적의 1/2 되는 공간에 비유전율이 ϵ_s인 유전체를 채웠을때 정전 용량은 몇 [F]인가?

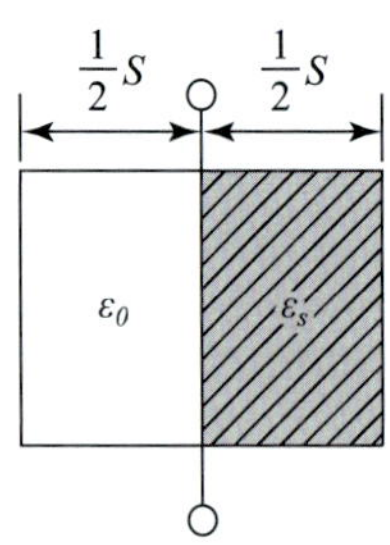

㉮ $\dfrac{1}{2}(1+\epsilon_s)\,C_0$ ㉯ $(1+\epsilon_s)\,C_0$ ㉰ $\dfrac{2}{3}(1+\epsilon_s)\,C_0$ ㉱ C_0

정답 : 1. ㉯ 2. ㉮ 3. ㉮ 4. ㉮

5. 정전류가 흐르고 있는 무한 직선 도체로부터 수직으로 0.1[m]만큼 떨어진 점의 자계의 크기가 100[A/m]이면 0.4[m]만큼 떨어진 점의 자계의 크기[A/m]는?

㉮ 10　　㉯ 25　　㉰ 50　　㉱ 100

6. 그림과 같이 전류가 흐르는 반원형 도선이 평면 $z=0$상에 놓여 있다. 이 도선이 자속 밀도 $B=0.8a_x-0.7a_y+a_z$[Wb/m^2]인 균일 자계 내에 놓여 있을 때 도선의 직선 부분에 작용하는 힘은 몇 [N]인가?

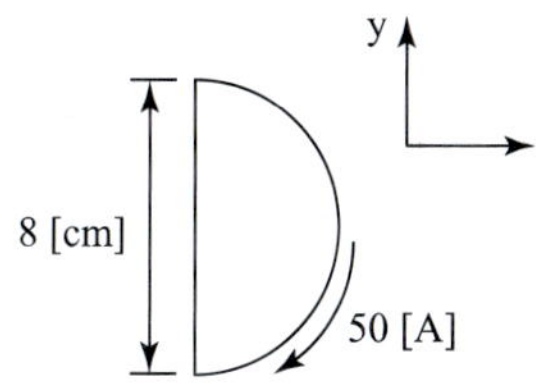

㉮ $4a_x+3.2a_z$　　㉯ $4a_x-3.2a_z$　　㉰ $5a_x-3.5a_z$　　㉱ $-5a_x+3.5a_z$

7. 전하 q [C]이 공기 중의 자계 H [AT/m]에 수직 방향으로 v [m/s] 속도로 돌입하였을 때 받는 힘은 몇 [N]인가?

㉮ $\frac{qH}{\mu_0 v}$　　㉯ $\frac{1}{\mu_0}qvH$　　㉰ qvH　　㉱ $\mu_0 qvH$

8. 면적이 S[m^2]이고 극간의 거리가 d [m]인 평행판 콘덴서에 비유전율 ϵ_s의 유전체를 채울 때 정전 용량은 몇 [F]인가? (단, 진공의 유전율은 ϵ_0이다.)

㉮ $\frac{2\epsilon_v\epsilon_s S}{d}$　　㉯ $\frac{\epsilon_0\epsilon_s S}{\pi d}$　　㉰ $\frac{\epsilon_0\epsilon_s S}{d}$　　㉱ $\frac{2\pi\epsilon_0\epsilon_s S}{d}$

9. 변위 전류와 가장 관계가 깊은 것은?

㉮ 반도체　　㉯ 유전체　　㉰ 자성체　　㉱ 도체

10. 압전기 현상에서 분극이 응력과 같은 방향으로 발생하는 현상을 무슨 효과라 하는가?

㉮ 종효과　　㉯ 횡효과　　㉰ 역효과　　㉱ 간접효과

11. 자화의 세기로 정의할 수 있는 것은?

㉮ 단위 면적당 자위 밀도　　㉯ 단위 체적당 자기 모멘트

㉰ 자력선 밀도　　㉱ 자화선 밀도

12. 전선의 체적을 동일하게 유지하면서 길이를 2배로 늘렸을 때 저항은 어떻게 되는가?

정답 : 5. ㉯　6. ㉯　7. ㉱　8. ㉰　9. ㉯　10. ㉮　11. ㉯　12. ㉱

㉮ $\frac{1}{2}$로 줄어든다. ㉯ 동일하다.
㉰ 2배로 증가한다. ㉱ 4배로 증가한다.

13. 평면 도체로부터 수직 거리 a[m]인 곳에 점전하 Q [C]가 있다. Q와 평면 도체 사이에 작용하는 힘은 몇 [N]인가? (단, 평면 도체 오른편을 유전율 ϵ의 공간이라 한다.)

㉮ $-\dfrac{Q^2}{16\pi\epsilon a^2}$ ㉯ $-\dfrac{Q^2}{8\pi\epsilon a^2}$ ㉰ $-\dfrac{Q^2}{4\pi\epsilon a^2}$ ㉱ $-\dfrac{Q^2}{2\pi\epsilon a^2}$

14. 무한 평면 도체에서 d [m]의 거리에 있는 반경 a[m]의 구도체와 평면 도체 사이의 정전 용량은 몇 [F]인가? (단, $a \ll d$이다.)

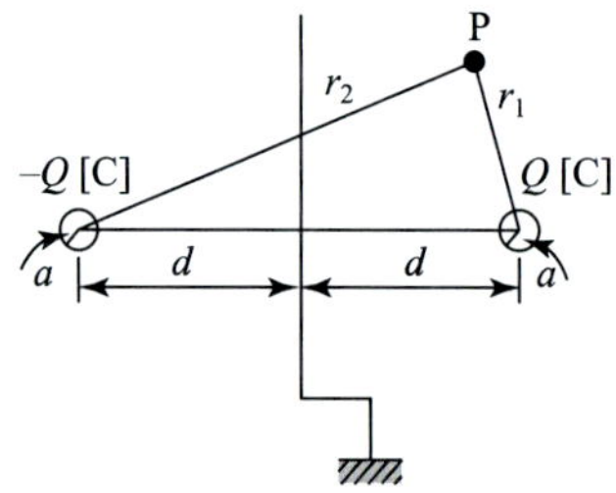

㉮ $\dfrac{\pi\epsilon}{\dfrac{1}{a}-\dfrac{1}{2d}}$ ㉯ $\dfrac{1}{4\pi\epsilon}(a-2d)$ ㉰ $\dfrac{1}{4\pi\epsilon}\left(\dfrac{1}{a}-\dfrac{1}{2d}\right)$ ㉱ $\dfrac{4\pi\epsilon}{\dfrac{1}{a}-\dfrac{1}{2d}}$

15. 그림과 같이 권수 50회이고 전류 1[mA]가 흐르고 있는 직사각형 코일을 0.1[Wb/m^2]의 평등 자계 내에 자계와 30°로 기울여 놓았을 때 이 코일의 회전력[N·m]은? (단, a=10[cm], b=15[cm]이다.)

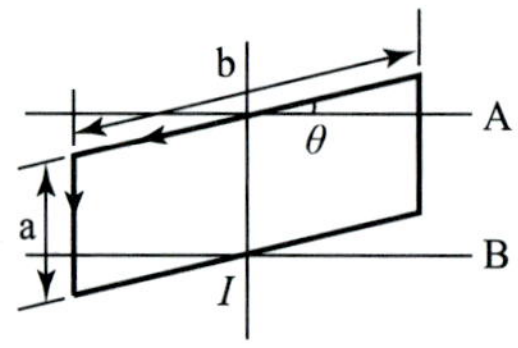

㉮ 3.74×10^{-5} ㉯ 6.49×10^{-5} ㉰ 7.48×10^{-5} ㉱ 11.22×10^{-5}

16. 반지름 a[m]이고, N=1회의 원형 코일에 I [A]의 전류가 흐를 때, 그 코일의 중심점에서의 자계의 세기[AT/m]는?

㉮ $\dfrac{I}{2\pi a}$ ㉯ $\dfrac{I}{4\pi a}$ ㉰ $\dfrac{I}{2a}$ ㉱ $\dfrac{I}{4a}$

정답 : 13. ㉮ 14. ㉱ 15. ㉯ 16. ㉰

17. 공극을 가진 환싱 솔레노이드에서 총 권수 N회, 철심의 투자율 μ[H/m], 단면적 S[m^2], 길이 l[m]이고 공극의 길이가 δ[m]일 때 공극부에 자속 밀도 B[Wb/m^2]을 얻기 위해서는 몇 [A]의 전류를 흘려야 하는가?

㉮ $\frac{N}{B}\left(\frac{l}{\mu}+\frac{\delta}{\mu_0}\right)$ ㉯ $\frac{N}{B}\left(\frac{l}{\mu_0}+\frac{\delta}{\mu}\right)$ ㉰ $\frac{B}{N}\left(\frac{l}{\mu}+\frac{\delta}{\mu_0}\right)$ ㉱ $\frac{B}{N}\left(\frac{l}{\mu_0}+\frac{\delta}{\mu}\right)$

18. 자계의 벡터 퍼텐셜을 A[Wb/m]라 할 때 도체 주위에서 자계 B[Wb/m^2]가 시간적으로 변화하면 도체에 생기는 전계의 세기 E[V/m]는?

㉮ $E=-\frac{\partial A}{\partial t}$ ㉯ $\mathrm{rot}\,E=-\frac{\partial A}{\partial t}$ ㉰ $E=\mathrm{rot}\,A$ ㉱ $\mathrm{rot}\,E=\frac{\partial B}{\partial t}$

19. 자화율(magnetic susceptibility) χ는 상자성체에서 일반적으로 어떤 값을 갖는가?

㉮ $\chi=0$ ㉯ $\chi=1$ ㉰ $\chi<0$ ㉱ $\chi>0$

20. 비투자율 $\mu_s=800$, 원형 단면적 $S=10$[cm^2], 평균 자로 길이 $l=8\pi\times10^{-2}$[m]의 환상 철심에 600회의 코일을 감고 이것에 1[A]의 전류를 흘리면 내부의 자속은 몇 [Wb]인가?

㉮ 1.2×10^{-3} ㉯ 1.2×10^{-5} ㉰ 2.4×10^{-3} ㉱ 2.4×10^{-5}

정답 : 17. ㉰ 18. ㉮ 19. ㉱ 20. ㉰

전기 산업기사 기출문제

2013년 6월 2일

1. 유전율이 각각 ϵ_1, ϵ_2인 두 유전체가 접해 있다. 각 유전체 중의 전계 및 전속 밀도가 각각 E_1, D_1 및 E_2, D_2이고, 경계면에 대한 입사각 및 굴절각이 θ_1, θ_2일 때 경계 조건으로 옳은 것은?

㉮ $\frac{\sin\theta_2}{\sin\theta_1} = \frac{\epsilon_2}{\epsilon_1}$ ㉯ $\frac{\cos\theta_2}{\cos\theta_1} = \frac{D_2}{D_1}$ ㉰ $\frac{\tan\theta_2}{\tan\theta_1} = \frac{\epsilon_2}{\epsilon_1}$ ㉱ $\frac{\cos\theta_2}{\cos\theta_1} = \frac{E_2}{E_1}$

2. 자기 인덕턴스가 10[H]인 코일에 3[A]의 전류가 흐를 때 코일에 축적된 자계 에너지는 몇 [J]인가?

㉮ 30 ㉯ 45 ㉰ 60 ㉱ 90

3. 자유 공간에서 특성 임피던스 $\sqrt{\frac{\mu_0}{\epsilon_0}}$ 의 값은?

㉮ $\frac{1}{110\pi}[\Omega]$ ㉯ $\frac{1}{120\pi}[\Omega]$ ㉰ $110\pi[\Omega]$ ㉱ $120\pi[\Omega]$

4. 진공 중에서 10^{-6}[C]과 10^{-7}[C]의 두 개의 점전하가 50[cm]의 거리에 있을 때 작용하는 힘은 몇 [N]인가?

㉮ 3.6×10^{-3} ㉯ 1.8×10^{-3} ㉰ 4×10^{-13} ㉱ 0.25×10^{-13}

5. 유전체 내의 정전 에너지식으로 옳지 않은 것은?

㉮ $\frac{1}{2}ED\,[\mathrm{J/m^3}]$ ㉯ $\frac{1}{2}\frac{D^2}{\epsilon}\,[\mathrm{J/m^3}]$ ㉰ $\frac{1}{2}\epsilon D\,[\mathrm{J/m^3}]$ ㉱ $\frac{1}{2}\epsilon E^2\,[\mathrm{J/m^3}]$

6. 공기 중에서 무한 평면 도체 표면 아래의 1[m] 떨어진 곳에 1[C]의 점전하가 있다. 전하가 받는 힘의 크기는?

㉮ 9×10^9[N] ㉯ $\frac{9}{2}\times10^9$[N] ㉰ $\frac{9}{4}\times10^9$[N] ㉱ $\frac{9}{16}\times10^9$[N]

7. 전위 분포가 $V=2x^2+3y^2+z^2$[V]의 식으로 표시되는 공간의 전하 밀도 ρ는 얼마인가?

㉮ $12\epsilon_0\,[\mathrm{C/m^3}]$ ㉯ $-12\epsilon_0\,[\mathrm{C/m^3}]$ ㉰ $12\epsilon_0\,[\mathrm{C/m^3}]$ ㉱ $-12\epsilon_0\,[\mathrm{C/m^3}]$

8. 강자성체에서 자구의 크기에 대한 설명으로 가장 옳은 것은?

㉮ 역자성체를 제외한 다른 자성체에서는 모두 같다.

㉯ 원자나 분자의 질량에 따라 달라진다.

정답 : 1. ㉰ 2. ㉯ 3. ㉱ 4. ㉮ 5. ㉰ 6. ㉰ 7. ㉯ 8. ㉱

㉰ 물질의 종류에 관계없이 크기가 모두 같다.

㉱ 물질의 종류 및 상태에 따라 다르다.

9. 평행한 두 개의 도선에 전류가 서로 반대 방향으로 흐를 때 두 도선 사이에서의 자계 강도는 한 개의 도선일 때보다 어떠한가?

㉮ 더 약해진다.

㉯ 주기적으로 약해졌다 또는 강해졌다 한다.

㉰ 더 강해진다.

㉱ 강해졌다가 약해진다.

10. 강자성체의 자속 밀도 B 의 크기와 자화의 세기 J 의 크기 사이의 관계로 옳은 것은?

㉮ J 는 B 보다 크다.

㉯ J 는 B 보다 작다.

㉰ J 는 B 와 그 값이 같다.

㉱ J 는 B 에 투자율을 더한 값과 같다.

11. 반지름 a[m]인 원통 도체가 있다. 이 원통 도체의 길이가 l [m]일 때 내부 인덕턴스는 몇 [H]인가? (단, 원통 도체의 투자율은 μ [H/m]이다.)

㉮ $\dfrac{\mu a}{4\pi}$ ㉯ $\dfrac{\mu l}{4\pi}$ ㉰ $\dfrac{\mu l}{8\pi}$ ㉱ $\dfrac{\mu a}{8\pi}$

12. 점 P(1, 2, 3)[m]와 Q(2, 0, 5)[m]에 각각 4×10^{-5} [C]과 -2×10^{-4} [C]의 점전하가 있을 때, 점 P에 작용하는 힘은 몇 [N]인가?

㉮ $\dfrac{8}{3}(i-2j+2k)$ ㉯ $\dfrac{8}{3}(-i-2j+2k)$

㉰ $\dfrac{3}{8}(i+2j+2k)$ ㉱ $\dfrac{3}{8}(2i+j-2k)$

13. 공기 중에서 반지름 a[m], 도선의 중심 축 간 거리 d [m]인 평행 도선 간의 정전 용량은 몇 [F/m]인가? (단, $d \gg a$이다.)

㉮ $\dfrac{2\pi\epsilon_0}{\log_e \dfrac{a}{d}}$ ㉯ $\dfrac{4\pi\epsilon_0}{\log_e \dfrac{a}{d}}$

㉰ $\dfrac{2\pi\epsilon_0}{\log_e \dfrac{d}{a}}$ ㉱ $\dfrac{\pi\epsilon_0}{\log_e \dfrac{d}{a}}$

정답 : 9. ㉰ 10. ㉯ 11. ㉰ 12. ㉮ 13. ㉱

14. 하나의 금속에서 전류의 흐름으로 인한 온도 구배 부분의 줄열 이외의 발열 또는 흡열에 관한 현상은?

㉮ 펠티에 효과(Peltier effect)　　㉯ 볼타 법칙(Volta law)
㉰ 제벡 효과(Seebeck effect)　　㉱ 톰슨 효과(Thomson effect)

15. 500[AT/m]의 자계 중에 어떤 자극을 놓았을 때 3×10^3[N]의 힘이 작용했다면 이때의 자극의 세기는 몇 [Wb]인가?

㉮ 2[Wb]　　㉯ 3[Wb]　　㉰ 5[Wb]　　㉱ 6[Wb]

16. 투자율과 유전율로 이루어진 식 $\dfrac{1}{\sqrt{\mu\epsilon}}$의 단위는?

㉮ [F/H]　　㉯ [m/s]　　㉰ [Ω]　　㉱ [A/m^2]

17. 자계 B의 안에 놓여 있는 전류 I의 회로 C가 받는 힘 F의 식으로 옳은 것은? (단, dl은 미소 변위이다.)

㉮ $F = \oint_c (Idl) \times B$　　㉯ $F = \oint_c (IB) \times dl$
㉰ $F = \oint_c (I^2 dl) \cdot B$　　㉱ $F = \oint_c (-I^2 B) \cdot dl$

18. 진공 중에서 어떤 대전체의 전속이 Q이었다. 이 대전체를 비유전율 2.2인 유전체속에 넣었을 경우는 전속은?

㉮ Q　　㉯ ϵQ　　㉰ $2.2Q$　　㉱ 0

19. 다음 식들 중 옳지 못한 것은?

㉮ 라플라스(Laplace)의 방정식 : $\nabla^2 V = 0$
㉯ 발산 정리 : $\oint_s AdS = \int_u \text{div}\, A dv$
㉰ 푸아송(poisson's)의 방정식 : $\nabla^2 V = \dfrac{\rho}{\epsilon_0}$
㉱ 가우스(Gauss)의 정리 : $\text{div}\, D = \rho$

20. 판자석의 세기가 P[Wb/m]되는 판자석을 보는 입체각 w인 점의 자위는 몇 [A]인가?

㉮ $\dfrac{P}{4\pi\mu_0\omega}$　　㉯ $\dfrac{P\omega}{4\pi\mu_0}$
㉰ $\dfrac{P}{2\pi\mu_0\omega}$　　㉱ $\dfrac{P\omega}{2\pi\mu_0}$

정답 : 14. ㉱ 15. ㉱ 16. ㉯ 17. ㉮ 18. ㉮ 19. ㉰ 20. ㉯

전기 기사 기출문제

2013년 8월 18일

본 과년도 문제는 수험생의 기억에 의한 내용을 종합정리하여 수록하였으므로 출제된 문제와 다소 차이가 있을 수 있으며, 또한, 무단복제를 절대 금함.

1. 그림과 같은 콘덴서 C [F]에 교번 전압 $V_S \sin wt$[V]를 가했을 때 콘덴서 내의 변위 전류 [A]는?

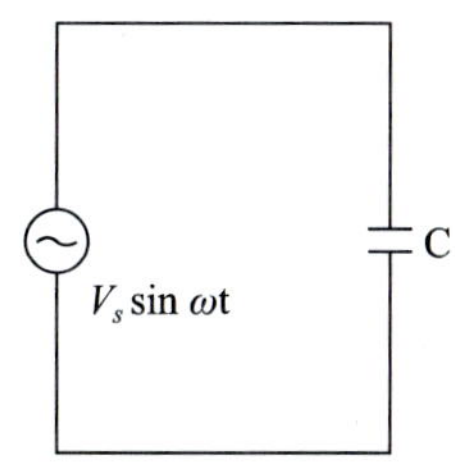

㉮ $\frac{V_s}{wC}\cos wt$ ㉯ $wCV_s \tan wt$ ㉰ $wCV_s \sin wt$ ㉱ $wCV_s \cos wt$

2. 그림에서 I [A]의 전류가 반지름 a[m]의 무한히 긴 원주 도체를 축에 대하여 대칭으로 흐를 때 원주 외부의 자계 H를 구한 값은?

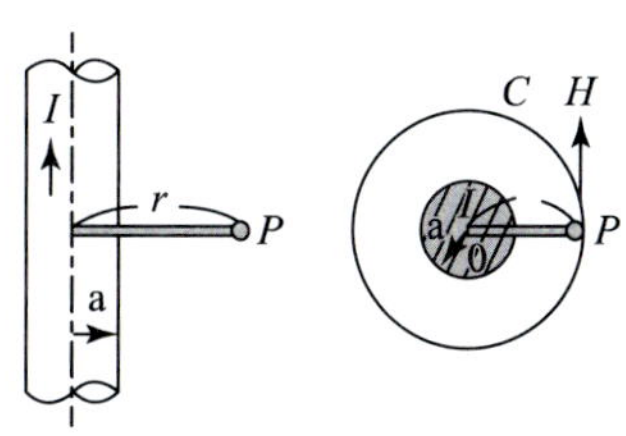

㉮ $H=\frac{I}{4\pi r}$[AT/m] ㉯ $H=\frac{I}{4\pi r^2}$[AT/m] ㉰ $H=\frac{I}{2\pi r}$[AT/m] ㉱ $H=\frac{I}{2\pi r^2}$[AT/m]

3. 환상 철심에 권수 100회인 A코일과 권수 400회인 B코일이 있을 때 A의 자기 인덕턴스가 4[H]라면 두 코일의 상호 인덕턴스는 몇 [H]인가?

㉮ 16 ㉯ 12 ㉰ 8 ㉱ 4

4. 한 변의 길이가 500[mm]인 정사각형 평행 평판 2장이 10[mm] 간격으로 놓여 있고, 그림과 같이 유전율이 다른 2개의 유전체로 채워진 경우 합성 용량은 약 몇 [pF]인가?

정답 : 1. ㉱ 2. ㉰ 3. ㉮ 4. ㉮

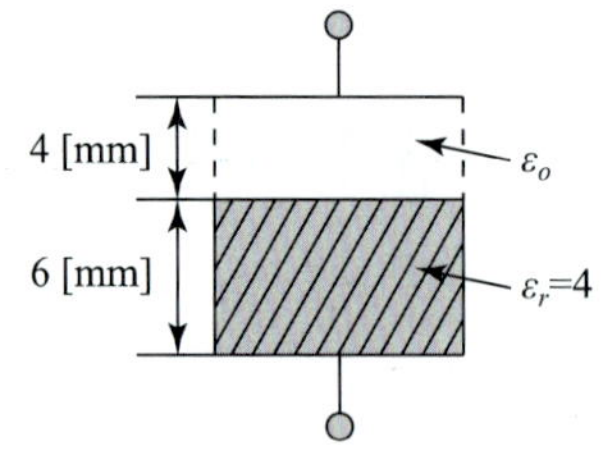

㉮ 402 ㉯ 922 ㉰ 2,028 ㉱ 4,228

5. 철도 궤도 간 거리가 1.5[m]이며 궤도는 서로 절연되어 있다. 열차가 매시 60[km]의 속도로 달리면서 차축이 지구 자계의 수직 분력 $B = 0.15\times 10^{-4}$[Wb/m^2]를 절단할 때 두 궤도 사이에 발생하는 기전력은 몇 [V]인가?

㉮ 1.75×10^{-4} ㉯ 2.75×10^{-4} ㉰ 3.75×10^{-4} ㉱ 4.75×10^{-4}

6. 그림과 같이 점 0을 중심으로 반지름 a[m]의 도체구 1과 내반지름 b[m], 외반지름 c[m]의 도체구 2가 있다. 이 도체계에서 전위계수 P_{11}[1/F]에 해당되는 것은?

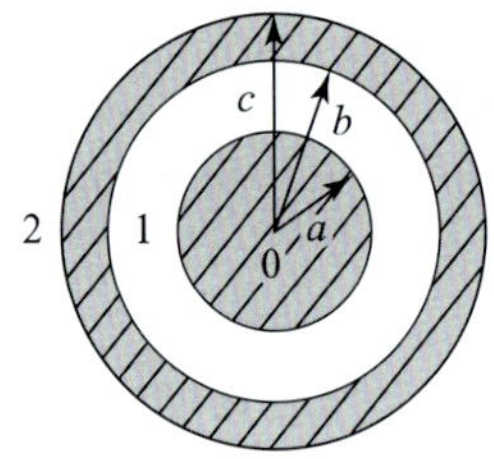

㉮ $\frac{1}{4\pi\epsilon}\frac{1}{a}$ ㉯ $\frac{1}{4\pi\epsilon}\left(\frac{1}{a}-\frac{1}{b}\right)$ ㉰ $\frac{1}{4\pi\epsilon}\left(\frac{1}{b}-\frac{1}{c}\right)$ ㉱ $\frac{1}{4\pi\epsilon}\left(\frac{1}{a}-\frac{1}{b}+\frac{1}{c}\right)$

7. 500[AT/m]의 자계 중에 어떤 자극을 놓았을 때 5×10^3[N]의 힘이 작용했을 때 자극의 세기는 몇 [Wb]인가?

㉮ 10 ㉯ 20 ㉰ 30 ㉱ 40

8. 패러데이 법칙에서 유도 기전력 e [V]를 옳게 표현한 것은?

㉮ $e = -\frac{1}{N}\frac{d\phi}{dt}$ ㉯ $e = -\frac{1}{N^2}\frac{d\phi}{dt}$ ㉰ $e = -N\frac{d\phi}{dt}$ ㉱ $e = -N^2\frac{d\phi}{dt}$

9. 무한 평면 도체에서 r [m] 떨어진 곳에 ρ[cm]의 전하 분포를 갖는 직선 도체를 놓았을 때 직선 도체가 받는 힘의 크기 [N·m]는? (단, 공간의 유전율은 ϵ_0이다.)

㉮ $\frac{\rho^2}{\epsilon_0 r}$ ㉯ $\frac{\rho^2}{\pi\epsilon_0 r}$ ㉰ $\frac{\rho^2}{2\pi\epsilon_0 r}$ ㉱ $\frac{\rho^2}{4\pi\epsilon_0 r}$

정답 : 5. ㉰ 6. ㉱ 7. ㉮ 8. ㉰ 9. ㉱

10. 반지름 a[m]인 반원형 전류 I[A]에 의한 중심에서의 자계의 세기는 몇 [AT/m]인가?

㉮ $\frac{I}{4a}$　㉯ $\frac{I}{a}$　㉰ $\frac{I}{2a}$　㉱ $\frac{2I}{a}$

11. 전계 E[V/m], 자계 H[AT/m]의 전자계가 평면파를 이루고 자유 공간으로 전파될 때 진행 방향에 수직되는 단위 면적을 단위 시간에 통과하는 에너지는 몇 [W/m^2]인가?

㉮ EH^2　㉯ EH　㉰ $\frac{I}{2}EH^2$　㉱ $\frac{I}{2}EH$

12. 판자석의 세기가 0.01[Wb/m], 반지름이 5[cm]인 원형 자석판이 있다. 자석의 중심에서 축상 10[cm]인 점에서의 자위의 세기는 몇[AT]인가?

㉮ 100　㉯ 175　㉰ 370　㉱ 420

13. 선전하 밀도가 λ[C/m]로 균일한 무한 직선 도선의 전하로부터 거리가 r[m]인 점의 전계의 세기(E)는 몇 [V/m]인가?

㉮ $E=\frac{1}{4\pi\epsilon_0}\frac{\lambda}{r^2}$　㉯ $E=\frac{1}{2\pi\epsilon_0}\frac{\lambda}{r^2}$　㉰ $E=\frac{1}{2\pi\epsilon_0}\frac{\lambda}{r}$　㉱ $E=\frac{1}{2\pi\epsilon_0}\frac{\lambda}{r}$

14. 2개의 폐회로 C_1, C_2에서 상호 유도 계수를 구하는 노이만(Neumann)의 식으로 옳은 것은? (단, μ : 투자율, μ : 유전율, r_{12} : 두미소 부분 간의 거리, dl_1, dl_2 : 각 회로상에 취한 미소 부분이다.)

㉮ $\frac{\mu}{\pi}\oint_{C_1}\oint_{C_2}\frac{dl_1\times dl_2}{r_{12}}$　㉯ $\frac{\mu}{2\pi}\oint_{C_1}\oint_{C_2}\frac{dl_1\times dl_2}{r_{12}}$

㉰ $\frac{\epsilon\mu}{\pi}\oint_{C_1}\oint_{C_2}\frac{dl_1\times dl_2}{r_{12}}$　㉱ $\frac{\mu}{4\pi}\oint_{C_1}\oint_{C_2}\frac{dl_1\times dl_2}{r_{12}}$

15. 같은 길이의 도선으로 M회와 N회 감은 원형 동심 코일에 각각 같은 전류를 흘릴 때 M회 감은 코일의 중심 자계는 N회 감은 코일의 몇 배인가?

㉮ $\frac{M}{N}$　㉯ $\frac{M^2}{N}$　㉰ $\frac{M}{N^2}$　㉱ $\frac{M^2}{N^2}$

16. 전류가 흐르는 도선을 자계 안에 놓으면, 이 도선에 힘이 작용한다. 평등 자계의 진공 중에 놓여 있는 직선 전류 도선이 받는 힘에 대하여 옳은 것은?

㉮ 전류의 세기에 반비례한다.
㉯ 도선의 길이에 비례한다.
㉰ 자계의 세기에 반비례한다.
㉱ 전류와 자계의 방향이 이루는 각 $\tan\theta$에 비례한다.

정답 : 10. ㉮ 11. ㉯ 12. ㉱ 13. ㉰ 14. ㉱ 15. ㉱ 16. ㉯

17. 반지름 a[m]인 도체구에 전하 Q[C]를 주었다. 도체구를 둘러싸고 있는 유전체의 유전율이 ϵ_s인 경우 경계면에 나타나는 분극 전하는 몇 [C/m^2]인가?

㉮ $\dfrac{Q}{4\pi a^2}(1-\epsilon_s)$　㉯ $\dfrac{Q}{4\pi a^2}(\epsilon_s-1)$　㉰ $\dfrac{Q}{4\pi a^2}\left(1-\dfrac{1}{\epsilon_s}\right)$　㉱ $\dfrac{Q}{4\pi a^2}\left(\dfrac{1}{\epsilon_s}-1\right)$

18. 자계의 벡터 퍼텐셜을 A[Wb/m]라 할 때 도체 주위에서 자계 B[Wb/m^2]가 시간적으로 변화하면 도체에 생기는 전계의 세기 E[V/m]는?

㉮ $E=-\dfrac{\partial A}{\partial t}$　㉯ $\mathrm{rot}\,E=-\dfrac{\partial A}{\partial t}$　㉰ $E=\mathrm{rot}\,B$　㉱ $\mathrm{rot}\,E=\dfrac{\partial B}{\partial t}$

19. 정전 용량 (C_i)과 내압($V_{i\max}$)이 다른 콘덴서를 여러 개 직렬로 연결하고 그 직렬회로 양단에 직류 전압을 인가할 때 가장 먼저 절연이 파괴되는 콘덴서는?

㉮ 정전 용량이 가장 작은 콘덴서

㉯ 최대 충전 전하량이 가장 적은 콘덴서

㉰ 내압이 가장 작은 콘덴서

㉱ 배분 전압이 가장 큰 콘덴서

20. 자기 회로에 대한 설명으로 틀린 것은?

㉮ 전기 회로의 정전 용량에 해당되는 것은 없다.

㉯ 자기 저항에는 전기 저항의 줄 손실에 해당 되는 손실이 있다.

㉰ 기자력과 자속은 변화가 비직선성을 갖고 있다.

㉱ 누설 자속은 전기 회로의 누설 전류에 비하여 대체로 많다.

정답 : 17. ㉰ 18. ㉮ 19. ㉯ 20. ㉯

전기 산업기사 기출문제

2013년 8월 18일

1. 인접 영구 자기 쌍극자가 크기는 같으나 방향이 서로 반대 방향으로 배열된 자성체를 어떤 자성체라 하는가?

㉮ 반자성체 ㉯ 반강자성체 ㉰ 강자성체 ㉱ 상자성체

2. 길이가 50[cm], 단면의 반지름이 1[cm]인 공심 단층 원형 솔레노이드가 있다. 이 코일의 자기 인덕턴스를 10[mH]로 하려면 권수는 약 몇 회인가? (단, 비투자율은 1이며, 솔레노이드 측면의 누설 자속은 없다.)

㉮ 3,560 ㉯ 3,820 ㉰ 4,300 ㉱ 5,760

3. 무한 평면 도체로부터 a[m] 떨어진 곳에 점전하 Q [C]이 있을 때 이 무한 평면 도체 표면에 유도되는 면밀도가 최대인 점의 전하 밀도는 몇 [C/m^2]인가?

㉮ $-\dfrac{Q}{2\pi a^2}$ ㉯ $-\dfrac{Q}{\pi\epsilon_0 a}$ ㉰ $-\dfrac{Q}{4\pi a^2}$ ㉱ $-\dfrac{Q}{4\pi a}$

4. 전압 V로 충전된 용량 C의 콘덴서에 용량 $2C$의 콘덴서를 병렬 연결한 후의 단자 전압은?

㉮ V ㉯ $2V$ ㉰ $\dfrac{V}{2}$ ㉱ $\dfrac{V}{3}$

5. 전하 q [C]이 공기 중의 자계 H [AT/m]내에서 자계와 수직 방향을 v [m/s]의 속도로 움직일 때 받는 힘은 몇 [N]인가?

㉮ $\mu_0 qvH$ ㉯ $\dfrac{qvH}{\mu_0}$ ㉰ qvH ㉱ $\dfrac{qH}{\mu_0 v}$

6. 두 자성체 경계면에서 정자계가 만족하는 것은?

㉮ 자계의 법선 성분이 같다.

㉯ 자속 밀도의 접선 성분이 같다.

㉰ 경계면상의 두 점 간의 자위차가 같다.

㉱ 자속은 투자율이 작은 자성체에 모인다.

7. 액체 유전체를 넣은 콘덴서의 용량이 20[μF]이다. 여기에 500[V]의 전압을 가했을 때의 누설 전류는 몇 [mA]인가? (단, 고유 저항 $\rho = 10^{11}$ [$\Omega \cdot$ m], 비유전율 $\epsilon_s = 2.2$이다.)

정답 : 1. ㉯ 2. ㉮ 3. ㉮ 4. ㉱ 5. ㉮ 6. ㉰ 7. ㉰

㉮ 4.1　　㉯ 4.5　　㉰ 5.1　　㉱ 5.6

8. 비투자율 μ_s, 자속밀도 B [Wb/m의 자계 중에 있는 m[Wb]의 자극이 받는 힘은 몇 [N]인가?

㉮ $m \cdot B$　　㉯ $\frac{m \cdot B}{\mu_0}$　　㉰ $\frac{m \cdot B}{\mu_s}$　　㉱ $\frac{m \cdot B}{\mu_0 \mu_s}$

9. 유전율이 각가 ϵ_1, ϵ_2인 두 유전체가 접해 있는 경우, 경계면에서 전속선의 방향이 그림과 같이 될 때 $\epsilon_1 > \epsilon_2$ 이면 입사각과 굴절각은?

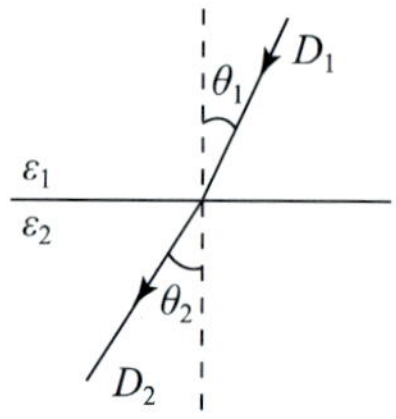

㉮ $\theta_1 = \theta_2$ 이다.　　㉯ $\theta_1 > \theta_2$ 이다.　　㉰ $\theta_1 < \theta_2$ 이다.　　㉱ $\theta_1 + \theta_2 = 90°$ 이다.

10. 100[kW]의 전력이 안테나에서 사방으로 균일하게 방사될 때 안테나에서 1[km]의 거리에 있는 전계의 실효값은 약 몇 [V/m]인가?

㉮ 1.73　　㉯ 2.45　　㉰ 3.68　　㉱ 6.21

11. 히스테리시스 곡선(Hysteresis loop)에 대한 설명 중 틀린 것은?

㉮ 자화의 경력이 있을 때나 없을 때나 곡선은 항상 같다.
㉯ Y축(세로축)은 자속 밀도이다.
㉰ 자화력이 0일 때 남아 있는 자기가 잔류 자기이다.
㉱ 잔류 자기를 상쇄시키려면 역방향의 자화력을 가해야 한다.

12. 전자 유도 작용에서 벡터 퍼텐셜을 A[Wb/m]라 할 때 유도되는 전계 E는 몇 [V/m]인가?

㉮ $-\int A dt$　　㉯ $\int A dt$　　㉰ $-\frac{\partial A}{\partial t}$　　㉱ $\frac{\partial A}{\partial t}$

13. 무한 평면의 표면을 가진 비유전율 ϵ_s인 유전체의 표면 전방의 공기 중 d[m]지점에 놓인 정전하 Q[C]에 작용하는 힘은 몇 [N]인가?

㉮ $-9 \times 10^9 \times \frac{Q^2(\epsilon_s - 1)}{d^2(\epsilon_s + 1)}$　　㉯ $-9 \times 10^9 \times \frac{Q^2(\epsilon_s + 1)}{d^2(\epsilon_s - 1)}$

㉰ $-2.25 \times 10^9 \times \frac{Q^2(\epsilon_s - 1)}{d^2(\epsilon_s + 1)}$　　㉱ $-2.25 \times 10^9 \times \frac{Q^2(\epsilon_s + 1)}{d^2(\epsilon_s - 1)}$

정답 : 8. ㉱ 9. ㉯ 10. ㉮ 11. ㉮ 12. ㉰ 13. ㉰

14. 자기 인덕턴스가 각각 L_1, L_2 인 두 코일을 서로 간섭이 없도록 병렬로 연결했을 때 그 합성 인덕턴스는?

㉮ L_1+L_2　　㉯ $L_1 \cdot L_2$

㉰ $\dfrac{L_1+L_2}{L_1 \cdot L_2}$　　㉱ $\dfrac{L_1 \cdot L_2}{L_1+L_2}$

15. 유전율이 서로 다른 두 종류의 경계면에 전속과 전기력선이 수직으로 도달할 때 다음 설명 중 옳지 않은 것은?[90)]

㉮ 전계의 세기는 연속이다.

㉯ 전속 밀도는 불변이다.

㉰ 전속과 전기력선은 굴절하지 않는다.

㉱ 전속선은 유전율이 큰 유전체 중으로 모이려는 성질이 있다.

16. 그림과 같이 진공 중에 자극 면적이 2[C/m^2], 간격이 0.1[cm]인 자성체 내에서 포화 자속 밀도가 2[Wb/m^2]일 때 두 자극면 사이에 작용하는 힘의 크기는 약 몇 [N]인가?

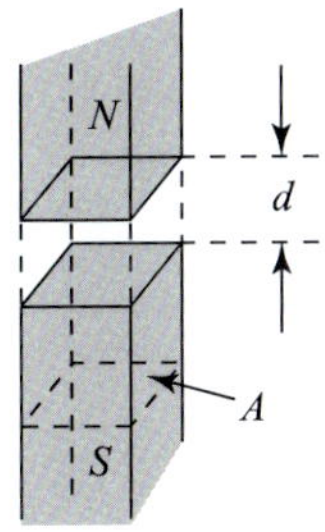

㉮ 53　　㉯ 106　　㉰ 159　　㉱ 318

17. 등전위면을 따라 전하 Q [C]을 운반하는데 필요한 일은?

㉮ 전하의 크기에 따라 변한다.

㉯ 전위의 크기에 따라 변한다.

㉰ 등전위면과 전기력선에 의하여 결정된다.

㉱ 항상 0이다.

18. 코일에 있어서 자기 인덕턴스는 다음 중 어떤 매질의 상수에 비례하는가?

㉮ 저항률　　㉯ 유전율　　㉰ 투자율　　㉱ 도전율

19. 지표면에 대지로 향하는 300[V/m]의 전계가 있다면 지표면의 전하 밀도의 크기는 몇 [C/m^2]인가?

㉮ 1.33×10^{-9}　　㉯ 2.66×10^{-9}　　㉰ 1.33×10^{-7}　　㉱ 2.66×10^{-7}

정답 : 14. ㉱ 15. ㉮ 16. ㉱ 17. ㉱ 18. ㉰ 19. ㉯

20. 공기 중에서 반지름 a[m], 도선의 중심축간 거리 d[m]인 평행 도선 사이의 단위 길이당 정전 용량은 몇 [F/m]인가? (단, $d \gg a$이다.)

㉮ $\dfrac{\pi\epsilon_0}{\log_{10}\dfrac{d}{a}}$ ㉯ $\dfrac{12.07\times 10^{-12}}{\log_{10}\dfrac{d}{a}}$ ㉰ $\dfrac{24.16\times 10^{-12}}{\log_{10}\dfrac{d}{a}}$ ㉱ $\dfrac{2\pi\epsilon_0}{\log_{10}\dfrac{d}{a}}$

정답 : 20. ㉮

참고문헌

1. はじめこの 電氣回路, 大熊康弘, 技術評論社
2. 繪ときご わかる 電氣理論, 高橋寬, Ohmsha
3. 繪とき 電氣.電子の基礎知識 早わかり, 新電氣編輯部, Ohmsha
4. 繪ときご わかる 電氣磁氣, 福田務. Ohmsha
5. ELECTRICITY and MAGNETISM, Duffin, McGRAW-HILL BOOK COMPANY
6. 최신 전기자기학, 김상진 외 3인, (주)북스힐
7. 전기자기학, 심광열 외 3인, (주)북스힐
8. 쉽게 배우는 회로이론, 박건작, (주)북스힐
9. 기초 전자기학, 홍희식.정현필, 광문각
10. 전자기학, 한규현.김인수, 한올출판사
11. 전기자기학, 임헌찬, 동일출판사
12. 최신 전기자기학, 박창옥 역, 동일출판사
13. 기초 전기자기학, 강길범.김규섭, 생능
14. 전기자기학, 이현수.한우용, 태영문화사
15. 도해 전자기학, 김용권 역, 대영사
16. 알고보면 재미나는 전기자기학, 박승범.이창효, 전파과학사
17. 전기자기학, 전기기사자격시험연구회, 성안당
18. 기초 전기·전자, 박건작, 교우사
19. 전기자기학, 전수기, 성안당

찾아보기

ㅅ

ㅇ

ㅈ

쉽게 배우는 전자기학 2판

1판 1쇄 발행 | 2005년 2월 25일
1판 5쇄 발행 | 2013년 1월 15일
2판 4쇄 발행 | 2021년 3월 05일

지은이 | 박 건 작
펴낸이 | 조 승 식
펴낸곳 | (주)도서출판 북스힐

등 록 | 1998년 7월 28일 제 22-457호
주 소 | 서울시 강북구 한천로 153길 17
전 화 | (02) 994-0071
팩 스 | (02) 994-0073

홈페이지 | www.bookshill.com
이메일 | bookshill@bookshill.com

정가 22,000원

ISBN 978-89-5526-711-2